“十三五”国家重点出版物出版规划项目

海洋机器人科学与技术丛书

封锡盛　李　硕　主编

波浪驱动水面机器人

李　晔　廖煜雷 等　著

科 学 出 版 社
龍 門 書 局
北　京

内容简介

波浪驱动水面机器人技术作为一个前沿研究热点，其出现不过十五年，而国内研究起步于2012年。本书系统、深入地总结了作者近年来在波浪驱动水面机器人技术领域的主要研究成果与工程实践经验，凝练并深入探讨了波浪驱动水面机器人基础技术问题。全书共6章，内容主要包括波浪驱动水面机器人的推进机理分析、总体设计、运动建模与预报、运动控制以及应用分析。

本书可供船舶与海洋工程、机械工程、控制科学与工程等学科的高年级本科生、研究生，以及海洋机器人领域相关研究人员阅读参考。

图书在版编目(CIP)数据

波浪驱动水面机器人 / 李晔等著. —北京：龙门书局，2020.6

（海洋机器人科学与技术丛书/封锡盛，李硕主编）

“十三五”国家重点出版物出版规划项目　国家出版基金项目

ISBN 978-7-5088-5713-8

Ⅰ. ①波…　Ⅱ. ①李…　Ⅲ. ①水下作业机器人　Ⅳ. ①TP242.2

中国版本图书馆CIP数据核字(2020)第034921号

责任编辑：姜　红　张　震　纪四稳 / 责任校对：樊雅琼
责任印制：师艳茹 / 封面设计：无极书装

科学出版社
龙门书局 出版

北京东黄城根北街16号
邮政编码：100717
http：//www.sciencep.com

中国科学院印刷厂 印刷

科学出版社发行　各地新华书店经销

*

2020年6月第　一　版　开本：720 × 1000　1/16
2020年6月第一次印刷　印张：17　插页：6
字数：343 000

定价：128.00元

（如有印装质量问题，我社负责调换）

本书作者名单

李　晔　廖煜雷

王磊峰　张蔚欣　潘恺文

李一鸣　刘　鹏　姜权权　胡合文

丛书前言一

浩瀚的海洋蕴藏着人类社会发展所需的各种资源，向海洋拓展是我们的必然选择。海洋作为地球上最大的生态系统不仅调节着全球气候变化，而且为人类提供蛋白质、水和能源等生产资料支撑全球的经济发展。我们曾经认为海洋在维持地球生态系统平衡方面具备无限的潜力，能够修复人类发展对环境造成的伤害。但是，近年来的研究表明，人类社会的生产和生活会造成海洋健康状况的退化。因此，我们需要更多地了解和认识海洋，评估海洋的健康状况，避免对海洋的再生能力造成破坏性影响。

我国既是幅员辽阔的陆地国家，也是广袤的海洋国家，大陆海岸线约 1.8 万千米，内海和边海水域面积约 470 万平方千米。深邃宽阔的海域内潜含着的丰富资源为中华民族的生存和发展提供了必要的物质基础。我国的洪涝、干旱、台风等灾害天气的发生与海洋密切相关，海洋与我国的生存和发展密不可分。党的十八大报告明确提出："要提高海洋资源开发能力，发展海洋经济，保护海洋生态环境，坚决维护国家海洋权益，建设海洋强国。"[①]党的十九大报告明确提出："坚持陆海统筹，加快建设海洋强国。"[②]认识海洋、开发海洋需要包括海洋机器人在内的各种高新技术和装备，海洋机器人一直为世界各海洋强国所关注。

关于机器人，蒋新松院士有一段精彩的诠释：机器人不是人，是机器，它能代替人完成很多需要人类完成的工作。机器人是拟人的机械电子装置，具有机器和拟人的双重属性。海洋机器人是机器人的分支，它还多了一重海洋属性，是人类进入海洋空间的替身。

海洋机器人可定义为在水面和水下移动，具有视觉等感知系统，通过遥控或自主操作方式，使用机械手或其他工具，代替或辅助人去完成某些水面和水下作业的装置。海洋机器人分为水面和水下两大类，在机器人学领域属于服务机器人中的特种机器人类别。根据作业载体上有无操作人员可分为载人和无人两大类，其中无人类又包含遥控、自主和混合三种作业模式，对应的水下机器人分别称为无人遥控水下机器人、无人自主水下机器人和无人混合水下机器人。

---

① 胡锦涛在中国共产党第十八次全国代表大会上的报告. 人民网，http://cpc.people.com.cn/n/2012/1118/c64094-19612151.html

② 习近平在中国共产党第十九次全国代表大会上的报告. 人民网，http://cpc.people.com.cn/n1/2017/1028/c64094-29613660.html

无人水下机器人也称无人潜水器，相应有无人遥控潜水器、无人自主潜水器和无人混合潜水器。通常在不产生混淆的情况下省略“无人”二字，如无人遥控潜水器可以称为遥控水下机器人或遥控潜水器等。

世界海洋机器人发展的历史大约有70年，经历了从载人到无人，从直接操作、遥控、自主到混合的主要阶段。加拿大国际潜艇工程公司创始人麦克法兰，将水下机器人的发展历史总结为四次革命：第一次革命出现在20世纪60年代，以潜水员潜水和载人潜水器的应用为主要标志；第二次革命出现在70年代，以遥控水下机器人迅速发展成为一个产业为标志；第三次革命发生在90年代，以自主水下机器人走向成熟为标志；第四次革命发生在21世纪，进入了各种类型水下机器人混合的发展阶段。

我国海洋机器人发展的历程也大致如此，但是我国的科研人员走过上述历程只用了一半多一点的时间。20世纪70年代，中国船舶重工集团公司第七〇一研究所研制了用于打捞水下沉物的“鱼鹰”号载人潜水器，这是我国载人潜水器的开端。1986年，中国科学院沈阳自动化研究所和上海交通大学合作，研制成功我国第一台遥控水下机器人“海人一号”。90年代我国开始研制自主水下机器人，“探索者”、CR-01、CR-02、“智水”系列等先后完成研制任务。目前，上海交通大学研制的“海马”号遥控水下机器人工作水深已经达到4500米，中国科学院沈阳自动化研究所联合中国科学院海洋研究所共同研制的深海科考型ROV系统最大下潜深度达到5611米。近年来，我国海洋机器人更是经历了跨越式的发展。其中，“海翼”号深海滑翔机完成深海观测；有标志意义的“蛟龙”号载人潜水器将进入业务化运行；“海斗”号混合型水下机器人已经多次成功到达万米水深；“十三五”国家重点研发计划中全海深载人潜水器及全海深无人潜水器已陆续立项研制。海洋机器人的蓬勃发展正推动中国海洋研究进入“万米时代”。

水下机器人的作业模式各有长短。遥控模式需要操作者与水下载体之间存在脐带电缆，电缆可以源源不断地提供能源动力，但也限制了遥控水下机器人的活动范围；由计算机操作的自主水下机器人代替人工操作的遥控水下机器人虽然解决了作业范围受限的缺陷，但是计算机的自主感知和决策能力还无法与人相比。在这种情形下，综合了遥控和自主两种作业模式的混合型水下机器人应运而生。另外，水面机器人的引入还促成了水面与水下混合作业的新模式，水面机器人成为沟通水下机器人与空中、地面机器人的通信中继，操作者可以在更远的地方对水下机器人实施监控。

与水下机器人和潜水器对应的英文分别为 underwater robot 和 underwater vehicle，前者强调仿人行为，后者意在水下运载或潜水，分别视为“人”和“器”，海洋机器人是在海洋环境中运载功能与仿人功能的结合体。应用需求的多样性使得运载与仿人功能的体现程度不尽相同，由此产生了各种功能型的海洋机器人，如观察型、作业型、巡航型和海底型等。如今，在海洋机器人领域 robot 和 vehicle 两词的内涵逐渐趋同。

信息技术、人工智能技术特别是其分支机器智能技术的快速发展，正在推动海洋机器人以新技术革命的形式进入“智能海洋机器人”时代。严格地说，前述自主水下机器人的“自主”行为已具备某种智能的基本内涵。但是，其“自主”行为泛化能力非常低，属弱智能；新一代人工智能相关技术，如互联网、物联网、云计算、大数据、深度学习、迁移学习、边缘计算、自主计算和水下传感网等技术将大幅度提升海洋机器人的智能化水平。而且，新理念、新材料、新部件、新动力源、新工艺、新型仪器仪表和传感器还会使智能海洋机器人以各种形态呈现，如海陆空一体化、全海深、超长航程、超高速度、核动力、跨介质、集群作业等。

海洋机器人的理念正在使大型有人平台向大型无人平台转化，推动少人化和无人化的浪潮滚滚向前，无人商船、无人游艇、无人渔船、无人潜艇、无人战舰以及与此关联的无人码头、无人港口、无人商船队的出现已不是遥远的神话，有些已经成为现实。无人化的势头将冲破现有行业、领域和部门的界限，其影响深远。需要说明的是，这里“无人”的含义是人干预的程度、时机和方式与有人模式不同。无人系统绝非是无人监管、独立自由运行的系统，仍是有人监管或操控的系统。

研发海洋机器人装备属于工程科学范畴。由于技术体系的复杂性、海洋环境的不确定性和用户需求的多样性，目前海洋机器人装备尚未被打造成大规模的产业和产业链，也还没有形成规范的通用设计程序。科研人员在海洋机器人相关研究开发中主要采用先验模型法和试错法，通过多次试验和改进才能达到预期设计目标。因此，研究经验就显得尤为重要。总结经验、利于来者是本丛书作者的共同愿望，他们都是在海洋机器人领域拥有长时间研究工作经历的专家，他们奉献的知识和经验成为本丛书的一个特色。

海洋机器人涉及的学科领域很宽，内容十分丰富，我国学者和工程师已经撰写了大量的著作，但是仍不能覆盖全部领域。“海洋机器人科学与技术丛书”集合了我国海洋机器人领域的有关研究团队，阐述我国在海洋机器人基础理论、工程技术和应用技术方面取得的最新研究成果，是对现有著作的系统补充。

“海洋机器人科学与技术丛书”内容主要涵盖基础理论研究、工程设计、产品开发和应用等，囊括多种类型的海洋机器人，如水面、水下、浮游以及用于深水、极地等特殊环境的各类机器人，涉及机械、液压、控制、导航、电气、动力、能源、流体动力学、声学工程、材料和部件等多学科，对于正在发展的新技术以及有关海洋机器人的伦理道德社会属性等内容也有专门阐述。

海洋是生命的摇篮、资源的宝库、风雨的温床、贸易的通道以及国防的屏障，海洋机器人是摇篮中的新生命、资源开发者、新领域开拓者、奥秘探索者和国门守卫者。为它“著书立传”，让它为我们实现海洋强国梦的夙愿服务，意义重大。

本丛书全体作者奉献了他们的学识和经验，编委会成员为本丛书出版做了组织和审校工作，在此一并表示深深的谢意。

本丛书的作者承担着多项重大的科研任务和繁重的教学任务，精力和学识所限，书中难免会存在疏漏之处，敬请广大读者批评指正。

中国工程院院士 封锡盛

2018年6月28日

丛书前言二

改革开放以来，我国海洋机器人事业发展迅速，在国家有关部门的支持下，一批标志性的平台诞生，取得了一系列具有世界级水平的科研成果，海洋机器人已经在海洋经济、海洋资源开发和利用、海洋科学研究和国家安全等方面发挥重要作用。众多科研机构和高等院校从不同层面及角度共同参与该领域，其研究成果推动了海洋机器人的健康、可持续发展。我们注意到一批相关企业正迅速成长，这意味着我国的海洋机器人产业正在形成，与此同时一批记载这些研究成果的中文著作诞生，呈现了一派繁荣景象。

在此背景下“海洋机器人科学与技术丛书”出版，共有数十分册，是目前本领域中规模最大的一套丛书。这套丛书是对现有海洋机器人著作的补充，基本覆盖海洋机器人科学、技术与应用工程的各个领域。

“海洋机器人科学与技术丛书”内容包括海洋机器人的科学原理、研究方法、系统技术、工程实践和应用技术，涵盖水面、水下、遥控、自主和混合等类型海洋机器人及由它们构成的复杂系统，反映了本领域的最新技术成果。中国科学院沈阳自动化研究所、哈尔滨工程大学、中国科学院声学研究所、中国科学院深海科学与工程研究所、浙江大学、华侨大学、东华理工大学等十余家科研机构和高等院校的教学与科研人员参加了丛书的撰写，他们理论水平高且科研经验丰富，还有一批有影响力的学者组成了编辑委员会负责书稿审校。相信丛书出版后将对本领域的教师、科研人员、工程师、管理人员、学生和爱好者有所裨益，为海洋机器人知识的传播和传承贡献一分力量。

本丛书得到 2018 年度国家出版基金的资助，丛书编辑委员会和全体作者对此表示衷心的感谢。

“海洋机器人科学与技术丛书”编辑委员会

2018 年 6 月 27 日

前　言

“不积跬步，无以至千里；不积小流，无以成江海”（荀子·劝学）

波浪驱动水面机器人可以说是先贤智慧的一种现代演绎，其暂态运动虽缓慢，但持续航行可达上万公里；个体观测信息虽有限，但经过日积月累可以汇聚成海洋大数据。波浪驱动水面机器人是近十五年出现的一种新型海洋能驱动机器人，利用创新的能源模式，成功摆脱了电池、燃油等常规能源驱动海洋机器人受到的有限能源的束缚，对新时期海洋观测技术革命产生了积极的推动作用和深远的影响。由于其强大的续航力和生存能力，波浪驱动水面机器人已在海洋科学、海洋工程甚至军事领域获得了大量成功应用，波浪驱动水面机器人技术日益成为国内外研究热点之一。

作者在这一前沿技术领域进行了大量的基础性和探索性研究，研究团队已研制出三型样机，完成了数千公里的海上试验，并在 *IEEE Transactions on Industrial Electronics*、*Applied Mathematical Modeling*、*Ocean Engineering*、*Control Engineering Practice*、*Journal of Central South University of Technology* 等期刊陆续发表十余篇SCI/EI 学术论文，授权(受理)三十余项发明专利，获得十余项软件著作权，形成十余份研究报告。本书正是多年来研究成果的系统总结和梳理，旨在通过专著的形式对波浪驱动水面机器人的主要研究进展、工程实践经验进行全面总结与展示，促进国内外同行之间的学术交流及成果共享，努力推进我国相关技术发展和应用落地。

本书主要围绕波浪驱动水面机器人技术的推进机理、运动建模与预报、运动控制三个核心技术问题进行阐述，主要特点在于：独特的定位——作为一本“波浪驱动水面机器人”学术专著，交叉融合了舰船、力学、控制、机器人、计算机等相关专业理论知识，解决了波浪驱动水面机器人面临的特殊技术问题；弱机动的刚柔混合多体系统——与其他海洋机器人相比，波浪驱动水面机器人在推进模式、系统结构属性、运动控制特性方面具有特殊性；完整的体系——瞄准波浪驱动水面机器人的基础性、核心技术问题，从关键方法研究、样机研制、数值模拟、物理试验、应用分析等多个角度系统地总结了研究成果。

特别感谢国家出版基金(2018T-011)对本书出版的资助；本书研究得到了国家自然科学基金(51779052、51409061、51879057)、国家重点研发计划项目

(2017YFC0305700)、装备预研重点实验室基金(614221503091701、153170230013)、黑龙江省自然科学基金(QC2016062)、中国博士后科学基金(2013M540271)、国家“万人计划”青年拔尖人才、黑龙江省博士后资助经费(LBH-Z13055)和中央高校基本科研业务费(HEUCF1321003、HEUCFD1403、HEUCFP201741)等的资助，在此特向资助机构、评审专家表示最真诚的感谢。没有上述基金的长期、持续支持，就没有本书工作的萌芽、成稿和完善，也没有作者职业生涯的起步与成长。

本书撰写过程中得到了哈尔滨工程大学水下机器人技术国家级重点实验室的大力支持，真诚地感谢各位同事创造了优越的工作环境，感谢你们的鼎力支持、热心帮助和包容，是你们让我职业生涯得以稳步发展。特别感谢哈尔滨工程大学的苏玉民教授，假如没有您的敏锐洞察力和大力支持，也许我不会尝试并坚持波浪驱动水面机器人技术研究，而仅仅停留在对于新奇事物的美好想象。

特别感谢多年来一起合作的研究生，大家的工作对波浪驱动水面机器人技术理论完善、样机研制、试验研究和实践应用起到了非常重要的作用。波浪驱动水面机器人技术课题组已毕业的研究生有刘鹏、胡合文、卢旭、严日华、付诚翔、李一鸣、王磊峰，在读的研究生有张蔚欣、潘恺文、姜权权等，尤其是王磊峰博士为本书的写作付出了很多努力。特别感谢我的家人，是你们给予我无限温暖和宽容，是你们成就了我的一切。有了大家的鼎力支持，我们得以顺利坚持这一研究方向。

全书由廖煜雷统稿，李晔定稿，其中李晔负责撰写第1、3、6章，廖煜雷负责撰写第2、4、5章，王磊峰、潘恺文、李一鸣参与撰写第4、5章，刘鹏和胡合文参与撰写第2章，张蔚欣参与整理第2、3章的部分章节，姜权权参与整理第1、3章的部分章节。

由于作者水平有限，书中难免存在一些不足之处，欢迎读者批评指正。

廖煜雷
2019年6月于哈尔滨

目　　录

1 绪　论

本章首先简要介绍海洋能的特点和概况，并梳理国内外典型海洋能驱动海洋机器人技术的发展现状；然后重点综述波浪驱动船、波浪驱动水面机器人技术的研究进展，力求把握波浪驱动水面机器人的发展脉络；最后对本书的后续章节进行简要概述。

1.1　海洋能简介

21 世纪以来，随着人类社会经济与科技的快速发展，人类对于传统化石能源的消耗与日俱增，导致化石能源日渐枯竭，环境污染不断加剧，全球气候日趋恶劣，人类赖以生存的地球面临着严重的能源与环境危机。在此背景下，解决能源危机、寻找可持续利用的环境友好型能源变得刻不容缓。海洋面积占地球表面积的 2/3，蕴藏着极其丰富的海洋能源和资源，它们总藏量巨大、分布广泛、形式多样、清洁可再生。随着现代社会对能源的需求越来越大，人们逐渐将目光投向海洋。下面针对几种常见的海洋能进行简要描述。

1.1.1　波浪能

波浪能是海洋表层海水在海风作用下形成的波浪所具有的动能和势能[1]。波浪能来源于风传递给海洋的能量，实质是海洋吸收了风能。波浪能以机械能形式出现，是品位最高的海洋能[2]，全球海洋有近 90%的区域能量密度(单位波前宽度上波浪的功率)高于 2kW/m[3]。在物理学上波浪能与波高的平方、波浪的运动周期以及迎波面的宽度成正比[4]。

海洋波浪威力巨大，扑岸巨浪曾将几十吨的巨石抛到约 20m 高处，曾把护岸的数千吨的钢筋混凝土构件翻转，也曾把万吨轮船举上海岸。波浪可以使船舶发生倾覆，也可以使船舶折断或扭曲，20 世纪 50 年代就发生过一艘美国巨轮在意大利海域被大浪折为两半的海难事故。而由海底地震引起的一系列海洋波浪(俗称海啸)更是破坏力极大(图 1.1)，由此可见海洋波浪蕴含着巨大的能量。

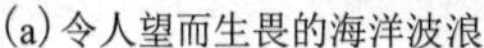

(a) 令人望而生畏的海洋波浪

(b) 海啸强大的破坏力

图 1.1　海洋波浪强大的破坏力

波浪能具有能量密度高、分布广泛等优点，全球范围内海洋波浪能量密度分布规律如图 1.2 所示，图中 E 表示东经，W 表示西经，S 表示南纬，N 表示北纬，EQ 表示赤道。南半球和北半球 40°～60°纬度间的风力最强；在信风区(即赤道两侧纬度 30°之内的低速风区域)由于低速风规律性强，会产生吸引力较强的波候(某一海域波浪状况的长期统计特征)；在盛风区(具有盛行风特征的区域)和长风区(具有长期盛行风特征的区域)的沿海，波浪能的密度一般较高[5]。例如，英国、美国西部和新西兰南部等沿海地区都属于信风区，有着良好的波候；而我国浙江、福建、广东和台湾等沿海也是波浪能丰富的地区。

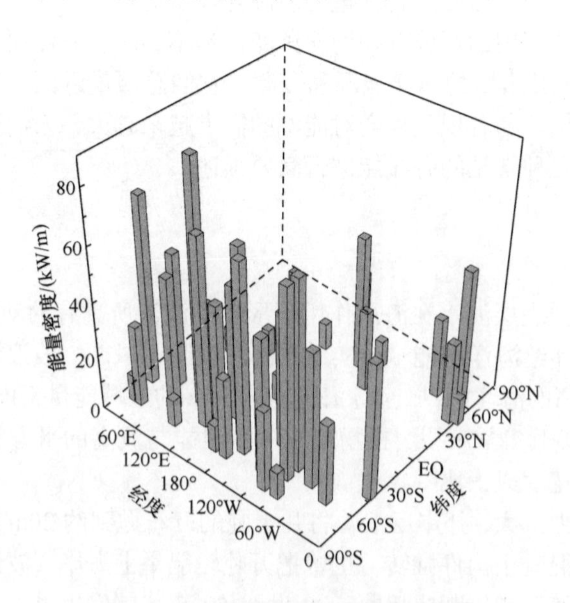

图 1.2　全球范围内海洋波浪能量密度

1.1.2 太阳能

太阳内部进行着剧烈的由氢聚变成氦的核反应，并不断向宇宙空间辐射出巨大的能量，相对于有限的人类历史，这些能量“取之不尽、用之不竭”。地面上太阳能随时间、经纬度和气候变化，实际利用率较低，但资源总量仍远大于目前人类全部能耗量。就全球而言，美国西南部、非洲、澳大利亚、中国西藏、中东等均为太阳能资源十分丰富的地区。

与常规能源相比，太阳能资源的优点主要有：①总量丰富。每年到达地球表面的太阳能约为 1.3×10^{10}t 标准煤燃烧释放的能量，约为目前全球耗能总和的 208 倍。②长久性。太阳辐射源源不断地供给地球，按目前太阳的核反应速率估算，氢储量可维持上百亿年，而地球寿命约为几十亿年，所以太阳能对人类来说是取之不尽的。③普遍性。太阳能分布在地球上大部分地区，可就地取用，在解决偏远地区的供能问题方面有极大的优越性。④洁净安全。太阳能几乎不产生任何污染，远比常规能源与核能安全。⑤经济性。长期发电成本低，是 21 世纪最清洁、最廉价的能源之一。

然而，太阳能也存在固有的缺点：①分散性。能量密度很低，地面处的能量密度仅约为 0.5kW/m^2。②间断性和不稳定性。随昼夜、季节、纬度和海拔等因素规律性变化，受天气影响而随机性变化。③效率低和成本高。设备运行效率较低且成本偏高，所以经济性仍不能与常规能源相比。

一 1.1 为世界知名城市太阳能应用技术情况[6]。对比东京、伦敦和巴黎等太阳能利用率较高的城市，国内部分地区对太阳能的应用主要停留在太阳能热水器方式，其他太阳能应用技术较少。

表 1.1　世界知名城市太阳能应用技术

城市	年辐射总量/(MJ/(m^2·a))	太阳能应用技术
东京	4220	建筑外遮阳技术
伦敦	3640	太阳能光电技术、太阳能通风烟囱
巴黎	4013	太阳能和风能发电
汉堡	3430	太阳能热水系统
莫斯科	3520	太阳能光电技术、太阳能通风降温系统

不同的太阳能利用方式原理不尽相同，具有不同的特点和适用范围。表 1.2 比较了不同太阳能利用方式的性能与应用范围。由表 1.2 可知，其他太阳能利用方式(包括太阳能热水器、太阳能热泵等)的平均效率高于太阳能照明和太阳能光伏发电的平均效率，同时具有较低的投资成本和较高的环境友好性。

表 1.2　不同太阳能利用方式的性能与应用范围对比

太阳能利用方式	平均效率/%	寿命/a	初投资	技术成熟度	环境友好性	应用范围
太阳能照明[7]	10～30	20～30	高	高	高	照明
太阳能热水器[8]	40～65	5～15	中	高	高	热水
太阳能采暖[9]	22～35	15～20	中	中	高	供暖、热水
太阳能制冷[10]	35～40	10～15	高	中	中	空调制冷
太阳能热泵[11,12]	40～75	10～15	中	低	中	供暖、热水、制冷
太阳能空气采集器[13,14]	50～80	20～30	低	高	高	供暖、干燥、通风
太阳能光伏发电[15]	10～20	10～15	高	高	低	家庭用电、通信用电、交通用电等

1.1.3　风能

风的物理本质是空气流动。由于地球南北极接收太阳光照最少，该地区温度低、空气密度大、气压高；而地球赤道地区接收的太阳光照最多，吸收的热量要远多于两极地区，因而温度高、空气密度小、气压低。较重的冷空气由两极下沉沿地面移向赤道，而较轻的热空气在赤道附近上升移向两极，填补两极地区下沉的冷空气；进入赤道地区的冷空气又被加热上升，流入两极地区的热空气再次受冷下沉。周而复始，最终形成半球形的空气环流。据估算，全球可开发利用的风能储量达 200 亿 kW，比全球可开发利用的水能总量多 10 倍。

风能储量巨大且是一种清洁的可持续利用能源。在当前化石能源面临枯竭和生态环境严重污染的背景下，成为全球新能源开发利用的一大热点。目前，风能的主要利用形式有以下几种：

(1) 风帆助航。是最早的风能利用形式，除了仍在使用的传统风帆船外，人们还发展了主要用于海上运输的现代大型风帆助航船。据报道，风帆作为船舶的辅助动力，可以减少 10%～15%的燃料消耗。

(2) 风力发电。是目前使用最多的形式，其发展趋势为功率由小变大、由一户一台扩大到联网供电、由单一风电发展到多能互补，即“风力+光伏”互补和“风力机+柴油机”互补等。

(3) 风力提水。可用于农田灌溉、海水制盐、水产养殖、滩涂改造、人畜饮水及草场改良等，是弥补当前农村、牧区能源不足的有效途径之一。

(4) 风力致热。与风力发电、风力提水相比，风力致热具有能量转换效率高的特点。目前，国际上风力致热技术仍处于示范试验阶段，而我国基本处于空白。

1.1.4 海洋温差能

海洋温差能是不同深度海水水温之差产生的能量。太阳辐射海水表面，海水温度随水深的增加而降低，产生了温度差异，这一温差中包含着巨大的能量。赤道地区的热海水由于重力作用下沉，流向两极地区，由此产生大尺度的海洋环流，从而常年保持着海水不同层面的温差，形成海水温差能[16]。据测算，若把赤道附近的表层海水作为热源，水深 2000m 以上的深层海水作为冷源，则上层（10m 深的表层海水）和下层（深 2000m 以上的深层海水）温差可达 26℃以上，只要把赤道海域宽 10km、厚 10m 的表层海水冷却到冷源的温度，其发出的电力就够全世界用一年，可见其能量之巨大[17]。

海洋温差能的主要利用途径如下：

(1) 温差能发电。典型代表是海洋热能转换，即利用海洋表层暖水与底层冷水间的温度差来发电，海洋温差能电站工作方式分为开式循环、闭式循环和混合式循环三种。

(2) 海水淡化。利用海洋热能转换进行海水淡化比其他方法（反渗透法等）成本要小很多，具有广阔的市场前景。例如，在海岛利用中，可为岛上的生活和生产提供大量的淡水，既能保证人们的饮水安全，又缓解了环境压力[18]。

(3) 发展养殖业和热带农业。海水中氮、磷、硅等营养盐十分丰富，而且无污染，对海洋生物没有危害。这种海水的上涌（如同某些高生产力海洋环境中的上升流）具有丰富的营养，可以提高海洋种植场的生产力，有利于海水养殖。

海洋温差能可以提供可持续利用的能源、淡水和生存空间，有助于解决人类生存和发展的资源、能源问题。未来随着海洋科技的发展和应用，海水温差能利用必将大有作为。

除了上文提到的波浪能、太阳能、风能和海洋温差能，常见的海洋能还有潮汐能、海流能和盐度梯度能等多种丰富的形式。随着对新能源需求的日益迫切，人类对海洋能的开发利用必将出现一个崭新的局面。

1.2 海洋能驱动海洋机器人发展现状

探索海洋是一项长期、庞大而艰难的工作，目前探索海洋的工具主要是海洋科学考察船和各类海洋平台。海洋科学考察船续航力有限[19]，而且不能在恶劣环境（如飓风、海啸）下工作；海洋平台必须长期驻留在特定海域，工作周期长、效率低[20]；水面机器人、水下机器人等常规移动观测平台一般采用燃油或电池作为动力源，受所携带能源有限的限制，其续航力较短，这对于长期的海洋观测来说成本高昂、经济性差，并且容易造成环境污染。

如 1.1 节所述，海洋机器人工作环境中存在多种可利用能量，包括波浪能、风能及太阳能、海洋温差能、潮汐能等[21]。事实上，能源供给是限制海洋机器人作业能力的关键因素，如果能从海洋环境中获取和利用能源，将有助于提高海洋机器人的航程及载荷能力，实现长期、连续作业。在此背景下，人们对利用海洋能作为海洋机器人的能量源表现出浓厚的兴趣。

目前，国内外针对海洋能驱动的海洋机器人技术开展了大量研究[22]，主要集中在太阳能驱动水面/水下机器人[23]、风能或太阳能驱动水面机器人[24,25]、海洋温差能驱动水下机器人[26]、波浪驱动水面机器人[27]等方面。本节描述海洋能驱动的海洋机器人技术发展现状。

1.2.1 太阳能驱动海洋机器人

海洋表面的太阳能随着季节、天气、纬度的改变而差异较大。根据巴哈马国环境部的估算，海平面上年平均太阳能变换范围为 1～12Wh/(m^2·d)。利用太阳能为海洋机器人供能主要是通过将太阳能转换为电能的方式，最常见的方法是在海洋机器人上铺设光伏电池板。虽然在实验室测试中太阳能转换为电能的效率可以达到 20%～25%[28]，但实际应用中往往只有 10%～12%。人们通常将多个光伏电池板组合在一起，为海洋机器人提供电力，典型代表是 SAUV 系列太阳能驱动水下机器人，如图 1.3 所示。

(a) SAUV-Ⅰ太阳能驱动水下机器人

(b) SAUV-Ⅱ太阳能驱动水下机器人

图 1.3　SAUV-Ⅰ和 SAUV-Ⅱ太阳能驱动水下机器人

2003 年，美国海军研究办公室资助开发了太阳能驱动长航时水下机器人 SAUV-Ⅱ，其长 2.3m、重 200kg、潜深 500m、续航力 8h，可上浮至水面利用太阳能充电；其动力来源于艇上铺设的 1m^2 光伏电池板和 2kWh 锂电池，一次充电后能提供电能 1500Wh。SAUV-Ⅱ具有定深、变曲线滑翔等航行模式，可执行长时间/大范围的海洋环境监测任务[23]。

2005 年，在意大利海军资助下，意大利机器人技术集团研制了“Charlie”号双体太阳能驱动水面机器人[29,30]。该水面机器人长 2.4m、宽 1.7m、重约 300kg，动力源为 12V、40Ah 的铅酸电池，并配有 4 组 32W 的柔性光伏电池板，如图 1.4 所示。Caccia 等[29]学者针对“Charlie”号的控制系统设计、航向控制、跟踪控制等问题进行了深入研究。

2014 年，日本 Eco Marine Power 公司建造了纯太阳能驱动水面机器人的“Aquarius”号原型样机，如图 1.5 所示。该原型样机采用“太阳能+电力”混合动力驱动，并使用该公司独特的风帆光伏电池板技术以提高航程。2015 年，该原型样机进行了外场试验。

图 1.4　“Charlie”号太阳能驱动水面机器人

图 1.5　“Aquarius”号太阳能驱动水面机器人

太阳能在海洋机器人上的应用特点为：①太阳能发电方式主要为光伏发电，利用安装的光伏阵列将太阳能直接转变为电能，然后加以直接利用或存储；②光伏电池板平顶铺设是应用最普遍的铺设方式，布置简单、安装方便(图 1.3～图 1.5)；③载体需要一个较大面积的平台安装光伏电池板，这在一定程度上增大了载体体积，不适用于常规结构的海洋机器人。

目前，太阳能应用于海洋机器人的主要限制因素为：①光伏电池效率偏低，实际使用效率低于 20%，即使在实验室效率也不足 30%；②太阳能总发电量偏低，使得海洋机器人的航行速度较慢、负载能力较差；③太阳能的稳定性差、变化大，难以满足海洋机器人对稳定、可靠能量供给的需求，影响其作业性能和效率，应用受到了限制。

1.2.2　风能驱动水面机器人

目前，风能在水面机器人上的应用以风帆助航、风力发电等方式为主，其中风帆助航是当前研究和应用最为广泛的利用方式。

风能在水面机器人上应用的典型实例是 2013 年美国 SAILDRONE 公司开发的 SD1 型风帆驱动水面机器人[31]，如图 1.6 所示。该水面机器人长 19ft(1ft=0.3048m)、帆高 20ft，巡航速度 2～5kn（1kn=0.5144m/s），其设计目标是打破风力驱动船舶航行距离与速度纪录。同年，SD1 从旧金山启程并于当年 11 月初抵达夏威夷，完成了持续 34 天的风帆驱动水面机器人越洋航行试验，航程 4200km。

美国 Harbor Wing 公司也致力于研发风帆驱动水面机器人。该公司于 2006 年推出 HWT X-1 原型样机并进行了海上测试，2008 年完成了 HWT X-3 版本样机设计，如图 1.7 所示。该样机采用三体船型，长 15.24m、宽 12.19m、帆高 18.29m、有效载荷 680.39kg、帆表面积 65.03m^2、航速 25kn、航行范围 804.67km、续航力可达 3 个月[32]。

图 1.6 “SAILDRONE”号风帆驱动水面机器人

图 1.7 HWT X-3 风帆驱动水面机器人

上述风帆驱动水面机器人的共同点是船帆均为刚性垂直翼帆，主要原因为：①与传统的软帆相比，刚性翼帆的结构简单，可以通过电机带动整个帆转动，控制相对容易；②软帆通常通过绳索控制，操作复杂，不便于自动化控制，而且软帆的空气动力学行为较复杂，存在气弹失稳现象并影响阻力性能，而刚性翼帆不存在气弹失稳问题[33]。然而，与刚性翼帆相比，软帆的收帆和维修更简单、造价更低。

1.2.3 海洋温差能驱动水下机器人

海水中不同水深处的水温及热量有显著差异。在热带和亚热带地区，海洋表面到 50m 水深处的水温为 24～29℃，但是在 500～1000m 水深处水温仅为 4～7℃，温差高达 20℃左右，正是这种温差产生了海洋温差能[34]。海洋温差能本质上来源于太阳能，但受季节、昼夜变化的影响较小。

海洋温差能利用方式一般是通过海洋温差能转换装置将海洋温差能进行吸收和储存，并转换为电能或其他能量的形式，例如，海洋温差能转换装置利用温差驱动热机产生有用功，如电能[35,36]。海洋温差能同样可以为水下机器人提供动力。早在 1989 年美国的 Stommel 就设计出利用海洋温差能驱动的水下机器人（即“SLOCUM”号热能滑翔机，如图 1.8 所示）。“SLOCUM”号热能滑翔机是一种典型的海洋温差能驱动水下机器人[37]，通过调节温度使水处在固态或气态的状态进而改变自身的浮态，其中热机是其关键组成部分[38]。“SLOCUM”号热能滑翔机通过吸收并转化海水温度梯度产生的海洋温差能来实现航行，可以不间断地航行几天到数月[39]。

(a) 试验中的“SLOCUM”号热能滑翔机

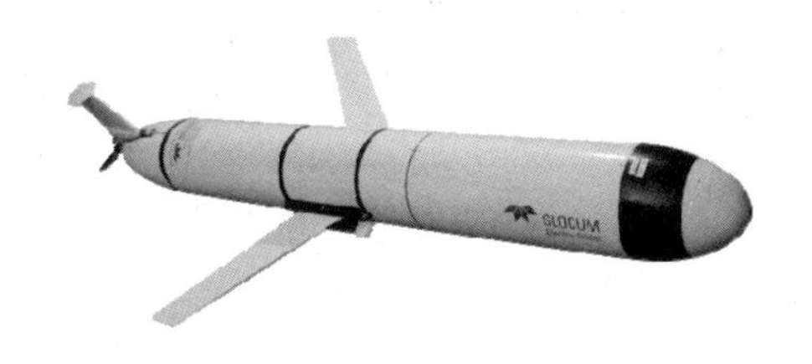

(b)“SLOCUM”号热能滑翔机

图 1.8　海洋温差能驱动水下机器人（“SLOCUM”号热能滑翔机）

1.2.4　混合动力型海洋机器人

澳大利亚 Solar Sailor 公司设计了“SolarSailor”号混合动力型水面机器人，如图 1.9 所示。该水面机器人仅利用太阳能和风能作为动力来源，不需要添加任何燃料，航行过程无污染。“SolarSailor”号混合动力型水面机器人在设计上借鉴昆虫翅膀的拍动原理，通过计算机控制系统采集太阳位置、光强度、风速/风向和船位姿数据，并自动计算出太阳板的最佳角度，从而实现在海上持续航行。

英国自主水面航行器公司研发了“C-Enduro”号混合动力型水面机器人[40]，如图 1.10 所示。该水面机器人仅重 350kg，集成光伏电池板、风力发电机和轻柴油发电机三种动力源，并搭载 GoPro 摄像头、海洋哺乳动物声探测器和集成气象站等设备。该水面机器人借助于多种动力源，最高航速达到 3.5m/s，能够在海上滞留长达 3 个月。该水面机器人的碳纤维船体具有自动扶正功能，能够抵御较高风浪而不会颠覆。

图 1.9　“SolarSailor”号混合动力型水面机器人

图 1.10　“C-Enduro”号混合动力型水面机器人

上述几种典型海洋能驱动机器人，其主要的性能对比如表1.3所示。

表1.3　几种典型海洋能驱动机器人的性能对比

型号	航速/(m/s)	续航力	操控方式	能量源	质量	使用环境
SAUV-Ⅰ	≤1	几千千米	自主	太阳能	90kg	光照充足
SAUV-Ⅱ	≤1	几千千米	自主	太阳能	200kg	光照充足
Charlie	≤2	几百千米	自主	太阳能	300kg	光照充足
SD1	巡航：1.5～2.5 最高：7	几千千米至上万千米	自主	风能、太阳能	数百千克	风能丰富
SLOCUM	约0.25	几千千米至上万千米	自主	海洋温差能	52kg	热带/ 亚热带地区
C-Enduro	巡航：1.5 最高：3.5	几千千米	自主	太阳能、风能、 柴油	350kg	5级海况

1.3　波浪驱动水面机器人研究进展

波浪驱动水面机器人作为一种新型的利用波浪能推进的海洋机器人，具有续航力大、自主灵活、零排放、经济性等优点，可以执行长期、广域、自主海洋环境监测、水文调查、气象预报、生物追踪、情报侦察等任务，已在民用和军事领域展现出较好的应用前景，并在近十年来成为研究热点之一。

考虑到波浪驱动船与波浪驱动水面机器人在波浪能利用方面的相似性，本节首先简要回顾波浪驱动船的发展现状，并重点梳理、总结波浪驱动水面机器人的国内外研制现状和发展趋势。

1.3.1　波浪驱动船发展现状

船舶在波浪中的阻力要比在静水中大得多，呈现波浪中船体阻力显著增加的现象，即波浪增阻。为了尽可能降低波浪对船舶航行的阻碍，科学家针对波浪增阻开展了大量的理论与试验研究[41]；同时，也有人探索利用波浪的能量，发挥波浪对船舶的正面影响，于是萌生出波浪驱动船的设计思想[42]。

波浪驱动船是利用波浪能提供动力航行的一类特殊船舶，在实际使用中可以利用船体在波浪作用下产生的升沉和摇摆运动获取能量(本书介绍的波浪驱动水面机器人属于一类特殊的波浪驱动船)。目前，波浪驱动船主要有两种波浪能利用方式：一种是将波浪能转化为电能(即波浪能发电)，然后将储存的电能输送至电动机、仪器等用电设备，从而为船舶航行提供动力；另一种是模仿海洋动物的游动姿态，根据仿生学原理直接将波浪能转化为驱使船舶运动的机械能[43]。显然，波浪驱动水面机器人属于后者。

1986 年，挪威政府在一艘 180t 的“Kystfangst”号渔业调查船[44]艏部前低于龙骨处安装了两片面积共计 $3m^2$ 的波浪推进水翼(图 1.11(a))。“Kystfangst”号渔业调查船实航试验表明，在波高 3m 海况中水翼可产生相当于总阻力 15%～20% 的推进力，并在迎浪航行时减少纵摇，在随浪航行时减少横摇。1991 年，日本东海大学开展了安装波浪推进水翼渔船的全尺寸试验[44](图 1.11(b))，船长 15.7m、宽 3.8m、排水量 19.9t、最大航速 10kn，水翼翼型 NACA015、长 3.8m、宽 1.05m。研究表明，使用艏水翼可有效减少纵摇和艏的砰击，提高船舶在波浪中的航速。

(a) 挪威“Kystfangst”号渔业调查船

(b) 日本安装波浪推进水翼的渔船

图 1.11　挪威和日本安装波浪推进水翼的渔船

1995 年，俄罗斯学者从海豚游泳方式中受到启发，设计出一种仿生波浪推进器，试图提高船舶的航速[45]。该推进器的核心部件是一种自动控制的水下旋转翼，不使用时将推进器置于船体内部，使用时伸入水中。在芬兰湾的试验表明，装备该推进器的拖网渔船纯波浪推进速度可达 1.5～2kn。对自动控制系统进行改造后船速可达 7kn，而与柴油机协同工作时能节约燃料 30%～35%。

2008 年，日本研制了完全依赖波浪能驱动的有人驾驶船“SUNTORY Mermaid Ⅱ”，如图 1.12 所示。“SUNTORY Mermaid Ⅱ”是一艘重 3t 的双体船，最大航速 5kn，船体铺设了 8 块光伏电池板，可为电子设备提供电力。该船在艏部安装一对并排的鳍状物用来吸收波浪能并将其转化为波浪动力。鳍状物的另一个好处是它与波浪起相反作用，能让船体更加平稳[46]。日本传奇环保航海家崛江千一创造了航海史上的奇迹，他驾驶“SUNTORY Mermaid Ⅱ”于 2008 年 3 月 16 日从夏威夷火奴鲁鲁港启程，经过 110 天持续航行了 7800km，于 2008 年 7 月 4 日最终抵达位于日本的纪伊水道[47]。

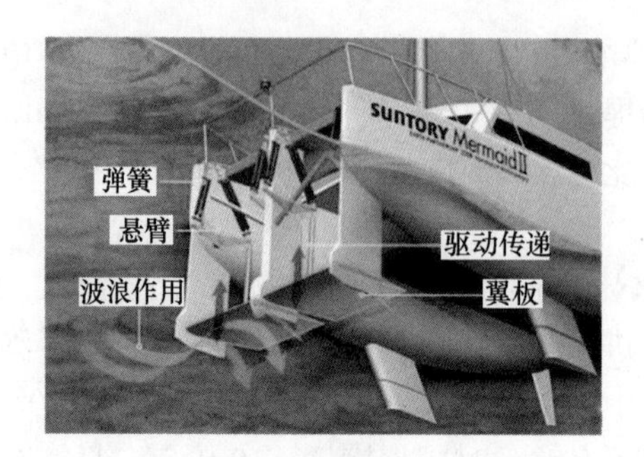

(a) 波浪推进装置

(b) "SUNTOR YMermaid Ⅱ" 号波浪能驱动船首航

图 1.12 "SUNTORY Mermaid Ⅱ" 号波浪能驱动船

1.3.2 波浪驱动水面机器人研制现状

1. 国外研制现状

国外对波浪驱动水面机器人的研究始于 2005 年，当时它被开发用于监听座头鲸的声音。2007 年，Hine 等成立了 Liquid Robotics 公司，波浪驱动水面机器人被确定为应用于科研、商业和军事的多功能平台。波浪驱动水面机器人得益于其将海洋中丰富的波浪能转化为自身前进的推力而无须额外动力，为部署海洋仪器提供了一种全新的解决方案。目前，波浪驱动水面机器人已被应用于多种海洋科学研究和考察活动中[48-52]，并获得了大量研究成果[53-63]。

Liquid Robotics 公司研发了 Wave Glider 系列的 SV2、SV3 两型产品[54,55]，如图 1.13 所示。据报道，SV2 是最早实现产品化的波浪驱动水面机器人平台，改进型 SV3 有更大的负载能力和机动性能，主要性能参数如表 1.4 所示。作为一种通用的传感器搭载无人平台，SV 系列产品能按照用户要求，搭载气象站、温盐深仪、波浪仪、摄像机、水听器、生化检测仪等多类型仪器。

图 1.13 美国 Liquid Robotics 公司的 Wave Glider 系列波浪驱动水面机器人

2007 年，波浪驱动水面机器人首次展示了在极端环境中的生存能力。在“Flossie”飓风期间，研究者将其投放到风眼附近，它不但在试验中生存下来，并且精确地测得飓风相关的气象数据[27]。2009 年，美国国家海洋和大气管理局的太平洋海洋环境实验室和 Liquid Robotics 公司合作进行了一项长达一年的科研项目，试图更好地了解全球海洋对碳的最大吸收能力。他们通过在波浪驱动水面机器人上安装 pCO_2、pH 及温盐深仪，以测定海岸或开放海域海水对碳的摄入量和相关参数[48]。

表 1.4　Liquid Robotics 公司 Wave Glider 系列产品主要参数[64]

项目	Wave Glider SV2 参数	Wave Glider SV3 参数
水面浮体（简称浮体）	长 210cm、宽 60cm	长 290cm、宽 67cm
波浪推进器（简称潜体）	长 191cm、高 40cm	长 190cm、高 21cm
水翼	翼展 107cm	翼展 143cm
柔性脐带（简称柔链）	6m	4m
质量	90kg	122kg
航速	SS1 为 0.5kn，SS4 为 1.6kn	SS1 为 1kn，SS4 为 2kn
位置保持	半径 40m （CEP90，SS3：海流≤0.5kn）	半径 40m （CEP90，SS3：海流≤0.5kn）
电池容量	665Wh 锂电池 112W 光伏电池板	980Wh 锂电池 170W 光伏电池板
负载能力	最大质量 18kg 最大体积 40L 最大负载功率 40W	最大质量 45kg 最大体积 93L 最大负载功率 400W
导航	GPS、磁罗经	GPS、磁罗经
通信	Iridium 通信、Wi-Fi	Iridium 通信、Wi-Fi

注：SS 代表海况（sea state）；CEP 代表圆概率误差（circular error probable）；GPS 代表全球定位系统（global positioning system）。

2011 年 11 月，4 台波浪驱动水面机器人从旧金山出发，开始执行横渡太平洋的航测任务；2012 年 12 月 6 日，经过一年多的航行圆满完成了长达 9000n mile（1n mile = 1.852km）的跨太平洋航行。此举创下了自主机器人航行最长的新世界纪录，*Nature* 对该创举进行了专门报道[59]。截至 2017 年 8 月，Liquid Robotics 公司研制的波浪驱动水面机器人已累计航行 263 万 km、32667 天，单次最远航程达 17372km[52,54,55,63]。2013 年，英国石油公司（BP 集团）购买了一批波浪驱动水面机器人，用于检测在“墨西哥湾漏油”事件后钻井装备周围海洋植物的复苏状况，如图 1.14 所示。

图 1.14 Wave Glider 在海洋油气工业中的应用

波浪驱动水面机器人不仅在海洋科学、海洋工程领域获得了成功应用，而且逐渐受到美国、英国、日本等军事强国的关注，并试图将其用于军事领域。在此背景下，Liquid Robotics 公司针对潜在的军事应用需求，推出了面向海上防务的“SHARC”型波浪驱动水面机器人。

2010 年，美国海军研究实验室在夏威夷和加利福尼亚海岸检测了波浪驱动水面机器人在不同环境中对命令的执行能力。2010～2012 年，美国斯坦尼斯航天中心通过一系列试验，成功验证了该波浪驱动水面机器人的远航和数据收集能力。利用波浪驱动水面机器人拖曳被动声学线列阵拖体，使海洋水下声学目标特性的侦察能力也得到了进一步测试与检验，如图 1.15 所示。

2013 年 2～3 月，北约海事研究和试验中心在“2013 骄傲曼塔”军事演习中，对波浪驱动水面机器人进行了海上测试，利用波浪驱动水面机器人在海洋环境中的自主侦察能力，收集相关环境信息并实时获取情报，以评估其作为新型反潜平台的可行性，如图 1.16 所示。

图 1.15 Wave Glider 拖曳水下拖体

图 1.16 Wave Glider 参加军事演习

2015 年，英国 AutoNaut 公司研发了另一种波浪驱动水面机器人的典型代表——AutoNaut 型波浪驱动水面机器人(图 1.17)。AutoNaut 的船长为 3.5m、航速达到

3kn[65]，同样是将波浪运动直接转化为推进力。据报道，AutoNaut 的波浪动力技术具有可扩展性，更大的船体可以提供更高速度、更大负载和更多电力，从而满足不同的使用需求。AutoNaut 易于通过滑道或辅助船进行投放和回收，得益于其长期续航力，它可在港口下水，航行至几百公里外的目的地，完成监测任务后携带数据自主返回港口。

图 1.17　AutoNaut 型波浪驱动水面机器人

对比 Wave Glider 和 AutoNaut，两者的主要差异为：①Wave Glider 采用布置在水下 4～6m 处的柔性拖曳式串列水翼，而 AutoNaut 采用置于艏、艉近水面处的两对刚性连接摆动水翼；②Wave Glider 的单个水翼面积较小、水翼总数多、水深大，主要利用波浪激励的载体垂荡运动能量，而 AutoNaut 的单个水翼面积较大、水翼总数少、水深浅，主要利用波浪激励的载体纵摇运动能量；③Wave Glider 的浮体与波浪推进器之间采用柔性连接，而 AutoNaut 的浮体与波浪推进器之间采用刚性连接(更接近于常规的波浪驱动船)。

2016 年 12 月，波音公司宣布收购 Liquid Robotics 公司，拟共同投资上亿美元向海洋中大量投放波浪驱动水面机器人，实现全球海洋观测的目标。据报道，2009 年以来 Wave Glider 在全球销售了 350 余台(年均销售 50 台)波浪驱动水面机器人，任何一个时刻在海上均有 90 余台波浪驱动水面机器人处于运行状态。

2. 国内研制现状

目前，我国针对波浪驱动水面机器人技术已开展了相关研究[52]，主要研究机构有哈尔滨工程大学、国家海洋技术中心、中国船舶重工集团第七一〇研究所、中国科学院沈阳自动化研究所等。国内波浪驱动水面机器人研究仍处于发展阶段，虽然已试制多型样机并进行了海试及试验性应用，但在业务运行和产品成熟方面还有较大的差距。

2013 年，哈尔滨工程大学针对波浪驱动水面机器人的“波浪推进机理”科学问题，研制出“漫步者Ⅰ”号波浪驱动水面机器人原理样机，水池试验表明在一级海况下其最高航速可达 0.85kn[66]。2014～2015 年，哈尔滨工程大学突破了低功耗控制系统设计、自主航迹跟踪等关键技术，相继研制出“海洋漫步者”号和“海洋漫步者Ⅱ”号波浪驱动水面机器人试验样机(图 1.18)。2015 年以来，多次完成波浪驱动水面机器人的波浪能推进、自主航行、自主环境监测等海上试验验证，累积航程逾 3000km[67,68]。

图 1.18　哈尔滨工程大学研制的“海洋漫步者”系列波浪驱动水面机器人

国家海洋技术中心、中国船舶重工集团第七一〇研究所等单位相继开展了波浪驱动水面机器人技术研究，并研制出若干样机。2013 年，国家海洋技术中心模仿“Wave Glider”制造了一台推进效率测试装置，利用电机升降直接驱动潜体往复升沉的方式对波浪中的运动响应进行简单模拟，开展了样机水池试验，试验测得在模拟一级海况下其最高航速为 0.3kn；2014 年，研制的试验样机完成了南海 300km 测试[69,70]；2016 年，在青岛千里岩岛进行了长航时环岛试验，如图 1.19 所示。

2014 年，中国科学院沈阳自动化研究所分析了波浪驱动水面机器人驱动原理，简化推导了驱动力计算公式，结合波浪理论从能量转化角度建立了运动效率分析模型，并分析波高、波峰周期和水翼转角对运动效率的影响[71]。基于研制的试验平台(图 1.20)，利用水池试验分析了波高、周期、摆幅角等参数对波浪能利用效率的影响。

图 1.19　国家海洋技术中心研制的波浪驱动水面机器人

图 1.20　中国科学院沈阳自动化研究所研制的推进性能试验平台

1.3.3 波浪驱动水面机器人研究展望

波浪驱动水面机器人技术目前存在的主要问题以及研究展望具体包括[67]：

(1)波浪驱动水面机器人的研制与发展主要受工业界推动，在应用研究方面比较深入，但是理论研究相对滞后；目前仅有美国 Liquid Robotics 公司开发了系列产品，并形成技术垄断。未来需要以流体力学、波浪理论等为基础，从波浪推进机理研究等理论源头出发，在根本上解决高效推进、极限海况航行等核心问题，进一步提高推进效率，使系统具有更佳的航行性能和载荷能力，最终打破技术垄断。

(2)波浪驱动水面机器人航行需要波浪环境，人工水池试验利于标准化测试，但难以模拟高海况；而海洋试验极为不便且费用高昂，因此研制前期需建立合适的波浪驱动水面机器人操纵性模型，以进行运动机理分析、运动预报、运动控制及规划策略等研究。然而，目前的操纵性模型或基于大量简化并沿袭常规船舶操纵性建模方法，或仅考虑二维平面内运动进行多体动力学分析，其运动方程完善度和数值模拟精度远未达到实用化的水平。一种可行的思路是基于多体动力学和流体力学理论，构建更为合理的波浪驱动水面机器人空间运动模型，有效描述其在海洋环境中多自由度耦合运动。

(3)波浪驱动水面机器人独特的弱机动和大扰动特性同常规海洋机器人运动控制有所不同：一方面，需要探讨应用智能控制、自适应等方法，或与比例积分微分(proportion integral differential，PID)控制算法相结合，提高系统控制性能以及对恶劣海洋环境的自适应能力；另一方面，借鉴和发展机器人在智能体系结构、规划与决策等方面研究成果，进一步提高波浪驱动水面机器人的智能水平，改善其长期化自主作业能力。

(4)波浪驱动水面机器人丰富了现有机器人体系，未来波浪驱动水面机器人与其他水面机器人、空中机器人、水下机器人、潜标等装备共同组成异构无人作业系统，将面临波浪驱动水面机器人协同控制、协同作业等新技术问题。因此，需要开展相应研究以提高协同能力，从而拓展其作业模式和应用潜力。

(5)从长期使用实践来看，现有波浪驱动水面机器人的有效电气负载能力较低，仅达到瓦级水平，只能搭载一些低功耗的仪器设备(或只能间歇式工作)，大大限制了其拓展和应用能力。一种解决途径是研发多形态海洋能源(如太阳能、波浪能、风能、海流能等)捕获、转化和复合利用技术，增加系统的能量供给总量，从能量源上提高波浪驱动水面机器人的负载能力。

1.4 本书结构

本书共6章,第2～5章论述波浪驱动水面机器人技术在推进机理、总体设计、运动建模与预报、运动控制等方面的研究成果，第6章分析波浪驱动水面机器人的优势和典型应用。具体包括：

第2章针对波浪驱动水面机器人的推进机理问题，以计算流体力学为基础，从单翼/多翼、局部/整体、数值分析/水池试验等多个角度，针对波浪驱动水面机器人的推进机理问题进行深入研究。

第3章针对波浪驱动水面机器人的总体设计问题，探讨波浪驱动水面机器人的浮体优化设计方法，并设计载体、能源、导航、通信、操纵、作业、控制、监控等各分系统。

第4章针对波浪驱动水面机器人的运动建模与预报问题，考虑其独特刚柔混合多体系统结构形式，构建和分析波浪驱动水面机器人的航速、航向以及空间运动数学模型，并进行典型海况下的运动预报。

第5章针对波浪驱动水面机器人的运动控制问题,考虑弱机动和大扰动特性,设计适于波浪驱动水面机器人的智能控制系统，深入探讨自适应艏向/航向控制、航迹跟踪方法，并开展仿真、水池和海上试验。

第6章分析波浪驱动水面机器人具有的主要优势，并从科学研究、商业用途和军事应用等角度论述波浪驱动水面机器人的典型应用场景。

参 考 文 献

[1] 孙志峰. 国内外海洋能利用技术发展现状[J]. 中国造船, 2015, 56(S2): 519-526.

[2] 杨灿军, 陈燕虎. 海洋能源获取、传输与管理综述[J]. 海洋技术学报, 2015, 34(3): 111-115.

[3] Zheng C W, Shao L T, Shi W L, et al. An assessment of global ocean wave energy resources over the last 45a[J]. Acta Oceanologica Sinica, 2014, 33(1): 92-101.

[4] 罗建, 杨屹, 董海涛, 等. 水下环境能源与收集技术[J]. 水雷战与舰船防护, 2013, 21(2): 29-33.

[5] 郑崇伟, 贾本凯. 全球海域波浪能资源储量分析[J]. 资源科学, 2014, 35(8): 1611-1616.

[6] 丁勇, 连大旗, 李百战. 重庆地区太阳能资源的建筑应用潜力分析[J]. 太阳能学报, 2011, 32(2): 165-170.

[7] 王凡, 龙惟定. 太阳能光导管采光技术应用现状和发展前景[J]. 建筑科学, 2008, 24(2): 5-10.

[8] 陈晓明, 罗清海, 张锦, 等. 太阳能热水器与居住建筑热水节能[J]. 煤气与热力, 2010, 30(2): 17-21.

[9] 赵学君, 刘喜星. 太阳能采暖促进建筑节能的发展[J]. 中国资源综合利用, 2009, 27(12): 46-47.

[10] 罗运俊, 何梓年, 王长贵. 太阳能利用技术[M]. 北京: 化学工业出版社, 2009.

[11] 卜其辉, 秦红, 梁振南, 等. 直膨式太阳能热泵系统特性分析及优化[J]. 广东工业大学学报, 2010, 27(2): 61-64.

[12] 杨婷婷, 方贤德. 直膨式太阳能热泵热水器及其热经济性分析[J]. 可再生能源, 2008, 26(4): 78-81.

[13] 王崇杰, 管振忠, 薛一冰, 等. 渗透型太阳能空气集热器集热效率研究[J]. 太阳能学报, 2008, 29(1): 35-39.

[14] 张东峰, 陈晓峰. 高校太阳能空气集热器的研究[J]. 太阳能学报, 2009, 30(1): 61-63.

[15] 徐伟. 中国太阳能建筑应用发展研究报告[M]. 北京: 中国建筑工业出版社, 2009.

[16] Nihous G C. An estimate of Atlantic ocean thermal energy conversion (OTEC) resources[J]. Ocean Engineering, 2007, 34(17-18): 2210-2221.

[17] 孙雅萍. 21 世纪海洋能源开发利用展望及其环境效应分析[J]. 哈尔滨师范大学自然科学学报, 1998, (6): 104-107.

[18] Binger A. Potential and future prospects for ocean thermal energy conversion (OTEC) in small islands developing states (SIDS) [J]. Water Science & Technology, 2004, 20(2): 88-90.

[19] 盛振邦, 刘应中. 船舶原理(下册)[M]. 上海: 上海交通大学出版社, 2004.

[20] 徐增强. 自升式海洋平台桩靴喷冲系统设计[J]. 船海工程, 2013, 42(2): 97-99.

[21] 韩家新. 中国近海海洋——海洋可再生能源[M]. 北京: 海洋出版社, 2015.

[22] Wang X M, Shang J Z, Luo Z R, et al. Reviews of power systems and environmental energy conversion for unmanned underwater vehicles[J]. Renewable and Sustainable Energy Reviews, 2012, 16(2): 1958-1969.

[23] Crimmins D M, Patty C T, Beliard M A, et al. Long-endurance test results of the solar-powered AUV system[C]. IEEE/MTS OCEAN, 2006: 1-5.

[24] Manley J E. Autonomous surface vessels, 15 years of development[C]. MTS/IEEE Quebec Conference and Exhibition, 2008: 1-4.

[25] Bibuli M, Bruzzone G, Caccia M. Line following guidance control: Application to the Charlie unmanned surface vehicle[C]. IEEE/RSJ International Conference on Intelligent Robots and Systems, 2008: 3641-3646.

[26] Wang X, Li H, Gu L. Economic and environmental benefits of ocean thermal energy conversion[J]. Marine Sciences, 2008, 32(11): 84-87.

[27] Hine R, Willcox S, Hine G, et al. The Wave Glider: A wave-powered autonomous marine vehicle[C]. IEEE/MTS OCEAN, 2009: 1-6.

[28] Patch D A, Hotel V. A solar energy system for long-term deployment of AUVs[C]. International Unmanned Undersea Vehicle Symposium, 2000: 1-9.

[29] Caccia M, Bibuli M, Bono R, et al. Basic navigation, guidance and control of an unmanned surface vehicle[J]. Autonomous Robots, 2008, 25(8): 349-365.

[30] Bibuli M, Bruzzone G, Caccia M, et al. Path-following algorithms and experiments for an unmanned surface vehicle[J]. Journal of Field Robotics, 2009, 26(8): 669-688.

[31] SAILDRONE Inc. Autonomous sailing vessel: USA, US9003986B2[P]. 2015.

[32] Elkaim G H, Boyce Lee C O. Experimental validation of GPS based control of an unmanned wing-sailed catamaran[C]. ION Global Navigation Satellite Systems Conference, 2007: 1950-1956.

[33] Enqvist T, Friebe A, Haug F. Free Rotating Wingsail Arrangement for Åland Sailing Robots[M]. New York: Springer, 2017.

[34] 王迅, 李赫, 古琳. 海水温差能发电的经济和环保效益[J]. 海洋科学, 2008, 32(11): 84-87.

[35] Lennard D E. The viability and best locations for ocean thermal energy conversion systems around the world[J]. Renewable Energy, 1995, 6(3): 359-365.

[36] Tanner D. Ocean thermal energy conversion: Current overview and future outlook[J]. Renewable Energy, 1995, 6(3): 367-373.

[37] Stommel H. The SLOCUM mission[J]. Oceanography, 1989, 32(4): 93-96.

[38] Wang Y H, Zhang H W, Wu J G. Design of a new type underwater glider propelled by temperature difference energy[J]. Ship Engineering, 2009, 31(3): 51-54.

[39] Webb D C, Simonetti P J, Jones C P. SLOCUM: An underwater glider propelled by environmental energy[J]. IEEE Journal of Oceanic Engineering, 2001, 26(4): 447-452.

[40] ASV Ltd. “C-Enduro” Long Endurance ASV[EB/OL]. https://www.asvglobal.com [2017-12-10].

[41] 李云波. 船舶阻力[M]. 哈尔滨: 哈尔滨工程大学出版社, 2005: 36-38.

[42] 封培元. 基于新型节能推进水翼的船舶耐波与操纵性能改进研究[D]. 上海: 上海交通大学, 2014.

[43] 李聪. 波浪动力艇试验研究[D]. 广州: 华南理工大学, 2014.

[44] 林丰. 波能推进型无人艇的纵向运动性能研究[D]. 广州: 华南理工大学, 2016.

[45] 林应雄. 俄罗斯研制成功仿生波浪推进器[J]. 港口科技动态, 1998, (3): 41-42.

[46] Terao Y. Wave devouring propulsion system: From concept to trans-pacific voyage[C]. ASME 28th International Conference on Ocean, Offshore and Arctic Engineering, 2009: 119-126.

[47] Terao Y, Sakagami N. Application of wave devouring propulsion system for ocean engineering[C]. ASME 32nd International Conference on Ocean, Offshore and Arctic Engineering, 2013:V005T06A051.

[48] Manley J, Willcox S. The Wave Glider: A new concept for deploying ocean instrumentation[J]. IEEE Instrumentation & Measurement Magazine, 2010, 13(6): 8-13.

[49] MeyerGutbrod E, Greene C H, Packer A, et al. Long term autonomous fisheries survey utilizing active[C]. IEEE/MTS OCEANS, 2012: 1-5.

[50] Galgani F, Hervé G, Carlon R. Wavegliding for marine litter[J]. Rapp. Comm. Int. Mer Médit, 2013, 40: 306.

[51] Hermsdorfer K, Wang Q, Lind R J, et al. Autonomous Wave Gliders for air-sea interaction research[C]. The 19th Conference on Air-Sea Interaction, 2015: 11-15.

[52] 徐春莺, 陈家旺, 郑炳焕. 波浪驱动的水面波力滑翔机研究现状及应用[J]. 海洋技术学报, 2014, 33(2): 111-112.

[53] Tougher B B. The Wave Glider: A new autonomous surface vehicle to augment MBARI's growing fleet of ocean observing systems[C]. The American Geophysical Union Conference, 2011: 1559-1562.

[54] Brown P, Hardisty D, Molteno T. Wave-powered small-scale generation systems for ocean exploration[C]. IEEE/MTS OCEANS, 2007: 1-6.

[55] Beach J N. Integration of an acoustic modem onto a Wave Glider unmanned surface vehicle[J]. Thesis Collection, 2012, 38(9): 54-61.

[56] Bingham B, Kraus N, Howe B, et al. Passive and active acoustics using an autonomous Wave Glider[J]. Journal of Field Robotics, 2012, 29(6): 911-923.

[57] Wiggins S, Manley J, Brager E, et al. Monitoring marine mammal acoustics using Wave Glider[C]. IEEE/MTS OCEANS, 2010: 1-4.

[58] Mullison J, Symonds D, Trenaman N. ADCP data collected from a Liquid Robotics Wave Glider[C]. 2011 IEEE/OES 10th Current, Waves and Turbulence Measurements, 2011: 266-272.

[59] Villareal T A, Wilson C. A comparison of the Pac-X trans-pacific Wave Glider data and satellite data (MODIS, Aquarius, TRMM and VIIRS) [J]. PLOS ONE, 2014, 9(3): e92280.

[60] Kenneth M. Marine seismic survey systems and methods using autonomously or remotely operated vehicles: USA, US20120069702[P]. 2013.

[61] Hine R G, Hine D L, Rizzi J D, et al. Wave power: Australia, AU2012211463[P].2012.

[62] Hine R G, Hine D L, Rizzi J D, et al. Wave-powered devices configured for nesting: Australia, AU2012228948[P]. 2013.

[63] Hine R G, Hine D L, Rizzi J D, et al. Watercraft that harvest both locomotive thrust and electrical power from wave motion: Australia, AU2012275286[P]. 2013.

[64] Liquid Robotics. Products & Services[EB/OL]. https://www.liquid-robotics.com. [2017-08-30].

[65] Trauthwein G. Meet the AutoNaut[J]. Marine Technology, 2015, (5): 1-11.

[66] Liu P, Su Y M, Liao Y L. Numerical and experimental studies on the propulsion performance of a wave glide propulsor[J]. China Ocean Engineering, 2016, 30(3): 393-406.

[67] 廖煜雷, 李晔, 刘涛, 等. 波浪滑翔器技术的回顾与展望[J]. 哈尔滨工程大学学报, 2016, 37(9): 1227-1236.

[68] Liao Y L, Wang L F, Li Y M, et al. The intelligent control system and experiments for an unmanned Wave Glider[J]. PLOS ONE, 2016, 11(12): e0168792.

[69] Jia L J, Zhang X M, Qi Z F, et al. Hydrodynamic analysis of submarine of the Wave Glider[J]. Applied Mechanics and Materials, 2013, 834-836: 1505-1511.

[70] 张森, 史健, 张选明, 等. 波浪动力滑翔机岸基监控系统[J]. 海洋技术学报, 2014, 33(3): 119-124.

[71] 田宝强, 俞建成, 张艾群, 等. 波浪驱动无人水面机器人运动效率分析[J]. 机器人, 2014, 36(1): 43-48.

2 波浪驱动水面机器人的推进机理分析

本章重点研究波浪驱动水面机器人的推进机理问题。首先介绍波浪驱动水面机器人动力装置设计思想的起源；然后以“漫步者Ⅰ”号波浪驱动水面机器人原理样机为研究对象，根据流体力学原理，利用理论分析、数值模拟和水池试验等多种手段，对波浪驱动水面机器人的推进机理进行详细分析。本章的研究包括波浪驱动水面机器人推进机理的理论分析和试验研究，为掌握波浪驱动水面机器人的推进性能、提升长期航行能力奠定基础。

2.1 波浪驱动水面机器人推进机理

波浪驱动水面机器人由浮体、潜体和柔链构成，浮体与潜体通过柔链连接，其中潜体装有若干对铰接的水翼(可旋转鳍翼)，如图 2.1(a)所示。潜体产生的前向推进力是波浪驱动水面机器人的动力来源。在持续波浪环境中，当浮体随波浪下降时，潜体受重力下沉，使水翼后端向上翻起；反之，浮体随波浪上升时潜体被柔链拉起而上升，水翼后端下翻。水翼随波浪起伏而上下拍动就像一条鱼的尾鳍摆动从而驱使潜体前进，并通过柔链拉动浮体前进，驱动波浪驱动水面机器人向前航行，其运动原理如图 2.1(b)所示。

本书将波浪驱动水面机器人的推进机理表述为：波浪驱动水面机器人的浮体在波浪力的持续激励下垂向运动；同时，浮体通过柔链传递拖曳力，驱使潜体做滑翔运动(类鱼鳍摆动过程)；潜体在流体动力作用下，以纯机械方式将波浪力部分转化为前进推力，从而牵引波浪驱动水面机器人持续航行。值得注意的是，潜体利用纯机械方式将波浪力直接转换为推进力(常规海洋机器人或移动平台所携带的能量源绝大部分用于提供航行动力)，从而使得波浪驱动水面机器人在波浪环境中无须额外动力牵引，依赖于波浪能源源不断的补给以及光伏电池板在线为电

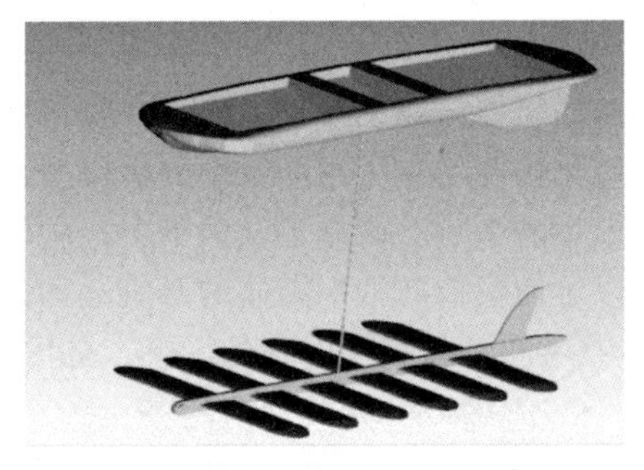

(a) 波浪驱动水面机器人的结构图

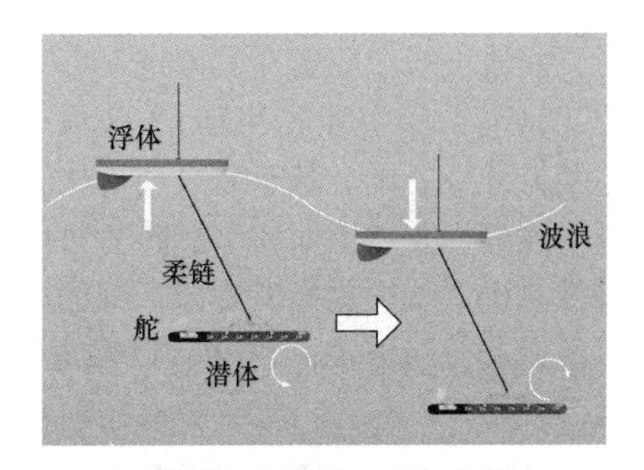

(b) 波浪驱动水面机器人的运动原理图

图 2.1 波浪驱动水面机器人的结构及运动原理

子设备供电，得以实现长时间的持续航行与作业。

2.1.1 波浪驱动水面机器人推进机理研究进展

当前对波浪驱动水面机器人推进机理进行研究主要有两种策略：①仿生推进——在波浪的持续激励下，潜体的串列水翼做升沉和拍动耦合运动进而产生前进推力，这与鱼鳍摆动过程非常相似，即属于一类特殊的水下仿生推进模式；②波浪能利用——考虑到波浪驱动水面机器人航行动力源于对波浪能的捕获和直接利用，部分学者基于规则波假设和能量守恒原理，从宏观角度探讨波浪推进机理问题。

刘鹏等[1]基于计算流体力学理论并结合仿生推进机理，开展了波浪驱动水面机器人推进机理的研究。他们通过求解雷诺平均方程，计算了串列布置的二维水翼在异步摆动运动方式下的水动力性能，分析了摆幅角、翼间距、翼型等关键设计参数对各翼性能的影响以及不同工况下翼间流场扰动情况；给出串列异步摆动翼之间的涡系分布情况，探讨了翼间涡系干扰对各翼性能的影响。然而，计算中假设浮体对波浪是完全响应的，这与实际情况有较大差异。在此基础上，胡合文[2]考虑了波浪中浮体响应特性对系统推进性能的影响，基于三维势流理论计算了波浪驱动水面机器人浮体在波浪中的垂荡运动响应，进而分析波浪驱动水面机器人的水动力性能，提出了一种使用 AQWA 和 Fluent 相结合的计算方法，对波浪驱动水面机器人在典型工况下推力性能进行了定量化评估。

廖煜雷等[3]自主研制了“漫步者 I ”号波浪驱动水面机器人原理样机，并在国内率先完成了水池拖曳、自由航行等标准化水动力试验研究（图 2.2）。试验中采用规则波，系统地测试了一级海况下波高、波长对其推进性能的影响，样机在波高 0.2m 时航速达到了 0.85kn（国外产品一级海况航速为 0.5kn），试验验证了研究方案的可行性，并积累了大量宝贵试验数据。研究表明，波高增加能够提高潜体推力，而波长增加能提高其推进效率[4]。

2014 年，田宝强等[5]进行了波浪驱动水面机器人驱动原理分析，并简化推导了驱动力计算公式。基于波浪理论从能量转化角度建立了运动效率分析模型，并分析了波高、波峰周期和水翼转角对运动效率的影响。研制了试验平台，利用浮体携带电机上下往复拖曳潜体升沉运动，以近似模拟波浪中潜体的升沉运动，利用水池试验分析波高、周期、摆幅角等参数对波浪能利用效率的影响，如图 2.3 所示。

图 2.2 “漫步者Ⅰ”号波浪驱动水面机器人原理样机

图 2.3 试验平台

2013 年，Jia 等[6]利用 Fluent 分析了水翼的翼型、分布间距和摆角对波浪驱动水面机器人水动力性能的影响，以及参数倾角 θ 的水动力特性，总结出关键参数调整时水动力性能的变化规律。模仿“Wave Glider”系列制造了一台波浪驱动水面机器人推进效率测试装置，利用电机升降驱动潜体往复升沉的方式对波浪驱动水面机器人在波浪中的运动响应进行简单模拟，水池试验测得在模拟一级海况下其最高航速为 0.3kn，如图 2.4 所示。然而，分析中只考虑常稳态下(即水翼保持在最大静止攻角处，且垂向来流速度不变)水翼的水动力性能，实际上在受水动力和重力作用下，水翼摆动是动态变化过程，该研究忽略了水翼运动对水动力性能的影响，同时来流速度也呈周期动态变化，导致数值结果与实际值的差距较大。

图 2.4 国家海洋技术中心研制的波浪推进效率测试装置

2014 年，李小涛[7]从波浪能利用角度宏观地分析总体设计参数，基于 Airy 微幅波理论分析波浪驱动水面机器人的运动原理，认为前进推力来源于表层与深层水质子振动幅度差异引起的波浪能差；分析了潜体水翼在上下起伏过程中的受力状态，只要波浪带动浮体上升和下降，潜体就会产生向前动力，从而带动浮体也向前运动。在假设波浪能利用效率为 10%的条件下，进行了典型海况下量化推进力预报，并初步分析了浮体、潜体总体参数。

2015 年，Zheng 等[8]在对潜体水翼静应力分析的基础上，初步比较了部分参数对水翼的影响。通过仿真与计算结果的比较分析表明，当水翼攻角达到 45°时，推力达到最大值，超过 45°后，推力随着攻角的增大而减小；在相同攻角下，推力随着航速的增加而逐渐增大。

2.1.2 水下仿生推进研究进展

波浪驱动水面机器人的推进器主要模拟海洋动物而设计。海洋动物推进方式呈现多样化特性，主要有摆动法、划动法、水翼法、喷射法四大类。摆动法推进最为常见，主要包括鱼类、海豚等。采用划动法推进的主要有成熟体后肢趾间有蹼的两栖类如蝾螈、青蛙等，鸟类中的游禽如鹅、鸭、鸳鸯等。水翼指水生动物的流线型运动器官，水翼法推进是体型较大的脊椎动物如海龟、企鹅等常采用的运动方式，它们具有流线型的体型及运动器官。喷射法推进是一些无脊椎动物的游泳方式，如乌贼、章鱼、扇贝和水母等。生物原型特征是功能仿生的基础，其构造决定仿生机构的基本构成。自然选择优胜劣汰使得海洋动物具备了在水中运动的能力，海洋动物在运动速度、效率、姿态控制、噪声等方面独具优势和特点，是传统的船用螺旋桨推进器无法比拟的，因此仿生推进技术一直是国内外研究热点之一。

1994 年，美国麻省理工学院开展了鱼类推进数学模型构建、鱼类游动涡流控制和减阻机制等的研究，研发了三代仿生机器鱼，如“RoboTuna”（图 2.5）和 VCUUV。VCUUV 是第一个自主仿生机器鱼，在尾鳍摆动频率为 1Hz 时速度为 1.2m/s，最小转弯半径为 1 倍体长，在稳定性和启动速度上均取得突破，可完成海底巡游等任务[9]。

2008 年，北京航空航天大学和中国科学院自动化研究所合作研制了中国第一条可用于水下考古的“SPC-Ⅱ”型仿生机器鱼[10]，如图 2.6 所示。该机器鱼主要

图 2.5 “RoboTuna”号仿生机器鱼

图 2.6 “SPC-Ⅱ”型仿生机器鱼

包括动力推进、图像采集和无线传输、计算机控制平台等模块，能够在水下持续工作 2～3h，最高航速可达 1.5m/s。

2002 年，哈尔滨工程大学苏玉民等[11]探讨了仿生机器鱼的水动力分析问题，以蓝鳍金枪鱼为原型研制了“仿生-Ⅰ”号仿生水下机器人(图 2.7)，配有月牙形尾鳍和一对联动胸鳍。通过两台伺服电机实现尾鳍摆动和胸鳍攻角改变，以实现直航、回转、升沉等运动，尾鳍摆动频率为 1.3Hz 时航速达 1m/s，原地回转直径 4m，50s 内完成转艏 180°。

图 2.7 “仿生-Ⅰ”号仿生水下机器人

2005 年，美国科学家 Kemp 等[12]研制出新型仿生水下机器人“Madeleine”(图 2.8)，其由 4 个能够摆动的鳍板实现推进。“Madeleine”不仅在模型机构设计方面与脊椎动物相似，在巡航和加速时拥有与脊椎动物有氧肌肉中测得的相似功率密度(5W/kg 和 10W/kg)，使其能够像动物一样敏捷运动。试验发现，使用 4 个摆动鳍板和 2 个摆动鳍板相比，能耗成倍增加但稳定航速没有成倍增长，只是具有更好的启动特性，这具有很大的生物启发意义。

2009 年，Georgiades 等[13]研制了名为“AQUA”的水陆两栖机器人，如图 2.9

图 2.8 “Madeleine”水下机器人

图 2.9 “AQUA”水下机器人

所示，这种水陆两栖机器人可以通过调节其两侧蹼片的转动来完成机器人的运动及转弯任务。

波浪驱动水面机器人潜体摆动水翼的设计方案参考了海龟四肢的运动方式。海龟、企鹅等体型较大的脊椎动物在水中游动时主要通过前肢的上下拍动，不断改变前缘的上翘姿态及下沉姿态来调节攻角，从而产生水流的反作用力来推进身体的运动。不同于鱼类基于阻力推进的模式，海龟前肢的拍动基于升力的拍翼运动。

水翼两个最基本的运动分别为位旋和拍旋，这两个运动分别为水翼绕海龟的肩轴线和垂直线旋转而形成，同时拍旋轴线会因位旋的改变而发生方位的改变。海龟水翼的运动大体上可以分为四个阶段，包括下拍、俯旋、上挥及仰旋，由两个旋转运动经过耦合形成。在拍旋阶段，水翼运动主要以拍旋作用为主，海龟的运动姿态主要是靠调节位旋改变拍旋击水的角度来控制的，因而将水翼运动抽象简化为二自由度运动模型，即位旋和拍旋的运动模型。海龟通过肌肉驱动水翼上下运动，以克服在竖直方向受到的水流阻力，同时产生水平方向的动力[14]。图 2.10 展示了海龟运动的具体模式。

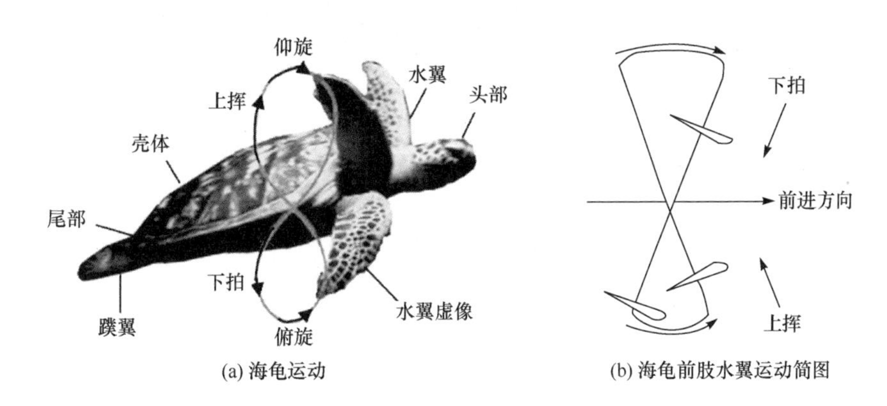

图 2.10　海龟运动及简化分析

许多仿生学学者对海龟的主要运动器官进行了详细的静态分析，并描述了海龟在水中运动的具体形态。例如，哈尔滨工程大学张铭钧等[15]开展了仿生水翼推进系统研制与试验研究，对海龟的拍翼进行了静力学分析，并且对其在水中的运动进行了描述；设计制作了仿海龟翼型的水翼推动机构，同时建立了数学模型，对具体结构及控制电路做了设计；针对水翼运动进行了动力学分析，用 Pro/Engineer 进行了运动学仿真，同时开展了实体试验；在试验过程中成功实现了仿海龟前肢的运动，为仿生机构的可行性及可靠性提供了依据。国外相关研究机构曾经设计了一种仿海龟扑翼机构。首先对海龟的扑翼生理结构和运动姿态做了详细分析；然后基于仿生学原理，设计出一种仿海龟扑翼推进机构，计算其运动轨迹和姿态角等；研制出扑翼实体模型，并进行了试验验证，分析了仿生扑翼推进机构在水中的受力情况和强度。

波浪驱动水面机器人由海面漂浮的浮体、水下潜体及柔链相连构成，其中潜体的摆动水翼机构根据仿生学原理、参照海洋动物的运动姿态进行设计。摆动水翼与海龟前肢运动的不同之处在于:海龟依靠前肢的上挥和下拍产生向前的推力，前肢的上下运动和转动都是海龟的主动式运动，而波浪驱动水面机器人的摆动水翼依靠浮体随波浪起伏而做升沉运动，属于被动式运动。

2.2 计算流体力学概述

目前，针对波浪驱动水面机器人的水动力分析和运动模拟研究，学者们主要应用计算流体力学技术。计算流体力学技术是当前研究流体力学的重要手段，它融合了流体力学的基本原理和计算机建模仿真技术，能够将复杂的流体力学问题通过计算机程序加以解决，为流体力学研究节省了大量的成本，适用于波浪驱动水面机器人的推进机理研究。

2.2.1 流体力学原理

流体力学是力学的一个分支，属于宏观力学，它的主要任务是研究流体所遵循的宏观运动规律以及流体和周围物体之间的相互作用。流体力学从研究手段上可划分为理论流体力学、试验流体力学和计算流体力学。这三大分支构成了流体力学的完整体系，它们相辅相成，推动这一学科不断向前发展。

1. 流体力学基本方程

任何流体在流动过程中都需要满足质量守恒定律、动量守恒定律和能量守恒定律。对于所有的流体流动研究，都需要求解有关这些物理量的守恒方程；如果流动是湍流运动，那么还需要计算湍流输运方程[16]。

1) 质量守恒方程

质量守恒方程就是流体的连续性方程，即在单位时间内流出控制体的流体净质量等于在同等时间间隔内控制体内由于密度变化而减少的质量。微分形式的连续性方程如下：

$$\frac{\partial \rho}{\partial t}+\frac{\partial(\rho u)}{\partial x}+\frac{\partial(\rho v)}{\partial y}+\frac{\partial(\rho w)}{\partial z}=0 \tag{2.1}$$

其中，ρ 为流体密度；t 为时间；u 、v 、w 分别为流体速度在 x 、y 、z 三个方向的分量。

引入哈密顿微分算子：

$$\nabla=\boldsymbol{i}\frac{\partial}{\partial x}+\boldsymbol{j}\frac{\partial}{\partial y}+\boldsymbol{k}\frac{\partial}{\partial z} \tag{2.2}$$

则式(2.1)可以写成如下形式：

$$\frac{\partial \rho}{\partial t}+\nabla\cdot(\rho\boldsymbol{u})=0 \tag{2.3}$$

对于定常流动，由于 $\frac{\partial \rho}{\partial t}=0$ ，则式(2.3)变为

$$\nabla\cdot(\rho\boldsymbol{u})=0 \tag{2.4}$$

对于不可压缩流体，由于 ρ 为常数，则式(2.4)变为

$$\nabla\cdot\boldsymbol{u}=0 \tag{2.5}$$

将哈密顿算子展开，可得

$$\frac{\partial u}{\partial x}+\frac{\partial v}{\partial y}+\frac{\partial w}{\partial z}=0 \tag{2.6}$$

2) 动量方程

在流体力学领域，对于动力黏性系数 μ 为常数的黏性可压缩牛顿流体，动量方程又称为纳维-斯托克斯(Navier-Stokes，N-S)方程。其本质是牛顿第二定律，即对于某一特定的流体微元，其动量对时间的变化率等于外界作用在该微元体上各种力的合力。方程具体形式如下：

$$\begin{cases}\dfrac{\partial(\rho u)}{\partial t}+\nabla\cdot(\rho u\boldsymbol{u})=\nabla\cdot(\mu\nabla u)-\dfrac{\partial p}{\partial x}+S_u\\ \dfrac{\partial(\rho v)}{\partial t}+\nabla\cdot(\rho v\boldsymbol{u})=\nabla\cdot(\mu\nabla v)-\dfrac{\partial p}{\partial y}+S_v\\ \dfrac{\partial(\rho w)}{\partial t}+\nabla\cdot(\rho w\boldsymbol{u})=\nabla\cdot(\mu\nabla w)-\dfrac{\partial p}{\partial z}+S_w\end{cases} \tag{2.7}$$

其中，S_u 、S_v 和 S_w 是动量守恒方程的广义源项；$S_u=\rho f_x+s_x$ 、$S_v=\rho f_y+s_y$ 、$S_w=\rho f_z+s_z$ ；其中的 s_x 、s_y 和 s_z 分别为

$$\begin{cases} s_x = \dfrac{\partial}{\partial x}\left(\mu\dfrac{\partial u}{\partial x}\right) + \dfrac{\partial}{\partial y}\left(\mu\dfrac{\partial v}{\partial x}\right) + \dfrac{\partial}{\partial z}\left(\mu\dfrac{\partial w}{\partial x}\right) - \dfrac{2}{3}\dfrac{\partial}{\partial x}(\mu\nabla\cdot\boldsymbol{u}) \\ s_y = \dfrac{\partial}{\partial x}\left(\mu\dfrac{\partial u}{\partial y}\right) + \dfrac{\partial}{\partial y}\left(\mu\dfrac{\partial v}{\partial y}\right) + \dfrac{\partial}{\partial z}\left(\mu\dfrac{\partial w}{\partial y}\right) - \dfrac{2}{3}\dfrac{\partial}{\partial y}(\mu\nabla\cdot\boldsymbol{u}) \\ s_z = \dfrac{\partial}{\partial x}\left(\mu\dfrac{\partial u}{\partial z}\right) + \dfrac{\partial}{\partial y}\left(\mu\dfrac{\partial v}{\partial z}\right) + \dfrac{\partial}{\partial z}\left(\mu\dfrac{\partial w}{\partial z}\right) - \dfrac{2}{3}\dfrac{\partial}{\partial z}(\mu\nabla\cdot\boldsymbol{u}) \end{cases} \tag{2.8}$$

将式(2.8)展开，代入式(2.7)中，得到

$$\begin{cases} \dfrac{\partial(\rho u)}{\partial t} + \nabla\cdot(\rho u\boldsymbol{u}) = \nabla(\mu\nabla u) - \dfrac{\partial p}{\partial x} + \rho f_x + \dfrac{\mu}{3}\dfrac{\partial}{\partial x}(\nabla\cdot\boldsymbol{u}) \\ \dfrac{\partial(\rho v)}{\partial t} + \nabla\cdot(\rho v\boldsymbol{u}) = \nabla(\mu\nabla v) - \dfrac{\partial p}{\partial y} + \rho f_y + \dfrac{\mu}{3}\dfrac{\partial}{\partial y}(\nabla\cdot\boldsymbol{u}) \\ \dfrac{\partial(\rho w)}{\partial t} + \nabla\cdot(\rho w\boldsymbol{u}) = \nabla(\mu\nabla w) - \dfrac{\partial p}{\partial z} + \rho f_z + \dfrac{\mu}{3}\dfrac{\partial}{\partial z}(\nabla\cdot\boldsymbol{u}) \end{cases} \tag{2.9}$$

式(2.9)称为守恒型 N-S 方程。在计算流体力学中通常采用这种形式的方程，便于数值计算。

2. 湍流数学模型

由于自然环境和工程装置中的流动一般是湍流流动，因此使用计算流体力学原理模拟任何实际流动过程都会遇到湍流问题。数值求解黏性绕流问题就是要解 N-S 方程，目前有直接数值模拟和非直接数值模拟两大类方法。非直接数值模拟主要有大涡模拟(large eddy simulation，LES)、雷诺时均 N-S 方程、统计平均等数值方法[17]。LES 这类方法要求的计算网格数量十分庞大，使得其应用范围受到限制，目前仅限于简单物体的数值模拟计算。目前湍流的非直接数值模拟方法中，工程应用最广泛的是雷诺时均 N-S 方程方法，该方法忽略密度脉动的影响，但考虑平均密度的变化。

对于湍流流动，英国物理学家雷诺于 1895 年提出了如下假设：湍流的瞬时速度场满足 N-S 方程。根据这一假设，雷诺采用时间平均法建立了湍流平均运动方程。由于本章研究的是不可压缩流体，因此以下只针对不可压缩流体进行湍流方程的推导。

对于式(2.9)，忽略质量力，并对其取时间平均值，得到

$$\left\{\begin{aligned}
&\rho\left[\frac{\partial\overline{u}}{\partial t}+\frac{\partial\left(\overline{uu}\right)}{\partial x}+\frac{\partial\left(\overline{uv}\right)}{\partial y}+\frac{\partial\left(\overline{uw}\right)}{\partial z}\right]=-\frac{\partial\overline{p}}{\partial x}+\mu\nabla^2\overline{u}\\
&\qquad+\left[\frac{\partial\left(-\rho\overline{u'u'}\right)}{\partial x}+\frac{\partial\left(-\rho\overline{u'v'}\right)}{\partial y}+\frac{\partial\left(-\rho\overline{u'w'}\right)}{\partial z}\right]\\
&\rho\left[\frac{\partial\overline{v}}{\partial t}+\frac{\partial\left(\overline{vu}\right)}{\partial x}+\frac{\partial\left(\overline{vv}\right)}{\partial y}+\frac{\partial\left(\overline{vw}\right)}{\partial z}\right]=-\frac{\partial\overline{p}}{\partial y}+\mu\nabla^2\overline{v}\\
&\qquad+\left[\frac{\partial\left(-\rho\overline{v'u'}\right)}{\partial x}+\frac{\partial\left(-\rho\overline{v'v'}\right)}{\partial y}+\frac{\partial\left(-\rho\overline{v'w'}\right)}{\partial z}\right]\\
&\rho\left[\frac{\partial\overline{w}}{\partial t}+\frac{\partial\left(\overline{wu}\right)}{\partial x}+\frac{\partial\left(\overline{wv}\right)}{\partial y}+\frac{\partial\left(\overline{ww}\right)}{\partial z}\right]=-\frac{\partial\overline{p}}{\partial z}+\mu\nabla^2\overline{w}\\
&\qquad+\left[\frac{\partial\left(-\rho\overline{w'u'}\right)}{\partial x}+\frac{\partial\left(-\rho\overline{w'v'}\right)}{\partial y}+\frac{\partial\left(-\rho\overline{w'w'}\right)}{\partial z}\right]
\end{aligned}\right. \tag{2.10}$$

而湍流的瞬时运动连续方程的平均值为

$$\frac{\partial\overline{u}}{\partial x}+\frac{\partial\overline{v}}{\partial y}+\frac{\partial\overline{w}}{\partial z}=0 \tag{2.11}$$

式(2.10)就是著名的雷诺湍流方程，简称雷诺方程，其与连续性方程(2.11)共同构成了不可压缩湍流平均运动的基本方程组。

由雷诺方程可知，在湍流运动中除了平均运动的黏性应力之外，还出现了与脉动速度相关的一项$-\rho\overline{u'u'}$，称为雷诺应力，其是一个二阶张量，记作

$$p'_{ij}=-\rho\overline{u'_iu'_j}$$

或

$$\boldsymbol{P}'=\begin{bmatrix}-\rho\overline{u'u'} & -\rho\overline{u'v'} & -\rho\overline{u'w'}\\ -\rho\overline{v'u'} & -\rho\overline{v'v'} & -\rho\overline{v'w'}\\ -\rho\overline{w'u'} & -\rho\overline{w'v'} & -\rho\overline{w'w'}\end{bmatrix} \tag{2.12}$$

雷诺应力的出现使得不可压缩湍流平均运动的基本方程组不能封闭，因为方程数只有 4 个，而未知量共 10 个(包括 3 个方向的平均速度、6 个雷诺湍流应力分量、压力平均值)。为了使方程组封闭，必须对雷诺应力项做出某种假定，需要在雷诺湍流应力和平均速度之间建立补充关系式，把湍流的脉动值和时均值联系起来，即湍流模式。根据对雷诺应力项做出的假定或处理方式不同，常用的湍流

模式有雷诺应力模型和涡黏模型。其中，在涡黏模型方法中，不直接处理雷诺应力项，而是引入湍动黏度，或称涡黏系数，然后把湍流应力表示成湍动黏度的函数，整个计算的关键在于确定这种湍动黏度[18]。涡黏模型包括零方程模型、一方程模型和两方程模型。目前两方程模型在工程中使用最为广泛，最基本的两方程模型是标准 k-ε 模型，即分别引入关于湍动能 k 和湍动耗散率 ε 的方程。此外，还有各种改进的 k-ε 模型，比较著名的是基于重整化群理论（renormalization group，RNG）k-ε 模型和可实现性（realizable）k-ε 模型。

在关于湍动能 k 方程的基础上，再引入一个关于湍动耗散率 ε 的方程，便形成了 k-ε 两方程模型，称为标准 k-ε 模型。在模型中，表示湍动耗散率的 ε 定义为

$$\varepsilon=\frac{\mu}{\rho}\overline{\left(\frac{\partial u_j'}{\partial x_k}\right)\left(\frac{\partial u_i'}{\partial x_k}\right)} \tag{2.13}$$

湍动黏度 μ_t 可表示成 k 和 ε 的函数，即

$$\mu_t=\rho C_\mu\frac{k^2}{\varepsilon} \tag{2.14}$$

与标准 k-ε 模型对应的输运方程包括湍动能 k 方程：

$$\begin{aligned}\frac{\partial(\rho k)}{\partial t}+\frac{\partial(\rho k u_i)}{\partial x_i}=&\frac{\partial}{\partial x_j}\left[\left(\mu+\frac{\mu_t}{\sigma_k}\right)\frac{\partial k}{\partial x_j}\right]\\&+G_k+G_b-\rho\varepsilon-Y_M+S_k\end{aligned} \tag{2.15}$$

和湍动耗散率 ε 方程：

$$\begin{aligned}\frac{\partial(\rho\varepsilon)}{\partial t}+\frac{\partial(\rho\varepsilon u_i)}{\partial x_i}=&\frac{\partial}{\partial x_j}\left[\left(\mu+\frac{\mu_t}{\sigma_\varepsilon}\right)\frac{\partial\varepsilon}{\partial x_j}\right]+C_{1\varepsilon}\frac{\varepsilon}{k}\left(G_k+C_{3\varepsilon}G_b\right)\\&-C_{2\varepsilon}\rho\frac{\varepsilon^2}{k}+S_\varepsilon\end{aligned} \tag{2.16}$$

其中，C_μ 为经验常数；G_k 是由平均速度梯度引起的湍动能 k 的产生项；G_b 是由浮力引起的湍动能 k 的产生项；Y_M 为可压湍流中脉动扩张的贡献；$C_{1\varepsilon}$、$C_{2\varepsilon}$、$C_{3\varepsilon}$ 为经验常数；σ_k 和 σ_ε 分别是与湍动能 k 和湍动耗散率 ε 对应的普朗特数；S_k 和 S_ε 为用户定义的源项[19]。

将标准 k-ε 模型用于强旋流或带有弯曲壁面的流动时，会出现一定失真，因此出现了标准 k-ε 模型的改进模型。在 RNG k-ε 模型中，通过在大尺度运动和修正后黏度项体现小尺度的影响，从而使这些小尺度运动系统地从控制方程中去除。所得到的 k 方程和 ε 方程与标准 k-ε 模型非常相似，包括湍动能 k 方程：

$$\frac{\partial(\rho k)}{\partial t}+\frac{\partial(\rho k u_i)}{\partial x_i}=\frac{\partial}{\partial x_j}\left[\alpha_k \mu_{\mathrm{eff}} \frac{\partial k}{\partial x_j}\right]+G_k+G_b-\rho\varepsilon-Y_M+S_k \tag{2.17}$$

和湍动耗散率 ε 方程：

$$\frac{\partial(\rho\varepsilon)}{\partial t}+\frac{\partial(\rho\varepsilon u_i)}{\partial x_i}=\frac{\partial}{\partial x_j}\left[\alpha_\varepsilon \mu_{\mathrm{eff}} \frac{\partial \varepsilon}{\partial x_j}\right]+C_{1\varepsilon}\frac{\varepsilon}{k}(G_k+C_{3\varepsilon}G_b)-C_{2\varepsilon}\rho\frac{\varepsilon^2}{k}-R_\varepsilon+S_\varepsilon \tag{2.18}$$

与标准 k-ε 模型相比，RNG k-ε 模型的主要变化如下：

(1) 通过修正湍动黏度，考虑了平均流动中的旋转及旋流流动情况；

(2) 在 ε 方程中增加了一项，从而反映了主流的时均应变率 E_{ij}，使得 RNG k-ε 模型中产生项不仅与流动情况有关，而且在同一问题中还是空间坐标的函数，从而 RNG k-ε 模型可以更好地处理高应变率及流线弯曲程度较大的流动。需要注意的是，RNG k-ε 模型仍然是针对充分发展的湍流有效，而对近壁面的流动，使用壁面函数法可以达到较好的求解效果。在 Fluent 手册中，将 RNG k-ε 模型中引入了反映主流的时均应变率 E_{ij}，并将其归入 ε 方程的 $C_{2\varepsilon}$ 系数中。

早期船舶计算领域应用较广的湍流模型是零方程模型和两方程的 k-ε 模型，由于未能计及流线曲率和逆压梯度的效应，都不能正确预报艉部流场。随后，国际上对许多湍流模型的适用性进行了大量研究，并在船舶计算流体力学中引入一些新的模型，k-ω 模型开始出现并获得应用。k-ω 模型有好的稳定性，以及能精确预报压力梯度流动的对数层。但是 k-ω 模型的原型对自由来流的湍流度有极强的依赖性，为此又提出了改进型的模型，即剪应力输运（shear-stress transport，SST）k-ω 模型，它结合了 k-ω 模型和 k-ε 模型各自的优点，对自由来流的湍流度也不敏感。

与标准 k-ω 模型对应的输运方程包括湍动能 k 方程：

$$\frac{\partial(\rho k)}{\partial t}+\frac{\partial(\rho k u_i)}{\partial x_i}=\frac{\partial}{\partial x_j}\left(\Gamma_k \frac{\partial k}{\partial x_j}\right)+G_k-Y_k+S_k \tag{2.19}$$

和特殊耗散率 ω 方程：

$$\frac{\partial(\rho\omega)}{\partial t}+\frac{\partial(\rho\omega u_i)}{\partial x_i}=\frac{\partial}{\partial x_j}\left(\Gamma_\omega \frac{\partial \omega}{\partial x_j}\right)+G_\omega-Y_\omega+S_\omega \tag{2.20}$$

与 SST k-ω 模型对应的输运方程包括湍动能 k 方程：

$$\frac{\partial(\rho k)}{\partial t}+\frac{\partial(\rho k u_i)}{\partial x_i}=\frac{\partial}{\partial x_j}\left(\Gamma_k\frac{\partial k}{\partial x_j}\right)+\widetilde{G_k}-Y_k+S_k \tag{2.21}$$

和特殊耗散率 ω 方程：

$$\frac{\partial(\rho\omega)}{\partial t}+\frac{\partial(\rho\omega u_i)}{\partial x_i}=\frac{\partial}{\partial x_j}\left(\Gamma_\omega\frac{\partial \omega}{\partial x_j}\right)+G_\omega-Y_\omega+D_\omega+S_\omega \tag{2.22}$$

3. 壁面函数法

壁面函数法实际是一组半经验的公式，用于将壁面上的物理量与湍流核心区域内待求的未知量直接联系起来，其基本思想是：对于湍流核心区域的流动使用 k-ε 模型进行求解，而在壁面区不进行求解，直接使用半经验公式，将壁面上物理量与湍流核心区内求解变量联系起来。这样不需要对壁面区内流动进行求解，就可直接得到与壁面相邻控制体积的节点变量值。在划分网格时，不需要在壁面加密，只需要把一个内节点布置在对数律成立的区域内，即配置到湍流充分发展的区域。壁面函数就好像一个桥梁，将壁面值同相邻控制体积的节点变量值联系起来[20]。

上述壁面函数法是计算流体力学软件 Fluent 选用的默认方法，它对各种壁面流动都非常有效。相对于低雷诺数 k-ε 模型，壁面函数法计算效率高，工程实用性强。而采用低雷诺数 k-ε 模型时，因壁面区(黏性底层和过渡层)内的物理量变化非常大，因此必须使用细密的网格，从而造成计算成本的提高。但是有时壁面函数无法像低雷诺数 k-ε 模型那样得到黏性底层和过渡层内的“真实”速度分布。这里所介绍的壁面函数法也有一定的局限性，即当流动分离过大或近壁面流动处于高压时，该方法也不理想。为此，Fluent 还提供了非平衡的壁面函数法以及增强的壁面函数法。

2.2.2 计算流体力学方法

1. 计算流体力学技术简介

计算流体力学(computational fluid dynamics，CFD)技术是计算机和计算数学相结合形成的流体力学新分支，是电子计算机技术问世后为求解流体力学问题提供的强大手段。该技术虽然历史较短，但其解决实际工程问题的能力受到研究人员的青睐。目前比较流行的软件有 Fluent、CFX、Task-Flow 等。Fluent 是众多 CFD 软件中的佼佼者，可以分析三维黏性湍流及漩涡运动等复杂问题，已经成为船海领域工程研究的一个重要工具。Fluent 的软件设计基于“CFD 计算机软件群概念”，针对每一种流动物理问题的特点，采用适合于它的数值解法在计算速度、稳定性和精度等方面达到最佳，从而高效率地解决各个领域复杂流动的计算问题。

2. 有限体积法

有限体积法又称控制体积法(control volume method，CVM)，是目前CFD领域广泛使用的离散化方法，目前多数商用CFD软件都采用这种方法。其特点不仅表现在对控制方程的离散结果，还表现在所使用的网格，因此除了要讨论有限体积法之外，还要研究有限体积法所使用的网格系统。

有限体积法的基本思想是：将计算区域划分为网格，并使每个网格节点周围有一个互不重复的控制体积；将待求解微分方程(控制方程)对每一个控制体积积分，从而得出一组离散方程。其中的未知数是网格点上的因变量φ。为了求出控制体的积分，必须假定φ值在网格点之间的变化规律。从积分区域的选取方法来看，有限体积法属于加权余量法中的子域法，从未知解的近似方法来看，有限体积法属于采用局部近似的离散方法，即子域法加离散是有限体积法的基本思想。

在使用有限体积法建立离散方程时，很重要的一步是将控制体与界面上的物理量及其导数0通过节点物理量插值求出。引入插值方式的目的就是建立离散方程，不同的插值方式对应不同的离散结果，因此插值方式常称为离散格式。离散格式对离散方程的求解方法及结果有很大影响。在有限体积法中，常用的空间离散格式主要包括中心差分格式、一阶迎风格式、二阶迎风格式等。但需要注意的是，这些离散格式往往是针对对流项格式而言的，扩散项总是使用中心差分格式进行离散。在选择离散格式时主要考虑实施方便及所形成的离散方程具有满意的数值特性，而不必追求一致性。

另外对于瞬态问题，由于其多出与时间相关的瞬态项，因此在离散过程中必须处理瞬态项，即在将控制方程对控制体积进行空间积分的同时，还必须对时间间隔进行时间积分。在时间域上离散时，根据所假定的物理量在时间域上的分布不同，对应有显式、隐式和Crank-Nicholson格式三种典型时间积分方案，其中隐式方案是无条件稳定的，即无论采取多大的时间步长，都不会出现解的振荡，但由于该方案在时间域上只具有一阶截断误差精度，因此需要小的时间步长以保证获得较高精度的解。由于算法健壮且绝对稳定，隐式方案在瞬态问题求解过程中得到了广泛应用。

3. 基于半隐式算法的流场数值计算

半隐式方法意为“求解压力耦合方程组的半隐式方法”，其基本思想可描述如下：对于给定的压力场(它可以是假定的值，或是上一次迭代计算所得到的结果)，求解离散形式的动量方程，得出速度场。由于压力场是假定的或不准确的，由此得到的速度场一般不满足连续方程，因此必须对给定的压力场加以修正。修正原则是修正后压力场相对应的速度场能满足这一迭代层次上的连续方程。据此原则，把由动量方程的离散形式所规定的压力与速度的关系代入连续方程的离散形式，从而得到压力修正方程，由压力修正方程得出压力修正值。接着根据修正后的压力场，求出新的速度场。然后检查速度场是否收敛。若不收敛，则用修正后的压力值作为给定的压力场，开始下一层次的计算。如此反复，直到获得收敛的解。

采用半隐式算法进行速度分量和压力方程的分离式求解时，计算步骤如下：

(1) 假定某一时刻的速度分布，记为 u_0 、 v_0 、 w_0 ，以此计算动量离散方程中的系数及常数项；

(2) 假设同一时刻压力场为 p_0 ，并将其作为下一时刻的初始值；

(3) 依次求解动量方程，得 u_1 、 v_1 、 w_1 ；

(4) 根据求解出的速度场对压力加以修正，得出修正压力 p_1 ；

(5) 根据 p_1 修正速度值，得到满足连续方程的速度场和压力场；

(6) 利用改进后的速度场求解与速度场耦合的 φ 变量，如果 φ 变量并不影响流场，则应在速度场收敛后再求解；

(7) 利用改进后的速度场重新计算动量离散方程的系数,并利用改进后的压力场作为下一层次迭代计算的初值；

(8) 重复上述步骤，直到获得收敛的解。

2.3 浮体完全响应假设下潜体水动力性能分析

波浪驱动水面机器人依靠安装于潜体的串列水翼在波浪中上下振荡而受迫转动，从而产生推力驱动机器人前进。因此，潜体串列摆动水翼的水动力性能直接影响波浪驱动水面机器人的水动力性能。对于波浪驱动水面机器人推进机理的研究,从串列摆动水翼在特定波浪环境中水动力性能分析开始。本节采用 CFD 技术，通过对单个、串列摆动水翼进行数值建模以模拟拍动水翼运动，从而直观系统地分析串列摆动水翼的推进性能。

2.3.1 潜体数值建模

目前在摆动水翼推进领域,多数学者在研究中均假设水翼做周期性耦合运动，即水翼摆角运动与升沉运动同步耦合进行，两自由度运动在一个周期内运动时间相等，且水翼升沉运动的幅值与周期和波浪一致。而对于波浪驱动水面机器人，水翼受环境流场影响，其运动方式将会发生改变，呈脉动状态，即在一个周期内，水翼做摆角运动时间与其升沉运动时间不相等。在整个运动周期内均做升沉运动、而摆角运动发生于运动周期的某一时间段内的拍动翼称为异步摆动翼。下面考虑浮体完全响应波浪运动的假设(即潜体升沉与波浪运动同步)，分别构建单个水翼和潜体的数值计算模型，并分析其水动力性能。

1. 单个摆动水翼的数值计算模型

异步摆动翼在一个周期内做升沉运动的时间等于周期 T，设摆动运动时间为 T_a，定义摆动时间与运动周期的比值 $q=T_a/T(0\leqslant q\leqslant 1)$。当 q=0 时，为纯升沉运动摆动翼；当 q=1 时，为摆角升沉同步耦合运动摆动翼；而当 0<q<1 时，为本节所研究的异步摆动翼。下面以 q =1/4 为例，具体说明单个摆动翼的计算网格、运动规律及运动过程。

计算中单个摆动水翼计算域大小为来流方向速度入口距离翼前缘 8 倍弦长，去流方向为自由出流边界，距翼前缘 16 倍弦长，翼两侧对称边界分别距翼前缘 8 倍弦长。根据已有研究证明该计算域大小能够使单个水翼的尾流充分发展，保证计算的精度。同时为了提高计算的精确度，划分时在近翼区域进行了网格加密，近翼区局部网格划分及计算中翼的随体坐标如图 2.11 所示。

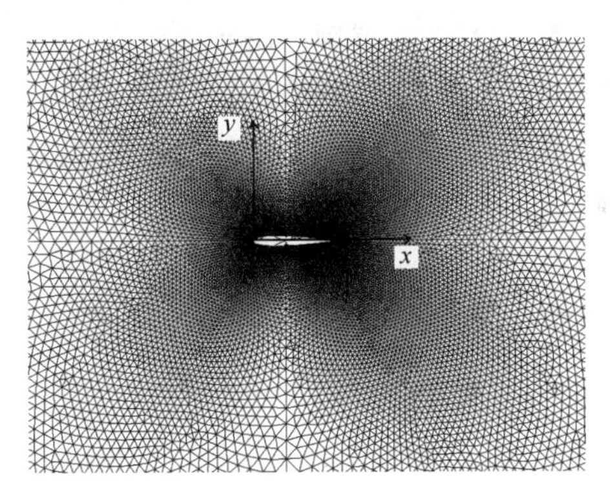

图 2.11　近翼区域网格布置

当 q=1 时，一个运动周期内绕旋转中心的摆角运动与沿 y 轴的升沉运动同步的摆动翼运动满足正弦规律，可表示为

$$\begin{cases} y(t)=y_0\sin(2\pi ft) \\ \theta(t)=\theta_0\sin(2\pi ft+\varphi) \end{cases} \tag{2.23}$$

其中，y_0 为翼的最大升沉幅度；θ_0 为摇摆运动的最大摆幅角；f 为运动频率；φ 为翼升沉运动与摇摆运动的相位差。而当 q=1/4 时，单个水翼的运动规律为分段函数形式，可表示为

$$\begin{cases} \begin{cases} y(t)=y_0\cos(2\pi ft) \\ \theta(t)=\theta_0\sin(8\pi ft) \end{cases}, & 0<t\leqslant\dfrac{T}{16} \\ \begin{cases} y(t)=y_0\cos(2\pi ft) \\ \theta(t)=\theta_0 \end{cases}, & \dfrac{T}{16}<t\leqslant\dfrac{7T}{16} \\ \begin{cases} y(t)=y_0\cos(2\pi ft) \\ \theta(t)=\theta_0\sin\left[8\pi f\left(t-\dfrac{3T}{8}\right)\right] \end{cases}, & \dfrac{7T}{16}<t\leqslant\dfrac{9T}{16} \\ \begin{cases} y(t)=y_0\cos(2\pi ft) \\ \theta(t)=-\theta_0 \end{cases}, & \dfrac{9T}{16}<t\leqslant\dfrac{15T}{16} \\ \begin{cases} y(t)=y_0\cos(2\pi ft) \\ \theta(t)=\theta_0\sin\left[8\pi f\left(t-\dfrac{3T}{4}\right)\right] \end{cases}, & \dfrac{15T}{16}<t\leqslant T \end{cases} \tag{2.24}$$

其中，T 为运动周期。根据以上运动规律，一个周期内单个摆动水翼的运动过程如图 2.12 所示。单个摆动水翼的升沉运动沿 y 轴进行，纵摇运动中心为翼的前缘点，单个摆动水翼采用 NACA0012 翼型，升沉振幅 y_0=0.08m，摇摆运动的最大摆幅角 θ_0=15°，运动周期 T=1.6s。结合式(2.24)与图 2.12 可知，当运动至升沉幅度最大值附近时，单个摆动水翼运动为升沉与摇摆的耦合运动，而当单个水翼运动至平衡位置附近时，则是以固定攻角做纯升沉运动，两种运动的周期均为 T。

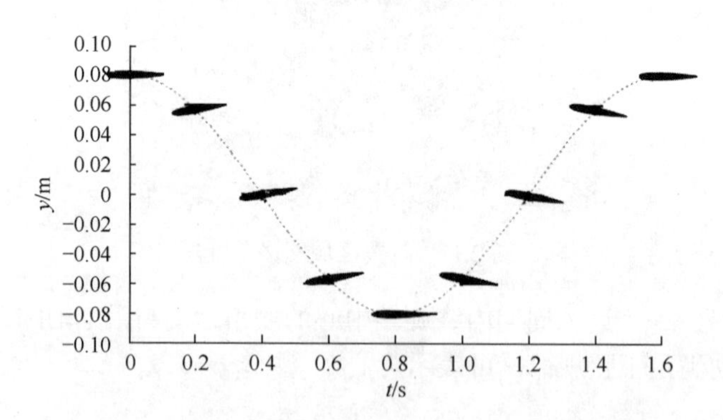

图 2.12　单个摆动水翼一个周期内不同时刻水翼的位置

为方便讨论分析，对数值计算所得的结果进行无因次化处理。其中，翼的推力系数 C_t、侧向力系数 C_y 和绕水翼艏部的力矩系数 C_m 由相应的推力 F_t、侧向力 F_y 和力矩 M_0 沿翼边界积分确定：

$$C_t=\int_l \frac{2F_t}{\rho C_0 {V_0}^2}\mathrm{d}l \tag{2.25}$$

$$C_y = \int_l \frac{2F_y}{\rho C_0 V_0^2} \mathrm{d}l \tag{2.26}$$

$$C_m = \int_l \frac{2M_0}{\rho C_0^2 V_0^2} \mathrm{d}l \tag{2.27}$$

其中，C_0为翼弦长；V_0为无穷远处的来流速度；ρ为流体的密度；l为二维摆动翼边界。

翼的输入功率系数C_P表示为

$$C_P = \frac{\left(\int_0^T C_y y'(t)\mathrm{d}t + \int_0^T C_m \theta'(t)\mathrm{d}t\right) f}{C_0} \tag{2.28}$$

其中，$y'(t)$、$\theta'(t)$表示升沉运动位移与摇摆运动摆角对时间的导数。

摆动翼的推进效率η表示为

$$\eta = \frac{C_T |V_0|}{\left(\int_0^T C_y y'(t)\mathrm{d}t + \int_0^T C_m \theta'(t)\mathrm{d}t\right) f} \tag{2.29}$$

其中，C_T为一个周期内的平均推力系数，它是C_t在一个周期内的平均值，即

$$C_T = \frac{1}{T}\int_0^T C_t \mathrm{d}t$$

2. 波浪驱动水面机器人潜体的数值计算模型

潜体计算模型包括横梁框架、6 对 12 片串列水翼、稳定尾舵等部件，所有水翼都通过各自的转轴被安置在钢制横梁上，关于横梁左右对称成对地串列布置。水翼的展弦比为 1∶8、弦长 0.16m、展长 1.08m，潜体的实体模型如图 2.13 所示。

对波浪驱动水面机器人潜体的结构和机械原理分析表明，潜体的横梁框架部分对水动力性能影响可以忽略，而且潜体与水面的间距较大，可以忽略波浪的直接影响。因此潜体结构可以简化为无限深广水域在导边前方来流下二自由度运动的二维串列拍动翼模型，模型中水翼的翼型初步选定为 NACA0012，水翼弦长为 160mm。整个模型由 6 对 12 片水翼组成，主要运动控制参数为升沉运动的幅值 A、升沉运动的周期 T、最大转动角 θ、水翼间距 L、水翼数量 N 和进口速度 V。

水翼的升沉运动假设为简谐运动：

$$Y(t) = A_0 \cos(\omega t) \tag{2.30}$$

其中，$Y(t)$ 为 t 时刻水翼在 y 轴方向的位置；ω 为振动圆频率；A_0 为升沉运动的最大幅值。

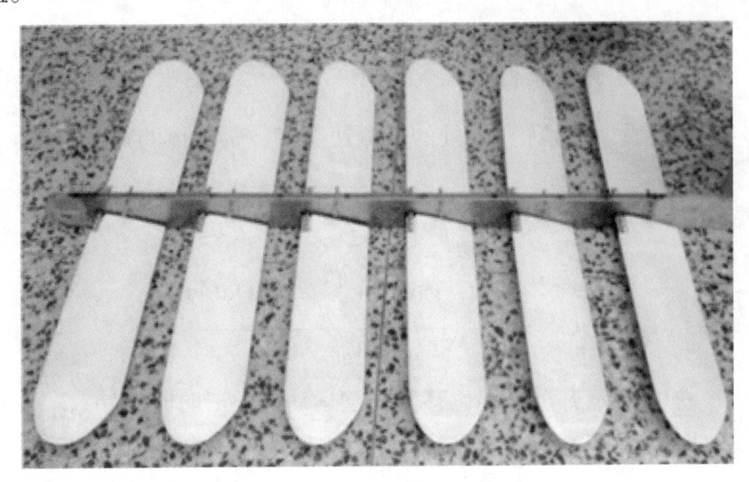

图 2.13　潜体的实体模型

由于水翼的转动规律是未知的，且随水翼的受力不同而变化，因此采用被动运动的方法可以更好地模拟水翼的实际运动，从而获得相对准确的计算结果。水翼以其最前端为中心绕 z 轴转动，为了实现被动转动，在 Fluent 的用户自定义程序界面中编写如下转动控制方程：

$$\alpha=M/J \tag{2.31}$$

$$\begin{cases}\omega_2=\omega_1+\alpha\Delta T \\ \theta_2=\theta_1+\omega_2\Delta T-0.5\alpha\Delta T^2\end{cases}, \quad -\frac{\pi}{12}<\theta_1<\frac{\pi}{12} \\ \begin{cases}\omega_2=0 \\ \theta_2=\theta_1\end{cases}, \quad \theta_1\leqslant-\frac{\pi}{12}\text{或}\theta_1\geqslant\frac{\pi}{12} \tag{2.32}$$

其中，θ_1、ω_1，θ_2、ω_2 分别为前一时刻和当前时刻的角度和角速度；α 为角加速度；M 为前一步的力矩；J 为水翼的转动惯量。根据牛顿运动定律与运动的关系，先计算水翼上转动力矩并由式(2.31)计算得到转角加速度，再由式(2.32)自动计算水翼当前时刻的转动角速度和角度，从而实现水翼的被动拍动。

3. 控制域和网格

在水翼的模型建立好之后，控制域尺寸要根据模型的尺寸来确定，确保二者在尺度上相匹配。本节采用的控制域为长方形。由于整个串列水翼模型沿着来流方向尺寸较长，为 1.36m，在垂直于来流方向上只有 0.18m，按照模型的特点，控制域的长和高应该为计算对象长约 10 倍和高约 6 倍，控制域的长和高设置为

12m 和 6m，若是计算出现尾流，则可以加长控制域。为了满足计算的精确度，网格在水翼周围分布较密，并且每个水翼都用扇形区域覆盖以确保水翼的正常转动，因此整个域由六个小的扇形域和一个大的外域组成。坐标系取正常的平面几何坐标系，坐标原点在第一个水翼的前缘处，x 轴指向水翼后缘的方向，y 轴方向垂直向上。最后根据具体计算要求对边界条件进行设定，本节边界条件设定为：左边界设置为速度入口、右边界设置为压力出口、上下边界设置为远边界。具体的控制域划分如图 2.14 所示。

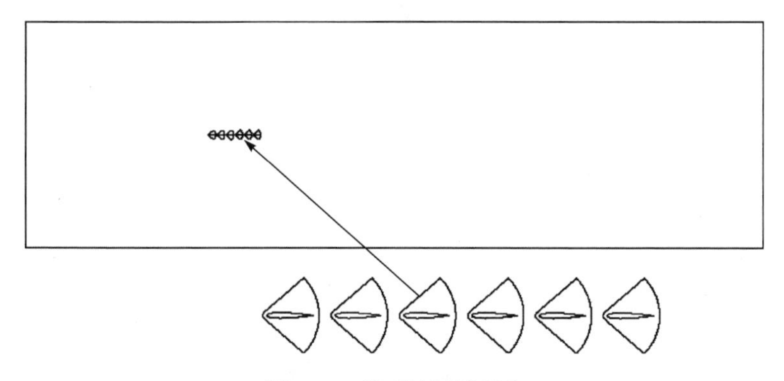

图 2.14 模型控制域划分

由于二维网格问题的解决方案已经十分完善，而且计算二维网格对计算设备的要求也不高，因此可以通过适当增加网格的数量来提升计算的精度，但是当总网格数量增加到一定程度后，计算结果的精度并不会随着网格数量继续加大而产生较大的变化，反而降低了计算效率。所以网格的数量应该选定为一个合适的值，从而既能够得到精确满意的计算结果，又能提升计算设备的利用率。达到此最佳效果可以通过对旁边网格的大小进行控制，使水翼壁面周围的网格密度适当变大，这样就能够更好地模拟边界层内实际的流动状态，从而提高该区域内的计算精度 [21,22]。在外围区域则逐渐减小网格的密度，从而达到加快计算速度的目的。由于在数值求解过程中动网格的更新方法采用的是局部重划模型和弹簧近似光滑模型，所以整个区域采用二维非结构三角形网格并采用动网格技术保证物体运动时的网格质量。

经过前期大量的计算对比，最终采用的网格划分方式为：使用数量为 112000 的非结构网格，水翼表面的最大网格长度为 1mm，扇形域内最大网格长度为 5mm，扇形内的网格长度增长率为 1.05，扇形边界上的最大网格长度为 5mm，外域和边界上最大网格长度为 100mm，域内网格长度增长率为 1.1。网格整体及水翼周围的局部状况如图 2.15 和图 2.16 所示。

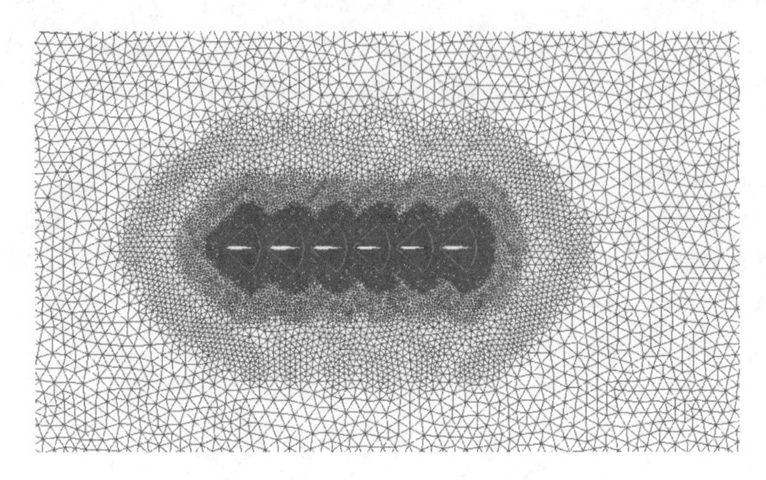

图 2.15　模型网格的整体视图

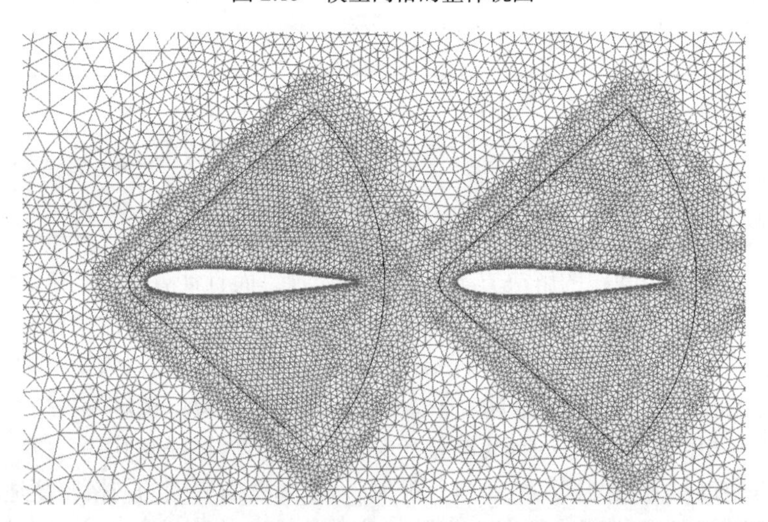

图 2.16　水翼周围网格的局部视图

2.3.2　单拍动水翼水动力性能

1. 计算方法验证

对单个水翼的计算涉及水翼扰流及水翼运动问题，为验证对于上述问题求解时湍流模型、壁面处理及边界条件设置的有效性和准确性，分别进行验证性计算。针对水翼扰流问题，计算 NACA0012 翼型不同攻角下翼升力系数的计算值(即前文的侧向力系数 C_y)与试验值，如表 2.1 所示，二者比较如图 2.17 所示。计算中相关参数为翼弦长 C_0=0.1m，来流速度 V_0=1m/s，固定攻角变化范围 2°～22°。由图 2.17 可知，不同攻角下采用的计算方案均能与试验值较好地吻合，表明该方案在处理水翼扰流问题时是准确的。

表 2.1 不同攻角下翼升力系数的计算值与试验值

参数	攻角/(°)										
	2	4	6	8	10	12	14	16	18	20	22
C_L 计算值	0.164	0.398	0.593	0.755	0.842	0.886	0.908	0.915	0.942	0.950	0.937
C_L 试验值	0.162	0.401	0.598	0.776	0.851	0.903	0.884	0.912	0.945	0.962	0.988

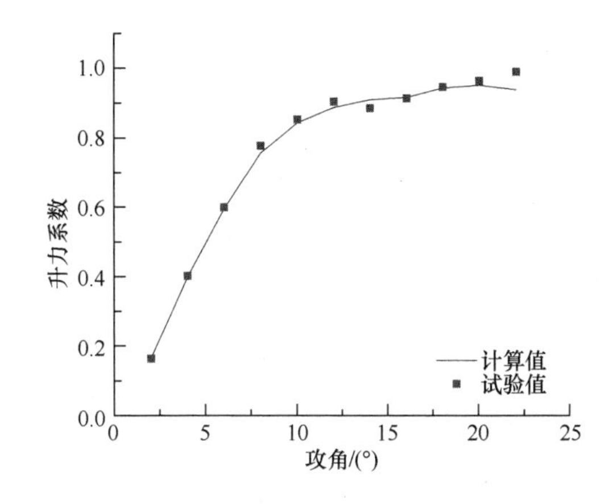

图 2.17 不同攻角下翼升力系数值

2. 数值计算结果

本节探讨一个周期内单个水翼摆角运动时间与升沉运动时间之比，即 q 值对翼水动力性能的影响，为后续研究串列布置的异步摆动翼提供理论基础与计算方法的验证。计算参数设置为：翼弦长 $C_0=0.16\text{m}$，升沉幅度 $y_0=0.5C_0$，升沉周期 $T=1.6\text{s}$，来流速度 $V_0=0.4115\text{m/s}$，摆幅角 $\theta_0=10°,20°$，摆动升沉时间比值 $q=0,0.2,0.25,0.5,1.0$，共计 10 种工况。

1) 不同摆动升沉时间比值下水翼的水动力系数

当 $\theta_0=10°, q=0,0.5,1.0$ 时，水翼一个周期内水动力系数的变化如图 2.18 所示，图中以水翼运动至最大正升沉幅度时为周期的起始时刻。

从图 2.18(a) 中推力系数 C_t 变化规律可知，不同 q 值下，C_t 的变化规律均类似，即一个运动周期内，C_t 连续变化 2 次，变化曲线上存在 2 个最大值，一个出现在 1/4 周期处，另一个出现在 3/4 周期附近，两值大小相等或相近。异步摆动运动规律对 C_t 的影响主要体现在曲线的数值出现跳跃。从运动学上分析，根据单个水翼的运动规律即式(2.24)，C_t 值跳跃的时刻刚好是摆角运动开始和结束的时刻，单个水翼的运动在纯升沉运动与升沉及摆角的耦合运动间过渡，即此时存在运动自

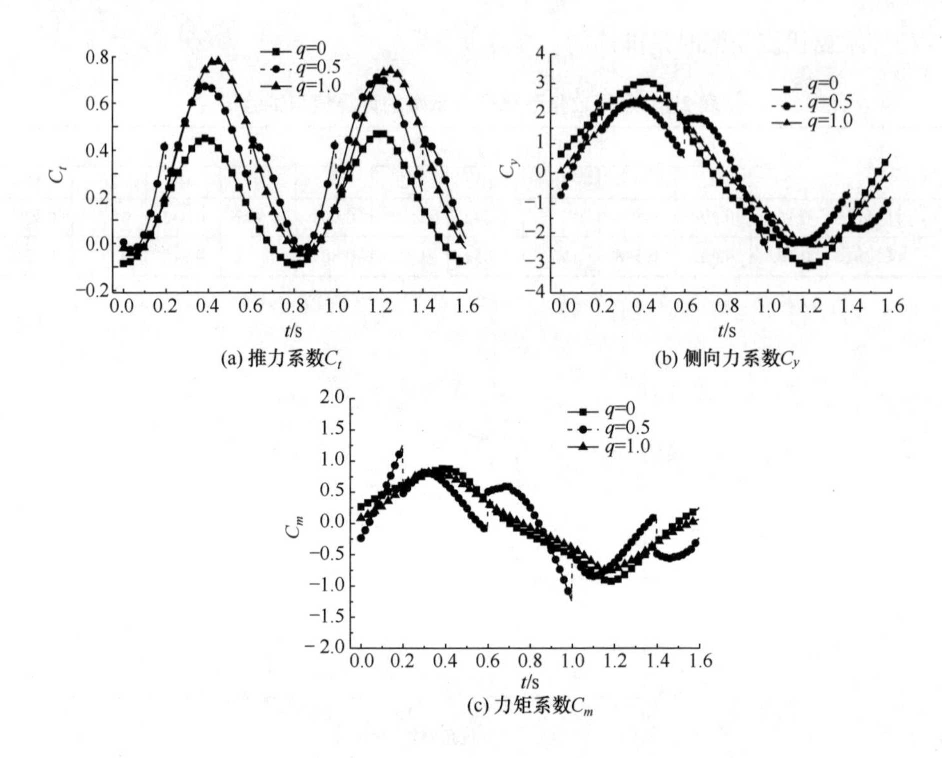

(a) 推力系数C_t

(b) 侧向力系数C_y

(c) 力矩系数C_m

图 2.18　不同 q 值下的水动力系数比较

由度的变化。

从动力学上分析，C_t值跳跃时单个水翼摆角运动瞬间启动或停止，导致此时单个水翼的加速度出现突变，根据牛顿运动定律，加速度的突变必然会导致力的突变。当 $0<q<1$ 时，q 值越小或 θ_0 越大，均会使 C_t 曲线中的跳跃现象加剧。比较不同 q 值时 C_t 曲线最大值，当 q=0.5,1.0 时的幅值约为 q=0 时幅值的 2 倍；当 q=0.5 时，单个水翼纯升沉运动时间段内的 C_t 值略小于 q=1 时的情况，而在 q=0.5 的摆角运动阶段则是单个水翼的 C_t 值略高。对比 q=0 与 q=0.5 纯升沉运动时 C_t 值可知，带有一定攻角的升沉运动 C_t 值大于攻角为 0 时的 C_t 值。

由图 2.18(b)可知，不同 q 值下水翼的侧向力系数 C_y 在一个周期内连续变化一次，曲线存在一个最大值和一个最小值，二者大小相等，符号相反；最大值出现在 1/4 周期附近，最小值出现在 3/4 周期附近。对比不同 q 值下 C_y 曲线，q=0 时 C_y 幅值略高于其他两种情况；对比 q=0 与 q=0.5 纯升沉运动阶段的 C_y 值可知，固定攻角的存在将减小 C_y 幅值。在 q=0.5 时，C_y 曲线也存在数值跳跃现象，其原因与 C_t 曲线跳跃相同。

图 2.18(c)中不同 q 值下，力矩系数 C_m 曲线的变化规律与 C_y 规律类似，但 C_m 曲线的幅值要小于 C_y 曲线的幅值。

2) 不同摆动升沉时间比值下水翼的推进性能

不同摆幅角 θ_0 下水翼一个周期内的平均推力系数 C_T 与推进效率 η 随 q 值的变化如表 2.2 和表 2.3 以及图 2.19 和图 2.20 所示。

表 2.2　不同摆幅角 θ_0 下水翼一个周期内的平均推力系数 C_T

攻角/(°)	q			
	0.2	0.25	0.5	1.0
0	0.150	0.150	0.150	0.150
10	0.452	0.421	0.355	0.334
20	0.721	0.588	0.425	0.389

表 2.3　不同摆幅角 θ_0 下水翼一个周期内的推进效率 η

攻角/(°)	q			
	0.2	0.25	0.5	1.0
0	0.140	0.140	0.140	0.140
10	0.388	0.394	0.394	0.393
20	0.281	0.322	0.475	0.501

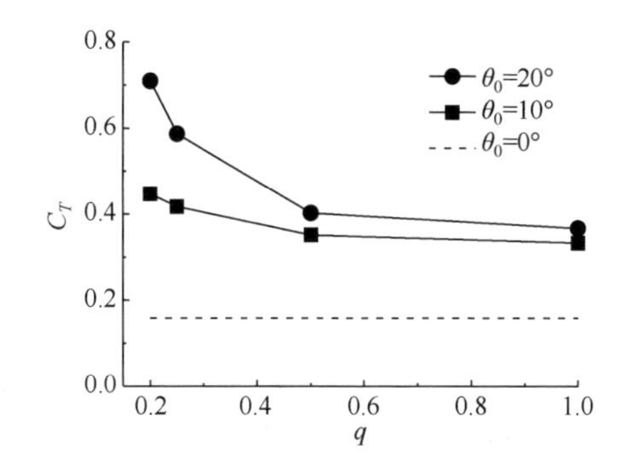

图 2.19　不同 q 下的平均推力系数

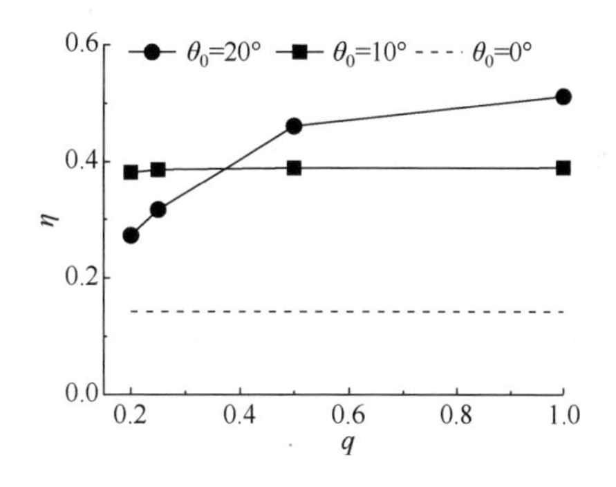

图 2.20　不同 q 下的推进效率

由图 2.19 可知，随着 q 的增加，单个水翼的 C_T 逐渐减小，当 q 接近于 1 时，C_T 变化趋缓。任意 q 下，均有 θ_0=20°时的 C_T 高于 θ_0=10°时的情况，其原因是同一 q 下，θ_0 越大，单个水翼摆角运动阶段合速度越大，从而推力越大。而在纯升沉运动阶段，结合图 2.18(a) 可知，固定攻角的存在能够提高 C_T 值，因此纯升沉运动阶段保持较大攻角的单个水翼推力要高于小攻角情况。同理由图 2.19 可知，总出现带有摆角运动的水翼 C_T 值大于其做纯升沉运动的 C_T 值(即图中虚线)，其中 θ_0=20°、q=0.2 时 C_T 约为纯升沉运动翼 C_T 的 4 倍。

由图 2.20 可知，不同 θ_0 下，q 越大水翼的 η 值越大，且在 θ_0=20°时表现更为明显，当 q 接近于 1 时，η 变化趋缓。以上趋势的原因是较小的 q 下，单个水翼的 C_y 值会显著增加，其幅度高于同一 q 下 C_T 的增加值，因此导致 C_T 与 η 随 q 的增加呈现不同的变化趋势。此外带有摆角运动的水翼推进效率均高于纯升沉水翼，其原因可结合图 2.18 得知。相同 y_0 及 T 下，纯升沉水翼的 C_t 低于有摆角运动的水翼，而其 C_y 却高于后者，结合式(2.29)可得 η 呈图 2.20 所示的趋势。

2.3.3 串列摆动水翼水动力性能

2.3.2 节对单个水翼性能的计算分析验证了水翼异步摆动运动的可行性，同时也检验了计算方法的有效性。本节对串列布置的单个水翼不同串列数量、水翼间距离以及摆幅角等对水动力性能的影响进行计算分析。分别对串列数量 N=2～6、前翼尾缘至后翼前缘之间的翼间距 l=0.02～0.16m=$C_{0/8}$～C_0（$C_{0/8}$ 代表 C_0/8,下同）、摆幅角 θ_0=2°～30°的串列异步摆动翼推进性能进行数值计算，计算中其他默认参数为：翼型 NACA0012，翼弦长 C_0=0.16m，升沉幅度 y_0=1.0C_0，T=1.2s，来流速度 V_0=0.41m/s。

1. 串列异步摆动翼的各翼推力系数

计算 N=6 时，串列异步摆动翼各翼一个周期内推力系数 C_t 随时间的变化，计算中 l=0.5、C_0=0.08m、θ_0=15°，其他参数保持默认。图 2.21 中同时给出单个水翼在相同工况下 C_t 以作比较。

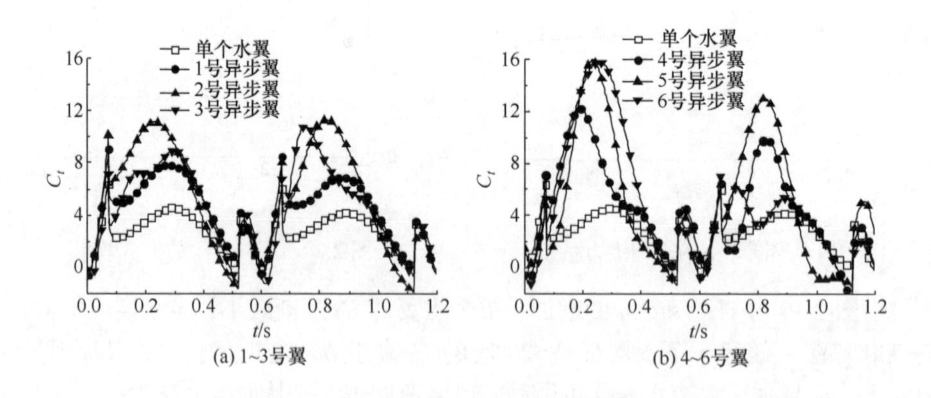

图 2.21 串列异步摆动翼及单个水翼的推力系数曲线

由图 2.21 可知，串列异步摆动翼各翼推力系数 C_t 随时间的变化规律均与单个水翼的 C_t 变化规律类似，一个运动周期内各翼 C_t 均随时间连续变化 2 次，存在 2 个最大值。比较发现，1～6 号串列异步摆动翼（在图表中均用 X(X=1,2,⋯6)

号异步翼表示)的 C_t 最大值均高于单个水翼，表明串列异步摆动翼间的流场干扰对各翼的 C_t 幅值有明显的增加作用；但具体到不同位置串列异步摆动翼，C_t 幅值的增加程度不同，处于最先迎流的 1 号串列异步摆动翼增加幅度最小，处于中间位置的 2～4 号串列异步摆动翼的幅值增加值相当，5～6 号串列异步摆动翼的增加值最大。此外，不同于单个水翼 C_t 的 2 个最大值大小相等，翼间的流场扰动也引起各串列异步摆动翼 C_t 的 2 个幅值大小不同，在 4～6 号串列异步摆动翼上表现尤为突出。由以上结果可知，异步摆动翼串列后，在一定条件下翼间的流场干扰有利于增加各翼的推力系数。

2. 不同数量串列异步摆动翼串列时平均推力系数

上述分析表明，即使运动规律相同，各串列异步摆动翼的水动力性能也存在差异，表明各串列异步摆动翼所处的流场环境存在差异。为探讨串列异步摆动翼数量对串列异步摆动翼推进性能的影响，下面分析几种串列异步摆动翼情形，各翼平均推力系数 C_T 与其所在位置的关系如表 2.4 和图 2.22 所示。

表 2.4 各翼的平均推力系数 C_T 与其所在位置的关系

N	异步翼编号					
	1 号	2 号	3 号	4 号	5 号	6 号
4	4.25	4.80	4.21	3.38	—	—
5	4.25	4.98	4.25	4.02	3.06	—
6	4.30	5.02	4.66	4.37	4.75	4.53

由图 2.22 可知，当 N=5 时，串列异步摆动翼的最大编号为 5 号，由于串列异步摆动翼对数不同，各曲线数据点数不同。由图 2.22 可知，N=4,5 时，2 号串列异步摆动翼的 C_T 值最大，其两侧水翼与 2 号串列异步摆动翼距离越远 C_T 越小；当 N=6 时，同样是 2 号串列异步摆动翼的 C_T 值最大，3 号、4 号 C_T 依次递减，但在 5 号位置又略有升高。

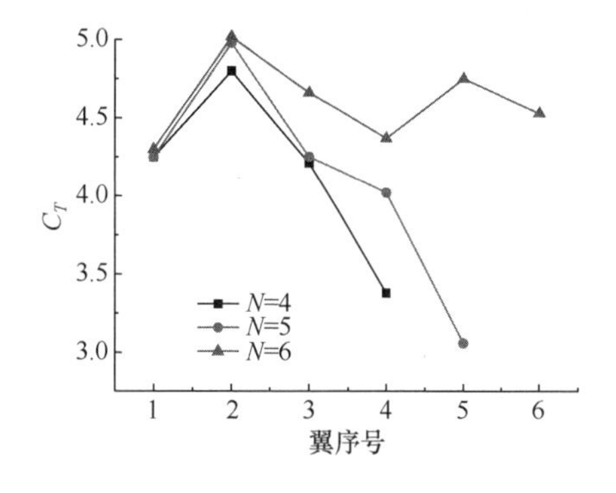

图 2.22 C_T 随串列异步摆动翼位置的变化

结合图 2.21 可知，5 号串列异步摆动翼 C_T 较大的原因是其推力系数的峰值较大，但经过波峰后迅速下降，其减小速度高于 2 号串列异步摆动翼，故 2 号串列异步摆动翼 C_t 曲线较宽，5 号串列异步摆动翼 C_t 曲线较窄，因此图 2.22 中 5 号串列异步摆动翼的 C_T 值略低于 2 号。上述曲线趋势表明，虽然中间位置的串列异步摆动翼均处于前方翼的尾流场中，但不同位置的串列异步摆动翼力学性能存在差异，即串列异步摆动翼对流场的扰动作用存在累积效果。

综合比较图 2.22 中 3 条曲线，末位置的串列异步摆动翼平均推力系数较小，这一结果与文献[23]和[24]提出的无论静止或与前翼同时运动，串列异步摆动翼末位置水翼均较其他位置翼所产生推力小的结论符合。不同串列异步摆动翼数量下，中间同一位置串列异步摆动翼的 C_T 值相差不大，表明中间位置串列异步摆动翼所处的流场类似，其推力对串列数量 N 相对不敏感。

不同串列数量 N 下，同一编号串列异步摆动翼 C_T 与相应 N 个串列异步摆动翼 C_T 平均值 C_{Taver} 的变化趋势如表 2.5 和图 2.23 所示。

表 2.5　C_T 与 C_{Taver} 随串列数量的变化趋势

异步翼编号	异步翼数量					
	1	2	3	4	5	6
1 号	2.61	3.01	4.02	4.24	4.25	4.26
2 号	2.61	3.03	4.48	4.85	4.96	5.04
3 号	—	—	3.11	4.23	4.25	4.50
平均值	2.61	3.02	3.87	4.44	4.49	4.60

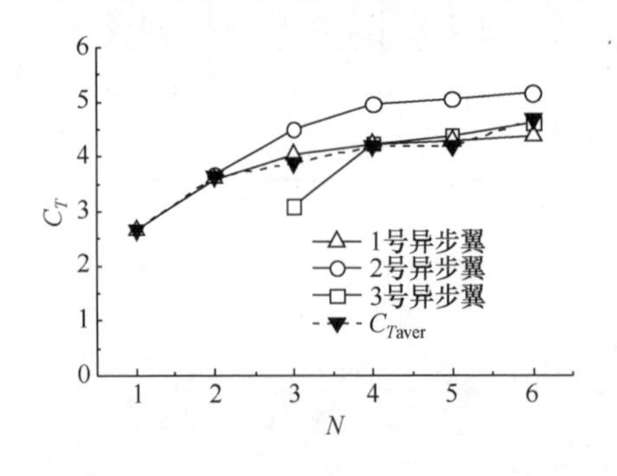

图 2.23　C_T 随串列异步摆动翼串列数量 N 的变化

N 个串列异步摆动翼串列时，编号顺序为 1～N 号，故当 $N \geqslant 1$ 时，不同 N 下均有 1 号位置串列异步摆动翼，而只有当 $N \geqslant 2$ 时，才会有 2 号串列异步摆动翼，以此类推。为保证有足够的数据点数以准确呈现曲线趋势，图 2.23 中只给出了 1～3 号串列异步摆动翼的性能情况，此外图中 C_{Taver} 实际表征的是整个串列异步摆动翼系统的推进性能。由图 2.23 可知，随着 N 的增加，各位置串列异步摆动翼的 C_T 及 C_{Taver} 值均有不同程度的增加，当 $N>4$ 时增加速度减缓；任意 N 值下均有 2 号串列异步摆动翼的平均推力大于其他位置，印证了图 2.22 所给出 2 号串列异步摆动翼的 C_T 高于其他位置的结论；同时 C_{Taver} 曲线与 1 号串列异步摆动翼的 C_T 曲线基本重合。

综上所述，串列各翼之间的流场扰动对其水动力性能具有重要影响，且这种扰动作用具有累积效果，因而处于串列异步摆动翼中间位置的各翼推进性能也存在一定差距。后文中将以 N=6 为例，分析串列异步摆动翼性能随各参数的变化规律，同时为简化表述并使图表清晰，只给出串列异步摆动翼的 1 号(迎流最前方)、

6 号(流场末位置)及 3 号(中间位置)翼的水动力性能相应值。

3. 摆幅角对串列异步摆动翼推进性能的影响

从上述单个水翼性能的分析可知，摆幅角的大小既决定了异步摆动规律下纯升沉阶段固定攻角的大小，又决定了耦合运动时摆幅角速度的大小，即对单个水翼的推进性能具有重要影响。本节将进一步讨论摆幅角对串列异步摆动翼性能的影响。计算所得的平均推力系数 C_T 及推进效率 η 随摆幅角变化如表 2.6 和表 2.7、图 2.24 和图 2.25 所示。图 2.24 和图 2.25 也给出了单个水翼在相同运动参数下 C_T 及 η_{aver} 的对比，η_{aver} 表示 6 个串列异步摆动翼的推进效率的平均值，表征整个串列异步摆动翼推进装置的推进效率。计算中翼间距 l=0.08m=0.5C_0，摆幅角 θ_0=2°～30°，其他参数保持默认。

表 2.6 C_T 随摆幅角的变化趋势

异步翼编号	θ_0/(°)									
	2	5	8	12	15	18	21	24	27	30
1 号	1.73	2.54	3.24	3.97	4.53	4.25	4.13	3.98	3.48	3.01
3 号	1.70	3.01	3.75	4.23	4.61	5.01	5.57	6.13	5.85	4.75
6 号	1.30	2.11	2.46	3.47	4.37	4.96	3.88	3.46	3.06	2.42
平均值	1.58	2.65	3.15	3.89	4.50	4.74	4.53	4.52	4.13	3.39
单个水翼	0.74	1.10	1.51	2.13	2.62	3.10	3.50	3.98	4.21	4.38

表 2.7 η 随摆幅角的变化趋势

异步翼编号	θ_0/(°)									
	2	5	8	12	15	18	21	24	27	30
1 号	0.103	0.138	0.190	0.252	0.347	0.377	0.440	0.558	0.625	0.634
3 号	0.078	0.131	0.150	0.188	0.252	0.365	0.375	0.454	0.461	0.448
6 号	0.061	0.082	0.126	0.188	0.248	0.371	0.411	0.437	0.430	0.368
平均值	0.081	0.117	0.155	0.209	0.282	0.371	0.409	0.483	0.505	0.483
单个水翼	0.078	0.131	0.188	0.281	0.360	0.380	0.424	0.456	0.439	0.421

由图 2.24 可知，各串列异步摆动翼的平均推力系数 C_T 及其平均值 C_{Taver} 均随着摆幅角 θ_0 的增加呈先增后减的趋势，C_{Taver} 及 1 号、6 号串列异步摆动翼的 C_T 在 θ_0≈17°时取得最大值，3 号串列异步摆动翼的 C_T 则在 θ_0≈25°时取得最大值。比较 1 号串列异步摆动翼与单个水翼的 C_T 的趋势可知，当 θ_0<22°，总有串列异步摆

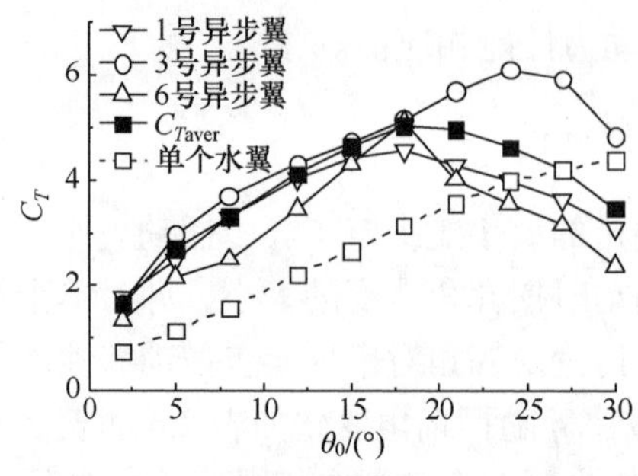

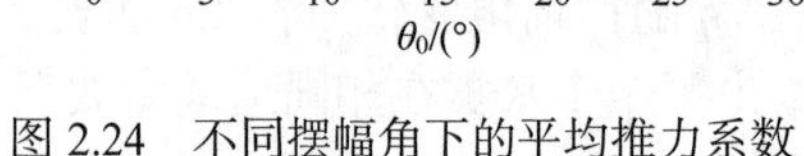

图 2.24　不同摆幅角下的平均推力系数

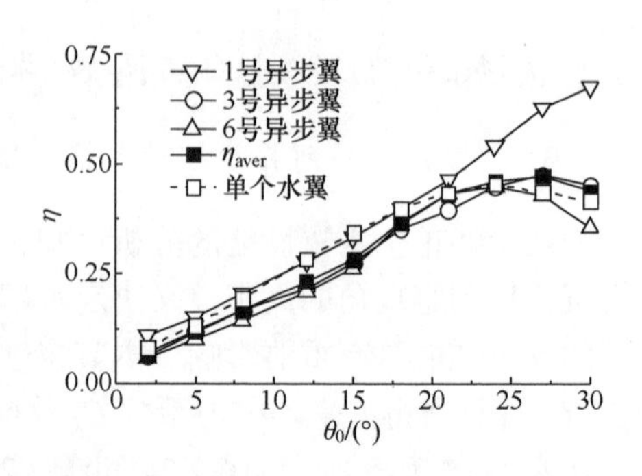

图 2.25 不同摆幅角下的推进效率

动翼的 C_T 高于单个水翼，二者流场差别在于 1 号串列异步摆动翼与单个水翼虽然均是直接迎流，但 1 号串列异步摆动翼的尾流场还受到了后方串列异步摆动翼的扰动，而单个水翼的尾流则充分自由发展。即当 $\theta_0<22°$ 时，后翼对前翼尾流场的扰动有利于提升前翼的推力；而当 $\theta_0>22°$ 时，后翼的流场影响则会降低前翼的推力。

同时，比较 6 号串列异步摆动翼与单个水翼的 C_T 可知，当 $\theta_0\leqslant20°$ 时，总有 6 号串列异步摆动翼的 C_T 值大于单个水翼的 C_T 值，二者流场的主要差别是单个水翼处在一个无限深广的水域，流场来流均匀，而 6 号串列异步摆动翼则处在前方翼所形成的尾流场中。即在 $\theta_0\leqslant20°$ 时，前方串列异步摆动翼运动所形成的尾流场有利于后方串列异步摆动翼产生推力；而当 $\theta_0>20°$ 时，将转变为不利影响。

同理，比较 3 号串列异步摆动翼与单个水翼的 C_T 可知，当 $\theta_0\leqslant30°$ 时，在前后翼共同影响下串列异步摆动翼推力相比较单个水翼增加明显；并且与 1 号、6 号串列异步摆动翼相比，3 号串列异步摆动翼的 C_T 曲线峰值更大。因此，前后翼共同的流场干扰在一定摆幅角范围内有利于串列异步摆动翼推力的产生，增加其推力峰值且增大流场产生不利影响时的角度；比较 C_{Taver} 与单个水翼的 C_T 可知，在 $\theta_0<27°$ 时，翼间相互流场扰动有利于整个串列异步摆动翼装置产生推力。

由图 2.25 可知，各串列异步摆动翼与单个水翼的推进效率 η 差别不大，η 随着摆幅角 θ_0 的增大呈先增后减趋势，在 $\theta_0\approx27°$ 时取得最大值。值得注意的是，不同于其他位置的翼，1 号串列异步摆动翼的效率随着 θ_0 的增加以近线性方式提高，尤其当 $\theta_0>22°$ 时，其效率逐渐高于其他位置串列异步摆动翼及单个水翼，即在较大摆幅角情况下，串列异步摆动翼流场中后翼运动有利于提高前翼推进效率。

4. 翼间距对串列异步摆动翼推进性能的影响

对于串列异步摆动翼，翼间距的大小决定了翼间流场干扰的强度，因此将影响串列异步摆动翼附近的流场分布及整个装置的性能。本节计算翼间距 $l=C_{0/8}\sim C_0=0.02\sim0.16\text{m}$ 范围串列异步摆动翼平均推力系数 C_T、推进效率 η 的变化趋势，分别如表 2.8 和表 2.9、图 2.26 和图 2.27 所示（l/C_0 表示水翼间距 l 与水翼弦长 C_0 的比值，为无因次量）。计算中取 θ_0=15°，其他参数保持默认。

表 2.8　C_T 随翼间距的变化趋势

异步翼编号	l/C_0					
	0.1	0.25	0.375	0.5	0.75	1.0
1 号	7.82	5.88	5.01	4.30	3.55	3.35
3 号	9.50	7.75	6.41	4.76	2.98	3.34
6 号	7.85	5.65	5.01	4.75	3.65	2.46
平均值	8.39	6.43	5.48	4.60	3.39	3.05
单个水翼	2.70	2.70	2.70	2.70	2.70	2.70

表 2.9　η 随翼间距的变化趋势

异步翼编号	l/C_0					
	0.1	0.25	0.375	0.5	0.75	1.0
1 号	0.295	0.294	0.325	0.343	0.338	0.334
3 号	0.297	0.275	0.267	0.268	0.269	0.267
6 号	0.285	0.295	0.278	0.283	0.256	0.235
平均值	0.292	0.288	0.290	0.298	0.288	0.279
单个水翼	0.347	0.347	0.347	0.347	0.347	0.347

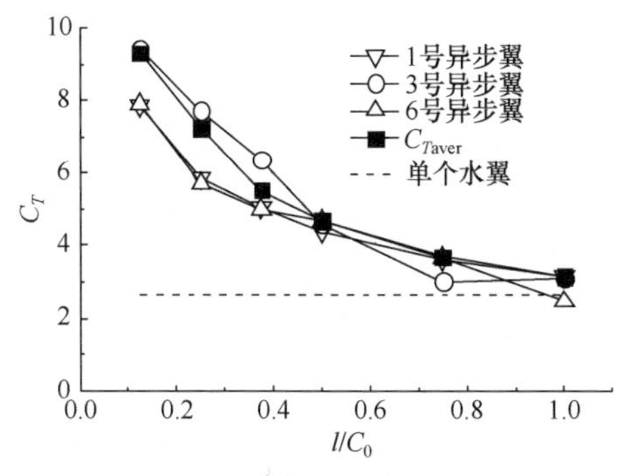

图 2.26　不同翼间距下的平均推力系数

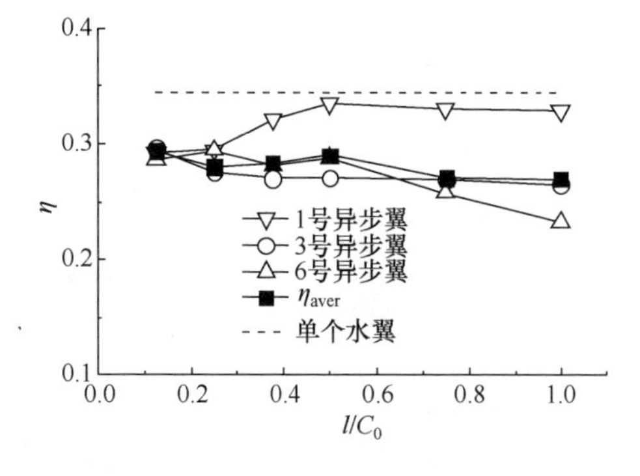

图 2.27　不同翼间距下的推进效率

由图 2.26 可知，各串列异步摆动翼的平均推力系数 C_T 随着翼间距 l 的增加而逐渐减小，但均大于单个水翼的 C_T 值，表明翼间相互干扰有利于提升串列异步摆动翼的推力。同时表明，随着串列异步摆动翼间距的增加，翼间流场扰动强度逐渐减小。当串列异步摆动翼间距达到 1 倍弦长时，翼间流场扰动影响基本消失，导致此时各串列异步摆动翼的 C_T 值与单个水翼的 C_T 值接近。

由图 2.27 可知，1 号串列异步摆动翼的推进效率 η 对 l 的变化最为敏感，当 $l>0.5C_0$ 后，1 号串列异步摆动翼的推进效率基本稳定，主要原因是 1 号串列异步摆动翼处于最上游，而后翼对前翼的影响效果要弱于前翼尾流对后翼的影响。因此，当翼间距加大时，1 号串列异步摆动翼受到的流场扰动最先减小，而处于后方的串列异步摆动翼由于受到前翼不断累积的尾流场影响，其推进效率呈现出与 1 号串列异步摆动翼不同的变化趋势。当 $l\leqslant 0.5C_0$ 时，串列异步摆动翼整体推进效率 η_{aver} 变化幅度较小，维持在 29%左右，之后随着翼间距的增加而逐渐减小。

此外，串列异步摆动翼的效率低于单个水翼的效率，表明翼间的流场干扰不利于串列异步摆动翼推进效率的提高，这与文献[25]指出的同相位运动能显著提高串列异步摆动翼的推力但不利于效率增加的结论相符合。为进一步描述不同 l 下串列异步摆动翼间的流场扰动情况，给出一个周期内不同时刻，翼间距 l 为 0.02m、0.08m、0.16m 时串列异步摆动翼附近区域的动压力分布云图，如图 2.28 所示。图中详细显示了尾流涡系的分布变化情况。

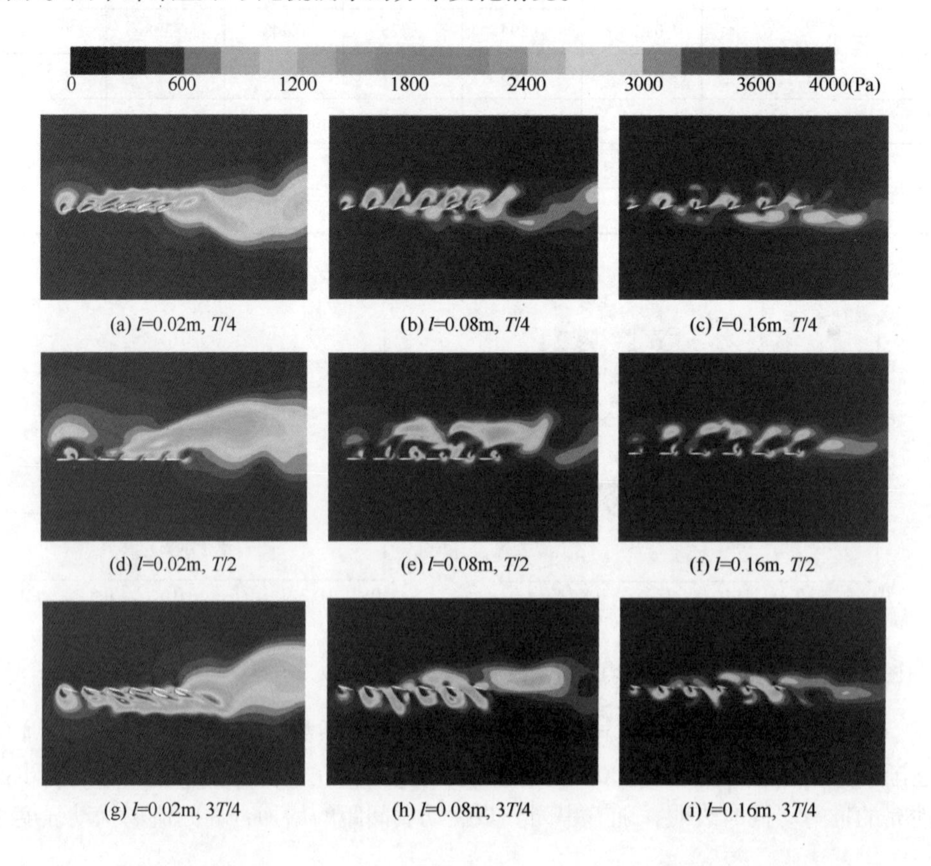

(a) l=0.02m, $T/4$　(b) l=0.08m, $T/4$　(c) l=0.16m, $T/4$

(d) l=0.02m, $T/2$　(e) l=0.08m, $T/2$　(f) l=0.16m, $T/2$

(g) l=0.02m, $3T/4$　(h) l=0.08m, $3T/4$　(i) l=0.16m, $3T/4$

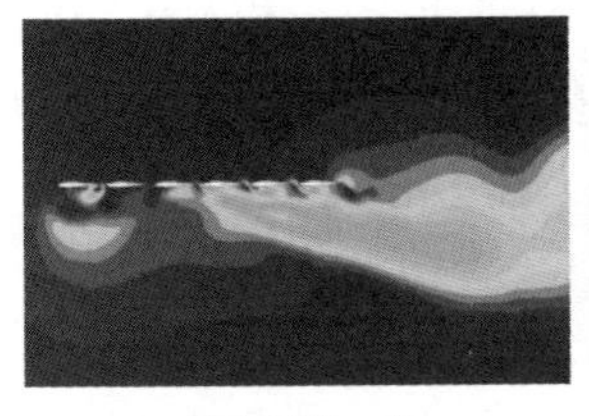

(j) l=0.02m, T

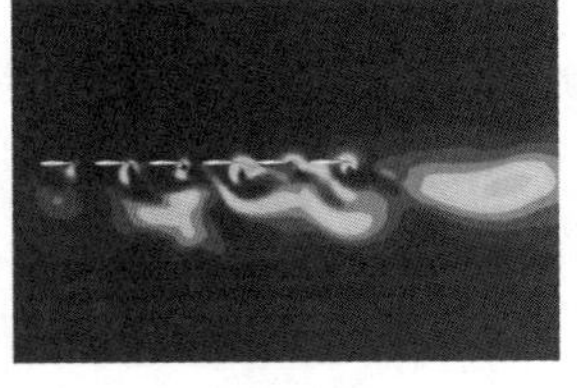

(k) l=0.08m, T

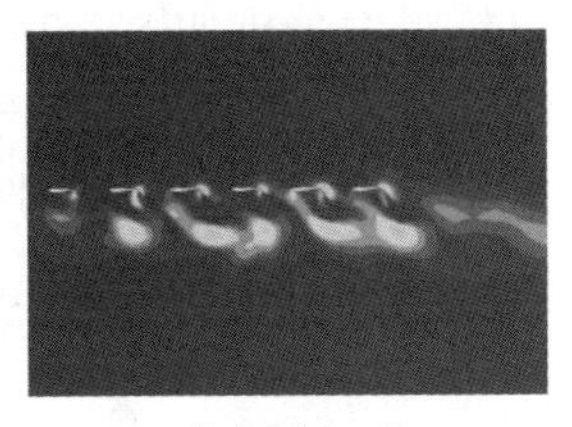

(l) l=0.16m, T

图 2.28 一个周期内不同翼间距下串列异步摆动翼表面压力分布

由图 2.28 可知，翼间距越小，串列异步摆动翼间流场扰动及累积效果越明显。由于 6 个串列异步摆动翼的运动规律完全相同，因此每个串列异步摆动翼脱落的尾流涡系的旋转方向相同。在翼间距为 0.02m、各串列异步摆动翼的尾涡向下游运动过程中，未完全耗散即遇到下一个串列异步摆动翼所脱落的尾涡，两个涡系互相融合共同向下游运动；然而，翼间距较大时，串列异步摆动翼脱落的涡系在与后翼涡系融合前，其能量已大部分耗散于周围流体。

由图 2.28 也可知，不同翼间距下各个时刻串列异步摆动翼的尾涡系均有不同程度的脱落融合过程，并在串列异步摆动翼尾部后方融合脱落出一个完整、较大的涡系，翼间距越小，该涡系分布范围越大。对比不同翼间距下的计算结果，较小的翼间距也会使各串列异步摆动翼涡系强度增加，因而此时的推进力与侧向力较大。此外，较小翼间距时，后翼对前翼的首缘涡影响也更为明显。

2.4 浮体和潜体运动耦合下推进水动力性能分析

2.4.1 波浪驱动水面机器人运动过程及受力分析

波浪驱动水面机器人在海面不断受到波浪起伏激励，并利用串列水翼将波浪能转化为机械能，从而实现系统的前向运动。整个过程大体上可以分为沿着上波面爬升和沿着下波面下滑两个过程：

(1) 在沿着上波面爬升过程中，浮体部分受到向上波浪力的作用，进而通过中间柔链拉动潜体部分向上运动。水翼翻转后，保持继续向上运动时产生了水平向前的推力，并通过柔链进行力的传递，带动浮体向前。

(2) 在沿着下波面下滑的过程中，浮体受重力的作用开始下滑，同时柔链上拉力消失，潜体也受重力作用向下运动，潜体在无柔链束缚时水中自由下落速度快于浮体沿着波浪表面下降速度，因此柔链在潜体开始下落阶段会重新产生拉力。水翼反向翻转后，向下运动过程中将再一次产生推力，通过柔链拉着浮体向前运动。具体受力分析如图 2.29 所示，图中，B、G_1、G_2分别表示浮体浮力、浮体重力、潜体重力，F_1、F_2、F_R分别表示浮体受到的柔链拉力、潜体受到的柔链拉力、浮体航行阻力，F_T、F_D分别表示潜体的升力(前向推力)和阻力。

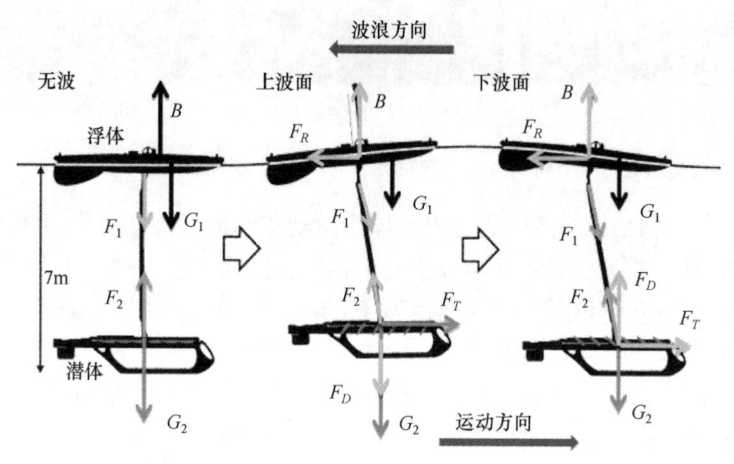

图 2.29　波浪驱动水面机器人在各个过程的受力分析图

因此，对于波浪驱动水面机器人，最关键的要素在于波浪激励，无论波浪是何传播方向，只要存在波浪，潜体将随波浪做升沉运动而产生推力。从以上分析可知，无论是在沿着波面爬升还是下滑的过程，柔链主要处于有拉力状态(即可简化为满足“绷紧”状态假设)，从而将浮体和潜体运动简化为具有相同的运动节拍。

2.3 节利用 CFD 技术讨论了波浪驱动水面机器人潜体推进性能分析的基本原理与方法，整个研究过程中基于浮体完全响应假设(即潜体升沉与波浪运动同步)，并考虑人为设定摆动水翼的运动规律。然而，在实际航行中，潜体升沉与浮体具有耦合影响，浮体升沉滞后于波浪运动，且在幅值上小于波浪的波幅；另外，摆动水翼在波浪中的摆动是水动力作用下的被动运动，其摆动规律复杂，人为假设的运动规律难以真实模拟水翼的摆动过程。

因此，本节在 2.3 节的基础上进行改进，考虑浮体和潜体运动的耦合影响，并取消人为设定摆动水翼的运动规律；将波浪驱动水面机器人的浮体、潜体和柔链当作一个整体，结合 CFD 技术与多体动力学原理，对波浪驱动水面机器人在波浪中水动力响应和运动响应进行深入分析，试图更加真实地反映波浪驱动水面机器人的推进性能。

2.4.2　水动力计算原理与方法

通过前面的运动过程分析可知，波浪驱动水面机器人的水动力计算，首先需要求解浮体在波浪中的运动响应，然后计算在此响应下潜体的水动力参数。

(1) 在势流场中计算波浪驱动水面机器人浮体在波浪中的运动响应，采用CFD 软件 AQWA。

(2) 利用第 (1) 步得到的浮体的运动响应，在黏性流场中对波浪驱动水面机器人潜体水动力性能进行计算和优化设计，采用 CFD 软件 Fluent。

上述分析方法分别用势流理论 (AQWA)、黏流理论 (Fluent) 对波浪驱动水面机器人的浮体、潜体进行求解。下面简要介绍 AQWA 涉及的势流数值计算原理，包含势流理论基础、运动响应控制方程和耦合控制方程。

1. 势流理论基础

为便于研究，可以将流体简化成无旋、无黏性、不可压缩的理想流体，用速度势对流场进行描述。对流场的分析求解问题可转换为基于边界值问题对速度势的求解问题。

1) 绕射速度势边界值问题

浮体结构物在波浪环境中的运动问题分为绕射问题和辐射问题。绕射问题是指浮体结构始终固定在平均位置，入射波作用下浮体结构对入射波的反射作用用绕射速度势描述。辐射问题是指浮体结构在静水中做微幅简谐运动，而形成向外传播的辐射波对浮体结构的作用。所以速度势 Φ 可以表示为入射波速度势、绕射速度势和辐射速度势的叠加：

$$\Phi=\Phi_I+\Phi_D+\Phi_R \tag{2.33}$$

其中，Φ_I 是入射波速度势；Φ_D 是绕射速度势；Φ_R 是辐射速度势。

计算坐标系 (x,y,z) 建立于未受扰动的静水面，z 垂直向上。依据理想流体基本假设，流体域内速度势 Φ 满足拉普拉斯方程：

$$\Delta\Phi=\frac{\partial^2\Phi}{\partial x^2}+\frac{\partial^2\Phi}{\partial y^2}+\frac{\partial^2\Phi}{\partial z^2}=0 \tag{2.34}$$

由自由表面的流体动力学边界条件和运动学边界条件，可以推导得到非线性自由表面条件和波面起伏方程：

$$\left\{\frac{\partial^2\Phi}{\partial t^2}+g\frac{\partial\Phi}{\partial z}+2\nabla\Phi\cdot\nabla\frac{\partial\Phi}{\partial t}=0\right\}_{z=\eta} \tag{2.35}$$

$$\eta=\left\{-\frac{1}{g}\left(\frac{\partial\Phi}{\partial t}+\frac{1}{2}\nabla\Phi\cdot\nabla\Phi\right)\right\} \tag{2.36}$$

由海底不可穿边界问题，可以得到速度势满足的底部条件：

$$\frac{\partial\Phi}{\partial z}=0,\quad z=-d \tag{2.37}$$

其中，d 为水深。此外，速度势还应满足对应的物面条件和远方辐射条件。

一阶自由表面条件方程：

$$-\omega^2\varphi^{(1)}+g\frac{\partial\varphi^{(1)}}{\partial z}=0,\quad z=0 \tag{2.38}$$

一阶速度势可以表示为

$$\varphi^{(1)}=\varphi_I{}^{(1)}+\varphi_D{}^{(1)}+\varphi_R{}^{(1)} \tag{2.39}$$

对绕射问题的分析强调入射波对固定结构作用而形成的反射问题，所以暂不考虑辐射速度势的影响。对速度势进行时间、空间变量分离处理，可以表示为

$$\varphi^{(1)}=\mathrm{Re}\left[\varphi^{(1)}\mathrm{e}^{-\mathrm{i}\omega t}\right]=\mathrm{Re}\left[\varphi_I{}^{(1)}(x,y,z)\mathrm{e}^{-\mathrm{i}\omega t}+\varphi_D{}^{(1)}(x,y,z)\mathrm{e}^{-\mathrm{i}\omega t}\right] \tag{2.40}$$

其中，ω 是波浪频率；x、y、z 是对应的空间变量。

浮体结构物在流场中受到水粒子作用，物面上必须满足一定的边界条件。针对绕射问题，一阶速度势满足的物面条件如下：

$$\frac{\partial\varphi_D{}^{(1)}}{\partial n}=-\frac{\partial\varphi_I{}^{(1)}}{\partial n} \tag{2.41}$$

从而，一阶绕射速度势满足的定解条件表示为

$$\begin{cases}\Delta\varphi_D{}^{(1)}=0\\ -\omega^2\varphi_D{}^{(1)}+g\left.\dfrac{\partial\varphi_D{}^{(1)}}{\partial z}\right|_{z=0}=0\\ \dfrac{\partial\varphi_D{}^{(1)}}{\partial n}=-\dfrac{\partial\varphi_I{}^{(1)}}{\partial n}\\ \left.\dfrac{\partial\varphi_D{}^{(1)}}{\partial z}\right|_{z=-d}=0\\ \lim\limits_{r\to\infty}\left[(k\boldsymbol{r})^{1/2}\left(\dfrac{\partial\varphi_D{}^{(1)}}{\partial\boldsymbol{r}}-\mathrm{i}k\varphi_D{}^{(1)}\right)\right]=0\end{cases} \tag{2.42}$$

根据一阶绕射速度势的定解条件，采用分离变数方法和一阶入射波速度势 $\varphi_I{}^{(1)}$，结合特殊函数的性质和特点，可以求解得到一阶绕射速度势的表达式。

2) 辐射速度势边界值问题

辐射问题是船动水不动(即浮体在静水中做微幅简谐运动)情况下，产生向外传播的辐射波浪对浮体结构物的作用。辐射速度势同样需要满足拉普拉斯方程、自由表面条件、底部不可穿条件、物面条件以及远方辐射条件。考虑到辐射速度

势是浮体结构在静水中做微幅简谐运动产生的辐射波对浮体结构物的作用，其二阶量相对一阶量很小，忽略二阶辐射速度势的影响，只对一阶辐射速度势的定解条件问题进行分析叙述。

与绕射速度势和入射波速度势类似，将辐射速度势的时间、空间变量进行分离处理，结合绕射速度势定解条件的分析，可以得到辐射速度势 $\varphi_{Rj}(j=1,2,\cdots,6)$ 的边界值问题如下：

$$\begin{cases}\Delta\varphi_{Rj}=0\\ -\omega^2\varphi_{Rj}+g\left.\dfrac{\partial\varphi_{Rj}}{\partial z}\right|_{z=0}=0\\ \left.\dfrac{\partial\varphi_{Rj}}{\partial n}\right|_{j=1,2,3}=-\mathrm{i}\omega n_j\\ \left.\dfrac{\partial\varphi_{Rj}}{\partial n}\right|_{j=4,5,6}=-\mathrm{i}\omega\left(\boldsymbol{r}\times\boldsymbol{n}\right)_{j-3}\\ \left.\dfrac{\partial\varphi_{Rj}}{\partial z}\right|_{z=-d}=0\\ \lim\limits_{r\to\infty}\left[\left(k\boldsymbol{r}\right)^{1/2}\left(\dfrac{\partial\varphi_{Rj}}{\partial\boldsymbol{r}}-\mathrm{i}k\varphi_{Rj}\right)\right]=0\end{cases}\tag{2.43}$$

其中，j 是六个自由度方向；$\boldsymbol{n}=\left(n_x,n_y,n_z\right)$ 是物面外法线单位矢量；$\boldsymbol{r}$ 是位置矢量；ω 是波浪入射频率；k 是波数。

由辐射速度势的边界值问题，首先求解得到浮体结构六个自由度微幅简谐运动对应的辐射速度势；然后根据伯努利方程和物面积分运算，得到水动力系数（附加质量、附加阻尼系数），建立完整的质量矩阵和阻尼力矩阵；最后根据浮体结构物的运动控制方程，求解波浪载荷作用下浮体的运动响应。

2. 运动响应控制方程

根据运动学原理，浮体结构物在波浪环境中的运动控制方程可以表示为

$$\boldsymbol{M}_{jk}\left\{\ddot{x}_k\right\}=\boldsymbol{F}_j\tag{2.44}$$

其中，$\boldsymbol{M}_{jk}$ 是浮体结构物的广义质量矩阵；x_k 是浮体结构物运动响应位移；$\ddot{x}_k$ 是对应位移的加速度；$\boldsymbol{F}_j$ 是作用于浮体结构物的载荷矢量，包括流体静力载荷、入射波载荷、绕射波载荷、辐射载荷以及系泊系统恢复力载荷等。

浮体结构物的广义质量矩阵 $\boldsymbol{M}_{jk}$ 可以表示为

$$\boldsymbol{M}_{jk}=\begin{bmatrix} m & 0 & 0 & 0 & mz_g & my_g \\ 0 & m & 0 & mz_g & 0 & mx_g \\ 0 & 0 & m & my_g & mx_g & 0 \\ 0 & -mz_g & my_g & I_{11} & I_{12} & I_{13} \\ mz_g & 0 & -mx_g & I_{21} & I_{22} & I_{23} \\ -my_g & mx_g & 0 & I_{31} & I_{32} & I_{33} \end{bmatrix} \tag{2.45}$$

其中，m 是浮体结构物的质量；$\left(x_g, y_g, z_g\right)$ 是浮体结构物的重心坐标位置；$I_{ij}\left(i, j=1,2,3\right)$ 为浮体结构物的惯性矩。

浮体结构物受到的辐射载荷，根据辐射理论分解为与运动速度、加速度有关形式进行描述，采用附加质量矩阵 $\boldsymbol{A}$ 和阻尼系数矩阵 $\boldsymbol{B}$ 表达。浮体结构物受流体静力载荷、系统恢复力载荷，采用刚度矩阵形式 $\boldsymbol{C}$ 、$\boldsymbol{K}$ 表述。则浮体结构物在规则波中的频域运动控制微分方程可以表示为

$$\left[-\omega^2\left(\boldsymbol{M}+\boldsymbol{A}(\omega)\right)+\mathrm{i}\omega\left(\boldsymbol{B}(\omega)+\boldsymbol{B}_v\right)+\left(\boldsymbol{C}+\boldsymbol{K}\right)\right]\cdot\boldsymbol{x}(\omega)=\boldsymbol{F}(\omega) \tag{2.46}$$

其中，$\boldsymbol{B}_v$ 是黏性阻尼项；$\boldsymbol{F}(\omega)$ 是浮体结构物的激励力矢量。上述运动控制微分方程中，各个项均可通过求解速度势来实现，浮体结构物的水动力系数、水动力响应幅值算子在频域下计算。

3. 耦合控制方程

根据运动学原理，浮体结构物在风浪流载荷作用下的时域运动控制微分方程可以表示为

$$\left[\boldsymbol{M}+\boldsymbol{M}_a\right]\cdot\ddot{\boldsymbol{x}}(t)=\boldsymbol{F}_{wa}(t)+\boldsymbol{F}_t(t)+\boldsymbol{F}_h(t)+\boldsymbol{F}_d(t) \tag{2.47}$$

其中，$\boldsymbol{M}$ 是浮体结构物的质量矩阵；$\boldsymbol{M}_a$ 是浮体结构物的附加质量矩阵；$\boldsymbol{F}_{wa}(t)$ 是浮体结构物受到的波浪载荷，包括一阶波浪载荷、慢漂波浪载荷、二阶差频波浪载荷、二阶和频波浪载荷；$\boldsymbol{F}_h(t)$ 是静水回复力，可以用刚度矩阵表述；$\boldsymbol{F}_d(t)$ 是与阻尼系数矩阵有关的阻尼力；$\boldsymbol{F}_t(t)$ 是双体结构连接系统的内力，采用刚度矩阵表述；$\ddot{\boldsymbol{x}}(t)$ 是六个自由度方向运动的加速度。

求解时域运动控制微分方程可以采用中心差分法、Newmark-β 法、龙格-库塔法、指数矩阵法等。对浮体结构物时域运动控制微分方程的数值求解，采用 Newmark-β 法，对方程进行迭代求解六个自由度对应的运动响应等。

4. 计算方法描述

本节阐述波浪驱动水面机器人系统的水动力计算方法和思路。考虑到波浪驱

动水面机器人运动的复杂性，为了便于理论计算，根据化繁为简和整体拆分再重组的思想，基本思路是：将波浪驱动水面机器人分成浮体和潜体两部分，再分别对这两部分独立进行水动力性能分析。但这两部分在运动和受力上存在耦合关系，计算时需要将二者联系起来。由 2.4.1 节的受力分析可知浮体和潜体具有相同的运动节拍，并且“漫步者Ⅰ”号波浪驱动水面机器人原理样机的柔链被设计为刚性结构，即浮体和潜体的竖直方向运动具有一致性。计算方法主要分为如下几个过程，具体计算方法流程如下：

(1) 利用 AQWA 在频域中计算波浪驱动水面机器人浮体在波浪中垂荡方向的响应值 A_1 和响应频率 ω_1 。

(2) 把步骤 (1) 中得到的响应值和响应频率当作潜体部分的运动幅值和运动频率，利用串列异步摆动水翼的水动力性能计算方法对潜体进行水动力性能分析，得出潜体在竖直方向上的受力 F_1、水平方向上的受力 f_1。

(3) 将潜体竖直方向的受力值 F_1 通过牛顿运动定律转化为浮体在竖直方向上的受力值 F_2，再一次利用 AQWA 在时域中计算浮体受外力 F_2 影响下的响应值 A_2。重复步骤 (2) 得到潜体在竖直方向上的受力 F_3、水平方向上的受力 f_2。

(4) 对比 A_1 和 A_2 值，如果收敛就停止计算；若未收敛，则反复迭代，直到浮体竖直方向上的响应值或者潜体水平方向上的推力收敛 (图 2.30)。

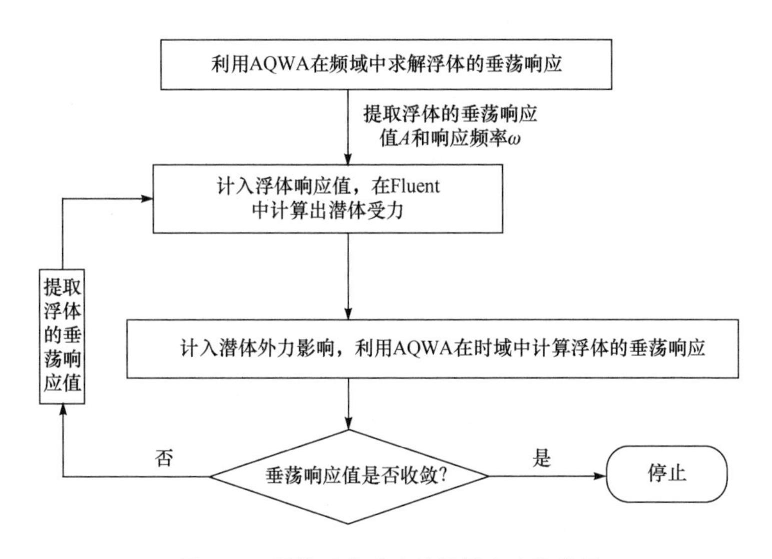

图 2.30 浮体垂荡响应的计算方法流程图

2.4.3 推进水动力性能分析

根据已有研究经验、分析结果以及水池试验安排，设定的计算工况参数如

表 2.10 所示。

表 2.10　计算工况参数表　　（单位：m）

组别	波高	波长				
第一组	0.14	4	5	6	7	8
第二组	0.16	5	6	7	8	9
第三组	0.18	5	6	7	8	9
第四组	0.20	6	7	8	9	10
第五组	0.22	7	8	9	10	11

为了方便后续水池试验、理论计算和试验结果对比，以上各个工况中浪向角都是 0°，其他浪向角情况暂不做考虑，并且来流速度均设置为 0.412m/s。由于计算工况较多，每个工况计算均描述的话会使内容过于冗长，下面仅以波高 0.14m、波长 4m 工况为例详细地展示整个计算过程，其他工况计算过程在此省略。

下面主要对浮体进行单独的波浪中频域响应分析，此阶段忽略波浪驱动水面机器人多体结构的相互影响。首先对浮体进行频域分析，给出浮体在一定工况下的幅值响应函数；然后基于频谱分析思想预报该工况下的垂荡响应值，为下一步计算该工况下潜体的推力系数提供依据。

1. 计算对象的模型介绍

考虑到浮体耐波性、快速性等影响，本节完成了“漫步者 I ”号波浪驱动水面机器人原理样机的总体设计与三维建模。浮体采用扁平状船型结构；潜体上安装 6 对 12 片铰接的水翼，翼型为 NACA0012、弦长 0.16m、展长 0.54m；同时推进器上加装大展弦比的尾舵，以保持推力方向的稳定性。“漫步者 I ”号波浪驱动水面机器人原理样机的三维模型如图 2.31 所示。

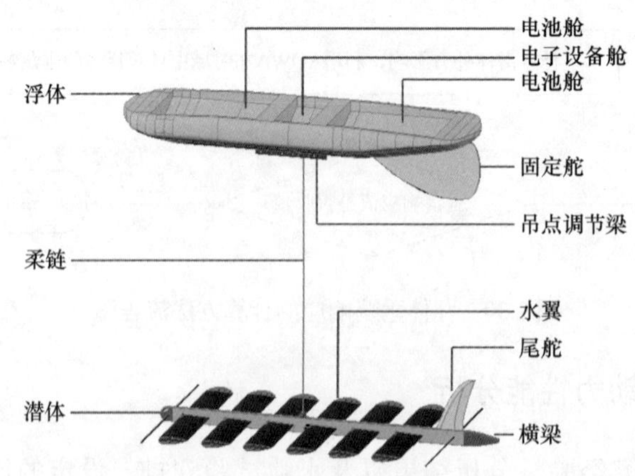

图 2.31　“漫步者 I ”号波浪驱动水面机器人原理样机的三维模型图

“漫步者Ⅰ”号波浪驱动水面机器人原理样机的主要技术参数如表 2.11 所示。

表 2.11 “漫步者Ⅰ”号波浪驱动水面机器人原理样机的主要技术参数

主尺度参数		静水力参数	
浮体	长 2m，宽 0.6m， 型深 0.24m，设计吃水 0.15m	浮力参数	水线 15cm，浮心纵向位置 1106mm， 垂向位置 100mm， 排水量 86kg
潜体	长 1.9m，宽 1.12m	质量	船壳重 21.2kg（约 12.5cm）， 潜体 3.6kg（约 0cm）， 载荷 61.2kg（13.5cm）
水翼	NACA0012， 弦长 0.16m，展长 0.54m	重心位置	纵向位置 1106mm， 垂向位置 126.9mm
柔链	长杆 2.1m（可调节）	转动惯量	$I_{zz}=I_{xx}=3.8\text{kg}\cdot\text{m}^2$， $I_{yy}=21.5\text{kg}\cdot\text{m}^2$

2. 浮体的模型构建

根据浮体设计参数，在 ANSYS 中创建浮体三维模型。建模时采用一般的叠模法，即先导入各个站面处横剖面图，再平移每个剖面对模型进行建立和网格划分。计算需要建立的模型是浮体处于结构吃水状态下的模型，坐标系原点位于浮体重心处，浮体三维模型以及完成网格划分后的计算网格模型如图 2.32 和图 2.33 所示。

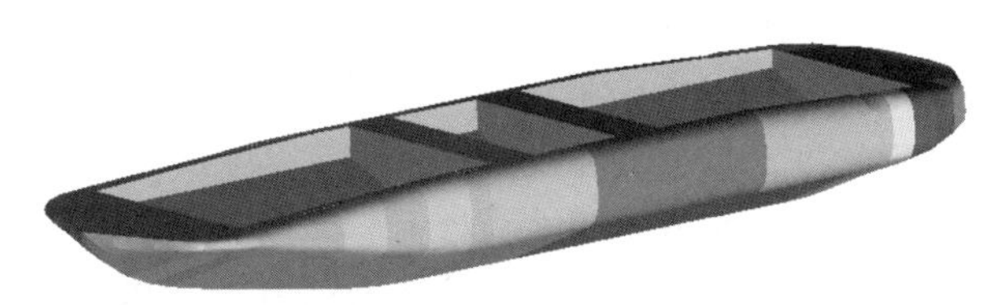

图 2.32 浮体三维模型

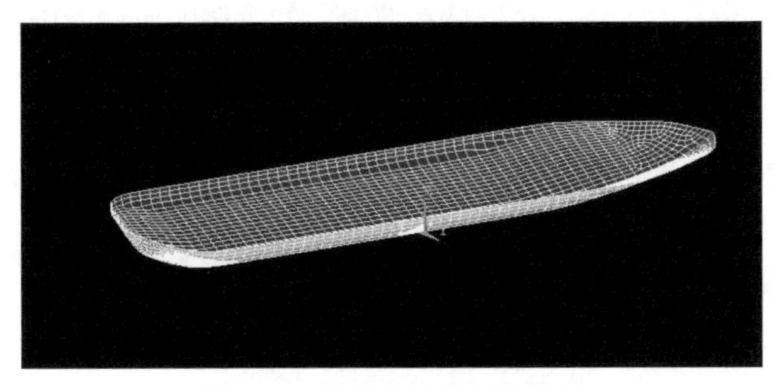

图 2.33 浮体的计算网格模型

3. 浮体的频域响应计算

波浪作用下浮体的运动响应可由幅值响应算子(response amplitude operator，RAO)来描述，它是波浪波幅到浮体位置参数的传递函数，可表示为

$$\mathrm{RAO}=\frac{\eta_i}{\zeta} \tag{2.48}$$

其中，η_i是浮体在波浪中运动的第i个参数；ζ是波幅。

浮体对任意波浪成分的响应是波浪波幅的线性函数。利用浮体各自由度的RAO给出每个波浪频率下的浮体响应，叠加求和就得到多个波浪作用下浮体的运动方程。然而，线性理论通常只适用于中等海况下的非共振情况，对于大波浪或者共振情形不适用。本节研究关心的是浮体在选定波浪条件下的运动，因此线性理论完全适用，根据计算结果给出的浮体RAO，可以预测浮体在各种工况下的垂荡响应值。

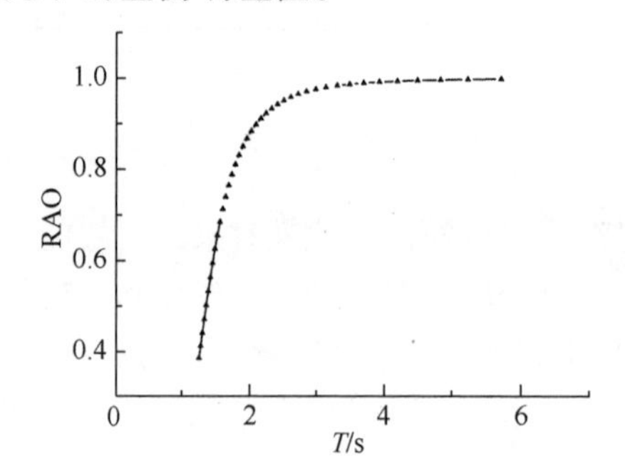

图 2.34　浮体在波浪中的频率响应

浮体在波浪中的频率响应如图 2.34 所示。利用 AQWA-LINE 模块对浮体模型单独进行频域计算，得出浮体在一系列不同波峰周期下的垂荡响应值，为后面选定工况下对浮体进行时域计算提供浮体附加质量、绕射阻尼等水动力参数，同时也分析得出与波浪驱动水面机器人水动力性能相关的规律。由图 2.34 可知，随着波峰周期的增加，浮体垂荡响应也逐渐变大，意味着潜体的运动幅值随之增大。结合 2.3 节结论可知，水翼运动的幅值越大，产生的平均推力越大。如果单独考虑垂荡响应值，那么可以认为浮体的垂荡响应值越大，潜体产生的平均推力越大。

因此，为了增加波浪驱动水面机器人的动力输出，提高其运动性能，除了优化潜体水动力性能之外，还可以增加浮体在波浪中的垂荡响应值，如从优化船体型线、载荷分布等方面入手，对浮体在波浪中的垂荡响应性能进行优化。

4. 浮体的时域计算

根据前面对浮体进行频域计算所得到的浮体水动力参数，在设定波高 0.14m、波长 4m 工况下，利用 AQWA-NAUT 计算浮体的时域响应值。计算总计为 100 个周期，计算结果如图 2.35 和图 2.36 所示。

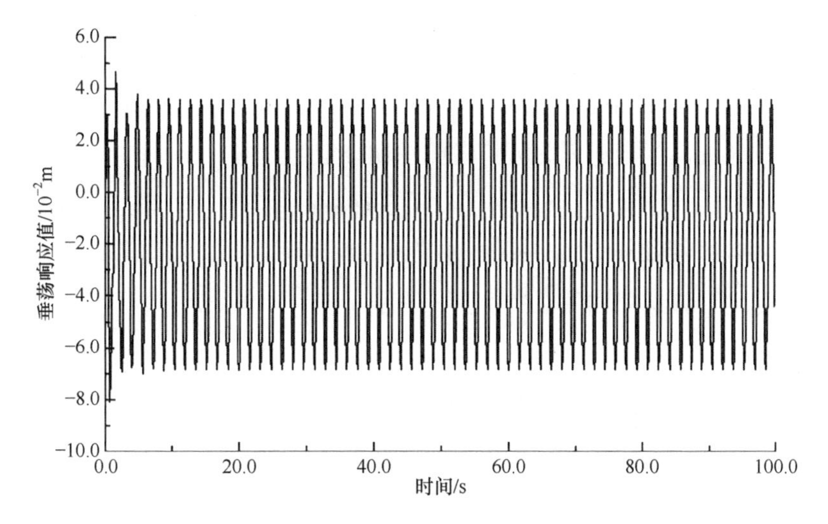

图 2.35 浮体垂荡的时历曲线

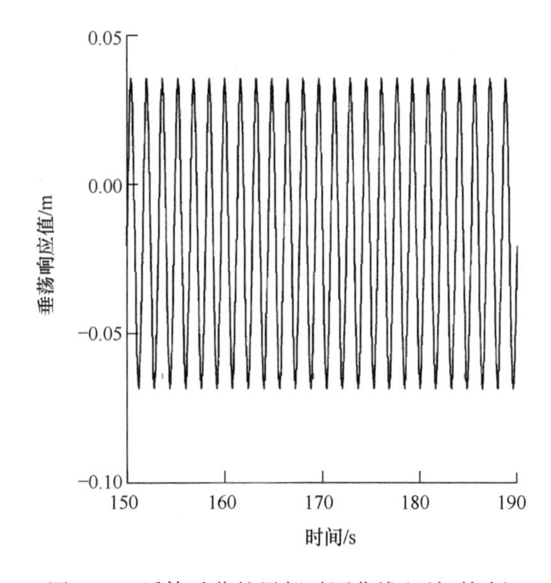

图 2.36 浮体垂荡的局部时历曲线(不加外力)

由图 2.35 和图 2.36 可知，最初的几个周期内浮体重心位置为不规则变化，经过一段时间后呈现出有规律的上下移动。图 2.36 中曲线表明，浮体垂荡运动保持稳定，垂荡响应值已经收敛。此时重心上下规律运动的最大值为 36.03mm，最小值为−68.53mm，即浮体垂荡响应值为 104.56mm，显然浮体实际的垂荡响应值小于设定波高 140mm,这也说明 2.3 节中浮体完全响应波浪运动的假设存在局限性。从局部时历曲线可知，重心运动曲线属于与波峰周期一致的规则波曲线，因此浮体在此阶段的响应运动可以用如下参数描述：A=104.56mm，T=1.6s。

5. 潜体的水动力计算

由于浮体和潜体的垂荡方向运动具有一致性，即潜体运动规律与前面得到的浮体垂荡响应规律相同，因此可将潜体运动设定为

$$Y(t)=A_0\cos(\omega t) \tag{2.49}$$

其中，$A_0=0.10459\text{m}$；$\omega=1.25\pi$。

潜体受力计算结果如图 2.37 所示。

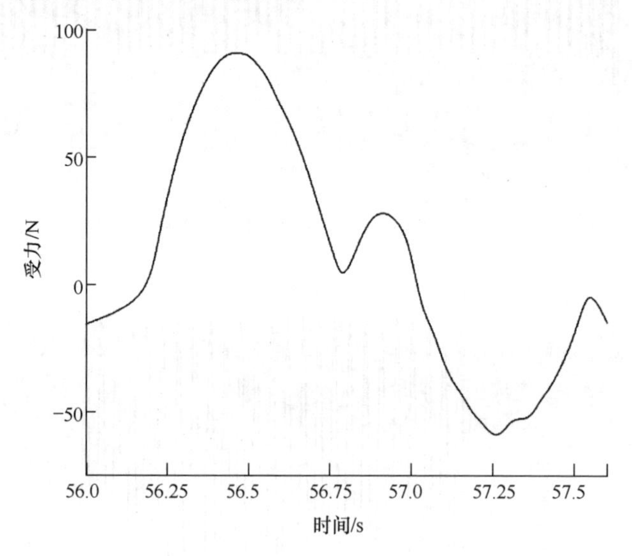

图 2.37　潜体受力的时历曲线

图 2.37 显示了设定运动规律下，潜体在一个周期内竖直方向上受力的时历曲线。由图 2.37 可知，除了水翼转动点会出现一定的波动外，竖直方向上受力大小随时间的变化基本上符合正弦变化规律，具体原因同水翼推力系数在转动点出现波动的原因一样，这里不再重复描述。

6. 浮体的运动响应

根据前面介绍的潜体在竖直方向上的受力结果，通过牛顿第二定律计算得到柔链的受力情况(即浮体在竖直方向上所受外力)，然后将此外力的时历曲线离散成受力和时间坐标的形式，并写入以.xft 为后缀的受力数据文件，同时将.dat 文件中 deck 16 层设定为每隔 0.1s 读取一次外力数据。合计计算 160 个周期，外力干扰设定为在第 100 个周期结束时加入,后面继续计算 60 个周期以确保其计算值收敛。浮体响应的计算结果如图 2.38 和图 2.39 所示。

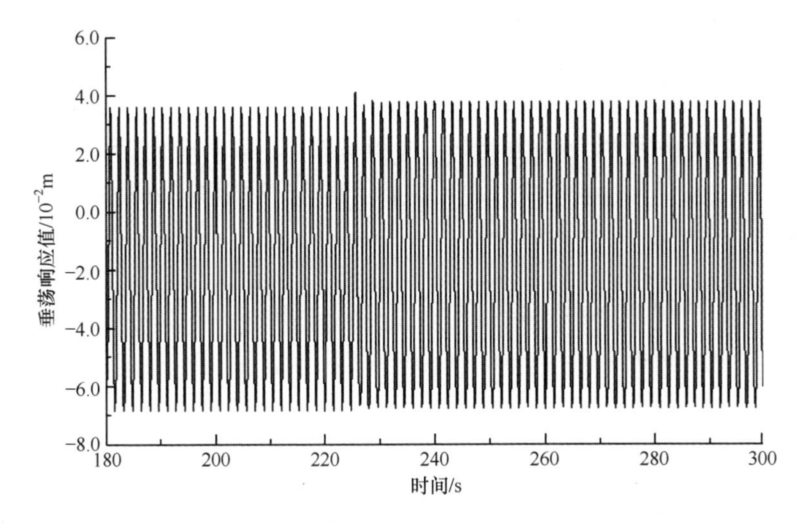

图 2.38　浮体垂荡的时历曲线

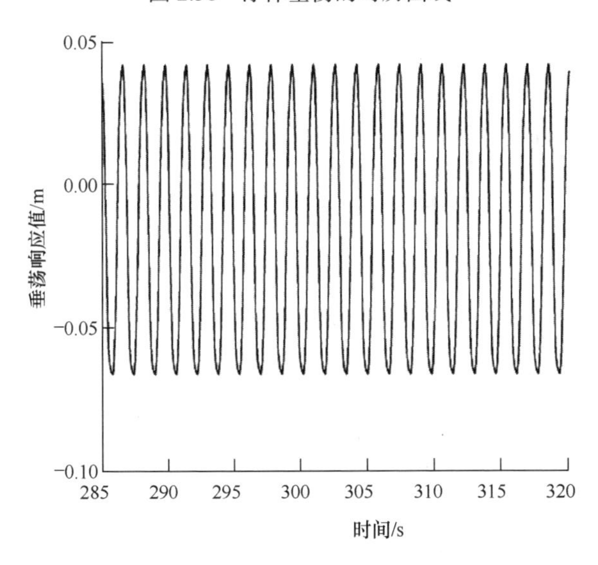

图 2.39　浮体垂荡的局部时历曲线(第一次加力)

由图 2.38 和图 2.39 可知，225s 时刻加入外力，浮体的垂荡响应曲线立刻发生了变化；经过几个周期的非稳态变化后，响应曲线逐渐趋于稳定并呈现出固定的周期性变化规律，即表明运动已经收敛。此时读出重心上下运动规律的最大值为 37.03mm，最小值为−67.53mm，可得浮体的垂荡响应值为 104.56mm，运动周期为 1.6s。计算结果说明，响应曲线在一个周期内形状不是严格的正弦曲线，而是如图 2.39 所示的类正弦形状，该曲线难以用一个准确的表达式进行描述。为了计算过程方便，将其近似为正弦曲线以简化处理。

7. 数值模拟结果

基于 2.4.2 节第四部分的计算方法，不断重复步骤(2)和步骤(3)，并比较前后两次浮体的垂荡响应值，直到其收敛。收敛标准为前后两次垂荡响应值的大小变化率小于 1%。最后经过若干次迭代计算后，获得了波高 0.14m、波长 4m 工况下的计算结果，如图 2.40 所示。

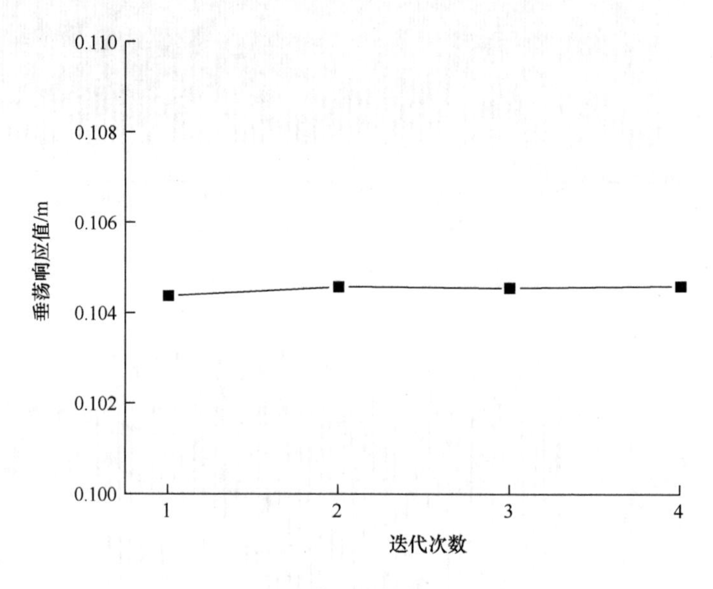

图 2.40　垂荡响应值的收敛曲线

由图 2.40 可知，经过 4 次迭代后垂荡响应值变化较小，逐渐进入稳态，并且达到了所设置的收敛标准，即认为完成了此工况下的迭代计算。得到的浮体垂荡响应值为 0.105m、周期为 1.6s。利用该组数据重复 2.4.2 节第四部分计算方法的步骤(2)，计算得到水翼推力为 2.69N。

通过该计算方法获得全部 25 个工况下垂荡响应值和水翼的推力结果如图 2.41～图 2.45 所示。

图 2.41～图 2.45 为 0.07～0.11m 波幅时，各个波长下浮体的垂荡响应值和潜体的推力。波幅一定时，浮体的垂荡响应值随着波长的增加而变大，增加幅度越来越小且逐渐接近于波幅。正是垂荡响应值的这种特点，使得潜体的推力和前面提到的推力系数随波幅的变化趋势出现差异。波幅一定时，随着波长增加，推力具有先增加后减小的趋势，主要原因是受垂荡响应值的影响。对于推力，波长增加对其是不利的，但对垂荡响应值(潜体的运动幅值)是有利的，而垂荡响应值对推力有利。因此，波长和垂荡响应值二者对推力的共同作用，形成了上述推力变化趋势。

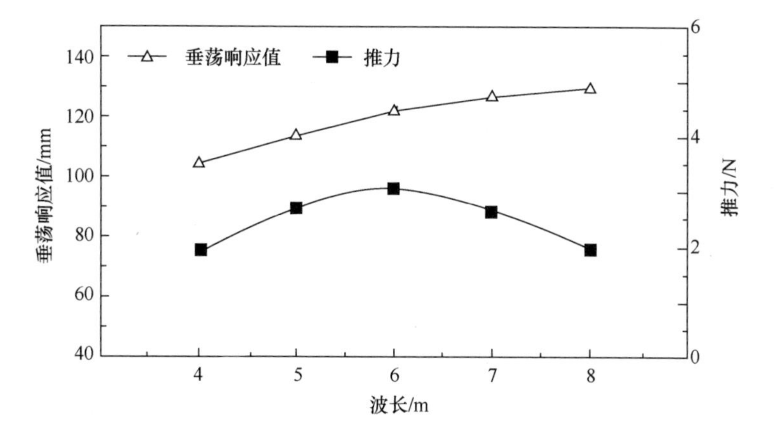

图 2.41 波幅 0.07m 时不同波长下的垂荡响应值和推力曲线

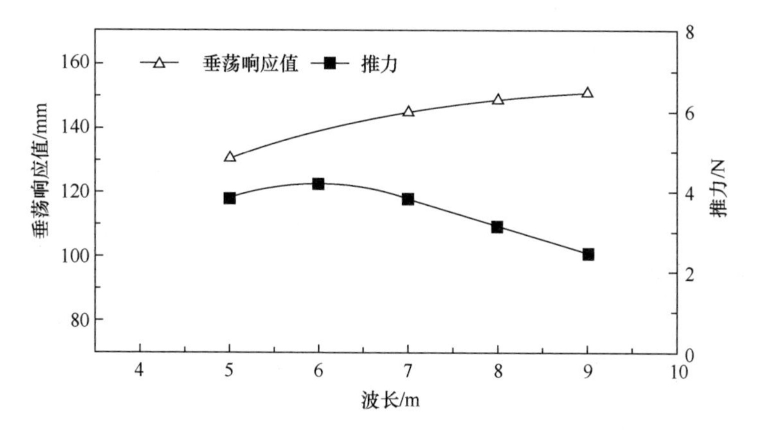

图 2.42 波幅 0.08m 时不同波长下的垂荡响应值和推力曲线

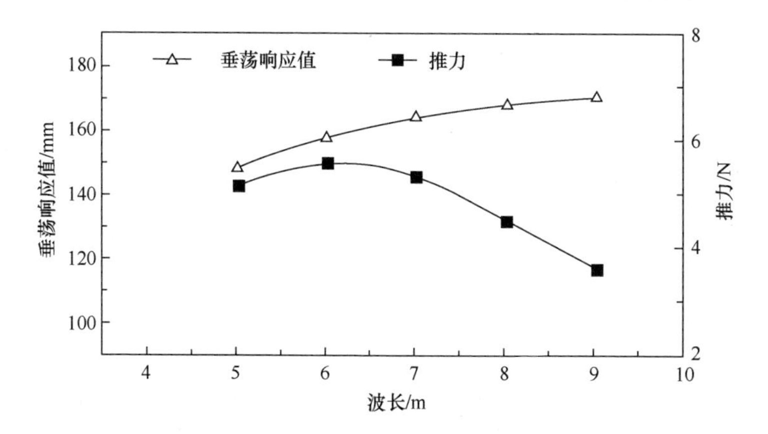

图 2.43 波幅 0.09m 时不同波长下的垂荡响应值和推力曲线

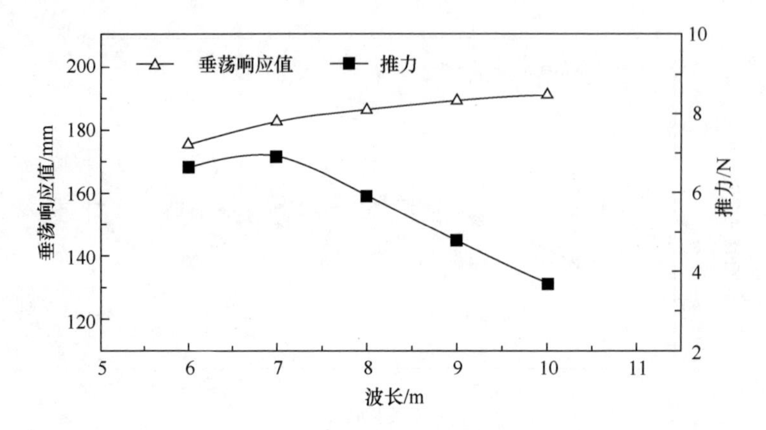

图 2.44　波幅 0.10m 时不同波长下的垂荡响应值和推力曲线

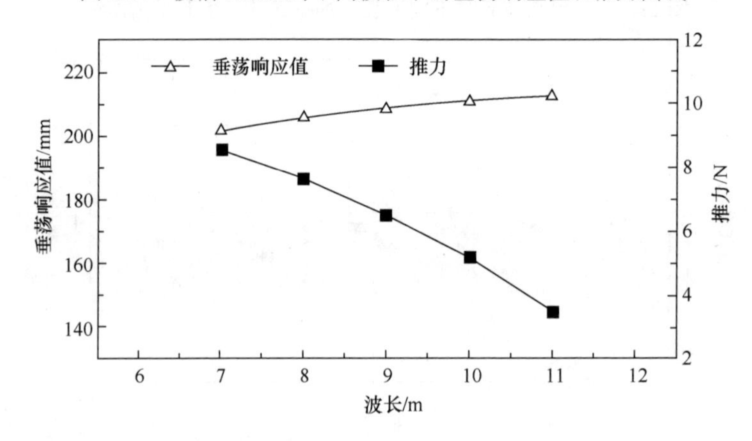

图 2.45　波幅 0.11m 时不同波长下的垂荡响应值和推力曲线

由于垂荡响应值的增幅随着波长的增加不断减小，因此短波长时，垂荡响应值变化大于波长变化对推力的影响，即推力随波长变化趋势体现为更像垂荡响应值随波长变化的特点；波长增加到一定程度后情况相反，即随波长的增加，推力呈现先增加后减小的变化趋势。

对于这种推力的变化趋势，波幅一定时存在某个波长是最大推力，并且不同波幅下最大推力对应的波长具有显著差异(即波浪驱动水面机器人的最佳航行工况)。经过观察和分析，当波长和波幅比值在 35～42 时潜体推力达到最大。波长一定时，浮体垂荡响应值、潜体推力随波幅的变化曲线如图 2.46～图 2.50 所示。

由图 2.46～图 2.50 可知，当波长一定时，波浪驱动水面机器人浮体的垂荡响应值、潜体的推力均随着波幅的增加而增加，这个趋势同 2.3 节中波长对推力系数影响的结论一致。上述理论分析为后续水池试验研究提供了相应的理论数据参考。

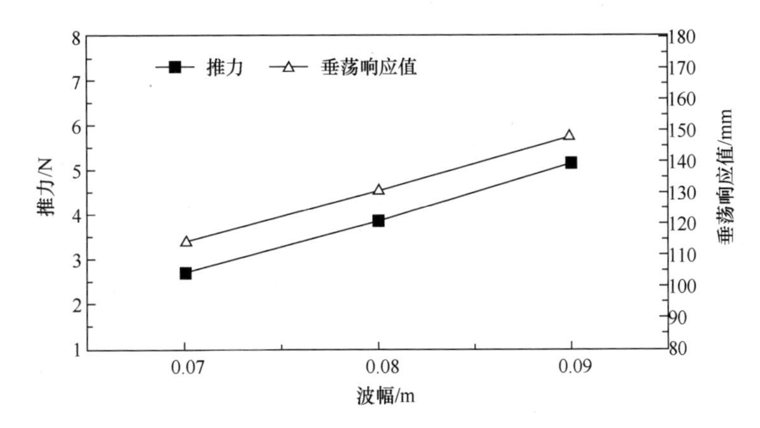

图 2.46　波长 5m 时不同波幅下的垂荡响应值和推力曲线

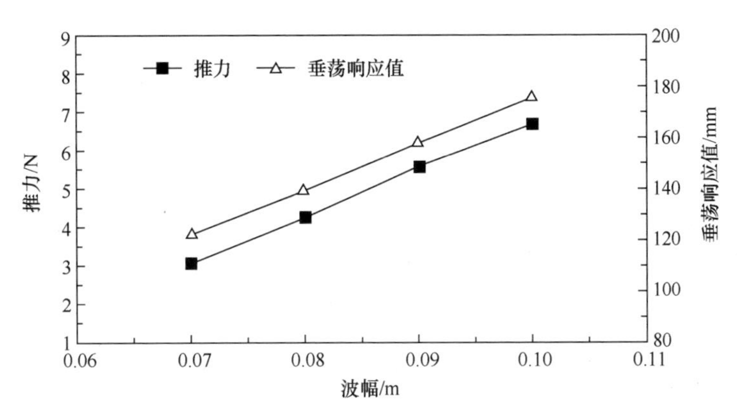

图 2.47　波长 6m 时不同波幅下的垂荡响应值和推力曲线

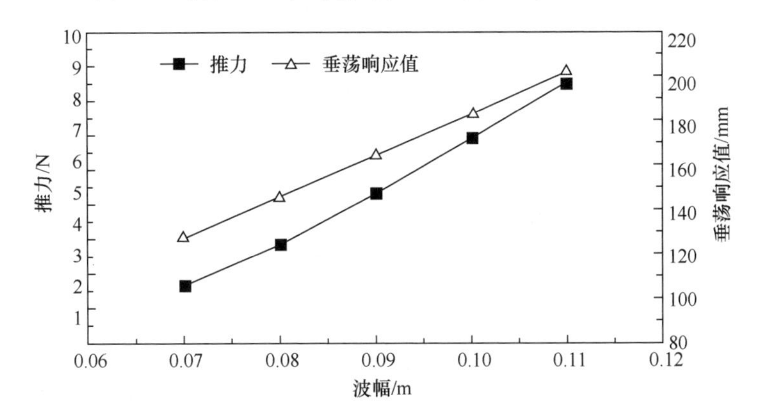

图 2.48　波长 7m 时不同波幅下的垂荡响应值和推力曲线

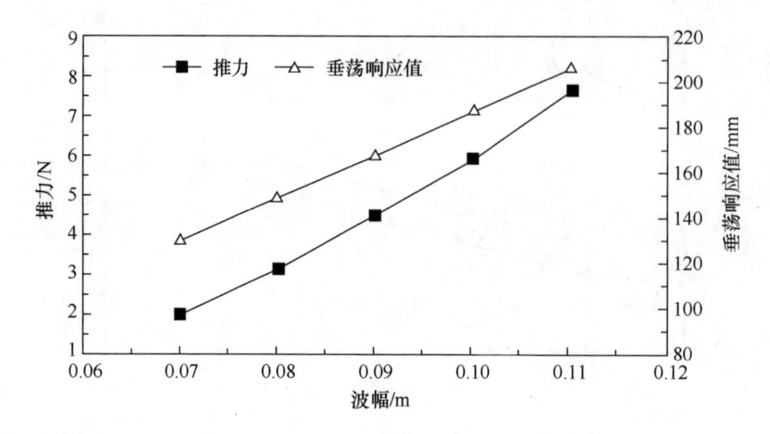

图 2.49　波长 8m 时不同波幅下的垂荡响应值和推力曲线

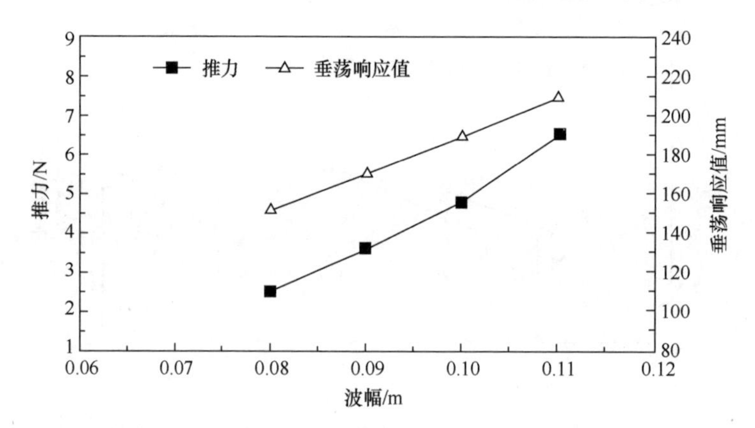

图 2.50　波长 9m 时不同波幅下的垂荡响应值和推力曲线

2.5　水池试验研究

2.5.1　水池试验方案

1. 试验目的

开展原理样机水池试验，旨在掌握不同波浪条件下波浪驱动水面机器人的推进性能，为检验理论结果和深化样机研究奠定基础，预期试验结果包括：

(1)设定工况下波浪驱动水面机器人浮体的阻力；

(2)设定工况下波浪驱动水面机器人产生的推力；

(3)设定工况下波浪驱动水面机器人的航速。

其中，(1)和(2)中的设定工况是指系统在不同波高、不同周期下以一定拖曳航速前进，水池人工造波的波浪状态均为规则波。

2. 试验参数

试验水池的参数主要包括水池尺寸长×宽×深=108m×7m×3.5m，最大车速 6.5m/s，造波周期 0.4～4s，规则波波高最大值 0.4m，不规则波有义波高最大值 0.32m。

由于“漫步者Ⅰ”号原理样机的浮体长 2m、潜体深 2.3m，为便于开展试验，柔链采用刚性细圆管将浮体和潜体相铰接。若为了对比理论计算结果，则需减小波浪(最大波长为 4.6m)对潜体(波浪推进器)的影响以满足理论计算中无限深水域的假设，即要求样机在短波长下开展试验。然而，根据现场调试结果，发现如采用短波长进行试验将发生严重上浪，从而导致试验值偏差过大，使得试验值失去对比意义，并影响系统航行安全。

因此，考虑到研究需要，重新制定了水池试验的波浪参数。同时在进行拖曳试验前，开展原理样机自由航行测试以初步测定其航速，经现场调试发现样机速度为 0.2～0.42m/s(对应规则波波高 0.12～0.22m，波长 3～9m)，从而确定航车拖曳速度为 0.412m/s(0.8kn)。开展了波高 0.12m、0.14m、0.16m、0.18m、0.20m 时，不同波长条件下自由航行试验以测量样机航速。拖曳试验和自由航行试验参数分别如表 2.12 和表 2.13 所示。

表 2.12　波浪中拖曳试验参数(拖曳速度 0.412m/s)

波长/m	波高/m						
	0.10	0.12	0.14	0.16	0.18	0.20	0.22
2	*						
3	*	*	*	上	浪	区	域
4	*	*	*	*			
5	*	*	*	*	*	*	
6	*	*	*	*	*	*	*
7	*	*	*	*	*	*	*
8			*	*	*	*	*
9				*	*	*	*
10				*		*	*
11							*

注：“*”表示试验点；“上浪区域”(表中指粗线包围部分)表示浮体上浪严重，无法有效开展试验；深色区表示非上浪区域。

表 2.13　波浪中自由航行试验参数

波长/m	波高/m				
	0.12	0.14	0.16	0.18	0.20
2					
3	*				
4	*	*			
5	*	*	*	*	
6	*	*	*	*	*
7	*	*	*	*	*
8		*	*	*	*
9			*	*	*
10			*	*	*
11					*

注：“*”表示试验点。

2.5.2　水池试验与分析

2013 年，哈尔滨工程大学水下机器人技术国家级重点实验室自主研发了“漫步者Ⅰ”号波浪驱动水面机器人原理样机。原理样机的水池试验科目包括水动力拖曳试验及自由航行试验，如图 2.51 所示。

(a) 水动力拖曳试验

(b) 自由航行试验

图 2.51　2013 年水池试验中的“漫步者Ⅰ”号波浪驱动水面机器人原理样机

1. 潜体的推力试验结果与分析

开展了设定工况下原理样机的阻力试验(均在迎浪状态下测量,潜体水翼不发生转动)。试验数据中先后获得波浪驱动水面机器人整体、浮体在各个工况下水平方向上的合力，柔链合力根据圆柱扰流的经验公式测算为 3.73N，在不考虑潜体对浮体水平方向受力的影响下，经转化处理可得不同工况下波浪驱动水面机器人(即潜体)推力的试验数据，如图 2.52 和图 2.53 所示(曲线中波幅等于1/2 波高)。

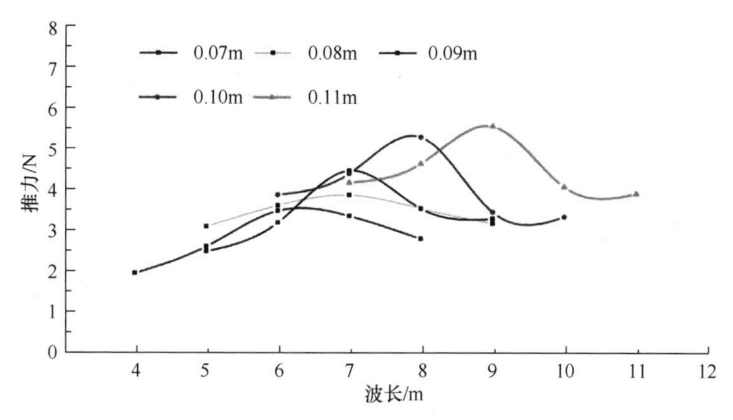

图 2.52 设定波幅下潜体推力对比图(见书后彩图)

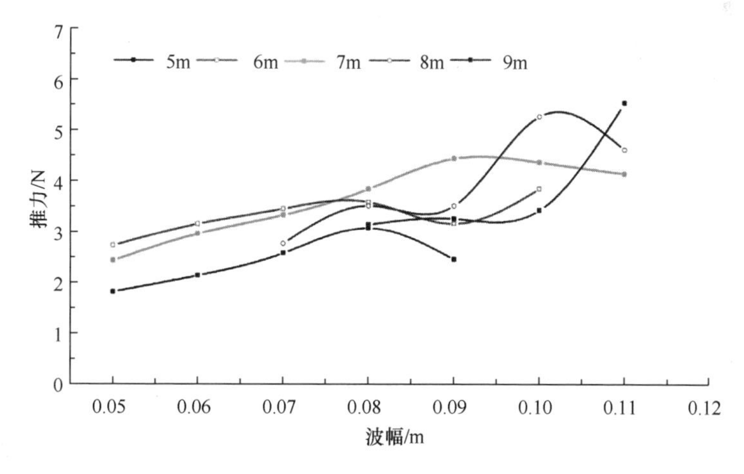

图 2.53 设定波长下潜体的推力对比图(见书后彩图)

由图 2.52 可知，在相同波高条件下，波浪驱动水面机器人推力随着波长的增加呈现先增后减的趋势——具有“倒 U 形”演变现象，与前面所预测的一致递减趋势有所区别，这是由于理论计算时假设浮体对波浪完全响应，并忽略了浮体在波浪中的响应特性。可能的解释为：在短波长环境中，浮体升沉频繁但持续时间短，传递给潜体的升沉运动具有一致的响应状态，导致水翼对潜体作用力变化剧烈但做功时间短，从而获得的平均持续推力较小。由图 2.53 可知，在相同波长条件下，图中大部分曲线的变化趋势显示波浪驱动水面机器人的推力随着波高的增加也是呈现先增后减的变化，不同于前面所预测的一致递增趋势。出现这种情况的原因主要是试验中当波长与波高比较大时(即短峰波)，潜体发生了明显的“抬首”现象，使得水翼有效限位角减小(即减小了实际的水翼攻角)，导致潜体推力下降，同时增大了潜体阻力。

综上所述，在波长与波高比为 35～45 的规则波环境中，波浪驱动水面机器人更易获得较高的推力从而具有良好的推进性能。同时，在后续理论研究中需要恰当地探讨浮体对推进性能的影响，从而更好地指导波浪驱动水面机器人的系统设计。

2. 样机的航速试验结果与分析

通过自由航行试验测量设定工况下航速数据(均为迎浪航行)，获得了不同工况下波浪驱动水面机器人的航速曲线，如图 2.54 所示。

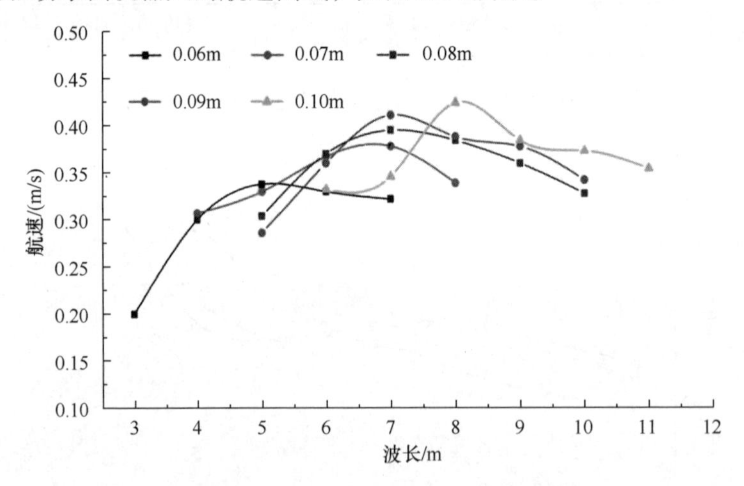

图 2.54　设定波幅下波浪驱动水面机器人航速对比图(见书后彩图)

由图 2.54 可知，在所有试验工况中，最低航速为 0.20m/s(波高 0.12m、波长 3m)，而最高航速为 0.424m/s(波高 0.20m、波长 8m)，即波浪驱动水面机器人具有较高的航行能力，从而验证了纯波浪能推进航行器这一类新型海洋机器人的可行性。同时，在相同波高条件下，波浪驱动水面机器人的航速随着波长的增加为先增后减的变化(“倒 U 形”演变)。Wave Glider SV2 的航速为 0.6～1.03m/s(海洋环境，有义波高 0.1～0.5m)，“漫步者 I ”号相比于国外同类产品还有较大的差距。应在未来的研究中，深化推进性能理论分析，开展系统优化设计，从而使其获得更高的航速。

3. 推力与航速试验结果对比分析

将推力与航速试验结果进行对比，结果如图 2.55～图 2.59 所示。在不同波高条件下，随着波长的增加，推力与航速曲线能较好地吻合，并具有一致的变化趋势。由于推力与航速之间具有直接关联关系，从而相互印证了试验结果。

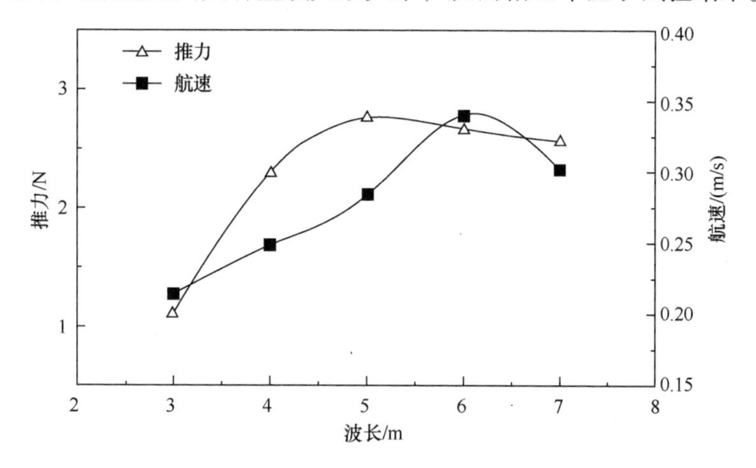

图 2.55　波高 0.12m 时波浪驱动水面机器人推力与样机航速对比

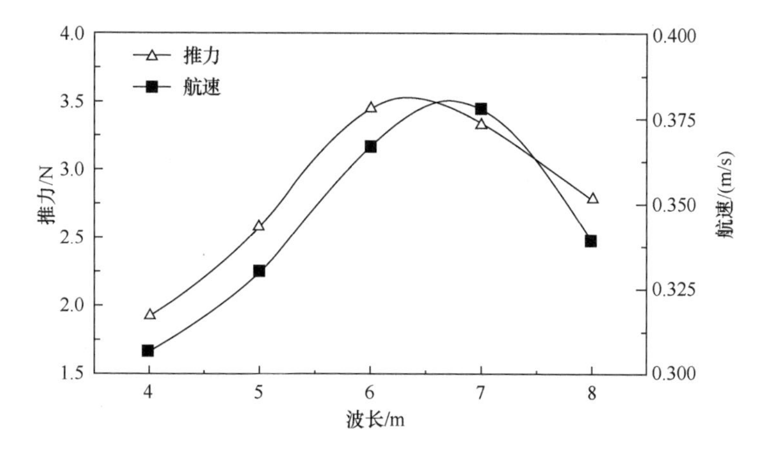

图 2.56　波高 0.14m 时波浪驱动水面机器人推力与样机航速对比

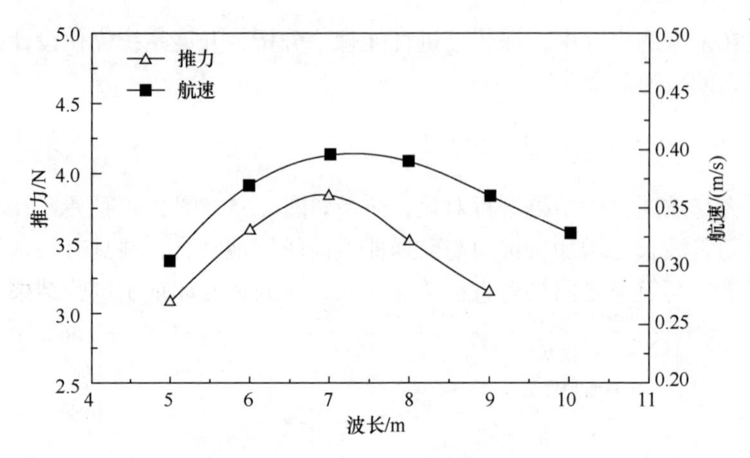

图 2.57　波高 0.16m 时波浪驱动水面机器人推力与样机航速对比

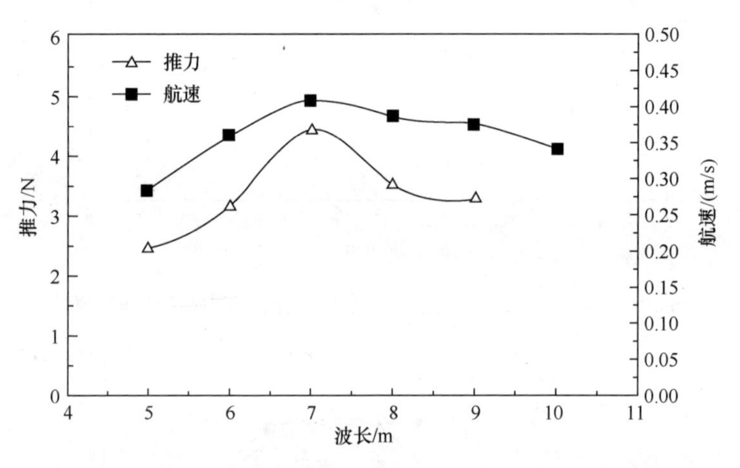

图 2.58　波高 0.18m 时波浪驱动水面机器人推力与样机航速对比

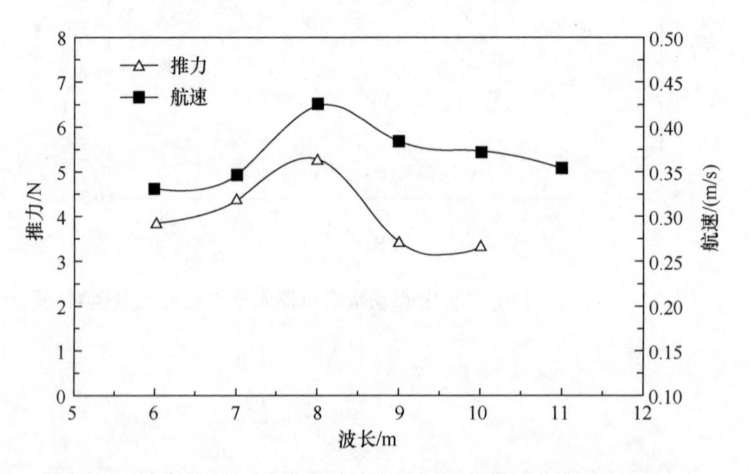

图 2.59　波高 0.20m 时波浪驱动水面机器人推力与样机航速对比

综上所述，水池试验结果较好地验证了试验方案的可行性和有效性，并检验了波浪驱动水面机器人推进机理、原理样机设计方案的可行性，以及原理样机运动能力和所用研究方法的有效性。

2.5.3 试验与理论结果对比

1. 试验结果分析

本节主要将前面进行的理论计算数据与水池试验结果相对比，以验证理论计算结果的准确性。在理论计算中主要是获得了各个试验工况下波浪驱动水面机器人潜体的纯推力，也就是潜体在水平方向上的合力，因此对试验数据处理的最终结果也将是对应推力的大小。试验结果和理论计算数据的对比如图 2.60～图 2.64 所示。

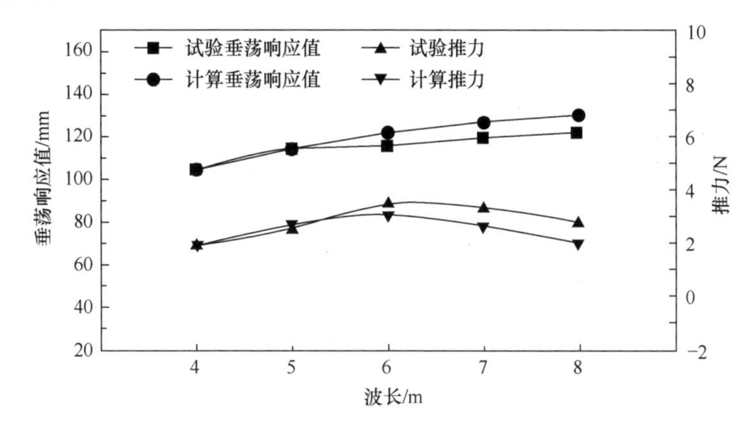

图 2.60　波幅 0.07m 时垂荡响应值、推力的试验和计算对比

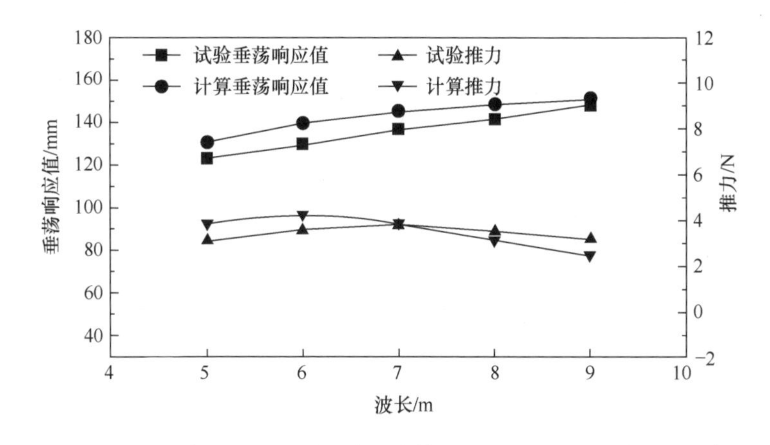

图 2.61　波幅 0.08m 时垂荡响应值、推力的试验和计算对比

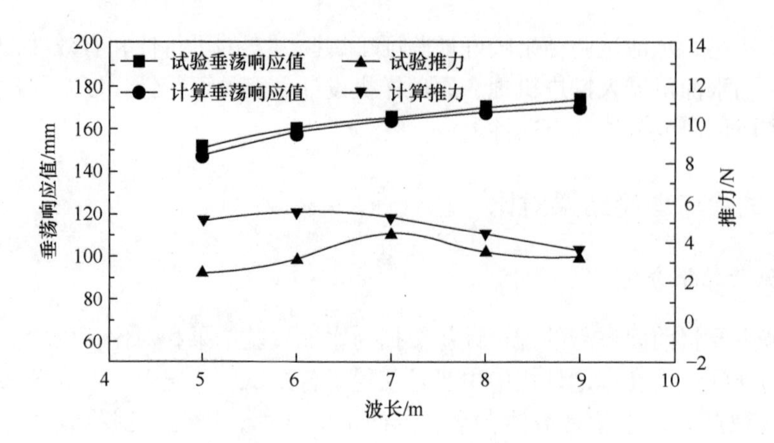

图 2.62　波幅 0.09m 时垂荡响应值、推力的试验和计算对比

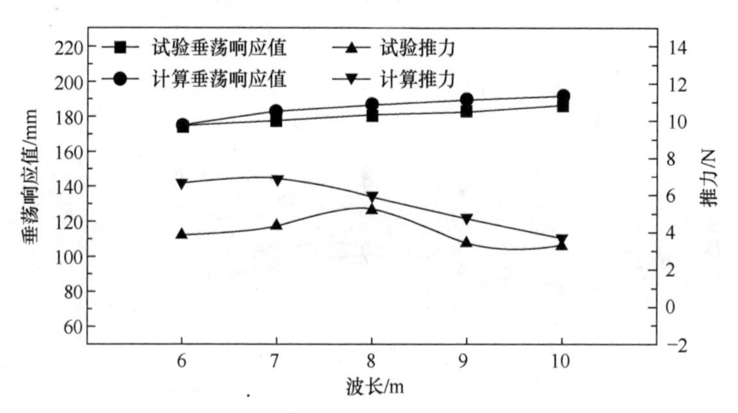

图 2.63　波幅 0.10m 时垂荡响应值、推力的试验和计算对比

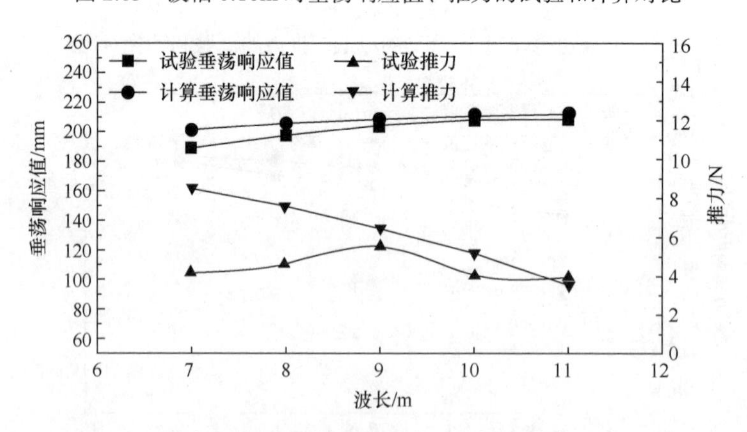

图 2.64　波幅 0.11m 时垂荡响应值、推力的试验和计算对比

由图 2.60～图 2.64 可知，波浪驱动水面机器人浮体垂荡响应试验值和计算值

的变化趋势一致，二者在数值上差距分布在 0.17%～7.9%，即垂荡响应的计算值和试验值较为吻合。从推力曲线可以发现，当波幅为 0.07m 和 0.08m 时，试验值和计算值比较接近，吻合得较好，总体变化趋势大体相同；当波幅为 0.09～0.11m 时，试验值和计算值的总体趋势基本一致，但在短波长时数值相差较大。

出现上述现象的主要原因是：在试验过程中，波浪驱动水面机器人浮体固连于航车，并以设定的前进速度运动(即约束航模试验)。潜体在短波长工况下产生的推力较大，使潜体的速度超过浮体行驶的设定速度，这样造成了潜体以浮体底部铰链为圆心、连接杆为半径向上旋转，从而使得水翼的有效限位角减小，潜体推力显著下降。所以在短波长工况下，所测得的试验数据会比真实推力小。

2. 水池试验结论

通过水池试验得到如下结论：

(1) 针对波浪推进机理及其试验进行了深入探讨，基本掌握了影响波浪驱动水面机器人推进性能的主要设计参数；然而，影响波浪驱动水面机器人推进性能的参数较多，受限于现有水池试验条件，一些理论研究成果仍需未来开展相应的试验进行验证。

(2) 试验表明，在波长与波高比为 35～45 的规则波环境中，波浪驱动水面机器人更易获得较高的推力。后续研究中应深入探讨浮体、潜体及柔链对推进性能的耦合影响，从而更加深刻地揭示波浪推进机理。

(3) 试验获得设定工况下波浪驱动水面机器人原理样机的航速为 0.2～0.424m/s，展现出较高的航行能力。这表明基于纯机械方式的波浪推进器及波浪驱动水面机器人具有工程可行性。

(4) 在试验中发现了一些新的问题，如短峰波环境中潜体“抬首”现象，拟在样机下一步研制中进行解决；原理样机呈现“低航速”问题，导致其机动能力较差，有效地操纵与控制波浪驱动水面机器人将是一个技术难题。

2.6 本章小结

本章详细论述了波浪驱动水面机器人的推进机理，从仿生推进角度出发，以流体力学基本原理作为推进机理分析的理论基础，并利用计算流体力学技术，深入分析了波浪驱动水面机器人单个摆动水翼和串列水翼整体的推进性能；在此基础上借助 AQWA 平台，对波浪驱动水面机器人在波浪环境下的运动响应进行了数值模拟；并结合“漫步者Ⅰ”号波浪驱动水面机器人原理样机的水池试验，对波浪驱动水面机器人的自由航行过程、整体水动力性能进行了试验研究。本章研究为改善波浪驱动水面机器人的推进性能积累了宝贵的研究经验及数据。

参 考 文 献

[1] 刘鹏, 苏玉民, 刘焕兴. 串列异步拍动翼推进性能分析[J]. 上海交通大学学报, 2014, 48(4): 457-463.

[2] 胡合文. 波浪滑翔机的水动力分析[D]. 哈尔滨: 哈尔滨工程大学, 2015.

[3] 廖煜雷, 李晔, 刘涛, 等. 波浪滑翔器技术的回顾与展望[J]. 哈尔滨工程大学学报, 2016, 37(9): 1227-1236.

[4] 刘鹏, 苏玉民, 廖煜雷, 等. 滑波航行器的水动力试验[J]. 上海交通大学学报, 2015, 49(2): 239-244.

[5] 田宝强, 俞建成, 张艾群, 等. 波浪滑翔器运动效率分析[J]. 机器人, 2014, 36(1): 43-48.

[6] Jia L J, Zhang X M, Qi Z F, et al. Hydrodynamic analysis of submarine of the Wave Glider[J]. Advanced Materials Research, 2013, 834-836: 1505-1511.

[7] 李小涛. 波浪滑翔器动力学建模及其仿真研究[D]. 北京: 中国舰船研究院, 2014.

[8] Zheng B H, Xu C Y, Yao C L, et al. The effect of attack angle on the performance of Wave Glider wings[J]. Applied Mechanics and Materials, 2015, 727-728: 587-591.

[9] Techet A H, Hover F S, Triantadyllou M S. Separation and turbulence control in biomimetic floes[J]. Flow Turbulence and Combustion, 2003, 71(1-4): 105-118.

[10] 文力, 梁建宏, 王田苗, 等. 基于续航能力的仿生航行器设计与试验[J]. 北京航空航天大学学报, 2008, 34(3): 340-343.

[11] 苏玉民, 黄胜, 庞永杰, 等. 仿鱼尾潜器推进系统的水动力分析[J]. 海洋工程, 2002 , 20(2): 54-59.

[12] Kemp M, Hobson B, Long J H. Madeleine: An agile AUV propelled by flexible fins[C]. The 14th International Symposium on Unmanned Untethered Submersible Technology(UUST), 2005: 1-6.

[13] Georgiades C, Nahon M, Buehler M. Simulation of an underwater hexapod robot[J]. Ocean Engineering, 2009, 36(1): 39-47.

[14] Xu J A, Liu X B, Chu D H, et al. Analysis and experiment research of the turtle forelimb's hydrofoil propulsion method[C]. 2009 IEEE International Conference on Robotics and Biomimetics(ROBIO), 2009: 386-391.

[15] 张铭钧, 刘晓白. 海龟柔性前肢仿生推进研究[J]. 机器人, 2011, 33(1): 229-236.

[16] 张亮, 李云波. 流体力学[M]. 哈尔滨: 哈尔滨工程大学出版社, 2001.

[17] 陈懋章. 粘性流体动力学基础[M]. 北京: 高等教育出版社, 2004: 266-275.

[18] Michelassi V, Wissink J G, Rodi W. Direct numerical simulation, large eddy simulation and unsteady Reynolds-averaged Navier-Stokes simulations of periodic unsteady flow in a low-pressure turbine cascade: A comparison[J]. Proceedings of the Institution of Mechanical Engineers, Part A: Journal of Power and Energy, 2003, 217(4): 403-411.

[19] Carling J, Williams T L, Bowtell G. Self-propelled anguilliform swimming: Simultaneous solution of the two-dimensional Navier-Stokes equations and Newton's laws of motion[J]. The Journal of Experimental Biology, 1998, 201(23): 3143-3166.

[20] 朱红钧, 林元华, 谢龙汉. FLUENT 流体分析及工程仿真[M]. 北京: 清华大学出版社, 2011: 6-15.

[21] 赵金鑫. 某潜器水动力性能计算及运动仿真[D]. 哈尔滨: 哈尔滨工程大学, 2011.

[22] 孙晓芳, 庞永杰. 某潜器水动力性能 FLUENT 数值模拟计算[C]. 第九届全国试验流体力学学术会议, 2013: 391-396.

[23] Jones K D, Castro B M, Mahmoud O, et al. A numerical and experimental investigation of flapping-wing propulsion in ground effect[C]. The 40th AIAA Aerospace Sciences Meeting & Exhibit, 2012: 1-14.

[24] 于宪钊, 苏玉民, 李鑫. 基于滑移网格技术的串列翼推进性能分析[J]. 上海交通大学学报, 2012, 46(8): 1315-1327.

[25] Broering T M, Lian Y S. The effect of phase angle and wing spacing on tandem flapping wings[J]. Acta Mechanica Sinica, 2012, 28(6): 1557-1571.

3 波浪驱动水面机器人的总体设计

本章阐述波浪驱动水面机器人的设计原理。从波浪驱动水面机器人的设计理念和需求目标出发，对载体、操纵、能源、导航、通信、控制、监控、作业等各个分系统进行需求分析和详细设计，同时探讨波浪驱动水面机器人的浮体船型分析与优化以及总体设计方法，将相应研究成果应用于研制“海洋漫步者”号波浪驱动水面机器人样机。本章研究形成波浪驱动水面机器人的总体设计方案，并奠定波浪驱动水面机器人物理平台基础。

3.1 波浪驱动水面机器人的设计原理

3.1.1 设计目标

为了满足广域、持久、自主化海洋环境监测(观测)或情报收集等使命任务需求，所研制的波浪驱动水面机器人需要具备以下基本功能：

(1)实现能源的在线捕获与利用，确保系统有持续的航行动力和电力供应；

(2)续航力达到数月甚至一年，系统具有良好的可靠性；

(3)生命力强，在恶劣极端海况下能够生存；

(4)具有远程操控、自主作业能力，可实现远程定位和通信；

(5)可搭载水文、气象等多种任务载荷，并具有良好的扩展能力。

因此，波浪驱动水面机器人的设计目标为“突破波浪驱动水面机器人的波浪推进性能分析与优化、总体设计、运动建模与预报、运动控制、自主作业等关键技术，研制出具备波浪能推进、自主控制、区域海洋观测能力的波浪驱动水面机器人”。概括来说，即实现波浪驱动水面机器人具有“能动、能控、能用”的三种基本能力。

3.1.2 设计方法

波浪驱动水面机器人设计中需要考虑多种因素，即涉及波浪驱动水面机器人设计约束问题。

1. 设计约束

在介绍设计约束前，首先分析波浪驱动水面机器人与其他系统间的关系。一个物体(过程)或一组物体(过程)为了实现某个目的或任务而组合在一起构成了系统，而所要实现的目的或任务则定义了一系列的具体要求，因此也可将该系统称为任务系统，以区别于其他类别的系统。为更方便地了解系统内在的行为及其与环境的联系，本节将系统与环境分开描述。图 3.1 提供了一种表示方法，简单地展示了任务系统如何实施一个或多个任务。假设任务系统内有 M 个子系统，用 I_m（$m=1,2,\cdots,M$）表示，其中，I_1 表示波浪驱动水面机器人系统；I_2 表示导航与通信系统，如北斗系统等；I_3 表示水面支持系统，如水面母船；$I_n(n=4,5,\cdots,M)$ 表示可能需要的其他支持系统[1]。每个子系统含有自己的构成方式，表明波浪驱动水面机器人的工作过程是通过多个系统对波浪驱动水面机器人的支持来实现的。

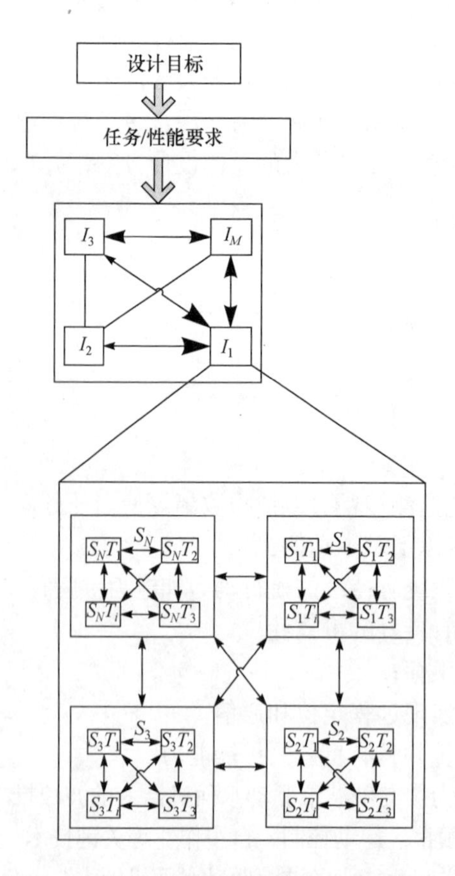

图 3.1 波浪驱动水面机器人的任务系统框架图

对于波浪驱动水面机器人系统 I_1，其包含 N 个子系统，用 $S_i(i=1,2,\cdots,N)$ 表示，分别为结构系统 S_1、操纵设备 S_2、能源系统 S_3 等，N 表示与设计相关的系统数目。在每个子系统中又可划分为 j 个更小的子系统，这里用 S_iT_j 表示，如结构系统 S_1 又包括浮体结构 S_1T_1、潜体结构 S_1T_2 等。同理，对于每个 S_iT_j 系统，可以继续划分，从而得到更小的组成部分，图 3.1 中没有进一步描述。依此类推，随着设计的深入，各组成部分将被划分得越来越细致，甚至考虑到开关、螺栓、电阻等元器件的选择。

对于上述讨论的系统 S 或者更小的系统，它们的设计仍然是从已存在的一些单个系统着手考虑的。对于所考虑的系统，根据任务要求，或者需要进行一些变动，或者不需要任何变动，这样做的好处便是很大程度上减少了设计成本。但是对于设计目的，应从任务系统的角度进行考虑，而不应从任何一个单独的I_m系统角度出发，必须在满足任务要求的同时，还要考虑到设计的局限性，从而尽可能以最佳的设计形式达到目标[2]。

波浪驱动水面机器人的任务系统框架如图 3.1 所示。设计约束包括内在约束和外在约束两部分，下面分别加以介绍。

1) 内在约束

内在约束是指任务系统内部或各系统间的联系。在图 3.1 中，内在约束由各系统间的箭头和向量表示，向量末端的大小标志着系统不相关或非常相关。例如，波浪驱动水面机器人I_1和导航与通信系统I_2是相关的，波浪驱动水面机器人I_1和水面支持系统I_3也是相关的。相反，I_2和I_3是不相关的。如果相关，那么现有的系统通常会给新的系统带来更大的影响，如I_1和I_2之间，I_2就严格限制了I_1的大小和重量。而I_1只需稍微对I_2进行改进，如吊放装置，因此在图 3.1 中表现出由I_2到I_1的箭头要重于由I_1到I_2的箭头。所以选择一个已存在的I系统和S系统或更小的子系统，首先要考虑给其他相关联的系统带来尽可能小的内在约束，即将它们用在任务系统中，所带来的改动越小越好，以降低研发成本。

2) 外在约束

外在约束与任务系统无关，它独立存在于任务系统之外，可能来源于环境、技术、经济、社会等各个方面。对于这些外在约束，设计者的控制程度是不同的，如对压力、温度、盐度、能量传播等环境参数是无法控制的，设计者必须接受事实并清楚地认识到这些环境参数对设计的约束[3]。另外，对于技术方面的约束，设计者可以进行部分控制，如为浮体选择一种特殊的材料。但是一旦材料选定后，设计过程又会受到材料在制造方面的性质约束。

2. 主要设计方法

目前，波浪驱动水面机器人在国外仅有一家公司研制出成熟产品并获批量应用，而国内尚处于样机研制阶段；同时为了适应不同的使用需求，波浪驱动水面机器人功能将具有多样性。因此，目前缺乏一个完善的设计准则，也难以找到一个不变的或大体可以遵循的设计方法和步骤，设计方法取决于设计师的实际经验、技巧和学识。在满足设计任务书要求的前提下，设计出一台技术性能优异的波浪驱动水面机器人颇有挑战性[4]。

借鉴海洋机器人的设计经验，如水下机器人、水面机器人等，在波浪驱动水面机器人设计工程中可采用的几种设计方法如下。

1) 母型设计法

“母型”不仅包括现有产品，也包括设计文件、总布置图、主要性能、说明书等技术资料。如果所设计的波浪驱动水面机器人只是某些性能或功能不同于其母型，假如只是搭载设备与母型不同，那么可保留母型的设备形式与组成，只需依据新设备的电气、机械等要求，对系统进行通信/电气接口以及调整局部结构形式，从而显著地简化波浪驱动水面机器人的设计[5]。

2) 逐渐近似法

逐渐近似法是现阶段波浪驱动水面机器人设计最为可行的方法，适合于缺少母型或者必要原始资料的情况下采用。由于缺乏具体资料，设计人员在设计初始阶段不能准确地确定波浪驱动水面机器人的质量、体积和其他一些未知性能。另外，对于波浪驱动水面机器人与其使用环境之间的关系以及波浪驱动水面机器人各性能参数之间的关系，虽然存在某种数学表达形式，但是一些性能指标(如作业功能、机动性、布放回收、经济效益等)很难用数学关系式表述，因此对不确定性问题采用逐渐近似求解就显得十分必要。在设计初期，可在已知参数与未知参数并存的方程公式中引用一些暂定的参数[6]。

3) 方案法

波浪驱动水面机器人设计过程中，在满足技术任务书提出的用途、结构形式、主要性能等条件下，其结构形式、材料、操纵机构、造价等都会有不同的设计方案。方案法就是要在满足技术任务书主要性能的要求下，依据某个最佳标准(如最轻质量、最低造价，最高速度，最大续航力，有效载荷等)，通过计算分析选定最佳方案。该方法常常需要大量的绘图以及计算工作，因此研究者趋于利用计算机辅助设计方法以改善质量、缩短周期，使设计工作更为科学、高效。

4) 系统法

设计波浪驱动水面机器人时，设计人员往往同时使用上述三种方法，因此为使波浪驱动水面机器人的设计工作能够顺利进行，需要按照一定的系统设计流程进行工作[7]。

3. 设计任务书

波浪驱动水面机器人设计过程中，需要根据具体使命任务的需求，考虑设计的约束条件并结合国内外的技术条件，分析论证后制定出设计(技术)任务书。该设计任务书是开展波浪驱动水面机器人设计的基本依据。通常设计任务书包括以下几个方面。

1) 使命任务

使命任务是指波浪驱动水面机器人的具体工作任务与作业模式，如海洋学调查型(搭载气象仪、温盐深仪)、通信中继型(搭载水声通信机)、探测型(搭载被动声呐或摄像机)、水质观测型(搭载溶解氧、浊度、二氧化碳等的传感器)以及多种任务的组合。特定使用模式和用途决定了搭载不同的有效载荷，进而影响系统甲板、尺寸、电气以及载重等设计要素[8]。

2) 航区

航区即波浪驱动水面机器人工作的具体海域。航区通常分为沿海(Ⅲ类航区)、近洋(Ⅱ类航区)和远洋(Ⅰ类航区)等。不同航区的海风、波浪、海流以及太阳光等环境要素具有很大差异，这极大影响波浪驱动水面机器人的航行性能。波浪驱动水面机器人设计中，若主要运行于特定海域，则需要充分考虑目标海域环境特性进行总体设计，以使其具有良好的性能；而运行于Ⅰ类航区则应兼顾全海域航行的要求[9]。

3) 结构

结构主要是指波浪驱动水面机器人的结构特性，包括：结构形式(浮体船型、潜体构型、柔链构型),舱室/甲板的空间布置等；所需的材料和各部分机械载荷、结构加强等；还应考虑支持母船和工作海域特点，即满足质量约束、尺寸限制、最小工作水深等诸多要求。

4) 仪器设备

仪器设备主要是指波浪驱动水面机器人搭载各类设备的要求，如操纵机构、推进器、通信、导航、作业载荷、控制、能源、监控等方面。

5) 航速、续航力和自持力

航速是指波浪驱动水面机器人平时使用时的航行速度，对于波浪驱动水面机器人，其航速主要受海况、海流等因素影响，因此其航速通常是与海洋环境相关的统计值。续航力是指一次布放后在回收前连续航行的距离。自持力是指不需要能源补给情况下在海上维持的天数[10]。

6) 技术性能

技术性能主要是指波浪驱动水面机器人的稳定性、耐波性、水密性、耐腐蚀性、操纵性等要求，以及控制、通信、数据存储、作业等要求。同时，设计中还需要考虑经济性(包括较低研制成本、运行成本等)和实用性(如使用便捷性)，需要其易于运输、布放回收以及日常维护。

3.1.3 设计程序

根据设计任务书内容要求，波浪驱动水面机器人设计程序包括方案设计、初步设计、技术设计和施工设计等，下面分别加以介绍。

1. 方案设计

方案设计又称可行性设计，是为满足设计任务书而进行方案比较和分析的研究工作。在方案设计的初始阶段，首先在分析设计任务书的各项要求的基础上提出实施步骤，同时运用计算机辅助设计的现有程序，对多个方案的设计要素进行分析和评估，评价任务书中各项要求的可行性与经济性，最后确定一个或几个可行的设计方案[11]。图 3.2 为一种船舶的概念设计图。

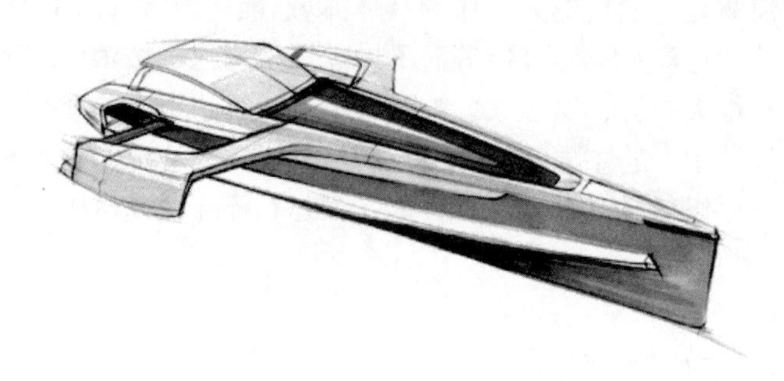

图 3.2　一种船舶的概念设计图

2. 初步设计

初步设计是整个设计过程中最重要的一环，因为在此阶段波浪驱动水面机器人的主要性能和特性均要被确定。由于已经确定了设计方案，大概的艇体性能、操控方式和各重要的分系统都已被确定，所以设计师在这个阶段中主要绘制波浪驱动水面机器人最基本的图纸。通过将方案设计的图纸进行处理，绘制线型图，修改总布置草图，进行静水力、质量计算，开展阻力、操纵性等预报或测试，进行航速、动力负荷以及稳性等计算研究。图 3.3 为一种船舶的初步设计图。

图 3.3　一种船舶的初步设计图

3. 技术设计

技术设计是在设备研制和总体研究取得初步结果的情况下所开展的设计过程，其目的是把初步设计结果转化为可供制造厂或承包商遵循或投标使用的图纸和基本技术文件(包括波浪驱动水面机器人主要图纸、总体说明书、计算说明书以及主要的试验研究报告)。波浪驱动水面机器人设计也以技术设计结束为里程碑节点[12]。

4. 施工设计

在施工设计过程中，主要是根据技术设计阶段提供的图纸和文件，结合承建方的设备条件和加工工艺特性，设计施工图纸和主要工装，并编制波浪驱动水面机器人的试验大纲、设备验收和安装试验要求等文件。对于波浪驱动水面机器人这种小型系统，施工设计既可由设计方自主完成，也可交由承建方负责。图 3.4 为一种船舶的施工设计图。

图 3.4　一种船舶的施工设计图

3.2　波浪驱动水面机器人的方案设计

本节以“海洋漫步者”号波浪驱动水面机器人为研究对象，在波浪驱动水面机器人的设计原理与设计任务指导下，结合第 2 章波浪驱动水面机器人推进机理的研究成果，开展其总体方案设计研究。

3.2.1　总体方案设计

1. 方案选型原则

1) 浮体选型

浮体是波浪驱动水面机器人捕获并利用波浪能产生前向驱动力的关键结构，

是多个分系统的平台基础。浮体设计有如下要求：①优良的船型，具有较小的前向水阻力，以利于提升航行速度；②具有较大浮力和储备浮力，水线上部分需要较大浮力增加量以提高垂荡响应能力，保证遇到波峰时能快速地随浪上浮；③具有较低的重心和较高的浮心，保证良好的纵摇、横摇稳定性，避免浪大时倾覆，并减小浮体摇荡对数据测量的干扰；④具有较大的甲板面积用来安装光伏电池板以确保电力供应，较大的内部舱室容积以便于布置多种仪器设备；⑤具有足够的结构强度以保证在恶劣海况下不会出现结构破坏；⑥具有较好的运动稳定性和操纵性能，尤其是航向保持能力。

2）潜体选型

潜体是波浪驱动水面机器人利用波浪能产生前向驱动力的动力来源，是推进与操纵分系统的核心。潜体的设计主要考虑以下方面：①在重力与浮力方面，设计原则为重力大于浮力，且保证在静止状态时潜体能保持水平状态；②在阻力性能方面，潜体应具有左右对称的流线型外形，以减小前进阻力并避免产生因外形不对称而产生的转艏力矩；③在推力性能方面，应进行潜体优化设计，使其同海况下产生更大的前向动力，并兼顾不同海况下具有较好的推进性能。潜体结构有多种可选形式，典型形式如图 3.5 所示。

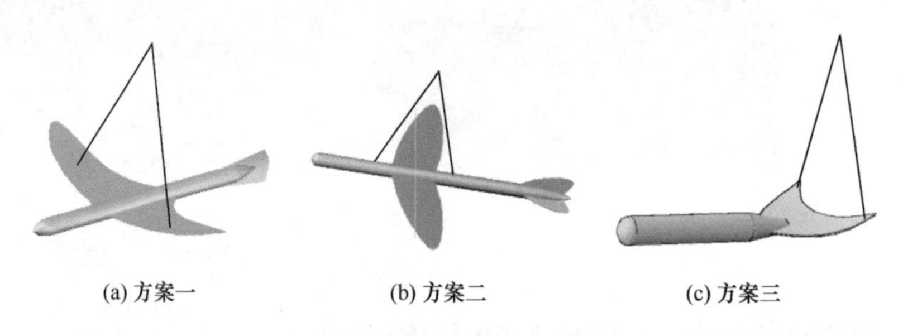

(a) 方案一　　(b) 方案二　　(c) 方案三

图 3.5　潜体的几种可行方案

其中方案一依靠柔链拉伸带动潜体两侧的柔性水翼上下拍动，类似于鸟类和昆虫类的扑翅运动；方案二依靠柔链带动潜体上下运动，水翼在水动力作用下绕固定轴往复拍动，同时提供前进动力；方案三依靠柔链带动潜体尾部的柔性尾上下拍动，类似于海豚尾部的拍动。以上三种方案中，方案一和方案三均需要采用柔性水翼，技术难度与造价较高，且理论分析困难；方案二可用刚性水翼，其技术难度与造价较低，同时理论分析相对容易。

3）连接方式

波浪驱动水面机器人浮体与潜体之间的连接，可分为刚性、柔性、半柔性三种。其中刚性连接可选取流线型空心管，内部安放数据及电力缆，具有价格低廉的优点，但在长期连续工作条件下，连接点容易发生形变甚至疲劳断裂，从而危及航行安全；柔性连接一般选取特种柔性材料用作系索(即柔链)，具有环境适应性强、安装方便等优点，但加工流线型剖面困难，且航行时容易发生旋转和缠绕，进而增加阻力；半柔性连接则是介于刚性连接与柔性连接之间，结合了刚性连接不易变形和缠绕，以及柔性连接结构安全性高的优点[13]。

4) 推进方式

波浪驱动水面机器人本身可依靠潜体收集波浪能驱动前行，也可安装辅助推进器。辅助推进器适合在赤道无风带或平静海域中短暂使用；或者用于特殊情况下提高机动性，如紧急避碰、定点精细观测等。但安装推进器会增加成本，运转噪声也会影响水声设备。因此，需要依据预定航区和使用目的来确定是否安装辅助推进器。

5) 其他分系统

波浪驱动水面机器人由载体、控制、操纵、导航、通信、能源、监测等若干分系统构成，方案设计中应依据设计任务书具体需求，基于系统工程思想进行设计，确保各分系统之间有效协调工作，并形成一个整体，从而有效实现使命任务[14]。

2. 初步技术方案

波浪驱动水面机器人浮体部分采用浅吃水 U 形船型，以利于捕获波浪能，浮体包括三个独立的舱室用于布置一系列设备；潜体包含横梁、若干水翼、舵机及舵板等装置，并可搭载仪器设备；柔链采用高强度柔性材料制成，同时完成浮体和潜体之间的物理连接和电气交互。电能储存系统采用可充电锂电池组，为电力设备(如传感器、控制系统、舵机等)供电，并利用浮体表面铺设的光伏电池板发电进行在线能源补给；利用潜体并配合单舵以实现系统的推进和操纵。浮体上搭载磁罗经、北斗、GPS、无线通信、无线网络、安全检测、控制计算机等设备。调试中采用数传电台方式进行无线操控，自主航行时利用卫星通信、数传电台等方式进行远程监控与干预，总布置方案如图 3.6 所示。

依据功能的不同，将波浪驱动水面机器人划分为几个主要的分系统，如图 3.7 所示，其分系统构成与功能描述如下。

(1) 浮体：单体小艇。

(2) 推进与操纵分系统(潜体)：波浪推进器、舵机等。

(3) 能源分系统：能源控制器、光伏电池板、锂电池组等。

(4) 智能控制分系统：硬件核心为基于 ARM(advanced RISC machine)的嵌入式计算机；软件为 Linux 嵌入式操作系统。在该控制系统上，编制和运行运动控制、位姿测量、环境感知、数据处理及指挥控制等模块。

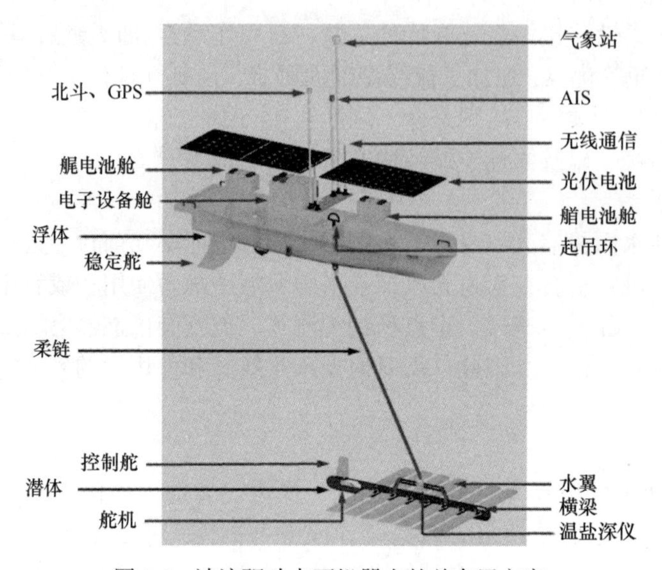

图 3.6　波浪驱动水面机器人的总布置方案

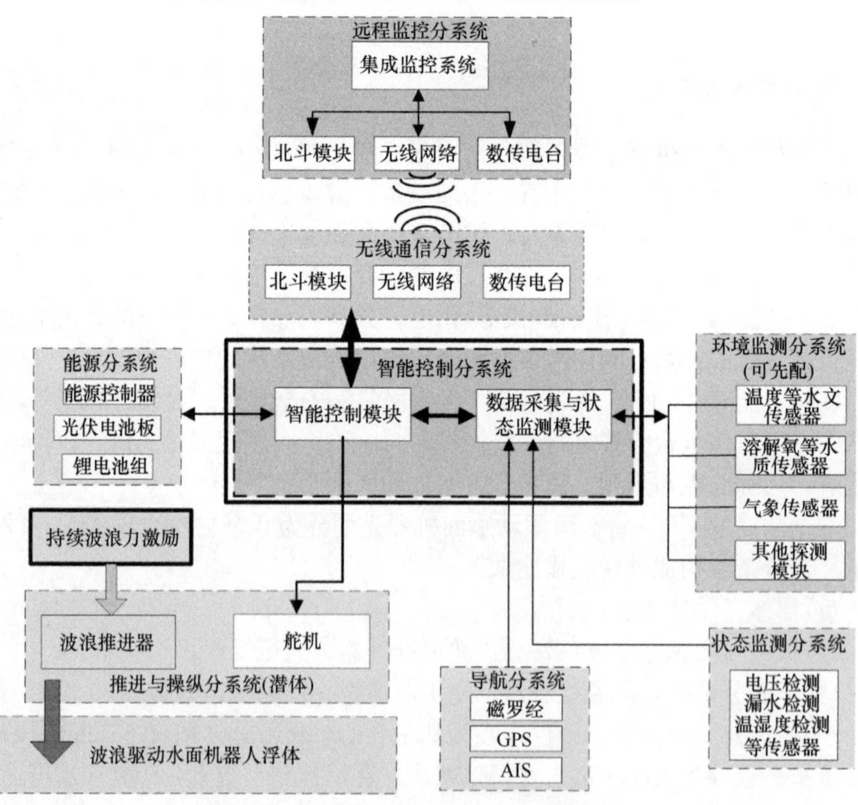

图 3.7　波浪驱动水面机器人的系统构成图

(5) 无线通信分系统：数传电台、北斗卫星通信(或铱星通信)模块(图中用北斗模块表示)、无线网络，可根据需求配置图像电台等模块。

(6) 导航分系统：GPS、磁罗经、自动识别系统(automatic identification system，AIS)。

(7) 远程监控分系统：含集成监控系统、北斗模块、无线网络及数传电台，集成监控系统具有指令下达、状态监控、运动控制、无线通信、调试等功能。

(8) 状态监测分系统：实时监控船舱内电池电压、漏水检测、环境温湿度等信息。

(9) 环境监测分系统：标配气象站、温盐深仪等监测传感器；预留载荷电气接口以兼顾多种环境监测作业需求，扩展后可搭载声学多普勒流速剖面仪(acoustic Doppler current profiler，ADCP)、波浪仪等监测设备，也可根据需要搭载水听器、摄像机等载荷。

下面针对波浪驱动水面机器人的推进与操纵、能源、导航与通信、控制与监控、环境监测分系统进行设计。载体分系统详细设计主要由两部分组成，即第 2 章的推进机理部分和 3.3 节的浮体阻力预报与船型优化部分。

3.2.2 推进与操纵分系统设计

波浪驱动水面机器人的操纵尾舵安装于潜体尾端，在对波浪驱动水面机器人进行操纵时，潜体在尾舵的作用下开始转艏运动，进而通过柔链拖曳浮体转向，可见浮体的转动将滞后于潜体。尾舵是波浪驱动水面机器人上唯一的执行机构，是波浪驱动水面机器人艏向/航向控制的操纵面，所以尾舵的设计对于波浪驱动水面机器人的机动性与稳定性至关重要。在进行尾舵设计时，主要涉及以下几个方面：尾舵翼型选择、尾舵面积设计和舵轴安装位置等。本节基于 CFD 方法进行尾舵性能计算分析，完成波浪驱动水面机器人的尾舵设计。

1. 尾舵设计的基本思想

在尾舵的设计过程中应考虑以下两点：

(1) 满足操纵性的要求。不同类型的船舶对操纵性的要求是不同的，设计时也应该有不同的侧重点。远洋船一般以航向保持性为主，对回转性要求不高。一般直线稳定性比较好的船，运动航向不容易偏离，航向保持性也比较好；舵效好的船，小舵角转向性比较好，也容易保持航向，直线稳定性不好，容易使航速降低，而且在风浪中偏离航向[15]。

船体本身对直线稳定性和回转性的要求是相互矛盾的，为了改善稳定性和跟随性，在直线稳定性和回转性方面常做出必要的牺牲，反之亦然。

(2)尾舵与船体为有机整体，要考虑它们的相互影响力以降低航行阻力。根据这样的指导思想，尾舵的设计内容应包括尾舵的尺度和形状的设计、舵力和铰链扭矩设计等。

2. 尾舵的参数

设来流速度V以攻角α流向尾舵剖面，则作用在尾舵上的水动力如图3.8所示，图3.8中各个符号的定义如下：

(1)攻角α，水流方向与尾舵剖面舷线方向的夹角，来流在潜体对称剖面内时，攻角就是舵角；

(2)舵杆轴线与前缘的距离a，尾舵剖面的弦长b；

(3)水动力合力作用点与前缘之间的距离即压力中心x_p；

(4)作用于尾舵上的合力P，可分解为升力L(垂直于来流方向的分量)和阻力D(平行于来流方向的分量)。

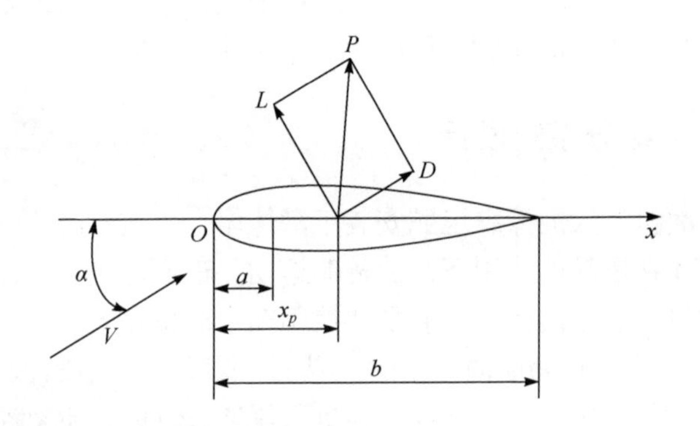

图3.8　尾舵剖面及其水动力

水动力的合力P与相关分量之间的关系为

$$P=\sqrt{D^2+L^2}$$

水动力合力P对于尾舵剖面前缘的力矩M，即作用于尾舵的水动力力矩为

$$M=(L\cos\alpha+D\sin\alpha)x_p$$

在流体力学中，通常将作用在尾舵上的水动力以下列无因次系数来表示。

升力系数C_L：

$$C_L=\frac{L}{1/2\rho A_R V^2}$$

阻力系数C_D：

$$C_D = \frac{D}{1/2\rho A_R V^2}$$

水动力合力系数C：

$$C = \frac{P}{1/2\rho V^2 A_R}$$

水动力力矩系数C_M：

$$C_M = \frac{M}{1/2\rho V^2 A_R b}$$

其中，ρ为水的密度；A_R为尾舵的面积。

尾舵的升力系数具有普遍的规律，在某一攻角范围内，升力系数C_L随攻角α的增大而增加。当α较小时，C_L与α近似呈线性关系；随着α的增大，尾舵上水流在尾舵叶背上某点开始分离，C_L与α不再保持线性关系。随着攻角继续增加，水流分离范围变大，升力系数C_L增加更慢。当尾舵叶背上水流产生大面积分离时，C_L迅速下降，这种现象称为失速，对应的攻角称为失速角，用α_{cr}表示。

3. 翼型的选择

波浪驱动水面机器人的尾舵设计安装于潜体的尾部，可参考目前国内外研制的水下机器人的尾舵进行设计。

水下机器人的尾舵目前较多采用的是平板翼型和曲面翼型两种。平板翼型的特点是翼剖面简单、易于加工、成本低廉，但是其流体动力学性能不如曲面翼型，并且容易发生流动分离现象；而曲面翼型则具有不易发生流动分离现象的优势。因此，为提高尾舵的水动力性能，多数水下机器人的尾舵选择采用 NACA 系列翼剖面，并以其为基础设计舵翼[16]。

本节设计采用 NACA-4 翼型系列。从国内外研究经验来看，波浪驱动水面机器人在长距离航行时的平均航行速度约为 0.8m/s。结合波浪驱动水面机器人潜体的尺寸，取尾舵的弦长为 0.2m。利用 Fluent 计算二维情况下水流速度 0.8m/s 时，弦长 0.2m 的 NACA0008、NACA0012、NACA0016、NACA0020 翼型的水动力特性。

图 3.9 为 CFD 计算时的网格，网格采用非结构化网格。图 3.10 显示了不同翼型的升力系数随攻角的变化情况，厚度较小的翼型在攻角较小时升力系数较大，而在攻角较大时升力系数较小，失速攻角较小；图 3.11 显示了不同翼型的阻力系数随攻角的变化情况，厚度较小的翼型在攻角较小时阻力系数较小，而在攻角较大时阻力系数较大；图 3.12 显示了不同翼型的升阻比随攻角的变化情况，所有翼型的升阻比均呈先增后减的趋势，翼型越厚，升阻比的峰值对应的舵角越大。

图 3.9　CFD 非结构化网格(见书后彩图)

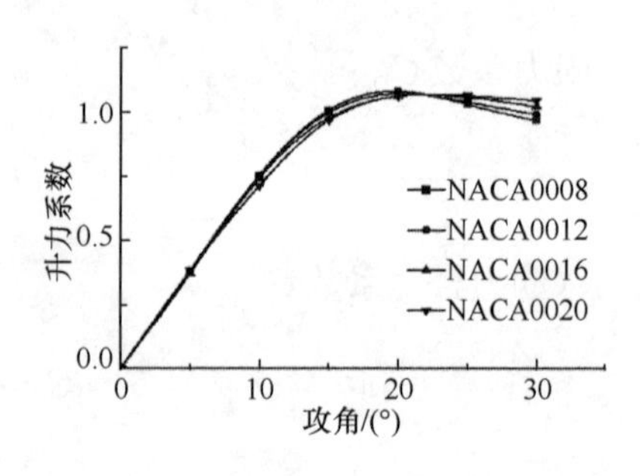

图 3.10　升力系数曲线

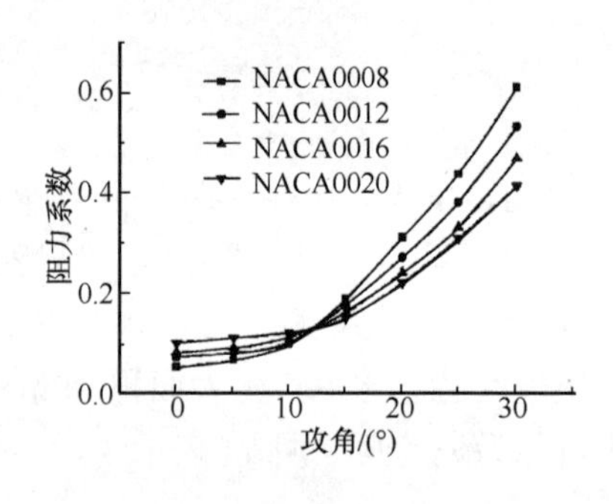

图 3.11　阻力系数曲线图

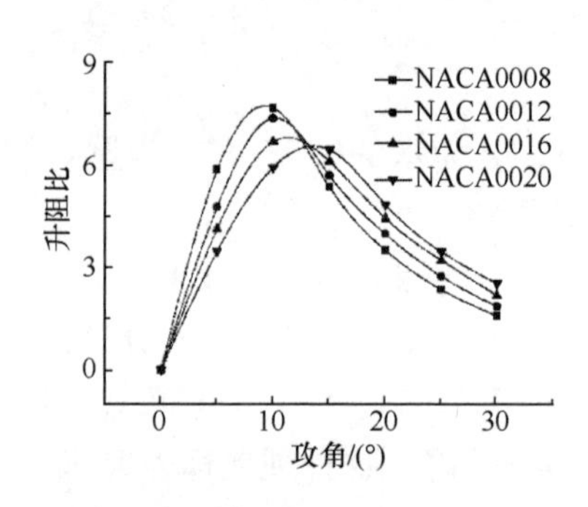

图 3.12　升阻比曲线图

综合上述分析可知，NACA0012 翼型升力系数、阻力系数及升阻比适中，因此下面采用 NACA0012 翼型进行波浪驱动水面机器人尾舵的翼型设计。

4. 舵面积的选择

选择合理的舵面积是尾舵设计的重点。增大舵面积能提高回转性和直线稳定性，进而增强操纵性。但过大的舵面积将增加舵设备质量和所占空间，同时增大系统航行阻力，因此选择合适的舵面积十分重要[17]。

从航向保持性的要求来看，希望在小舵角(小攻角)时 C_L 值大些，自然展弦比 λ 也应大一些，但是增大 λ 会过早产生失速，可能影响大舵角的回转性。所以 λ 的选取应照顾这两方面的要求。结合国内外研究经验，设计中取弦长 0.2m，展长 0.12m，舵面积 0.024m^2。

5. 升阻力及铰链力矩的计算

舵面的转轴中心线称为铰链轴线，作用于舵面上水动力相对于铰链轴线的力矩称为铰链力矩。操纵舵时舵机需要克服铰链力矩来转动舵，铰链力矩越大，则舵机所受的负载越大,转动相同舵角下耗能越多(波浪驱动水面机器人的电能非常有限,此项设计对其续航力的影响很大),所以铰链力矩的大小直接影响舵机选型、系统能耗及控制响应性能。

利用 CFD 方法模拟所设计的尾舵在来流速度 0.8m/s 时，不同舵角情况下的水动力特性。湍流方程采用标准 k-ε 模型；壁面边界条件为标准条件；进口边界条件为速度入口，速度设为 0.8m/s，湍流强度与湍流黏性率均设置为 2%；出口边界条件为自由出流，流出速度比重设为 100%(图 3.13)。

图 3.14 是攻角为 25°时尾舵面压力分布情况，尾舵的迎流面压力较高，背流面压力较低。图 3.15 展示了尾舵升力系数、阻力系数、升阻比随着攻角变化的情况。图 3.16 为舵轴取在不同位置时，铰链力矩系数随攻角变化的情况。随着攻角的增大，舵轴在不同位置时的铰链力矩系数逐渐发散。当舵轴安装于距离前缘 30% 弦长处时，铰链力矩系数在各个攻角下都保持为较小值，即将舵轴布置于此处时，尾舵舵机进行操舵所需要的扭矩最小。

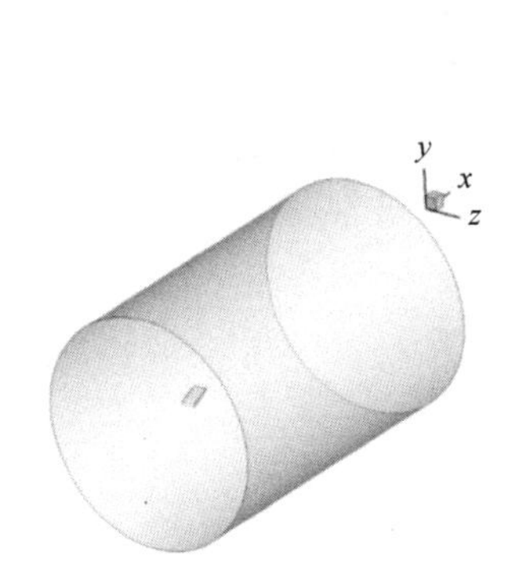

图 3.13　计算域图

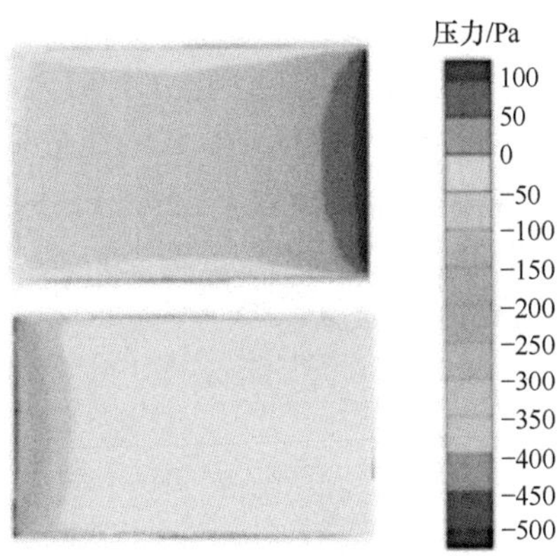

图 3.14　舵攻角 25°时压力分布图

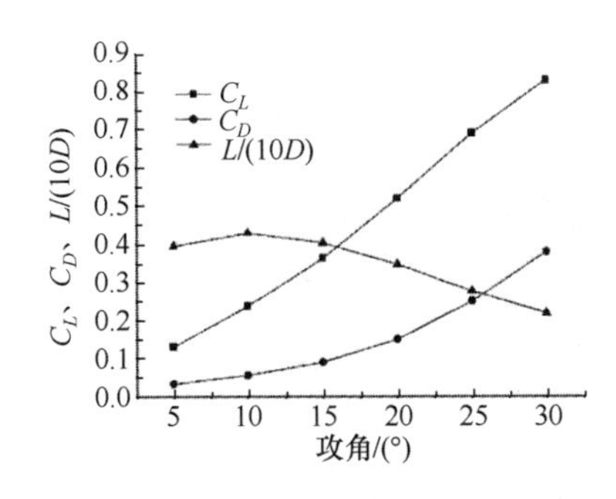

图 3.15　升力系数、阻力系数及升阻比

$L/(10D)$ 表示升阻比；由于升力 L 相对阻力 D 较大，因此将 D 放大 10 倍进行计算，以便于绘图、分析

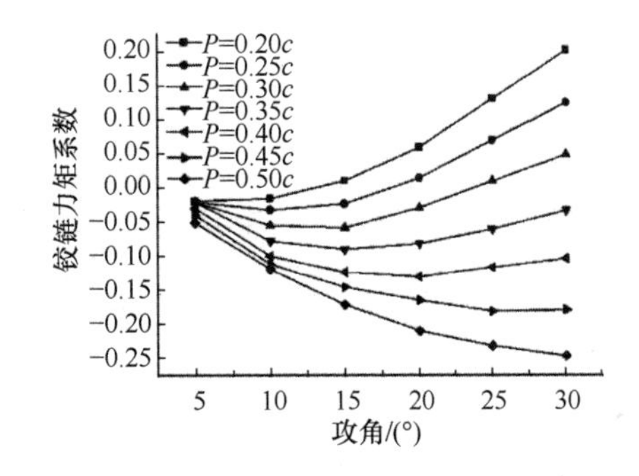

图 3.16　舵轴在不同位置随攻角变化的铰链力矩系数

3.2.3 能源分系统设计

波浪驱动水面机器人在海上航行时动力来源于所捕获的波浪能，本身不需要额外的动力系统为其航行提供能量。考虑到航行动力以外的能源消耗，针对波浪驱动水面机器人的能源分系统分析如下：

(1)搭载舵机、通信电台、导航设备、气象站等载荷，以完成控制、通信、导航等功能。这些负载工作需要消耗电能，需要供电系统为负载提供稳定的能量供给。

(2)需要储能设备来提高电力供应的稳定性。锂电池相对于其他典型的电池具有能量密度大、质量轻、无记忆效应、自放电较低等优点，因此采用锂电池为储能设备。

(3)在海上航行时间一般为几周到数月，且靠岸补给能量较困难。考虑到海上太阳能相对风能更加稳定、分布广泛、总体布局便捷，因此拟采用光伏电池板为锂电池和各种负载提供在线的能量补给。

(4)单晶硅转换效率较高、技术成熟，单位面积下单晶硅的电能回报更高，因此选用单晶硅光伏电池。图 3.17 为“海洋漫步者”号波浪驱动水面机器人能源分系统的结构组成。

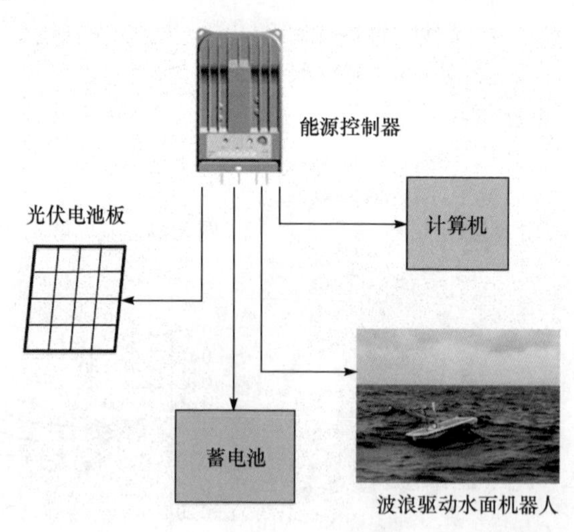

图 3.17 “海洋漫步者”号波浪驱动水面机器人能源分系统的结构组成

下面根据参考文献[18]，针对能源分系统设计中涉及的锂电池、太阳能进行简要介绍。

1. 锂电池简介

锂电池是一类由锂金属或锂合金为负极材料，使用非水电解质溶液的电池。锂电池大概可以分为两类：锂金属电池和锂离子电池。锂金属电池一般使用二氧化锰为正极材料，金属锂或其合金金属为负极材料，使用非水电解质溶液，放电反应为

$$x\mathrm{Li} + \mathrm{MnO_2} = \mathrm{Li}_x\mathrm{MnO_2} \tag{3.1}$$

锂离子电池一般使用锂合金金属氧化物为正极材料，石墨为负极材料，使用非水电解质溶液。

充电正极上发生的反应为

$$\mathrm{LiCoO_2} = \mathrm{Li}_{1-x}\mathrm{CoO_2} + x\mathrm{Li}^+ + x\mathrm{e}^- \tag{3.2}$$

充电负极上发生的反应为

$$6\mathrm{C} + x\mathrm{Li}^+ + x\mathrm{e}^- = \mathrm{Li}_x\mathrm{C}_6 \tag{3.3}$$

充电电池总反应为

$$\mathrm{LiCoO_2} + 6\mathrm{C} = \mathrm{Li}_{1-x}\mathrm{CoO_2} + \mathrm{Li}_x\mathrm{C}_6 \tag{3.4}$$

锂电池的主要优点：

(1) 能量密度比较高，具有高能量储存密度，可达到 460～600Wh/kg，是铅酸电池的 6～7 倍。

(2) 使用寿命长，使用寿命可达到 6 年以上，磷酸亚铁锂为正极的电池充放电次数高达 10000 次。

(3) 额定电压高(单体工作电压为 3.7V 或 3.2V)，约等于 3 只镍镉或镍氢充电电池的串联电压，便于组成电池组。

(4) 高功率承受力，电动汽车用的磷酸亚铁锂离子电池可以达到 15～30A 充放电的能力，便于高强度的启动加速。

(5) 自放电率很低，这是该电池突出的优越性之一，一般可做到自放电率 1%/月以下，不到镍氢电池的 1/20。

(6) 质量轻，相同体积下质量为铅酸电池的 1/6～1/5。

(7) 高低温适应性强，可以在–20～60℃的环境下使用，经过工艺上的处理，可以在–45℃环境下使用。

(8) 绿色环保，不论生产、使用和报废，不含有也不产生任何铅、汞、镉等有害重金属元素和物质。

锂电池和其他几种电池的性能比较如表 3.1 所示。

表 3.1　几种典型蓄电池的性能比较

性能	酸性电池	镍镉电池	镍氢电池	液态锂电池	聚合物锂电池
安全性能	好	好	好	一般	优秀
工作电压/V	2	1.2	1.2	3.6	3.6～3.7
能量质量比/(Wh/kg)	35	41	50～80	100～140	160～190
能量体积比/(Wh/L)	80	120	100～120	200～280	260～370
循环寿命/次	300	300	500	>500	>500
工作温度/℃	–20～60	20～60	20～60	0～60	–20～60
记忆效应	无	有	有	无	无
自放电率/(%/月)	<0	<10	<30	<5	<5
环境友好度	有毒	有毒	轻毒	轻毒	无毒
形状	固定	固定	固定	固定	任意形状

2. 太阳能概述

太阳能是近年来备受关注的较为重要的可再生能源之一。作为一种清洁的零排放能源，不会产生对自然有害的污染物。

光伏电池可以将太阳能转换成电能，这一物理过程称为光电效应。一个光伏电池是构成光伏系统的基本构建块。单个光伏电池的功率非常小，通常在 1～2W。为了提高光伏电池的输出功率，必须将它们连接起来形成更大的单元，即组件。将组件连接起来可以形成更大的单元，即阵列，这些阵列又可以连接起来从而产生更大的功率。图 3.18 为单个电池、由单个电池组成的一个组件以及由组件组成的一个阵列。

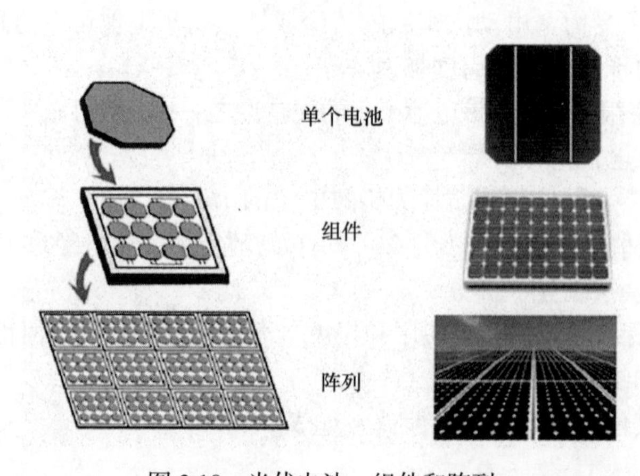

图 3.18　光伏电池、组件和阵列

根据太阳光采集方法的不同，光伏发电系统可以分为两类：平板系统和聚光系统[19]。平板系统直接获取太阳光，或者使用环境中散射的太阳光。它们可以固定安装使用，或者与太阳跟踪系统组合在一起使用。而聚光系统则是采集了大量的太阳光，使用透镜和反射器将这些太阳光聚集并聚焦到光伏电池板上。这些系统可减少所需电池的大小及数量，同时提高输出功率。此外通过集中太阳能光源，还能够提高光伏电池的效率。

可用于光伏电池的三种主要材料类型是硅、多晶薄膜和单晶薄膜：第一类材料是硅，包括单晶、多晶和非晶等多种形式；第二类材料是多晶薄膜，主要有碲化镉和薄膜硅等；第三类材料是单晶薄膜，主要用于砷化镓电池。

太阳能系统原理结构如图 3.19 所示。该系统通过光伏阵列来捕获阳光。太阳跟踪系统使用光敏二极管或者光电式传感器，确定太阳跟踪电动机的方位以实现面向太阳，并最大限度地捕获可用阳光。光伏面板的输出连接到一个直流到直流（district of current-district of current，DC-DC）变换器上，以便工作在所需的电流或者电压之上，进而与来自光伏组件的最大可用功率相匹配。最大功率点跟踪（maximum power point tracking，MPPT）DC-DC 变换器之后是用于并网供电或者交流负载供电的直流到交流（district of current-alternating current，DC-AC）逆变器。电池组在光伏组件产生的能量供大于求时将能量储存起来。

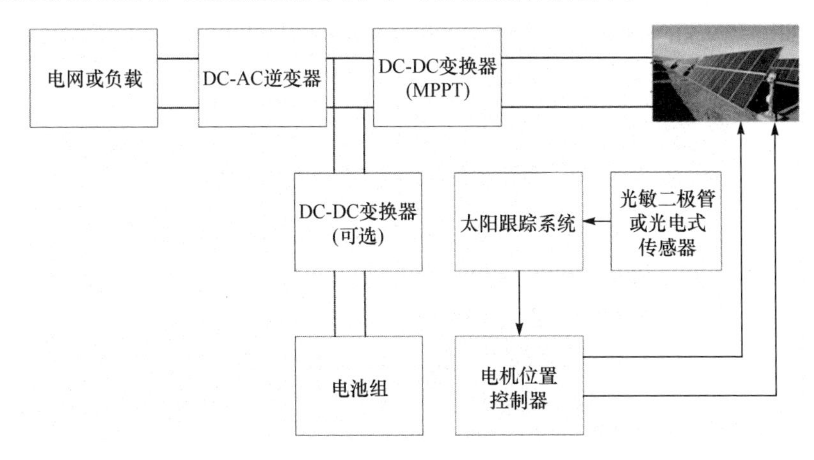

图 3.19　太阳能系统

3. 最大功率点追踪技术

光伏电池的 *I-V* 特性受辐照和温度影响，应控制电压和电流以跟踪光伏系统的最大功率。MPPT 可用于提升光伏电池的最大可用功率。

1）基于增量电导的 MPPT 技术

增量电导技术是光伏系统中最常用的 MPPT 技术[20]，它基于这样一个事实：

瞬时电导值 I/V 和增量电导值 $\Delta I/\Delta V$ 之和在最大功率点(maximum power point，MPP)处为零，MPP 的右侧为负，左侧为正。图 3.20 为基于增量电导技术的工作流程图。

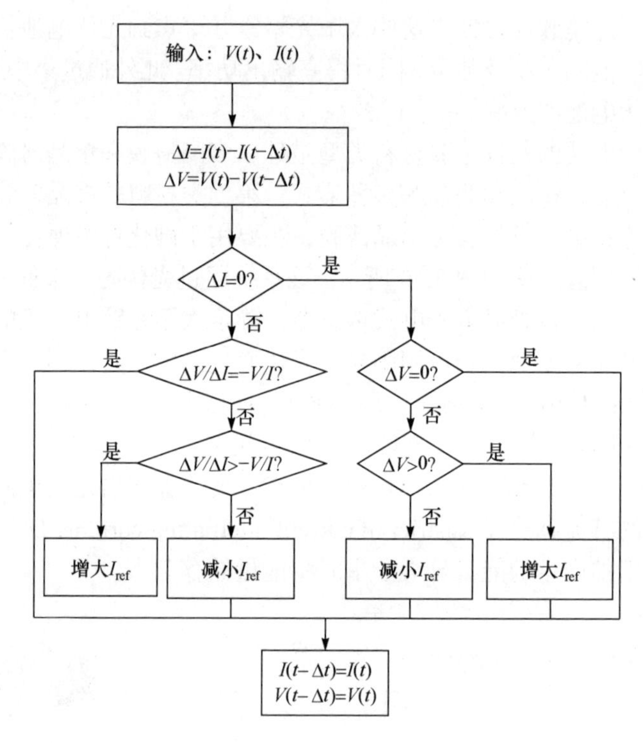

图 3.20　基于增量电导技术的工作流程图

如果电流和电压的变化同时为零，那么参考电流无须增减。如果电流没有变化而电压变化为正，那么参考电流就应该增大。同样如果电流没有变化而电压变化为负，那么参考电流就应减小。如果电流变化为零，而 $\Delta V/\Delta I=-V/I$，那么光伏系统工作在 MPP 上。如果 $\Delta V/\Delta I\neq -V/I$ 而且 $\Delta V/\Delta I>-V/I$，那么参考电流应该减小。如果 $\Delta V/\Delta I\neq 0$ 而且 $\Delta V/\Delta I<-V/I$，那么参考电流就应该增大以跟踪 MPP。

2)基于扰动观察法的 MPPT 技术

扰动和观察(perturbation and observation，P&O)方法由于结构简单、易于实施，是另一种常用的 MPP 追踪方法。基于 P&O 的 MPPT 技术工作流程如图 3.21 所示。在这种方法中，电流(I_{ref})和电流变化(ΔI_{ref})初值根据估计得到。然后，与此电流相关的功率可从光伏板输出测量得到，也就是 $P_{pv}(k)$ 减量或者增量可以应用于参考电流作为扰动，这将会带来功率变化，新的功率点将会变为 $P_{pv}(k+1)$，

若 $P_{pv}(k+1) > P_{pv}(k)$，则可以确定功率的变化。功率的变化应和电流的变化方向一致，以便在同一方向进行进一步扰动。如果它们遵循的是相反的趋势，那么参考电流也应该反向。

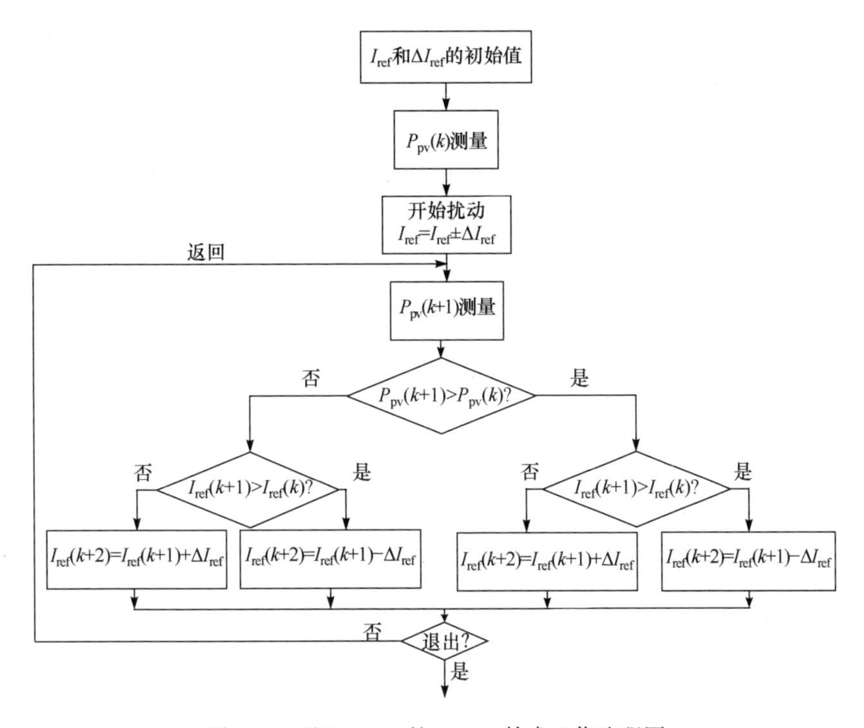

图 3.21　基于 P&O 的 MPPT 技术工作流程图

电流的初始值可以是零或者任何接近 MPP 的值。另一方面，选择一个适当的增量步长（ΔI_{ref}）也能使工作点接近 MPP。反复进行该过程直到找到光伏阵列的最大可用功率并提取出来。使用较小的扰动步长可以尽量减少振荡，不过小步长会造成 MPP 跟踪的响应迟缓。该问题可以采用文献[19]中可变扰动步长方法来解决，使用该方法在接近 MPP 时，可减小扰动程度。

3）基于线性变化 *I-V* 特性的 MPPT 技术

I-V 特性是电压、隔离水平和温度的函数[21]。从这些特性出发，MPPT 控制器设计的一些重要性质为：光伏阵列包括两个工作阶段；在 *I-V* 特性曲线中，有一段是恒定电压段，另一段是恒定电流段。因此，每一段 *I-V* 特性均可以近似为一个线性函数，即有

$$I_P = -mV_P + b \tag{3.5}$$

其中，m 是光伏阵列的输出电导；b 是截距。

m 在恒定电流段很小，因此光伏阵列表现为高负输出阻抗。另外，在恒定电压段表现为低负输出阻抗。使用不同的系数 m 和 b 可以实现同样的线性化。一个具有两段近似线性的典型 I-V 曲线如图 3.22 所示。

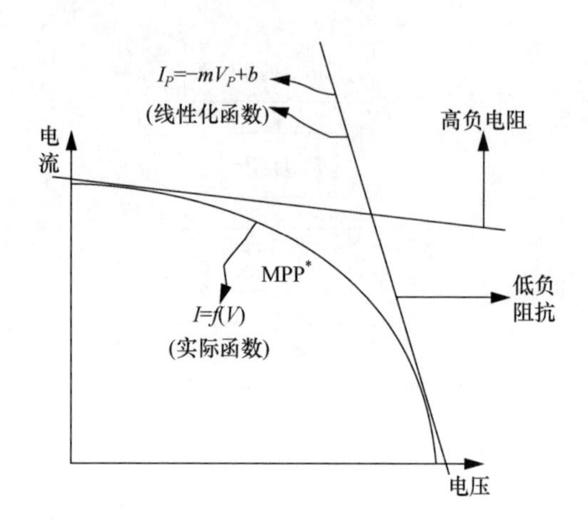

图 3.22　一个带有线性变化函数的典型 I-V 曲线

MPP 出现在特性曲线的拐点处，即 $V_P = V_{\text{pm}}$。斜率在恒定电流段为正（$V_P < V_{\text{pm}}$），在恒定电压段为负（$V_P > V_{\text{pm}}$）。$\mathrm{d}P_{\text{pv}} / \mathrm{d}V_P$ 变为

$$\frac{\mathrm{d}P_{\text{pv}}}{\mathrm{d}V_P} = I_P - mV_P \tag{3.6}$$

为了将工作点移动到零斜率点处，如果光伏阵列是由电流控制的，那么在正斜率时 I_P 应该减小，在负斜率时 I_P 应该增大。因此，可以通过将工作点移动到零斜率点来跟踪 MPP。为了实现电流控制，可以采用 DC-DC 变换器，即一个升压变换器，从升压变换器的输入端可得

$$I_P = I_{\text{cap}} + I_C = C_i \frac{\mathrm{d}V_P}{\mathrm{d}t} + I_C \tag{3.7}$$

I_P 等于处于稳定状态的变换器电流（I_C），因此通过调整 I_C 可以将工作点移到 MPP 处。

4）基于模糊逻辑控制的 MPPT 技术

随着微控制器和数字信号处理（digital signal processing，DSP）技术的发展，模糊逻辑控制已经在 MPPT 应用领域引起广泛兴趣。模糊逻辑控制器对于非线性系统来说很有优势，它不需要精确的数学模型，而且可以处理不精确的输入。模糊逻辑控制分为两个阶段：模糊化阶段和去模糊化阶段。

模糊化阶段根据图 3.23 所示的隶属函数，将输入变量转换为语言变量。这个

例子中有五个模糊等级，分别为NB(负大)、NS(负小)、ZE(零)、PS(正小)、PB(正大)。其中a、b以图3.22中数值变量的取值范围为基础。

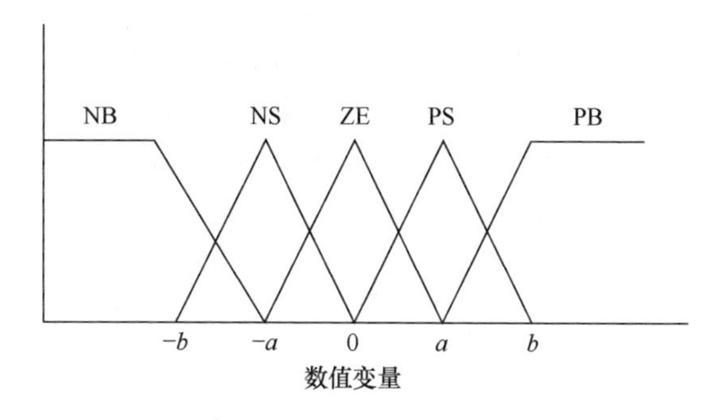

图3.23 模糊逻辑控制器输入和输出的隶属函数

误差E及其变化ΔE是基于模糊逻辑控制器的 MPPT 输入。由于$\mathrm{d}P/\mathrm{d}V$在MPP处更接近于零，因此可以使用下列近似公式[22]：

$$E=\frac{P(n)-P(n-1)}{V(n)-V(n-1)} \tag{3.8}$$

$$\Delta E=E(n)-E(n-1) \tag{3.9}$$

另外，误差信号可以根据式(3.10)求得

$$e=\frac{I}{V}+\frac{\mathrm{d}I}{\mathrm{d}V} \tag{3.10}$$

一般来说，模糊逻辑控制器的输出是电力变换器占空比ΔD的变化。占空比变化可以在类似表3.2的一个模糊规则表中获得[23]，并转换成语言变量。

表3.2 模糊规则表

E	ΔE				
	NB	NS	ZE	PS	PB
NB	ZE	ZE	NB	NB	NB
NS	ZE	ZE	NS	NS	NS
ZE	NS	ZE	ZE	ZE	PS
PS	PS	PS	PS	ZE	ZE
PB	PB	PB	PB	ZE	ZE

误差E及其变化ΔE的不同组合可作为分配给ΔD的语言变量。对于升压变换器，表3.2可以实现这一目的。例如，如果工作点远离MPP右侧，那么E为NB，且ΔE为 ZE，占空比就需要更大幅度下降以降低电压，也就是说ΔD应该为 NB

以达到 MPP。

在去模糊化阶段，模糊逻辑控制器的输出使用图 3.23 所示的隶属函数，从一种语言变量转换成数字变量。通过去模糊化，控制器产生一个模拟输出信号，该信号可以转换成数字信号，并控制 MPPT 系统的电力变化器。基于模糊逻辑控制器的 MPPT 实现示例如图 3.24 所示。利用测量电压和功率来计算式(3.8)和式(3.9)中的 E 和 ΔE，然后使用类似于表 3.2 的一个模糊规则库来评估这些值，最后通过一个模拟数字转换器和栅极驱动器，将必要的开关信号施加到 MPPT 的变换器上。

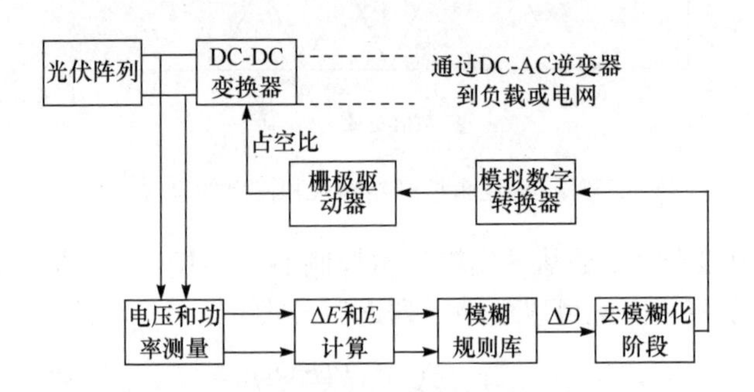

图 3.24　基于模糊逻辑控制器的 MPPT 实现示例

研究中根据 IEEE 1562—2007 标准进行光伏阵列规格的选择[22]，光伏阵列规格选择的主要因素包括：①光伏阵列应能提供足够的能量来补偿日均负载消耗，并克服系统损耗；②为了对电池组合理有效地充电，光伏阵列的电压应该大于电池组两端的电压；③考虑日照时间、负载数据、维持天数、太阳辐照度等的影响。

3.2.4　导航与通信分系统设计

为了实现波浪驱动水面机器人对指定区域的自主作业，需要掌握其位姿(位置、航速、航向以及艏向)、环境监测等数据，并实现运行状态监测、航迹跟踪、作业任务等远程监控功能。因此，波浪驱动水面机器人必须安装导航装置，以便时刻测量其位姿信息，进而在控制分系统作用下实现位置控制；同时，还需要搭载通信装置，实现波浪驱动水面机器人与岸基监控分系统之间的远程数据交互、控制指令下达等。

1. 导航分系统

现在应用最广泛的 GPS 已实现全球覆盖，并且定位精度高。世界各国使用的 GPS 都是美国 GPS 的民用版，其精度相对于 GPS 军用版在导航精度上相差十几倍，且在战时美国可以增加 GPS 民用码的误差，甚至关闭对方对 GPS 的使用权。

为了摆脱对美国 GPS 的依赖，中国自主研发了导航系统——北斗卫星导航系统(Beidou satellite navigation system, BDS)。现在 BDS 已实现了对亚太地区的覆盖，预计到 2020 年可以实现对全球的覆盖。BDS 相对于 GPS 的显著优势是除了可以实现实时定位功能，还增加了通信功能。因此，综合系统安全性以及波浪驱动水面机器人与监控分系统的远程通信角度，卫星导航设备选择 BDS。

卫星导航设备可以实时测得波浪驱动水面机器人的经纬度、航速与航向数据，但无法得到其艏向、横倾、纵倾等姿态信息(艏向对其运动控制极为重要)。兼顾经济性、能耗及搭载空间等因素，磁罗经是首选的姿态测量手段。磁罗经基本功能是通过感知地球磁场变化而获得磁艏向，并提供艏摇、横摇、纵摇的角度、角速度等姿态数据。导航分系统的工作原理如图 3.25 所示。

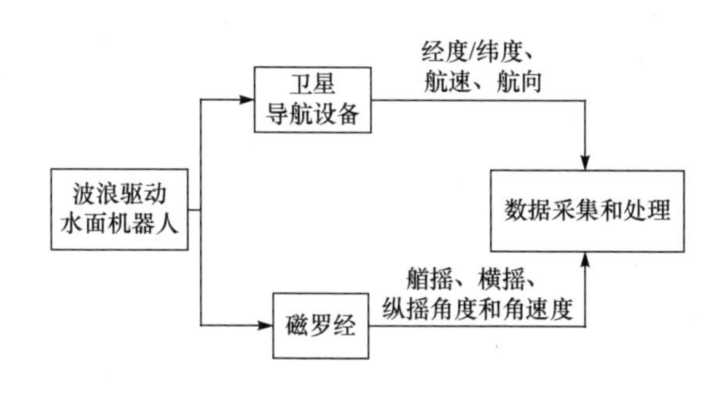

图 3.25 导航分系统的工作原理图

由卫星导航设备与磁罗经构成的组合导航分系统可以满足波浪驱动水面机器人的导航相关需求。为了进一步提升导航分系统的航行可靠性和安全性，可选配 AIS。AIS 船载模块实物图如图 3.26 所示。

AIS 由岸基设施和船载设备共同组成，是一种新型的集网络、现代通信、计算机、电子信息显示等技术为一体的数字助航系统。AIS 由舰船飞机的敌我识别器发展而成，配合 GPS 将船位、船速、改变航向率及航向等船舶动态，结合船名、呼号、吃水及危险货物等船舶静态资料，由甚高频频道向附近水域船舶及岸台广播，使邻近船舶及岸台能及时掌握附近海面所有船舶的动静态资讯，得以及时沟通协调，采取必要避让行动，对海上航行安全有很大帮助。

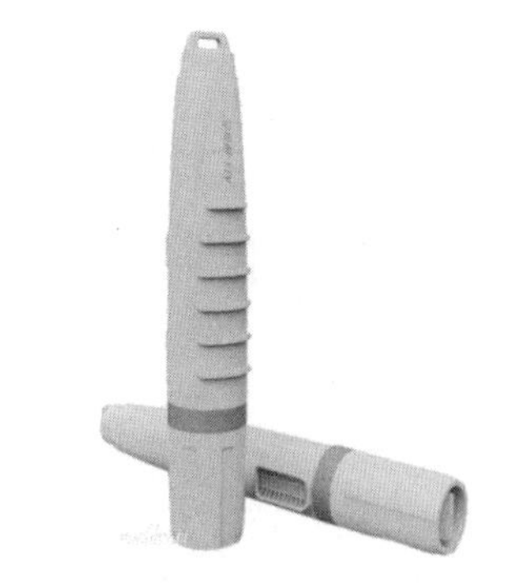

图 3.26 AIS 船载模块实物图

波浪驱动水面机器人上配备 AIS 有以下两点优势：

(1)原有的卫星导航系统和磁罗经提供的导航信息要传到岸端监控端，必须经其自身的控制系统处理后由通信系统传输，一旦控制系统或通信系统出现故障，导航信息将无法传递到岸基监控端。而 AIS 只需电源系统供电便可发射导航信息，而岸基电台可接收该信息，操作人员可通过 AIS 的岸台获取其导航信息。AIS 导航系统完全独立于波浪驱动水面机器人的控制系统与通信系统，有利于提高导航系统的可靠性。

(2)波浪驱动水面机器人航速低、机动性弱，主动规避能力较弱，并且体积小，在海上航行时难被发现，极易遭受过往船只的碰撞而损毁。配备 AIS 后，临近船只能够在其 AIS 显示器上看到波浪驱动水面机器人，并采取主动避让行为，从而有效提升其长期航行安全性。

2. 通信分系统

本节仅讨论无线方式的通信，不包括有线传输方式(如串口通信线、网线等)。

波浪驱动水面机器人通信分系统的设计需考虑其在不同环境、不同时期的应用需求，并考虑成本因素的影响。下面就波浪驱动水面机器人对通信的需求进行分析，主要包括以下几个方面。

(1)当波浪驱动水面机器人航行于大洋上时，其接收岸基监控端的命令信息，并向岸基监控端进行数据反馈。对于这样的超长距离通信，卫星通信是必然的选择。目前提供报文发送功能的卫星通信系统包括铱星系统和北斗卫星通信系统。在每条报文信息长度为 70B 的情况下，铱星系统和北斗卫星通信系统的发送频次与使用成本统计如表 3.3 所示。

表 3.3　铱星系统、北斗卫星通信系统发送频次与使用成本统计表

通信手段	每条信息长度/B	发送间隔/(次/min)	每天信息数/条	每天花费/元	每月花费/元	每年花费/元
铱星系统	70	1	1440	1008	30240	362880
	70	5	288	201.6	6048	72576
	70	10	144	100.8	3024	36288
北斗卫星通信系统	70	1	1440	—	—	1200

铱星系统在发送频率上有优势，但其通信费用高昂，北斗卫星通信系统在通信频率方面有劣势，但其性价比较高。考虑到远洋航行时波浪驱动水面机器人并不需要频繁与岸基进行通信，1 次/min 的通信频率能够满足使用要求，因此综合分析后选择北斗卫星通信系统(模块)。

(2)当监控端距离波浪驱动水面机器人较近时(如近岸测试阶段、母船伴航阶段)，波浪驱动水面机器人需实时接收监控端命令信息，并实时反馈状态信息。卫星通信系统成本高、通信速率低，并且通信效果与稳定性受天气情况等环境因素影响较大。相比起来，无线电通信技术成熟、成本低、通信速率高、稳定性好。因此，波浪驱动水面机器人上需要配置数传电台进行无线通信。

(3) 调试过程中需远程操作嵌入式计算机的操作系统，也就是与嵌入式计算机的调试串口进行远程通信。目前常用的方法是配备专用的调试数传电台。

(4) 调试过程中波浪驱动水面机器人运行的控制软件需要下载到嵌入式计算机，波浪驱动水面机器人运行过程中记录的数据需快速下载以便后续分析，因此还需配置无线网络电台。

上述通信设备需要载体与监控端成对配置，同时配置形式并不唯一，可根据实际需要与研制阶段灵活选用，例如，产品开发成熟后无须对嵌入式计算机进行操作时可取消调试数传电台，或采用某种技术手段使得网络电台兼容数传电台的功能。此外还可根据使用需求，配置图像电台等模块。

3.2.5 控制与监控分系统设计

控制分系统与监控分系统分别布置于波浪驱动水面机器人载体、岸基监控端（或母船），通过通信分系统连接一起协调工作。下面分别阐述控制分系统与监控分系统的设计。

1. 控制分系统

控制分系统应具备以下功能：①接收并解析监控端下达的指令信息；②将波浪驱动水面机器人的状态信息按照特定通信协议处理后反馈至监控端；③采集分析各类设备/传感器信息，如导航信息、气象信息等；④控制执行机构或设备，如舵机运转、设备开关；⑤根据系统信息与监控端命令，进行任务决策、路径规划、运动控制等；⑥记录波浪驱动水面机器人运行过程的各类数据。

考虑到节能性的要求，选择基于 ARM 的嵌入式计算机作为控制分系统的硬件核心，考虑到软件开发的稳定性、便捷性等要求，采用开源的嵌入式多任务操作系统 Linux。控制分系统的软硬件设计将在 5.1 节中进行详细论述。

2. 监控分系统

监控分系统主要由计算机及其监控软件等组成，监控分系统应具备以下功能：①接收并解析波浪驱动水面机器人控制分系统反馈的状态信息，并以合理的方式显示在监控界面上（如大气压等气象数据通过文本框显示、姿态信息如艏向通过可视化的指针方位显示、系统当前位置通过地图上的航点显示）；②截获用户在界面操作中的数据（如用户地图中点击动作时截获目标点的经纬度信息）；③实现不同通信方式之间的切换（卫星通信方式、无线电通信方式）；④实现不同控制模式的切换，完成控制参数设定、航点设置等；⑤将用户的指令按照特定通信协议处理后，通过通信分系统发送至控制分系统；⑥存储发出的指令信息与接收到的状态信息；⑦下达波浪驱动水面机器人的各类设备开关指令。

监控分系统的界面包含以下几个区域：全局地图区域、通信模式选择区域、波浪驱动水面机器人控制系统传回的报文信息显示区域、控制模式选择区域、控制参数输入区域、波浪驱动水面机器人状态信息显示区域、波浪驱动水面机器人设备开关控制区域等。

考虑到开发周期等因素，岸基监控端采用 X86 架构计算机，并在 Windows 操作系统中利用 MATLAB 图形用户接口(GUI)设计、开发了监控软件，监控软件界面如图 3.27 所示。

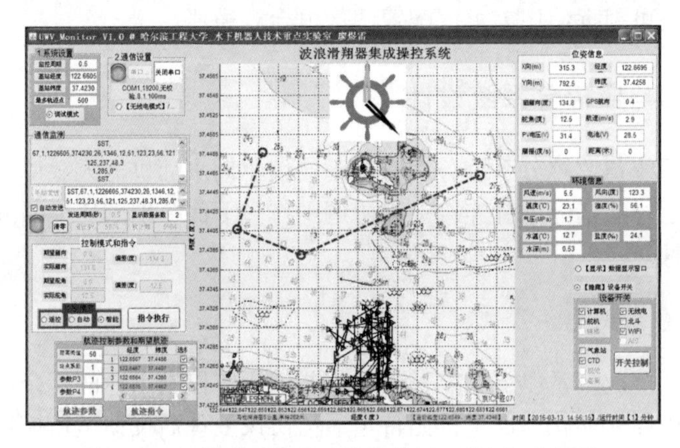

图 3.27　监控分系统的监控软件界面(见书后彩图)

3.2.6　环境监测分系统设计

环境监测包括水面环境部分与水下环境部分，主要内容如下：

(1)典型的水面环境信息，包含气压、温度、湿度、风速、风向。标配的气象站可同时测量上述水面气象环境信息，如图 3.28 所示。

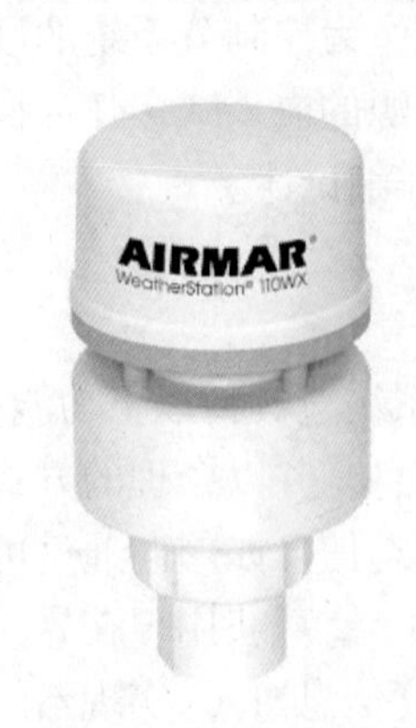

图 3.28　气象站(标配)

(2)水下环境信息，包括温度、盐度、深度、声速、电导率、浊度、溶解氧等。其中标配的温盐深仪可以测量温度、盐度、深度、声速与电导率，如图 3.29 所示。浊度、溶解氧等其他水文信息的测量，需配备专门的传感器如浊度传感器(图 3.30)和溶解氧传感器。同时，系统预留载荷电气接口以兼顾多种环境监测作业需求，扩展后可搭载 ADCP、波浪仪等监测设备，如图 3.31 所示，也可根据需要搭载水听器、声呐、摄像机等载荷。

图 3.29　温盐深仪(标配)

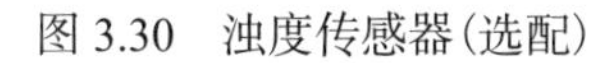

图 3.30　浊度传感器(选配)

图 3.31　ADCP(选配)

3.3　浮体阻力预报与船型优化

3.3.1　计算模型的建立

本节主要利用第 2 章介绍的 CFD 技术进行波浪驱动水面机器人浮体的船型阻力计算，并进行船型优化。系列船型的优化中主要针对艏和艉形式进行改进，其中艏部形状的优化主要在于选择垂直式或倾斜式艏，艉部形状的优化则针对艉高度的抬升进行分析。

阻力性能评估中采用上述数值计算方法，对排水量为 Δ=120kg，航速分别为 0.4m/s(0.78kn)、0.6m/s(1.17kn)、0.8m/s(1.56kn)、1.0m/s(1.94kn)的工况进行计算分析，通过对比计算结果以选择最优的船型方案。

CFD 分析采用 Fluent 软件，Fluent 软件可以采用三角形、四边形，四面体、六面体及其混合网格，用于计算二维和三维流动问题，在计算过程中网格还可以自适应调整。Fluent 操作流程如图 3.32 所示。

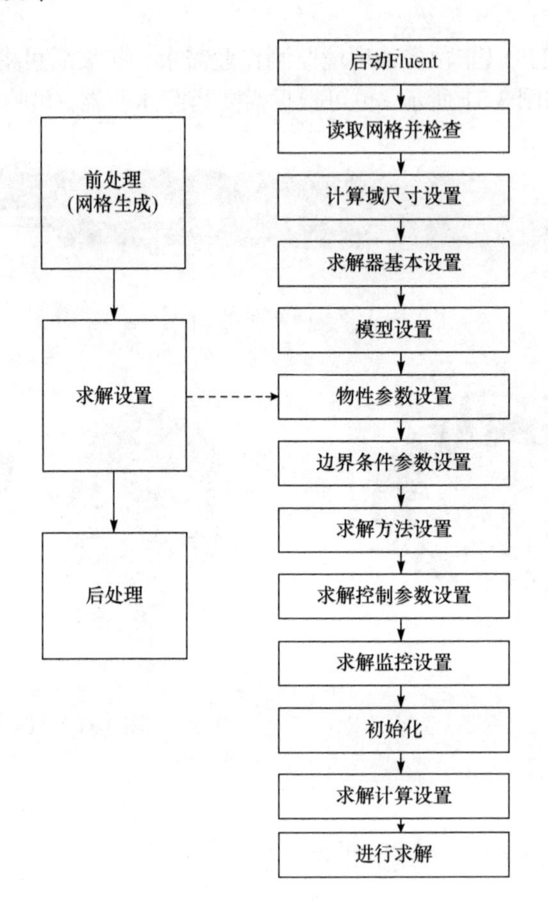

图 3.32 Fluent 操作流程

1. 计算域的建立与边界条件设置

为了能够较好地模拟浮体在静水中的直航运动，计算域需要足够大以避免壁面效应，同时还需兼顾总网格数量对计算所造成的负担。所采用的计算域范围如下：沿船长方向向上游延伸 1 倍船长，向下游延伸 3 倍船长，沿船宽方向向外侧延伸 1.5 倍船长，垂直方向向上延伸船长的 80%，向下延伸 1.5 倍船长。计算域示意图如图 3.33 所示。图 3.33 中入口指定来流速度，即船模的船速；对称面采用对称边界条件；出口处指定压力分布为静压；船体为不可滑移壁面，其他壁面为滑移壁面。

2. 网格的划分

计算中采用如图 3.34 和图 3.35 所示的结构与非结构混合网格，对整个计算域进行离散。整个计算域分为内域和外域两部分，内域以四面体网格填充，外域则

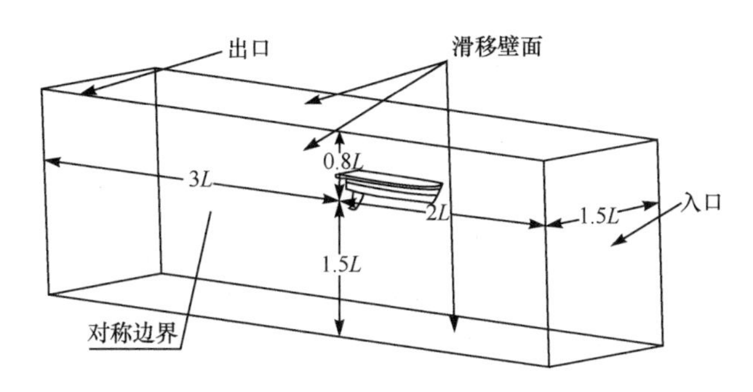

图 3.33　计算域示意图

布置正交的结构网格，以减少网格的数量。四面体网格与六面体网格之间以金字塔形五面体网格过渡。内外域结合处采用交界面处理，交界面处匹配节点的划分。整个计算域内网格的分布如表 3.4 所示。

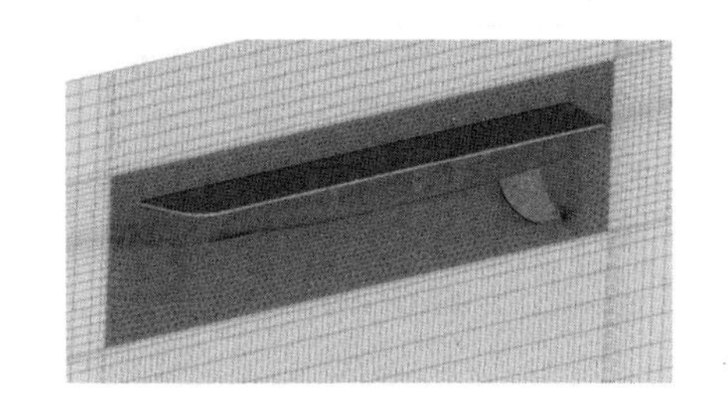

图 3.34　船壳表面网格划分

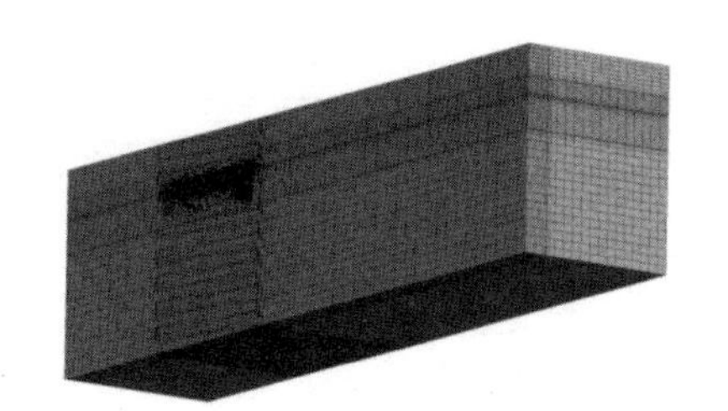

图 3.35　计算域网格划分

表 3.4　计算域内各网格数量的分布

四面体网格	棱柱层网格	金字塔形网格	六面体网格	船壳表面网格	其他面网格	总计
31×10^4	10×10^4	0.2×10^4	19×10^4	2.3×10^4	2.6×10^4	65.1×10^4

3.3.2　系列船型方案优化及性能评估

1. 方案一

1) 方案一主要尺度参数

方案一船型的设计如图 3.36 所示。艏部采用垂直式艏，艏部底部采用圆滑过渡，主要的尺度参数如表 3.5 所示。

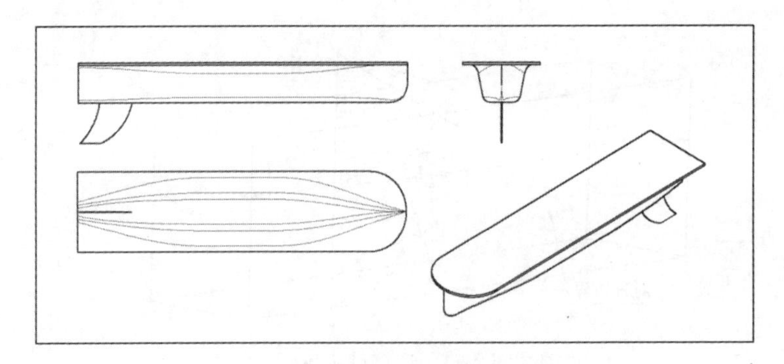

图 3.36 方案一的船型示意图

表 3.5 方案一的主要尺度参数

参数	取值
总长 L_{OA}/m	3
排水量 Δ/kg	120
吃水 T/m	0.155
水线长 L/m	3
水线宽 B/m	0.384
水线面系数 $C_{wp}=A_w/(LT)$	0.751
中横剖面系数 $C_{Md}=A_M/(BT)$	0.89
方形系数 $C_B=\nabla/(LBT)$	0.672
垂向棱形系数 $C_{VP}=\nabla/(A_wT)$	0.895
纵向棱形系数 $C_P=\nabla/(A_ML)$	0.755

注：∇ 表示浮体的排水体积，单位为 m^3。

2) 方案一计算结果

方案一阻力计算结果如表 3.6 所示，图 3.37 给出了航速 V=1.0m/s 时自由表面的行波波形以及船壳表面的压力分布。

表 3.6 方案一的计算阻力

航速 V/(m/s)	计算阻力 R_1/N
0.4	1.229
0.6	2.569
0.8	4.519
1.0	6.933

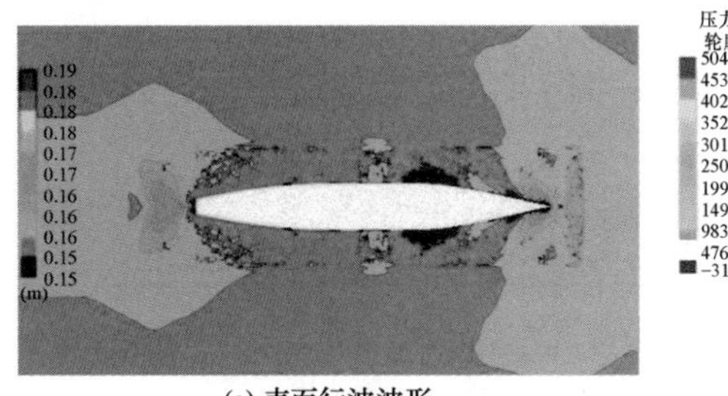

(a) 表面行波波形　　　　(b) 船壳表面压力分布

图 3.37　方案一的自由表面行波波形与船壳表面压力分布

2. 方案二

1) 方案二主要尺度参数

方案二船型的设计如图 3.38 所示。相比于方案一，方案二主要将垂直式艏改为倾斜式艏，主要的尺度参数如表 3.7 所示。

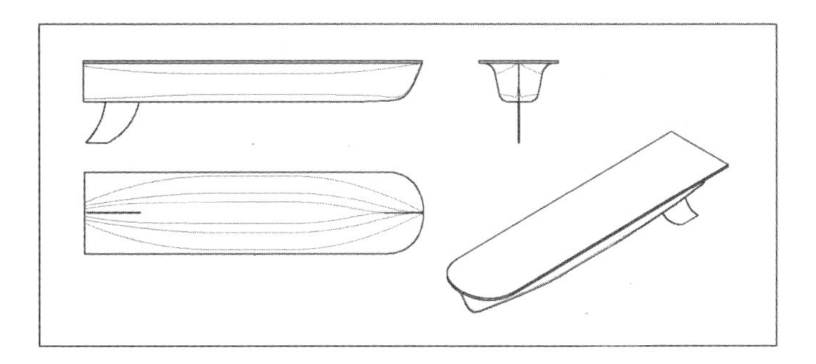

图 3.38　方案二的船型示意图

表 3.7　方案二的主要尺度参数

参数	取值
总长 L_{OA}/m	3
排水量 Δ/kg	120
吃水 T/m	0.158
水线长 L/m	2.915
水线宽 B/m	0.385
水线面系数 $C_{wp}=A_w/(LT)$	0.773
中横剖面系数 $C_{Md}=A_M/(BT)$	0.888
方形系数 $C_B=\nabla/(LBT)$	0.677
垂向棱形系数 $C_{VP}=\nabla/(A_wT)$	0.875
纵向棱形系数 $C_P=\nabla/(A_ML)$	0.762

2)方案二计算结果

方案二阻力计算结果如表 3.8 所示，图 3.39 给出了航速 V=1.0m/s 时自由表面的行波波形以及船壳表面的压力分布。

表 3.8 方案二的计算阻力

航速 V/(m/s)	计算阻力 R_2/N
0.4	1.167
0.6	2.482
0.8	4.368
1.0	6.788

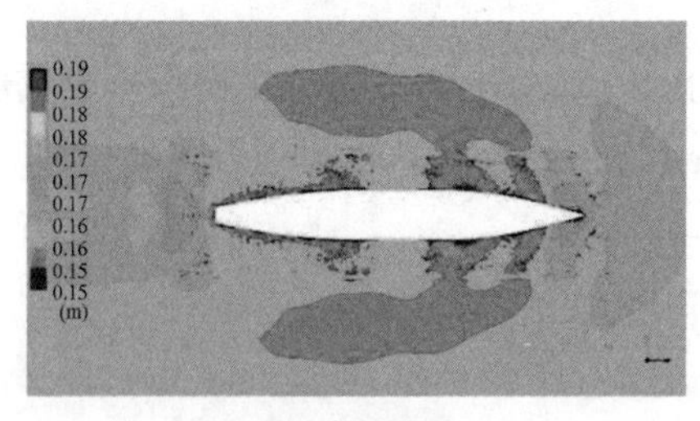

(a) 表面行波波形　　(b) 船壳表面压力分布

图 3.39 方案二的自由表面行波波形与船壳表面压力分布

3. 方案三

1)方案三主要尺度参数

方案三船型的设计如图 3.40 所示。相比于方案二，方案三主要将艉板上移，使得整个尾部有所抬升，主要的尺度参数如表 3.9 所示。

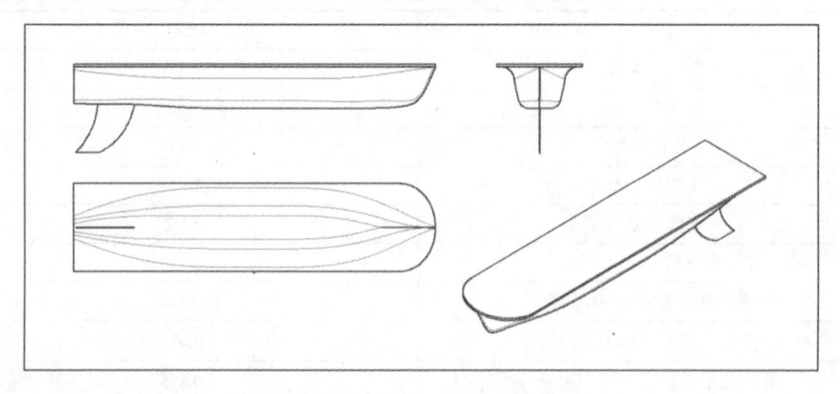

图 3.40 方案三的船型示意图

表 3.9　方案三的主要尺度参数

参数	取值
总长 L_{OA}/m	3
排水量 Δ/kg	120
吃水 T/m	0.165
水线长 L/m	2.902
水线宽 B/m	0.388
水线面系数 $C_{wp}=A_w/(LT)$	0.771
中横剖面系数 $C_{Md}=A_M/(BT)$	0.875
方形系数 $C_B=\nabla/(LBT)$	0.646
垂向棱形系数 $C_{VP}=\nabla/(A_wT)$	0.838
纵向棱形系数 $C_P=\nabla/(A_ML)$	0.738

2) 方案三计算结果

方案三阻力计算结果如表 3.10 所示。图 3.41 给出了航速 V=1.0m/s 时自由表面的行波波形以及船壳表面的压力分布。

表 3.10　方案三的计算阻力

航速 V/(m/s)	计算阻力 R_3/N
0.4	1.064
0.6	2.249
0.8	3.881
1.0	6.114

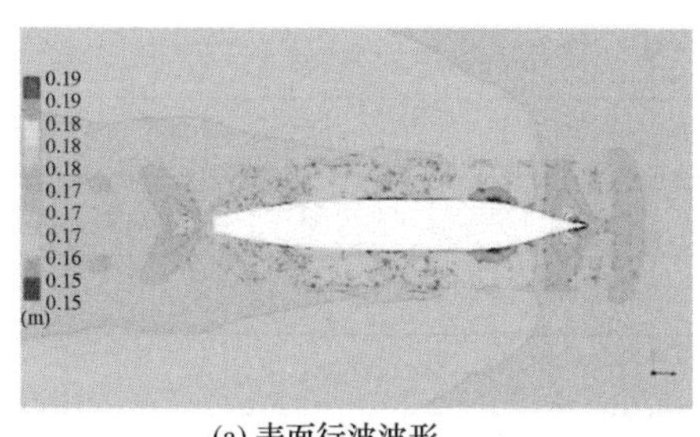

(a) 表面行波波形

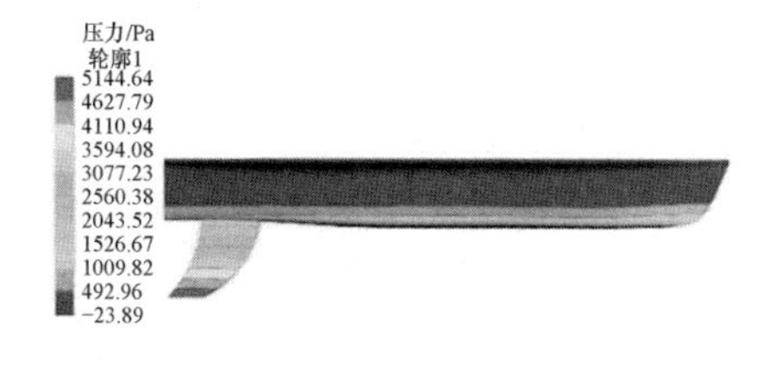

(b) 船壳表面压力分布

图 3.41　方案三的自由表面行波波形与船壳表面压力分布

4. 方案四

1) 方案四主要尺度参数

方案四船型的设计如图 3.42 所示。方案四主要在方案三的基础上进行细节改进，保持艏部倾斜式艏的形式，但减小了艏部的半进角；横剖面形式由 U 形改为带有一定斜升的 V 形；而艉部则适当降低了艉板的抬升高度。其主要尺度参数如表 3.11 所示。

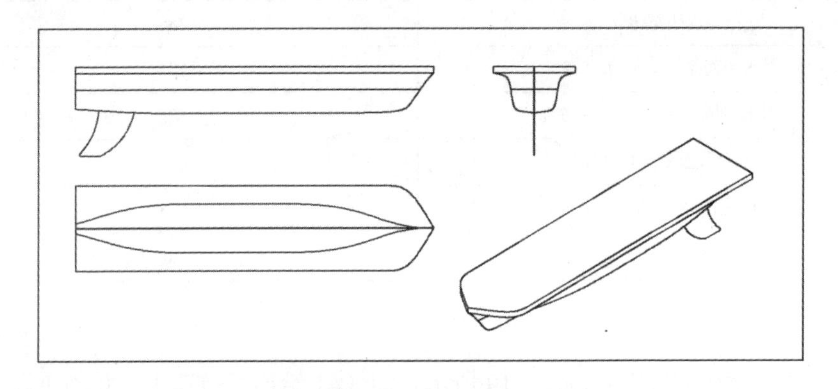

图 3.42　方案四的船型示意图

表 3.11　方案四的主要尺度参数

参数	取值
总长 L_{OA}/m	3
排水量 Δ/kg	120
吃水 T/m	0.171
水线长 L/m	2.927
水线宽 B/m	0.393
水线面系数 $C_{wp}=A_w/(LT)$	0.768
中横剖面系数 $C_{Md}=A_M/(BT)$	0.863
方形系数 $C_B=\nabla/(LBT)$	0.61
垂向棱形系数 $C_{VP}=\nabla/(A_wT)$	0.795
纵向棱形系数 $C_P=\nabla/(A_ML)$	0.707

2) 方案四计算结果

方案四阻力计算结果如表 3.12 所示。图 3.43 给出了航速 V=1.0m/s 时自由表面的行波波形以及船壳表面的压力分布。

表 3.12 方案四的计算阻力

航速 V/(m/s)	计算阻力 R_4/N
0.4	1.055
0.6	2.202
0.8	3.772
1.0	5.874

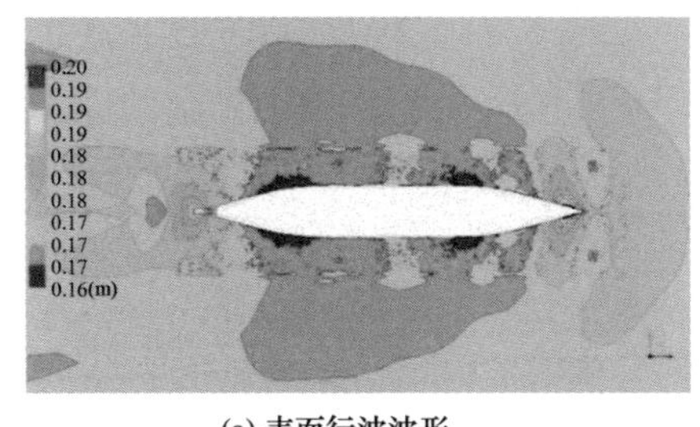

(a) 表面行波波形

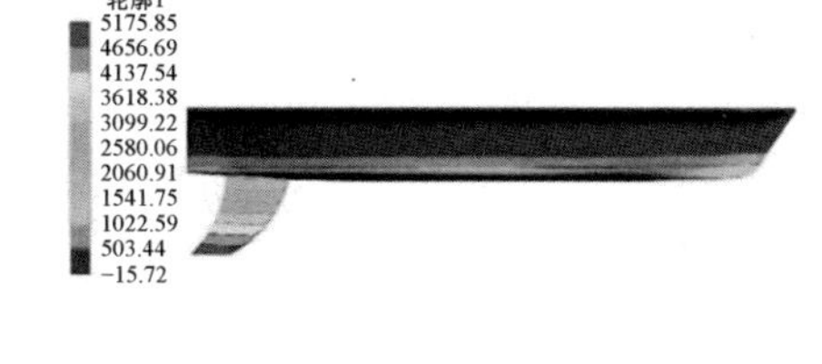

(b) 船壳表面压力分布

图 3.43 方案四的自由表面行波波形与船壳表面压力分布

3.3.3 计算结果对比及最优船型选择

以上四种浮体船型方案的阻力计算对比如图 3.44 所示。表 3.13 给出了不同方案的计算阻力值及方案二至方案四的阻力减额 δ，其中 δ 为正表示阻力减少，为负表示阻力增大。可以看出，通过对艏、艉形式的渐进优化，阻力性能得到了逐步提升，并通过改变剖面形式等手段进一步完善了浮体线型。对比阻力计算值可

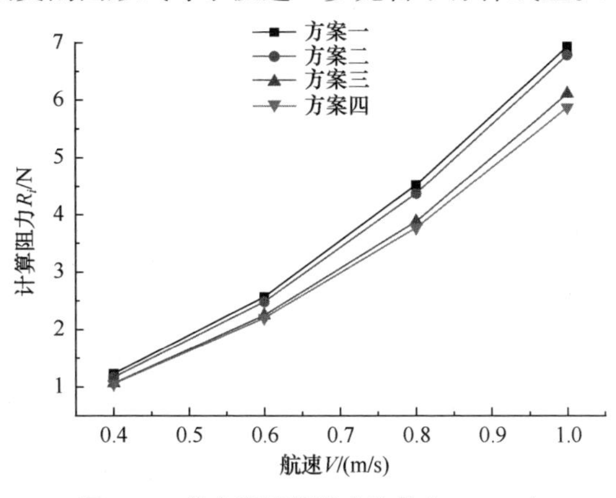

图 3.44 各方案计算阻力比较（i=1,2,3,4）

知，方案四的阻力性能明显优于其他三种方案。因此，选择方案四作为波浪驱动水面机器人浮体的目标设计船型。

表 3.13 各方案的计算阻力及阻力减额对比

航速 V /(m/s)	方案一	方案二		方案三		方案四	
	R_1/N	R_2/N	δ_2/%	R_3/N	δ_3/%	R_4/N	δ_4/%
0.4	1.229	1.167	5.04	1.064	13.43	1.055	14.16
0.6	2.569	2.482	3.39	2.249	12.46	2.202	14.29
0.8	4.519	4.368	3.34	3.881	14.12	3.772	16.53
1.0	6.933	6.788	2.09	6.114	11.81	5.874	15.27

注：$\delta_n = \dfrac{R_1 - R_n}{R_1} \times 100\%, n = 2,3,4$ 。

3.4 本章小结

本章主要探讨了波浪驱动水面机器人的总体设计问题，结合“海洋漫步者”号波浪驱动水面机器人的技术需求，并贯穿其整个研制过程，详细阐述了波浪驱动水面机器人的设计原理，完成了总体技术方案以及推进与操纵、能源、导航与通信、控制与监控等分系统的方案设计，重点研究了浮体阻力分析与船型优化方法，从而确保波浪驱动水面机器人具有良好的航行性能。

参考文献

[1] 曹岩, 方舟. Solidworks 开发篇[M]. 北京: 化学工业出版社, 2010: 12-18.

[2] 陈强, 马坤. 基于 ObjectARX 的船舶快速分舱程序设计实现[J]. 中国舰船研究, 2010, 5(3): 67-73.

[3] 陈章兰, 熊云峰, 李宗民, 等. 我国船舶设计建造技术现状及展望[J]. 江苏船舶, 2007, 24(1): 1-3.

[4] 林焰, 符平, 纪卓尚, 等. 基于数据库的船体大表面分舱方法研究[J]. 中国造船, 1999, (3): 16-23.

[5] 付泽明, 王大镇, 姚寿广. 虚拟装配技术在船舶设计中的应用[J]. 船海工程, 2006, 35(3): 32-35.

[6] 梁彦超, 徐筱欣.基于 PROE 的船舶机舱三维布置设计研究[J]. 船舶工程, 2011, 33(3): 69-74.

[7] 刘寅东. 船舶设计原理[M]. 北京: 国防工业出版社, 2010.

[8] 蒋革. 船舶虚拟设计技术综述[J]. 江苏船舶, 2004, 21(1): 7-9.

[9] 彭辉. 船体三维建模应用技术研究[D]. 哈尔滨: 哈尔滨工程大学, 2008.

[10] 秦宇. NAPA 软件在船舶总体性能设计上的应用[J]. 广东造船, 2010, 29(2): 34-36.

[11] 李磊鑫. 计算机辅助玻璃钢游艇上层建筑造型设计开发研究[D]. 武汉: 华中科技大学, 2006.

[12] 杨海成. 数字化设计制造技术基础[M]. 西安: 西北工业大学出版社, 2007.

[13] 李文龙, 朱泽旭, 冯志强. 船舶型线图绘制仿真软件[J]. 江苏船舶, 1997, 14(5): 12-13.

[14] 盛振邦, 刘应中. 船舶原理(下册)[M]. 上海: 上海交通大学出版社, 2004.

[15] 苏文荣, 陈锦晨, 郑斌华. 三维 CAD 技术在船舶设计中的应用[J]. 上海船舶运输科学研究所学报, 2007,

30(2): 144-149.

[16] 仵大伟. 船体曲面表达与三维船舶设计研究[D]. 大连: 大连理工大学, 2002.

[17] 夏琦. 运动游艇造型参数化设计[D]. 武汉: 武汉理工大学, 2009.

[18] Khaligh A, Onar O C. 环境能源发电：太阳能、风能和海洋能[M]. 闫怀志, 卢道英, 闫振民, 等, 译. 北京: 机械工业出版社, 2013.

[19] Goto S，Kondoh S，Ikegami Y，et al. Controller design for OTEC experimental pilot plant based on nonlinear separation control[C]. SICE 2004 Annual Conference, 2004: 2043-2048.

[20] Nakamura M，Egashira N，Uehara H. Digital control of working fluid flow rate for an OTEC plant[J]. Journal of Solar Energy Engineering, 1986, 108(2): 111.

[21] Elder T J, Boys J T, Wodward J L. The process of self-excitation in induction generators[J]. IEE Proceedings B: Electric Power Applications, 1983, 130(2): 103-108.

[22] Bouscayrol T, Delarue P, Guillaud X. Power strategies for maximum control structure of a wind energy conversion system with a synchronous machine[J]. Renewable Energy, 2008, 33: 1186-1198.

[23] Abolhassani M T，Toloyat H A，Enjeti P. Stator flux-oriented control of an integrated alternator/active filter for wind[C]. Proceedings of the IEEE International Electric Machines and Drives Conference, 2003: 461-467.

4 波浪驱动水面机器人的运动建模与预报

本章重点探讨波浪驱动水面机器人的运动建模及预报问题，从空间运动、艏向和航速三个视角开展研究，试图模拟和刻画波浪驱动水面机器人的复杂动力学行为。首先，针对波浪驱动水面机器人独特的刚柔混合多体结构形式，考虑海况变化对系统运动形态的显著影响，分别在柔链张紧和柔链可放松假设下探索波浪驱动水面机器人的动力学建模方法；然后，考虑机理建模方法存在的建模误差问题，面向运动控制需求研究基于试验数据的艏向响应模型；最后，探讨基于海洋环境参数的航速模型及预报方法。本章研究能为波浪驱动水面机器人的动力学分析、控制算法设计、路径规划策略等提供运动数学模型。

4.1 波浪驱动水面机器人动力学建模研究进展

操纵性能研究对于海洋航行器具有重要意义。建立合适的操纵性模型是开展海洋航行器运动机理分析、运动预报、运动控制等研究的基础，在系统研制前期非常重要。为了判断所设计的波浪驱动水面机器人是否具有良好的操纵性能，在没有条件进行海洋操纵性试验的情况下，基于数值模拟技术建立波浪驱动水面机器人动力学模型，完成航速、操纵性等数值模拟试验，进而预报其操纵性能并开展运动控制系统开发和调试，是非常经济且有效的手段。

波浪驱动水面机器人由浮体、柔链和潜体三部分组成，同常规海洋航行器在结构上存在很大区别。一方面，波浪驱动水面机器人本质上具有多体结构属性，既有刚体又有柔体，即属于一类特殊的多体系统——刚柔混合多体系统；另一方面，考虑到波浪驱动水面机器人航行于海洋环境中，系统主要的环境作用力来源于浮体且浮体本身属于海洋航行器(可视为微小型水面艇)，即可作为一种特殊的海洋航行器来研究。

波浪驱动水面机器人与常规海洋航行器有很大的不同，其操纵性研究困难且现有成果较少，国内外尚无公认成熟的操纵性建模与分析方法。目前，主要有两种解决方法：①船舶操纵性理论，即对系统各部分运动状态(自由度)进行区别对待，选取对系统影响大的运动状态，忽略对系统影响小的运动状态，进行降维处理以便于利用海洋航行器操纵性理论进行波浪驱动水面机器人动力学分析；②多体动力学理论，鉴于波浪驱动水面机器人在运动过程中柔链主要处于紧绷状态，为了简化系统动力学分析，把柔链进行刚体假设，即将波浪驱动水面机器人简化为刚性连接多体系统或双体结构，进而开展多体动力学分析。

夏威夷大学 Kraus 等[1]考虑了波浪驱动水面机器人的纵向运动、垂向运动和纵摇运动，在柔链是紧绷状态等假设条件下，建立了一个垂直平面(即包含纵向、垂向和纵摇的三自由度纵剖面)运动数学模型。研究中波浪驱动水面机器人配置了“GPS+惯导”的组合导航设备，采用扩展卡尔曼滤波算法对海上试验数据进行分析处理，有效地预报了波浪驱动水面机器人在纵剖面内的运动响应。相对而言，该模型较为简单，仅能描述波浪驱动水面机器人的垂直面内运动，无法描述其水平面内运动。

夏威夷大学 Kraus[2]考虑到波浪驱动水面机器人结构的特殊性，基于船舶空间运动数学建模方法[3]，对其进行修正以适用于波浪驱动水面机器人，构建了一种波浪驱动水面机器人六自由度操纵性模型。通过经验公式和海上试验(图 4.1)数据，获得波浪驱动水面机器人的主要水动力参数，完成了操纵性数值仿真。该模型具有一定的合理性，初步反映了波浪驱动水面机器人浮体、潜体以及柔链的运动状态。然而在实际计算中部分参数的物理意义及取值不明确，例如，当浮体和潜体的艏向不一致时，未明确惯性质量的物理意义和计算方法。

图 4.1　基于 SV2 型波浪驱动水面机器人的海上试验[2]

在此基础上，哈尔滨工程大学卢旭[4]以哈尔滨工程大学自主研制的“海洋漫步者”号波浪驱动水面机器人试验样机为研究对象(图 4.2)，建立了波浪驱动水面机器人六自由度操纵性数学模型，分析获得各项水动力参数，实现了直航、回转、Z 形机动、环境力作用下操纵性数值预报试验，并完成了水池操纵性试验。数值预报结果为：有义波高 0.10m(一级海况)，平均速度约为 0.3m/s；有义波高 0.50m(二级海况)，平均速度约为 0.5m/s；有义波高 1.25m(三级海况)，平均速度约为 0.9m/s。该结果与 Liquid Robotics 公司 SV3 型波浪驱动水面机器人性能接近。波浪驱动水面机器人的回转、Z 形机动等数值预报结果，在水池试验中得到了有效验证。

图 4.2 哈尔滨工程大学自主研制的“海洋漫步者”号波浪驱动水面机器人及水池试验

国家海洋技术中心齐占峰等将波浪驱动水面机器人视为一个多刚体系统，把波浪驱动水面机器人的空间运动简化成具有三自由度的平面运动，假设柔链为二力杆并忽略其所受水动力，利用 Kane 方程建立了波浪驱动水面机器人的多刚性体动力学模型[5]。浙江大学周春林等在此基础上将浮体垂向运动引入动力学模型中，忽略平行于翼片的水动力，将垂直于翼片水动力的水平分力作为潜体产生的推力，使得推力与潜体运动耦合[6]。然而，该模型只考虑了波浪驱动水面机器人在垂直平面内运动，无法描述其水平面内运动。

中国舰船研究院李小涛[7]对波浪驱动水面机器人浮体、潜体和柔链分别建立数学模型，在明确输入和边界条件的基础上，借助多体动力学分析软件 ADAMS 和数值模拟软件 MATLAB 进行联合分析求解，建立了波浪驱动水面机器人整体数学模型。基于该仿真模型，对波浪驱动水面机器人的柔链长度、水翼对数进行了计算分析和选优，研究了波浪驱动水面机器人在一级低海况下运动的可行性、常规三级海况下的航行性能以及极端九级海况下的生存能力。

中国科学院沈阳自动化研究所田宝强等基于牛顿-欧拉方程建立了波浪驱动水面机器人纵剖面动力学模型，将浮体简化为长方体结构，并利用波浪速度势求解波浪力，利用经验公式和试验数据估算拖曳力和阻力，并在波高 0.3m、周期 3.2s 的典型波浪环境下进行仿真[8]。该模型一定程度上反映出波浪驱动水面机器人的运动特性，然而其模型较为简单，分析的自由度较少。之后，田宝强等借鉴机械臂运动的研究方法，采用 D-H(Denavit-Hartenberg)方法描述波浪驱动水面机器人各部分的相对运动，利用拉格朗日方程建立波浪驱动水面机器人的动力学模型，完成了典型海况下垂直面和水平面运动仿真[9,10]。中国科学院沈阳自动化研究所研制的波浪驱动水面机器人试验样机如图 4.3 所示。

图 4.3　中国科学院沈阳自动化研究所研制的波浪驱动水面机器人试验样机及水池试验

在波浪驱动水面机器人航速模型方面，澳大利亚昆士兰科技大学 Smith 等[11]探讨了波浪驱动水面机器人的在线航速预报问题，为离线航线规划提供准确速度估计，试图提高系统的控制性能。研究中利用波高、波周期、波向、海流、风速和风向等环境测量数据，通过最小二乘法获得了航速线性预测模型的各项系数。分析表明，波浪有义波高和谱峰周期对航速具有主导作用，海流对航速也有很大影响。然而，由于线性模型和训练数据等存在局限，数值预报结果同实测数据误差较大。

澳大利亚昆士兰科技大学 Ngo 等[12]在上述研究的基础上，建立了一个非线性、随机性和非参数化航速预测模型，并基于高斯过程回归(Gaussian process regression，GPR)方法进行模型参数辨识，海上对比试验表明该方法能有效地预报波浪驱动水面机器人的实际航速。Ngo 等[13]在波浪预报模型以及机载观测数据的基础上，基于 GPR 方法进行了波浪驱动水面机器人航速预报。首先，利用周期性协方差函数 GPR 模型、K 阶高斯迭代过程模型检验长期海洋观测数据是否属于高斯过程，以验证使用 GPR 方法进行航速预报的可行性；然后，提出基于波浪模型预报等三种预测策略，对比分析表明，航速预报精度取决于模型的时间分辨率以及训练数据。

4.2 柔链张紧假设下运动建模与预报

4.2.1 运动学分析

1. 坐标系建立

首先建立四个坐标系[2]，如图 4.4 所示。

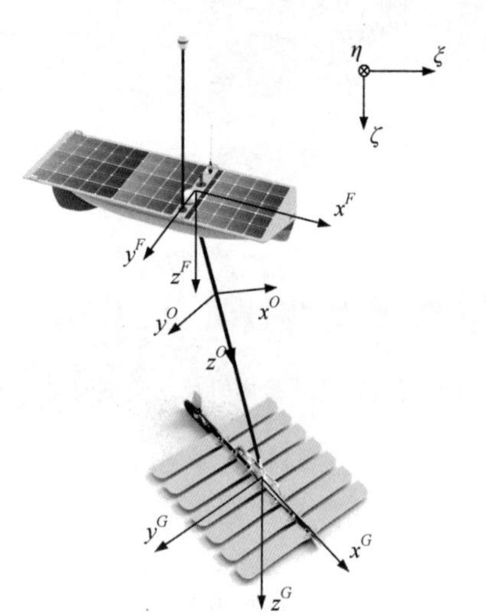

图 4.4 柔链张紧假设下波浪驱动水面机器人的坐标系示意图

(1) 系统坐标系(右上标标注 O 的坐标系)：原点位于柔链上的波浪驱动水面机器人重心处，x^O 方向垂直于柔链，并与潜体中纵剖面位于同一竖直面内指向波浪驱动水面机器人前进方向，z^O 方向取柔链方向，由浮体端指向潜体端，y^O 符合右手定则。

(2) 浮体坐标系(右上标标注 F 的坐标系)：原点为柔链与浮体连接处，x^F 指向浮体艏部方向，y^F 指向浮体右舷，z^F 指向下。

(3) 潜体坐标系(右上标标注 G 的坐标系)：原点为柔链与潜体连接处，x^G 指向潜体艏部方向，y^G 指向潜体右舷，z^G 指向下。

(4) 大地坐标系(ξ-η-ζ 坐标系，标注 NED 的坐标系)：该坐标系为北-东-地(north-east-down，NED)坐标系，属于惯性坐标系，原点取为地球表面一固定点，向北为 ξ 轴正向，向东为 η 轴正向，向地心为 ζ 轴正向。

波浪驱动水面机器人是多体结构，在将柔链视为一个刚体的假设下，浮体、潜体、柔链三个刚体分别有 6 个自由度，共 18 个自由度。显然同时考虑如此众多的自由度是非常复杂的，为了简化问题的分析与求解，需要选择其中主要的自由度进行分析：①对于波浪驱动水面机器人整体运动，浮体与潜体横荡、纵荡运动以及二者的相对位置为整体性影响因素，而浮体与潜体自身的横摇、纵摇运动以及倾斜姿态为局部性影响因素，其对于波浪驱动水面机器人的影响可视为附加阻力；②对于波浪驱动水面机器人的运动控制、路径规划等问题，水平面运动为主要因素，而垂直面运动的影响可视为对推力、航速的影响；③艏向对于波浪驱动水面机器人航行路径和运动控制是非常重要的，而浮体和潜体的艏向是不一致的，需分别加以考虑。

因此，选择波浪驱动水面机器人系统重心的纵向、横向运动，柔链的横摇、纵摇运动，以及浮体和潜体的艏摇 6 独立自由度。浮体的垂向运动与波浪运动相关，作为已知输入。系统重心和潜体的垂向运动由上述自由度计算，为非独立自由度。其中，波浪驱动水面机器人的运动变量采用 SNAME 符号标准，如表 4.1 所示。各项参数的正负情况符合右手定则：力和速度均以指向坐标轴的正向为正；角度和角速度均以右手定则指向为正。

表 4.1　波浪驱动水面机器人运动变量

自由度	力与力矩	速度	位置与角度
纵荡	X	u	x
横荡	Y	v	y
升沉	Z	w	z
横摇	K	p	ϕ
纵摇	M	q	θ
艏摇	N	r	ψ

后续描述中，各物理量右上标表示该物理量所属，左上标表示描述该物理量的坐标系，O 代表波浪驱动水面机器人系统整体，F 代表浮体，G 代表潜体，NED 代表大地坐标系。例如，${}^{O}u^{F}$ 代表浮体的纵向速度在系统坐标系下的值[2]。为简化表达，在不产生歧义的前提下，省略右上标默认为描述系统整体的物理量，省略左上标表示在该物理量对应的随体坐标系下描述。定义 s(·)=sin(·) 为正弦值，c(·)=cos(·) 为余弦值，t(·)=tan(·) 为正切值。波浪驱动水面机器人加速度向量、速度向量与位置向量分别为

$$
\begin{aligned}
\boldsymbol{a} &= \begin{bmatrix} \dot{u} & \dot{v} & \dot{p} & \dot{q} & \dot{r}^F & \dot{r}^G \end{bmatrix}^{\mathrm{T}} \\
\boldsymbol{v} &= \begin{bmatrix} u & v & p & q & r^F & r^G \end{bmatrix}^{\mathrm{T}} \\
\boldsymbol{\eta} &= \begin{bmatrix} x & y & \phi & \theta & \psi^F & \psi^G \end{bmatrix}^{\mathrm{T}}
\end{aligned}
\tag{4.1}
$$

在建立了坐标系并选取自由度后，波浪驱动水面机器人的位置可用系统坐标系原点在大地坐标系的坐标 (ξ,η,ζ) 表示。浮体与潜体的相对位置可用柔链的横倾角 ϕ 和纵倾角 θ 表示。其中，横倾角 ϕ 为平面 $x^O o^O z^O$ 同包含轴 x^O 的铅垂平面之间的角度；纵倾角 θ 为坐标轴 z^O 与铅垂平面的夹角。浮体和潜体在实际运动过程中，艏向并不总是一致的，分别记为 ψ^F 和 ψ^G。系统的艏向取 $\psi^O=\psi^G$，记艏向偏差角 $\Delta\psi=\psi^G-\psi^F$。

系统坐标系转换到浮体坐标系的转换矩阵为

$$
{}_{O}^{F}\boldsymbol{R}=\begin{bmatrix} c(\theta)c(\Delta\psi) & \begin{matrix} s(\theta)c(\Delta\psi)s(\phi) \\ -s(\Delta\psi)c(\phi) \end{matrix} & \begin{matrix} s(\theta)c(\Delta\psi)c(\phi) \\ +s(\Delta\psi)s(\phi) \end{matrix} \\ c(\theta)s(\Delta\psi) & \begin{matrix} s(\theta)s(\Delta\psi)s(\phi) \\ +c(\Delta\psi)c(\phi) \end{matrix} & \begin{matrix} s(\theta)s(\Delta\psi)c(\phi) \\ -c(\Delta\psi)s(\phi) \end{matrix} \\ -s(\theta) & c(\theta)s(\phi) & c(\theta)c(\phi) \end{bmatrix}
$$

$$
=\begin{bmatrix} \alpha & \beta & \varpi \\ \gamma & \chi & \partial \\ -s(\theta) & \kappa & \mu \end{bmatrix} \tag{4.2}
$$

系统坐标系转换到潜体坐标系的转换矩阵为

$$
{}_{O}^{G}\boldsymbol{R}=\begin{bmatrix} c(\theta) & s(\theta)s(\phi) & s(\theta)c(\phi) \\ 0 & c(\phi) & -s(\phi) \\ -s(\theta) & c(\theta)s(\phi) & c(\theta)c(\phi) \end{bmatrix}
$$

$$
=\begin{bmatrix} c(\theta) & \mathit{\Gamma} & \mathit{\Lambda} \\ 0 & c(\phi) & -s(\phi) \\ -s(\theta) & \kappa & \mu \end{bmatrix} \tag{4.3}
$$

系统坐标系转化为大地坐标系的转换矩阵为

$$
{}_{O}^{\mathrm{NED}}\boldsymbol{R}=\begin{bmatrix} c(\theta)c(\psi^{G}) & \begin{matrix} c(\psi^{G})s(\theta)s(\phi) \\ -s(\psi^{G})c(\phi) \end{matrix} & \begin{matrix} c(\psi^{G})s(\theta)c(\phi) \\ +s(\psi^{G})s(\phi) \end{matrix} \\ c(\theta)s(\psi^{G}) & \begin{matrix} s(\psi^{G})s(\theta)s(\phi) \\ +c(\psi^{G})c(\phi) \end{matrix} & \begin{matrix} s(\psi^{G})s(\theta)c(\phi) \\ -c(\psi^{G})s(\phi) \end{matrix} \\ -s(\theta) & c(\theta)s(\phi) & c(\theta)c(\phi) \end{bmatrix} \tag{4.4}
$$

显然，下列关系成立：

$$
\begin{aligned} {}_{F}^{O}\boldsymbol{R} &= ({}_{O}^{F}\boldsymbol{R})^{\mathrm{T}} \\ {}_{G}^{O}\boldsymbol{R} &= ({}_{O}^{G}\boldsymbol{R})^{\mathrm{T}} \\ {}_{\mathrm{NED}}^{O}\boldsymbol{R} &= ({}_{O}^{\mathrm{NED}}\boldsymbol{R})^{\mathrm{T}} \end{aligned} \tag{4.5}
$$

2. 运动状态变换

由于将浮体和潜体视为一根刚性杆两端的质点，那么由刚体运动的规律可计算得到在系统坐标系下浮体和潜体的运动参量：

$$
\begin{aligned}
{}^{O}\boldsymbol{\eta}^{F} &= \boldsymbol{\eta} + \boldsymbol{r}^{F} \\
{}^{O}\boldsymbol{\eta}^{G} &= \boldsymbol{\eta} + \boldsymbol{r}^{G} \\
{}^{O}\boldsymbol{v}^{F} &= \boldsymbol{v} + \boldsymbol{\omega} \times \boldsymbol{r}^{F} \\
{}^{O}\boldsymbol{v}^{G} &= \boldsymbol{v} + \boldsymbol{\omega} \times \boldsymbol{r}^{G} \\
{}^{O}\boldsymbol{a}^{F} &= \boldsymbol{a} + \boldsymbol{\alpha} \times \boldsymbol{r}^{F} + \boldsymbol{\omega} \times \left(\boldsymbol{\omega} \times \boldsymbol{r}^{F}\right) \\
{}^{O}\boldsymbol{a}^{G} &= \boldsymbol{a} + \boldsymbol{\alpha} \times \boldsymbol{r}^{G} + \boldsymbol{\omega} \times \left(\boldsymbol{\omega} \times \boldsymbol{r}^{G}\right)
\end{aligned}
\tag{4.6}
$$

其中

$$
\begin{aligned}
\boldsymbol{r}^{F} &= \begin{bmatrix} 0 & 0 & -d^{F} \end{bmatrix} \\
\boldsymbol{r}^{G} &= \begin{bmatrix} 0 & 0 & d^{G} \end{bmatrix} \\
\boldsymbol{\omega} &= \begin{bmatrix} p & q & 0 \end{bmatrix} \\
\boldsymbol{\alpha} &= \begin{bmatrix} \dot{p} & \dot{q} & 0 \end{bmatrix}
\end{aligned}
\tag{4.7}
$$

其中，$\boldsymbol{\eta}$ 为系统重心位置向量；$\boldsymbol{v}$ 为系统重心速度向量；$\boldsymbol{a}$ 为系统重心加速度向量；$\boldsymbol{\omega}$ 为系统坐标系角速度向量；$\boldsymbol{\alpha}$ 为系统坐标系角加速度向量；d^F 和 d^G 分别表示浮体与柔链连接点和潜体与柔链连接点到系统重心的距离。

结合坐标系转换与上述运动学关系，可得浮体与潜体随体坐标系下运动量与系统坐标系下运动量的关系：

$$
\begin{aligned}
u^{F} &= \alpha(u - qd^{F}) + \beta(v + pd^{F}) + \varpi w \\
v^{F} &= \gamma(u - qd^{F}) + \chi(v + pd^{F}) + \partial w \\
w^{F} &= -\mathrm{s}(\theta)(u - qd^{F}) + \kappa(v + pd^{F}) + \mu w \\
u^{G} &= \mathrm{c}(\theta)(u + qd^{G}) + \varGamma(v - pd^{G}) + \varLambda w \\
v^{G} &= \mathrm{c}(\phi)(v - pd^{G}) - \mathrm{s}(\phi) w \\
w^{G} &= -\mathrm{s}(\theta)(u + qd^{G}) + \kappa(v - pd^{G}) + \mu w \\
\dot{u}^{F} &= \alpha(\dot{u} - d^{F} \times (\dot{q} + r \times p)) + \beta(\dot{v} + d^{F} \times (\dot{p} - r \times q)) + \varpi(\dot{w} + d^{F}(p \times p + q \times q)) \\
\dot{v}^{F} &= \gamma(\dot{u} - d^{F} \times (\dot{q} + r \times p)) + \chi(\dot{v} + d^{F} \times (\dot{p} - r \times q)) + \partial(\dot{w} + d^{F}(p \times p + q \times q)) \\
\dot{w}^{F} &= -\mathrm{s}(\theta)(\dot{u} - d^{F} \times (\dot{q} + r \times p)) + \kappa(\dot{v} + d^{F} \times (\dot{p} - r \times q)) + \mu(\dot{w} + d^{F}(p \times p + q \times q)) \\
\dot{u}^{G} &= \mathrm{c}(\theta)(\dot{u} + d^{G} \times (\dot{q} + rp)) + \varGamma(\dot{v} - d^{G}(\dot{p} - rq)) + \varLambda(\dot{w} - d^{G}(p \times p + q \times q)) \\
\dot{v}^{G} &= \mathrm{c}(\phi)(\dot{v} - d^{G}(\dot{p} - rq)) - \mathrm{s}(\phi)(\dot{w} - d^{G}(p \times p + q \times q)) \\
\dot{w}^{G} &= -\mathrm{s}(\theta)(\dot{u} + d^{G}(\dot{q} + rp)) + \kappa(\dot{v} - d^{G}(\dot{p} - rq)) + \mu(\dot{w} - d^{G}(p \times p + q \times q))
\end{aligned}
\tag{4.8}
$$

式(4.8)中 r 需根据欧拉角转换规律由已知变量计算，计算过程如下。

根据欧拉角转换规律有

$$\dot{\psi} = \frac{\mathrm{s}(\phi)}{\mathrm{c}(\theta)} q + \frac{\mathrm{c}(\phi)}{\mathrm{c}(\theta)} r \tag{4.9}$$

系统艏向假设为与潜体艏向一致，即

$$\psi = \psi^G \tag{4.10}$$

因此

$$\dot{\psi} = \dot{\psi}^G = r^G \tag{4.11}$$

即有

$$r = \frac{\mathrm{c}(\theta) r^G - \mathrm{s}(\phi) q}{\mathrm{c}(\phi)} \tag{4.12}$$

系统转艏角加速度 $\dot{r}$ 由 r 求导得到。

根据式(4.8)中第 3 行和第 9 行，得到

$$w = \frac{w^F + \mathrm{s}(\theta)(u - q d^F) - \kappa(v + p d^F)}{\mu} \tag{4.13}$$

$$\dot{w} = \frac{\dot{w}^F + \mathrm{s}(\theta)(\dot{u} - d^F \times (\dot{q} + r \times p)) - \kappa(\dot{v} + d^F \times (\dot{p} - r \times q))}{\mu} - d^F (p \times p + q \times q) \tag{4.14}$$

即系统重心垂向运动的速度与加速度可根据假设的浮体垂向运动规律计算。

计算波浪驱动水面机器人的姿态角需要以下辅助方程：

$$\begin{aligned} \dot{\phi} &= p + \mathrm{t}(\theta)\mathrm{s}(\phi) q + \mathrm{t}(\theta)\mathrm{c}(\phi) r \\ \dot{\theta} &= \mathrm{c}(\phi) q - \mathrm{s}(\phi) r \\ \dot{\psi}^F &= r^F \\ \dot{\psi}^G &= r^G \end{aligned} \tag{4.15}$$

计算波浪驱动水面机器人重心、浮体的重心、潜体的重心在大地坐标系下的位置，还需要以下辅助方程：

$$\begin{aligned} {}^{\mathrm{NED}}\dot{\boldsymbol{\eta}}^O &= {}^{\mathrm{NED}}_{O}\boldsymbol{R} \cdot v \\ {}^{\mathrm{NED}}\dot{\boldsymbol{\eta}}^F &= {}^{\mathrm{NED}}\dot{\boldsymbol{\eta}}^O + {}^{\mathrm{NED}}_{O}\boldsymbol{R} \cdot r^F \\ {}^{\mathrm{NED}}\dot{\boldsymbol{\eta}}^G &= {}^{\mathrm{NED}}\dot{\boldsymbol{\eta}}^O + {}^{\mathrm{NED}}_{O}\boldsymbol{R} \cdot r^G \end{aligned} \tag{4.16}$$

4.2.2 动力学建模

在对坐标系及波浪驱动水面机器人的运动参数进行定义时，做如下假设：

(1)大地是理想的平面，即不考虑大地的曲率和地球的自转，那么大地坐标系就成为惯性参考系。

(2)为了便于利用已知的刚体运动学模型对波浪驱动水面机器人进行分析，考虑到实际工作情况中波浪驱动水面机器人的柔链在潜体的拉力下大部分时间是绷直的，则假设柔链一直处于绷紧状态。

(3)考虑到实际航行中波浪驱动水面机器人浮体和潜体的转艏角速度较低，忽略浮体和潜体各自转艏运动产生的定轴性效应。

(4)系统重心在系统坐标系下纵向速度u、横向速度v、柔链的横倾角ϕ、柔链的纵倾角θ视为反映波浪驱动水面机器人系统整体运动状态的自由度，浮体艏向ψ^F、潜体纵倾角ψ^G视为波浪驱动水面机器人的浮体、潜体局部的自由度，在计算系统整体运动状态相关受力时，不考虑浮体和潜体的形状影响。

(5)考虑系统航速较低，假设系统为“缓慢运动”，即系统加速度的变化不剧烈，所述加速度包括各个运动状态量的加速度或角加速度。

(6)考虑到柔链的质量远小于浮体与潜体的质量，因此忽略柔链的质量。

动力学方程形式为

$$\boldsymbol{M}_{RB}\dot{\boldsymbol{v}}+\boldsymbol{F}_{MA}(\boldsymbol{v}_r)+\boldsymbol{C}_{RB}(\boldsymbol{v})\boldsymbol{v}+\boldsymbol{F}_{CA}(\boldsymbol{v}_r)+\boldsymbol{D}(\boldsymbol{v}_r)+\boldsymbol{g}(\boldsymbol{\eta})=\boldsymbol{\tau} \tag{4.17}$$

其中，$\boldsymbol{M}_{RB}\in\mathbf{R}^{6\times6}$为刚体质量矩阵；$\boldsymbol{M}_{RB}\dot{\boldsymbol{v}}$为刚体惯性力；$\boldsymbol{F}_{MA}(\boldsymbol{v}_r)\in\mathbf{R}^{6\times1}$为惯性水动力矩阵；$\boldsymbol{C}_{RB}(\boldsymbol{v})\in\mathbf{R}^{6\times6}$为科氏向心力系数矩阵；$\boldsymbol{F}_{CA}(\boldsymbol{v}_r)\in\mathbf{R}^{6\times1}$为类科氏力矩阵；$\boldsymbol{D}(\boldsymbol{v}_r)\in\mathbf{R}^{6\times1}$为阻尼力矩阵；$\boldsymbol{g}(\boldsymbol{\eta})\in\mathbf{R}^{6\times1}$为回复力矩阵；$\boldsymbol{\tau}\in\mathbf{R}^{6\times1}$为控制力矩阵。阻尼力矩阵$\boldsymbol{D}(\boldsymbol{v}_r)$包括黏性水动力、风作用力等，控制力矩阵$\boldsymbol{\tau}$包括潜体推力、舵力等。在考虑海流的情况下，惯性水动力、类科氏力、黏性水动力等根据相对海流的运动计算，刚体惯性力、科氏向心力等根据相对大地运动计算。

波浪驱动水面机器人结构独特，各自由度之间存在复杂的耦合作用。惯性矩阵、科氏向心力矩阵等各元素的取值反映了波浪驱动水面机器人各自由度之间的耦合关系。下面分别讨论波浪驱动水面机器人动力学模型中各元素的取值。

1. 刚体质量矩阵

Fossen[3]提出的单刚体海洋航行器六自由度动力学模型具有与波浪驱动水面机器人动力学模型相似的形式，其速度向量与位置向量为

$$\begin{aligned}\boldsymbol{v}&=\begin{bmatrix}u & v & w & p & q & r\end{bmatrix}^{\mathrm{T}}\\ \boldsymbol{\eta}&=\begin{bmatrix}x & y & z & \phi & \theta & \psi\end{bmatrix}^{\mathrm{T}}\end{aligned} \tag{4.18}$$

对应的刚体质量矩阵为

$$\boldsymbol{M}_{RB}=\begin{bmatrix} m & 0 & 0 & 0 & mz_g & -my_g \\ 0 & m & 0 & -mz_g & 0 & mx_g \\ 0 & 0 & m & my_g & -mx_g & 0 \\ 0 & -mz_g & my_g & I_x & -I_{xy} & -I_{xz} \\ mz_g & 0 & -mx_g & -I_{xy} & I_y & -I_{yz} \\ -my_g & mx_g & 0 & -I_{xz} & -I_{yz} & I_z \end{bmatrix} \tag{4.19}$$

其中，x_g、y_g、z_g分别表示系统在系统坐标系下的纵向、横向和垂向坐标，下标 g 表示重心坐标。

矩阵 $\boldsymbol{M}_{RB}$ 的元素反映各个自由度的运动对各个自由度刚体惯性力的影响。例如，$\boldsymbol{M}_{RB}(1,6)$ 反映艏摇运动对纵向运动方向刚体惯性力的影响。

根据模型假设(3)，当讨论波浪驱动水面机器人纵向、横向、横摇和纵摇运动时，波浪驱动水面机器人整体的运动为主要因素，浮体和潜体自身的姿态为次要因素。可将波浪驱动水面机器人看成一个刚体而忽略浮体与潜体自身的艏摇运动，即认为浮体与潜体是两个质点刚性连接于柔链。因此，波浪驱动水面机器人刚体质量矩阵中左上角 4×4 元素可参照式(4.19)的 1、2、4、5 行与 1、2、4、5 列的交叉元素得到，即

$$\boldsymbol{M}_{RB}(1:4,1:4)=\begin{bmatrix} m & 0 & 0 & mz_g \\ 0 & m & -mz_g & 0 \\ 0 & -mz_g & I_x & -I_{xy} \\ mz_g & 0 & -I_{xy} & I_y \end{bmatrix} \tag{4.20}$$

其中，1:4 表示矩阵的 1、2、3、4 行(或列)元素，下同；m 为波浪驱动水面机器人的质量($m=m_F+m_G$，m_F 是浮体质量，m_G 是潜体质量)；z_g 为系统重心在系统坐标系下的垂向坐标；I_x、I_y、I_{xy} 为波浪驱动水面机器人关于系统 x^O 轴、y^O 轴的惯性矩和关于 x^O 轴、y^O 轴的惯性积。

波浪驱动水面机器人刚体质量矩阵中第 1、2 行的第 5、6 列的元素，反映了浮体与潜体分别的转艏运动对于系统整体纵向运动受力的影响。参照式(4.19)，在浮体坐标系下与浮体转艏运动相关的纵向、横向、垂向受力分别为

$$X^F=-m_F y_g^F \dot{r}^F \tag{4.21}$$

$$Y^F = m_F x_g^F \dot{r}^F \tag{4.22}$$

$$Z^F = 0 \tag{4.23}$$

同理，在潜体坐标系下潜体转艏运动相关的纵向、横向、垂向受力分别为

$$X^G = -m_G y_g^G \dot{r}^G \tag{4.24}$$

$$Y^G = m_G x_g^G \dot{r}^G \tag{4.25}$$

$$Z^G = 0 \tag{4.26}$$

浮体和潜体转艏运动相关的系统坐标系下系统的纵向、横向、垂向受力为

$$\begin{bmatrix} X^O \\ Y^O \\ Z^O \end{bmatrix} = {}_F^O\boldsymbol{R} \begin{bmatrix} X^F \\ Y^F \\ Z^F \end{bmatrix} + {}_G^O\boldsymbol{R} \begin{bmatrix} X^G \\ Y^G \\ Z^G \end{bmatrix} \tag{4.27}$$

整理可得

$$\begin{bmatrix} X^O \\ Y^O \end{bmatrix} = \begin{bmatrix} m_F(-y_g^F \alpha + x_g^F \gamma) & -m_G y_g^G \mathrm{c}(\theta) \\ m_F(-y_g^F \beta + x_g^F \chi) & m_G(-y_g^G \Gamma + x_{gG}^G \mathrm{c}(\phi)) \end{bmatrix} \begin{bmatrix} \dot{r}^F \\ \dot{r}^G \end{bmatrix} \tag{4.28}$$

因此

$$\boldsymbol{M}_{RB}(1:2,5:6) = \begin{bmatrix} m_F(-y_g^F \alpha + x_g^F \gamma) & -m_G y_g^G \mathrm{c}(\theta) \\ m_F(-y_g^F \beta + x_g^F \chi) & m_G(-y_g^G \Gamma + x_g^G \mathrm{c}(\phi)) \end{bmatrix} \tag{4.29}$$

浮体和潜体转艏运动相关的系统坐标系下系统的纵摇、横摇、艏摇力矩为

$$\begin{bmatrix} M^O \\ N^O \\ K^O \end{bmatrix} = \boldsymbol{r}^F \times \left({}_F^O\boldsymbol{R} \begin{bmatrix} X^F \\ Y^F \\ Z^F \end{bmatrix} \right) + \boldsymbol{r}^G \times \left({}_G^O\boldsymbol{R} \begin{bmatrix} X^G \\ Y^G \\ Z^G \end{bmatrix} \right) \tag{4.30}$$

整理可得

$$\boldsymbol{M}_{RB}(3:4,5:6) = \begin{bmatrix} m_F d^F(-y_g^F \beta + x_g^F \chi) & -m_G d^G(-y_g^G \Gamma + x_g^G \mathrm{c}(\phi)) \\ -m_F d^F(-y_g^F \alpha + x_g^F \gamma) & -m_G d^G y_g^G \mathrm{c}(\theta) \end{bmatrix} \tag{4.31}$$

参考式(4.19)并忽略浮体自身的横摇、纵摇，在浮体坐标系下计算与浮体各自由度相关的转艏力矩：

$$M^F = -m_F \times y_g^F \times \dot{u}^F + m_F \times x_g^F \times \dot{v}^F + I_z^F \dot{r}^F \tag{4.32}$$

将式(4.8)代入得

$$M^F = \begin{bmatrix} -m_F y_g^F \alpha + m_F x_g^F \gamma \\ -m_F y_g^F \beta + m_F x_g^F \chi \\ -m_F y_g^F \beta d^F + m_F x_g^F \chi d^F \\ m_F y_g^F \alpha d^F - m_F x_g^F \gamma d^F \\ I_z^F \\ 0 \end{bmatrix}^{\mathrm{T}} \begin{bmatrix} \dot{u} \\ \dot{v} \\ \dot{p} \\ \dot{q} \\ \dot{r}^F \\ \dot{r}^G \end{bmatrix} + \dot{w} \times (-m_F y_g^F \varpi + m_F x_g^F \partial)$$
$$+ (p \times p + q \times q) d^F m_F (-y_g^F \varpi + x_g^F \partial) + (r \times p) d^F m_F (y_g^F \alpha - x_g^F \gamma)$$
$$+ (r \times q) d^F m_F (y_g^F \beta - x_g^F \chi) \tag{4.33}$$

因此有

$$\boldsymbol{M}_{RB}(5,:) = \begin{bmatrix} -m_F y_g^F \alpha + m_F x_g^F \gamma \\ -m_F y_g^F \beta + m_F x_g^F \chi \\ -m_F y_g^F \beta d^F + m_F x_g^F \chi d^F \\ m_F y_g^F \alpha d^F - m_F x_g^F \gamma d^F \\ I_z^F \\ 0 \end{bmatrix}^{\mathrm{T}} \tag{4.34}$$

还包括附加力

$$\bar{M}^F = \dot{w} \times (-m_F y_g^F \varpi + m_F x_g^F \partial) + (p \times p + q \times q) d^F m_F (-y_g^F \varpi + x_g^F \partial)$$
$$+ (r \times p) d^F m_F (y_g^F \alpha - x_g^F \gamma) + (r \times q) d^F m_F (y_g^F \beta - x_g^F \chi) \tag{4.35}$$

同理易得

$$\boldsymbol{M}_{RB}(6,:) = \begin{bmatrix} -m_G y_g^G \mathrm{c}(\theta) \\ -m_G y_g^G \Gamma + m_G x_g^G \mathrm{c}(\phi) \\ m_G y_g^G \Gamma d_G - m_G x_g^G \mathrm{c}(\phi) d_G \\ -m_G y_g^G \mathrm{c}(\theta) d_G \\ 0 \\ I_z^G \end{bmatrix}^{\mathrm{T}} \tag{4.36}$$

以及附加力：

$$\bar{M}^G = \dot{w} \times (-m_G y_g^G \Lambda - m_G x_g^G \mathrm{s}(\phi))$$
$$+ (p \times p + q \times q) d^G m_G (y_g^G \Lambda + x_g^G \mathrm{s}(\phi))$$
$$- rpd^G m_G y_g^G \mathrm{c}(\theta) + rqd^G m_G (-y_g^G \Gamma + x_g^G \mathrm{c}(\phi)) \tag{4.37}$$

综上得到了惯性矩阵的所有元素。其中系统重心在系统坐标系下的垂向加速度 $\dot{w}$ 根据式(4.14)由假设的浮体垂向运动规律计算，系统坐标系转艏角速度 r 根据式(4.12)计算。

2. 科氏向心力系数矩阵

与刚体质量矩阵的讨论类似，可得科氏向心力系数矩阵 $\boldsymbol{C}_{RB}$ 为

$$\boldsymbol{C}_{RB}(1:4,1:4)=\begin{bmatrix} 0 & 0 & my_g q & -m(x_g q-w) \\ 0 & 0 & -m(y_g p+w) & mx_g p \\ -my_g q & m(y_g p+w) & 0 & -I_{yz}q-I_{xz}p \\ m(x_g q-w) & -mx_g p & I_{yz}q+I_{xz}p & 0 \end{bmatrix} \tag{4.38}$$

$$\boldsymbol{C}_{RB}(1:2,5:6)=\begin{bmatrix} \begin{array}{l} -m_F(x_g^F r^F+v^F)\alpha \\ -m_F(y_g^F r^F-u^F)\gamma \end{array} & -m_G(x_g^G r^G+v^G)\mathrm{c}(\theta) \\ \begin{array}{l} -m_F(x_g^F r^F+v^F)\beta \\ -m_F(y_g^F r^F-u^F)\chi \end{array} & \begin{array}{l} -m_G(x_g^G r^G+v^G)\Gamma \\ -m_G(y_g^G r^G-u^G)\mathrm{c}(\phi) \end{array} \end{bmatrix} \tag{4.39}$$

$$\boldsymbol{C}_{RB}(3:4,5:6)=\begin{bmatrix} \begin{array}{l} d^F m_F(-(x_g^F r^F+v^F)\beta \\ -(y_g^F r^F-u^F)\chi) \end{array} & \begin{array}{l} d^G m_G((x_g^G r^G+v^G)\Gamma \\ +(y_g^G r^G-u^G)\mathrm{c}(\phi)) \end{array} \\ \begin{array}{l} d^F m_F((x_g^F r^F+v^F)\alpha \\ +(y_g^F r^F-u^F)\gamma) \end{array} & -d^G m_G(x_g^G r^G+v^G)\mathrm{c}(\theta) \end{bmatrix} \tag{4.40}$$

$$\boldsymbol{C}_{RB}(5:6,:)=\begin{bmatrix} 0 & 0 & 0 & 0 & m_F(x_g^F u^F+y_g^F v^F) & 0 \\ 0 & 0 & 0 & 0 & 0 & m_G(x_g^G u^G+y_g^G v^G) \end{bmatrix} \tag{4.41}$$

在波浪驱动水面机器人的科氏向心力系数矩阵左上角4行×4列中元素，涉及的转艏速度项均取为 0，转艏速度项的影响体现在科氏向心力系数矩阵的其他元素中。其中系统重心在系统坐标系下的垂向速度 w 根据式(4.13)由假设的浮体垂向运动规律计算，u^F、v^F、u^G、v^G 需要根据式(4.8)进行替换，系统坐标系转艏角速度 r 根据式(4.12)计算。

3. 惯性水动力力矩矩阵

分别在浮体坐标系和潜体坐标系中计算浮体和潜体所受纵向、横向、垂向惯性水动力和艏摇惯性水动力力矩。计算过程中不考虑浮体和潜体的横摇、纵摇运动对上述惯性水动力或惯性水动力力矩的影响。浮体坐标系和潜体坐标系各自所受力矩作为浮体和潜体分别的转艏力矩；浮体坐标系和潜体坐标系各自受力分别

转换至系统坐标系下，求合力得到对于系统纵向、横向运动的力，求合力矩得到对于柔链横摇、纵摇运动的力矩。得到惯性水动力矩阵为

$$\boldsymbol{F}_{MA}=\begin{bmatrix}\alpha X_{MA}^{F}+\gamma Y_{MA}^{F}+\mathrm{c}(\theta)X_{MA}^{G}\\ \beta X_{MA}^{F}+\chi Y_{MA}^{F}+\Gamma X_{MA}^{G}+\mathrm{c}(\phi)Y_{MA}^{G}\\ d_F(\beta X_{MA}^{F}+\chi Y_{MA}^{F}+\kappa Z_{MA}^{F})-d_G(\Gamma X_{MA}^{G}+\mathrm{c}(\phi)Y_{MA}^{G}+\kappa Z_{MA}^{G})\\ -d_F(\alpha X_{MA}^{F}+\gamma Y_{MA}^{F}-\mathrm{s}(\theta)Z_{MA}^{F})+d_G(\mathrm{c}(\theta)X_{MA}^{G}-\mathrm{s}(\theta)Z_{MA}^{G})\\ N_{MA}^{F}\\ N_{MA}^{G}\end{bmatrix}\tag{4.42}$$

其中，X_{MA}^{F}等为随体坐标系下的惯性水动力或力矩，如X_{MA}^{F}为浮体在浮体随体坐标系下的纵向水动力，N_{MA}^{G}为潜体在潜体随体坐标系下的转艏惯性水动力力矩。

以X_{MA}^{F}为例说明各项惯性水动力的计算，根据流体力学知识，忽略浮体的横摇和纵摇，忽略高阶耦合项得

$$X_{MA}^{F}=X_{\dot{u}}^{F}\dot{u}^{F}+X_{\dot{v}}^{F}\dot{v}^{F}+X_{\dot{w}}^{F}\dot{w}^{F}+X_{\dot{r}}^{F}\dot{r}^{F}\tag{4.43}$$

其中，$X_{\dot{u}}^{F}$、$X_{\dot{v}}^{F}$、$X_{\dot{w}}^{F}$、$X_{\dot{r}}^{F}$为浮体纵向、横向、垂向、转艏运动的惯性水动力系数。根据流体力学知识，惯性水动力系数是对应惯性质量的相反数。$\dot{u}^{F}$、$\dot{v}^{F}$、$\dot{w}^{F}$、$\dot{r}^{F}$等并不是所选取的六个自由度中的量，需要根据式(4.8)和式(4.12)进行替换。在数值模拟计算中，加速度项取为上一时刻的加速度。在系统“缓慢运动”假设(5)下，系统的加速度变化不剧烈，取较小的计算步长，采用上一时刻的加速度计算当前时刻惯性水动力，误差在可接受范围内。

4. 类科氏力矩阵

与计算惯性水动力矩阵同理，可得类科氏力矩阵如下：

$$\boldsymbol{F}_{CA}=\begin{bmatrix}\alpha X_{CA}^{F}+\gamma Y_{CA}^{F}+\mathrm{c}(\theta)X_{CA}^{G}\\ \beta X_{CA}^{F}+\chi Y_{CA}^{F}+\Gamma X_{CA}^{G}+\mathrm{c}(\phi)Y_{CA}^{G}\\ d_F(\beta X_{CA}^{F}+\chi Y_{CA}^{F}+\kappa Z_{CA}^{F})-d_G(\Gamma X_{CA}^{G}+\mathrm{c}(\phi)Y_{CA}^{G}+\kappa Z_{CA}^{G})\\ -d_F(\alpha X_{CA}^{F}+\gamma Y_{CA}^{F}-\mathrm{s}(\theta)Z_{CA}^{F})+d_G(\mathrm{c}(\theta)X_{CA}^{G}-\mathrm{s}(\theta)Z_{CA}^{G})\\ N_{CA}^{F}\\ N_{CA}^{G}\end{bmatrix}\tag{4.44}$$

其中，X_{CA}^{F}等为随体坐标系下的类科氏力或力矩，如X_{CA}^{F}为浮体在浮体随体坐标系下的纵向类科氏力，N_{CA}^{G}为潜体在潜体随体坐标系下的转艏类科氏力矩。

根据文献[3]中类科氏力系数矩阵可得

$$
\begin{cases}
X_{CA}^{F}=a_2^F r_F \\
Y_{CA}^{F}=-a_1^F r_F \\
Z_{CA}^{F}=0 \\
N_{CA}^{F}=-a_2^F \times u^F + a_1^F \times v^F \\
X_{CA}^{G}=a_2^G r_G \\
Y_{CA}^{G}=-a_1^G r_G \\
Z_{CA}^{G}=0 \\
N_{CA}^{G}=-a_2^G \times u^G + a_1^G \times v^G
\end{cases}
\tag{4.45}
$$

其中

$$
\begin{cases}
a_1^F = X_{\dot{u}}^F u^F + X_{\dot{v}}^F v^F + X_{\dot{w}}^F w^F + X_{\dot{r}}^F r^F \\
a_2^F = Y_{\dot{u}}^F u^F + Y_{\dot{v}}^F v^F + Y_{\dot{w}}^F w^F + Y_{\dot{r}}^F r^F \\
a_1^G = X_{\dot{u}}^G u^G + X_{\dot{v}}^G v^G + X_{\dot{w}}^G w^G + X_{\dot{r}}^F r^G \\
a_2^G = Y_{\dot{u}}^G u^G + Y_{\dot{v}}^G v^G + Y_{\dot{w}}^G w^G + Y_{\dot{r}}^F r^G
\end{cases}
\tag{4.46}
$$

$X_{\dot{u}}^F$、$X_{\dot{v}}^F$、$X_{\dot{w}}^F$、$X_{\dot{r}}^F$、$Y_{\dot{u}}^F$、$Y_{\dot{v}}^F$、$Y_{\dot{w}}^F$、$Y_{\dot{r}}^F$ 为浮体惯性水动力系数，$X_{\dot{u}}^G$、$X_{\dot{v}}^G$、$X_{\dot{w}}^G$、$X_{\dot{r}}^G$、$Y_{\dot{u}}^G$、$Y_{\dot{v}}^G$、$Y_{\dot{w}}^G$、$Y_{\dot{r}}^G$ 为潜体惯性水动力系数，u^F、v^F、w^F、u^G、v^G、w^G 的选取与计算科氏力系数矩阵 $\boldsymbol{C}_{RB}$ 时相同。

5. 阻尼力矩阵

与计算惯性水动力矩阵同理，得到阻尼力矩阵为

$$
\boldsymbol{D}=\begin{bmatrix}
\alpha X_D^F + \gamma Y_D^F + \mathrm{c}(\theta) X_D^G \\
\beta X_D^F + \chi Y_D^F + \varGamma X_D^G + \mathrm{c}(\phi) Y_D^G \\
d_F(\beta X_D^F + \chi Y_D^F + \kappa Z_D^F) - d_G(\varGamma X_D^G + \mathrm{c}(\phi) Y_D^G + \kappa Z_D^G) \\
-d_F(\alpha X_D^F + \gamma Y_D^F - \mathrm{s}(\theta) Z_D^F) + d_G(\mathrm{c}(\theta) X_D^G - \mathrm{s}(\theta) Z_D^G) \\
N_D^F \\
N_D^G
\end{bmatrix}
\tag{4.47}
$$

其中，X_D^F 等为随体坐标系下的阻尼力或力矩，如 X_D^F 为浮体在浮体随体坐标系下的纵向阻尼力，N_D^G 为潜体在潜体随体坐标系下的转艏阻尼力矩。

6. 回复力矩阵

浮体与潜体的重力、浮力产生柔链横摇、纵摇运动的回复力矩，对系统的纵

向和横向运动无直接影响。设潜体湿重为$\overline{W}$，则浮体在浮体随体坐标系下的受力为

$$\boldsymbol{X}^F=[0\quad 0\quad -\overline{W}]^{\mathrm{T}} \tag{4.48}$$

潜体在潜体随体坐标系下受力为

$$\boldsymbol{X}^G=[0\quad 0\quad \overline{W}]^{\mathrm{T}} \tag{4.49}$$

将上述两式转换至系统坐标系下，并求对系统重心的力矩

$$\begin{aligned}\boldsymbol{M}&=r^F\times({}_F^O\boldsymbol{R}\cdot\boldsymbol{X}^F)+r^G\times({}_G^O\boldsymbol{R}\cdot\boldsymbol{X}^G)\\&=-(d^F+d^G)\left[\kappa\overline{W}\quad \mathrm{s}(\theta)\overline{W}\quad 0\right]^{\mathrm{T}}\end{aligned} \tag{4.50}$$

最终，$\boldsymbol{g}(\boldsymbol{\eta})$表示为

$$\boldsymbol{g}(\boldsymbol{\eta})=\left[0\quad 0\quad -(d^F+d^G)\kappa\overline{W}\quad -(d^F+d^G)\mathrm{s}(\theta)\overline{W}\quad 0\quad 0\right]^{\mathrm{T}} \tag{4.51}$$

7. 控制力矩阵

控制力包括潜体提供的推力、安装于潜体的转动舵提供的舵力。与计算惯性水动力矩阵同理，可得到控制力矩阵为

$$\boldsymbol{\tau}=\begin{bmatrix}\mathrm{c}(\theta)X_\tau^G\\ \Gamma X_\tau^G+\mathrm{c}(\phi)Y_\tau^G\\ -d^G(\Gamma X_\tau^G+\mathrm{c}(\phi)Y_\tau^G)\\ d^G\mathrm{c}(\theta)X_\tau^G\\ N_\tau^F\\ N_\tau^G\end{bmatrix} \tag{4.52}$$

其中，$N_\tau^F=FL^F\mathrm{s}(\psi^G-\psi^F)$，$F$为柔链拉力的水平方向分量，$L^F$为柔链在浮体上连接点至浮体重心的距离；同时

$$X_\tau^G=T+\frac{1}{2}\rho Sv^2C_D(\delta) \tag{4.53}$$

$$Y_\tau^G=\frac{1}{2}\rho Sv^2C_L(\delta) \tag{4.54}$$

其中，ρ为介质密度，海水中一般可取为$\rho=1.025\times10^3\,\mathrm{kg/m^3}$；$S$为舵面积；$v$为舵的来流速度；$C_L(\delta)$、$C_D(\delta)$分别为升力系数与阻力系数，均为舵角的函数。

8. 简化的波浪驱动水面机器人动力学模型

讨论系统整体运动时忽略浮体和潜体的形状，则系统重心位于柔链上。系统坐标系原点取为系统重心，则

$$x_g = y_g = z_g = 0 \tag{4.55}$$

考虑忽略浮体和潜体的形状，波浪驱动水面机器人整体关于系统坐标系的原点的惯性积为 0，因此

$$I_{xy} = 0 \tag{4.56}$$

潜体在上升、下降过程中纵摇运动会损失波浪能，为能够高效利用波浪能，潜体设计时一般使得重心和水动力重心重合，柔链连接于潜体重心处。同时，柔链连接点显然位于浮体与潜体的中纵剖面内，因此

$$x_g^G = y_g^G = z_g^G = y_g^F = z_g^F = 0 \tag{4.57}$$

刚体质量矩阵简化为

$$\boldsymbol{M}_{RB} = \begin{bmatrix} m & 0 & 0 & 0 & m_F x_g^F \gamma & 0 \\ 0 & m & 0 & 0 & m_F x_g^F \chi & 0 \\ 0 & 0 & I_x & 0 & m_F d^F x_g^F \chi & 0 \\ 0 & 0 & 0 & I_y & -m_F d^F x_g^F \gamma & 0 \\ m_F x_g^F \gamma & m_F x_g^F \chi & m_F x_g^F \chi d^F & -m_F x_g^F \gamma d^F & I_z^F & 0 \\ 0 & 0 & 0 & 0 & 0 & I_z^G \end{bmatrix} \tag{4.58}$$

其中

$$I_x = I_y = m_F (d^F)^2 + m_G (d^G)^2 \tag{4.59}$$

附加力项简化为

$$\begin{cases} \bar{M}^F = \dot{w} \times m_F x_g^F \partial + (p \times p + q \times q) d^F m_F x_g^F \partial \\ \qquad + (r \times p) d^F m_F x_g^F \gamma + (r \times q) d^F m_F x_g^F \chi \\ \bar{M}^G = 0 \end{cases} \tag{4.60}$$

科氏向心力系数矩阵简化为

$$\boldsymbol{C}_{RB} = \begin{bmatrix} 0 & 0 & 0 & mw & -m_F(x_g^F r^F + v^F)\alpha + m_F u^F \gamma & -m_G v^G \mathrm{c}(\theta) \\ 0 & 0 & -mw & 0 & -m_F(x_g^F r^F + v^F)\beta + m_F u^F \chi & -m_G v^G \Gamma + m_G u^G \mathrm{c}(\phi) \\ 0 & mw & 0 & 0 & d^F m_F(-(x_g^F r^F + v^F)\beta + u^F \chi) & d^G m_G (v^G \Gamma - u^G \mathrm{c}(\phi)) \\ -mw & 0 & 0 & 0 & d^F m_F((x_g^F r^F + v^F)\alpha - u^F \gamma) & -d^G m_G v^G \mathrm{c}(\theta) \\ 0 & 0 & 0 & 0 & m_F x_g^F u^F & 0 \\ 0 & 0 & 0 & 0 & 0 & 0 \end{bmatrix} \tag{4.61}$$

9. 柔链张力估计

波浪驱动水面机器人在波浪表面航行时，浮体与潜体都处于振荡运动状态，柔链张力也处于不断变化中，瞬间冲击力远大于潜体的湿重。过大的张力可能导致柔链断裂，或使得柔链与浮体或潜体的连接点结构疲劳破坏。尽管柔链张力的计算并非运动仿真必需的步骤，但是估算柔链张力对于波浪驱动水面机器人的结构设计具有实际意义。

根据牛顿第二定律，潜体受到的合力为

$$\bar{\boldsymbol{F}}^G = m_G \cdot \bar{\boldsymbol{a}}^G \tag{4.62}$$

其中，$\bar{\boldsymbol{a}}^G$ 为潜体在潜体坐标系下的加速度向量：

$$\bar{\boldsymbol{a}}^G = {}_O^G\boldsymbol{R} \cdot {}^O\bar{\boldsymbol{a}}^G \tag{4.63}$$

则潜体受到的柔链张力向量为

$$\bar{\boldsymbol{T}}^G = \bar{\boldsymbol{F}}^G - \bar{\boldsymbol{P}}^G - \bar{\boldsymbol{\tau}}^G - \bar{\boldsymbol{D}}^G \tag{4.64}$$

其中，$\bar{\boldsymbol{P}}^G$ 、$\bar{\boldsymbol{\tau}}^G$ 、$\bar{\boldsymbol{D}}^G$ 分别为静力向量、主动控制力向量，以及潜体纵荡、横荡和垂荡的水动力,上述变量在柔链张紧状态下的动力学模型计算过程中是已知的。

$\bar{\boldsymbol{T}}^G$ 是一个三维向量，模值为柔链张力的估计值。其中，$\bar{\boldsymbol{T}}^G$ 的第三个元素 $\bar{\boldsymbol{T}}^G(3)$ 为潜体受到柔链作用力的垂向分力。考虑到实际中波浪驱动水面机器人的柔链具有柔性，因此柔链仅能传递拉力而不能传递压力，即 $\boldsymbol{T}^G(3) \leqslant 0$ 。

4.2.3 模型系数计算

建立波浪驱动水面机器人的动力学模型后，需要确定波浪驱动水面机器人的具体水动力学参数，才能进一步模拟、研究其动力学行为。本节以“海洋漫步者Ⅱ”号波浪驱动水面机器人为对象，开展相关研究。

由于波浪驱动水面机器人在海面实际航行时，受风浪流的影响，其运动形态处于持续改变中，浮体运动变化剧烈，其水动力系数也在不停变化，而常规的MMG 方法(日本操纵性数学模型研讨组提出的操纵性数学建模方法)计算船舶的水动力系数是在平稳静水中进行的，如果按照常规的方法处理必然造成较大的误差。最佳的处理方式是进行特定海域、特定海况下海上试验，获取各项系数的统计学值再进行处理。然而，设计初期由于缺乏相应的试验条件，一般采用简易的估算方法来获取浮体、潜体的水动力系数。

1. 浮体的水动力系数

浮体与常规船型所不同的是尾部底端安装有稳定舵，所以在计算时需要分别考虑浮体主体和尾部稳定舵。

浮体主体的纵向水动力表示为

$$X_H^F = X_{uu}^F u^2 + X_{vv}^F v^2 + X_{rr}^F r^2 + X_{vr}^F vr \tag{4.65}$$

其中，X_{uu}^F 采用如下计算方法：

$$X_{uu}^F = \frac{1}{2}\rho A C_{cd} \tag{4.66}$$

其中

$$C_{cd} = 2\left(\frac{c_{ss}\pi A_p}{A}\left(1 + 60\frac{d^3}{L} + 0.0025\frac{L}{d}\right)\right) \tag{4.67}$$

c_{ss} 表示 Schoenherr 值，采用平面表面摩擦系数 $c_{ss} = 3.397\times10^{-3}$；$L$ 和 d 分别是浮体的长和宽；A 是船中剖面在水线以下的面积；A_p 是浮体的湿表面积[14]。

浮体主体的纵向非线性水动力利用松本方法进行估算：

$$\begin{aligned} X_{vr} &= \left(1.11C_b - 0.07\right)m_{22} \\ X_{vv} &= \frac{1}{2}\rho T\left(0.4\frac{B}{L} - 0.006\frac{L}{T}\right) \\ X_{rr} &= \frac{1}{2}\rho L^3 T\left(0.0003\frac{L}{T}\right) \end{aligned} \tag{4.68}$$

浮体主体的横向线性水动力按下面的经验公式进行计算：

$$\begin{aligned} Y_v &= -\frac{1}{2}\rho LTV\left(\frac{\pi}{2}\lambda + 1.4C_b\frac{B}{L}\right)(1 + 0.67\tau) \\ Y_r &= \frac{1}{2}\rho LTV\frac{\pi}{4}\lambda(1 + 0.80\tau) \end{aligned} \tag{4.69}$$

浮体主体的横向非线性水动力采用井上模型进行计算：

$$Y_{\mathrm{NL}} = Y_{v|v|}v|v| + Y_{v|r|}v|r| + Y_{r|r|}r|r| \tag{4.70}$$

浮体主体的横向非线性水动力系数采用文献[15]中的研究结果：

$$\begin{aligned} Y_{v|v|} &= \frac{1}{2}\rho LT\left(0.048265 - 6.293(1 - C_b)\frac{T}{B}\right) \\ Y_{v|r|} &= \frac{1}{2}\rho L^2 T\left(T - 0.3791 + 1.28(1 - C_b)\frac{T}{B}\right) \\ Y_{r|r|} &= \frac{1}{2}\rho L^3 T\left(0.0045 - 0.445(1 - C_b)\frac{T}{B}\right) \end{aligned} \tag{4.71}$$

在计算尾部稳定舵产生的横向水动力系数时，只考虑 $Y_{v|v|}^{F_{\mathrm{in}}}$，采用如下计算方法：

$$Y_{v|v|}^{F_{\text{in}}} = \frac{1}{2}\rho A C_{cd} \tag{4.72}$$

计算中尾部稳定舵的面积 A 为 0.11m^2，取 $C_{cd} = 1.98$。

浮体主体的转艏线性水动力按下面的经验公式进行计算：

$$\begin{aligned} N_v &= -\frac{1}{2}\rho L^2 T V \lambda \left(1 - 0.27\frac{\tau}{l_v}\right) \\ N_r &= -\frac{1}{2}\rho L^2 T V \left(0.54\lambda - \lambda^2\right)\left(1 + 0.30\tau\right) \end{aligned} \tag{4.73}$$

浮体主体的转艏非线性水动力也采用井上模型计算：

$$N_{\text{NL}} = N_{r|r|} r|r| + N_{vvr} vvr + N_{vrr} vrr \tag{4.74}$$

式(4.74)中的水动力系数采用如下回归公式进行计算：

$$\begin{cases} N_{r|r|} = \frac{1}{2}\rho L^4 T \left[-0.0805 + 8.6092\left(C_b \frac{B}{L}\right)^2 - 36.9816\left(C_b \frac{B}{L}\right)^3\right] \\ N_{vvr} = \frac{1}{2}\rho L^3 T \left[\begin{gathered} -0.42361 - 3.5193\left(C_b \frac{B}{L}\right) \\ +135.4668\left(C_b \frac{B}{L}\right)^2 - 686.3107\left(C_b \frac{B}{L}\right)^3 \end{gathered}\right] \\ N_{vrr} = \frac{1}{2}\rho L^3 T \left[-0.0635 + 0.4414\left(C_b \frac{T}{L}\right)\right] \end{cases} \tag{4.75}$$

尾部稳定舵产生的转艏水动力系数利用式(4.76)进行计算：

$$N_{v|v|}^{F_{\text{in}}} = Y_{v|v|}^{F_{\text{in}}} D \tag{4.76}$$

其中，D 是稳定舵的中心到浮体重心的水平距离，称为稳定舵的水动力中心臂。

2. 潜体的水动力系数

1) 纵向阻力系数

潜体在运动中的纵向阻力包括水翼、主框架和尾舵三部分，其中潜体的主框架的阻力系数按式(4.77)计算：

$$X_{u|u|}^{GB} = \frac{1}{2}\rho A_g C_{cd} \tag{4.77}$$

其中，A_g 取潜体的主框架的纵向迎流面积最大处，计算中约为 0.01m^2；C_{cd} 按平板近似取为 $C_{cd} = 1.98$[16]。计算可得 $Y_{u|u|}^{G} = -9.9\text{kg/m}$。

当舵角处于非零位置时，舵不仅会产生偏转力矩，也会产生纵向阻力。舵引起的纵向阻力的阻力系数按式(4.78)计算：

$$X_{u|u|}^{GR} = \frac{1}{2}\rho A_R C_{cd} \tag{4.78}$$

其中，A_R 是舵的面积。

由上可得潜体整体的纵向阻力系数为

$$X_{u|u|}^{G} = X_{u|u|}^{GB} + X_{u|u|}^{GR} \tag{4.79}$$

2）横向阻力系数

同理，得潜体的横向阻力系数为

$$Y_{v|v|}^{G} = \frac{1}{2}\rho A_g C_{cd} \tag{4.80}$$

其中，A_g 是潜体的主框架(包括尾舵在内)的横向截面面积，计算中约为 $0.30\,\mathrm{m}^2$；C_{cd} 是潜体的主框架的水阻力系数，按平板取为 $C_{cd}=1.98$。则 $Y_{v|v|}^{G}=-297\mathrm{kg/m}$。

3) 垂向阻力系数

在此模型中，当系统发生纵倾与横倾运动时，意味着潜体发生了垂向运动，由于潜体垂向截面面积很大，会产生很大的阻力来阻碍垂向运动的发生。潜体的垂向阻力系数为

$$Z_{w|w|}^{G} = \frac{1}{2}\rho A_{gw} C_{cd} \tag{4.81}$$

其中，A_{gw} 是潜体的主框架以及水翼的垂向截面面积。

4) 转艏阻力矩系数

当潜体在水中旋转时，会有转艏阻力矩产生，转艏力矩系数为

$$N_{r|r|}^{G} = -120\mathrm{N\cdot m\cdot s^2} \tag{4.82}$$

3. 柔链的水动力系数

柔链阻力计算近似为圆柱扰流阻力问题。通过查询文献[16]第 217 页中圆柱扰流阻力曲线图获得其阻力系数。

4.2.4 海浪与统计分析

1. 海浪概述

海浪主要是指表层海水在受到外力影响时发生的起伏现象。可以引发海浪的

原因有很多，如由风引起的海浪、由日月的引力引起的潮汐波、由地震或海底火山喷发引起的海啸以及船行波等。其中，在海上分布最广、出现频次最多、对航行影响最大的是由风引起的海浪[17]。海浪大致分为三类：①风浪。它是在风的直接吹拂作用下产生的表面看来非常不规则的海浪，因此也称为不规则波，是船舶在广阔海面航行时最常遇到的海浪。②涌浪。它是由其他风区的风浪传播到此区域后的波，或是当前区域的风力骤降或风向发生改变之后尚未平息的海浪。涌的形态和排列相比于风浪来说要规则许多，波及的范围也更大。③近岸浪。水深小于波长的一半时，海岸与浅滩的浅水区域附近形成的波浪。

一般来说，由于涌浪的形状是比较规则的，所以处理时可以近似地用规则波来表示。而由于风浪的随机性，目前普遍采用统计分析方法进行处理。

2. 不规则波的特性

海面上的风浪是极不规则的，每一个波的波高、波长和周期不停地随机变化，并不像规则波一样能用固定的表达式来表达。目前的处理方法是，假设不规则波是由一系列不同波长、不同波幅和随机相位的单元波叠加而成的。不规则波波面升高的数学表达式可以写成

$$\zeta = \sum_{n=1}^{\infty} \zeta_{An} \mathrm{c}(k_n x_0 - \omega_n t + \varepsilon_n) \tag{4.83}$$

为了简化问题分析，假设组成不规则波的单元波都具有同一个前进方向，于是它们所组成的不规则波也在同一个方向传播，即“二因次不规则波”，也称为长峰波。但是自然界中并没有真正意义上的长峰波存在，只有涌浪类似于长峰波。由于风向是随机的，海浪也会随之向不同的方向发展，所以实际的海浪是非常复杂的“三元不规则波”，但是在目前的海浪研究中，通常不考虑海浪方向的随机多变性，而是将其作为长峰波来考虑。

正态分布(又称高斯分布)是常见的一种连续分布，它在数理统计中起着重要作用，例如，风浪条件下海洋波面升高的瞬时值就是满足正态分布的，其概率密度表达式的形式为

$$f(x) = \frac{1}{\sqrt{2\pi\sigma_x}} \exp\left[-\frac{(x-\mu_x)^2}{2\sigma_x^2}\right] \tag{4.84}$$

其中，μ_x 为随机过程的均值；σ_x^2 为随机过程的方差。

正态过程的主要特点之一是：经过正态过程线性变换得到的任意一种随机过程也是正态分布的。因此，若认为波浪是正态分布的，则由波浪所引起的船体运动、船体受力等过程的瞬时值也是正态分布的[17]。当一个平稳随机过程的瞬时值

满足正态分布时，其幅值服从瑞利分布。因此，风浪的波、摇荡和应力幅值等均服从瑞利分布。瑞利分布的概率密度函数为

$$f(x)=\frac{2x}{R}\exp\left(-\frac{x^2}{R}\right) \tag{4.85}$$

其中，R 为分布参数，它与相应的正态分布的方差存在如下关系：

$$R=2\sigma_x^2 \tag{4.86}$$

为了研究某一海区的风浪统计特性，一般取浪高仪记录的某一段足够长的曲线，以时间间隔 Δt 取 n 个波面升高值。有义波幅（又称三一平均波幅），是把测得的波幅按大小排列，取最大 1/3 的平均值，接近海上目测的波幅，通常用于衡量风浪的大小，即

$$\overline{\zeta_{A/3}}=2\sigma_\zeta \tag{4.87}$$

3. 不规则波环境下推力估算

通过上述介绍可知，由风浪引起的船体运动幅值服从瑞利分布。由于潜体产生的推力来源于潜体在水中的上下运动，而这种上下运动由浮体在波浪激励下的升沉运动所致。假设波浪驱动水面机器人是时间恒定的线性系统，在正态随机过程的风浪作用下，潜体产生的推力也是正态随机过程，其幅值服从瑞利分布。

文献[18]利用 CFD 方法开展了典型波幅、典型周期正弦波浪条件下波浪驱动水面机器人自航模拟，并计算了被动拍动式串列水翼产生的推力（该推力为潜体纯推力和纯阻力的合力），部分计算结果如表 4.2 所示。由于不规则波中潜体水翼的推力性能的研究资料相当匮乏，因此在不规则波下的运动仿真中记潜体产生的推力属于分布参数为 $R=2n^2$ 的瑞利分布。

表 4.2　波高 0.2m 下 CFD 仿真推力计算结果　　(单位：N)

波长	柔链长度 2m	柔链长度 4m	柔链长度 7m
6m	16.12	16.86	16.83
8m	16.75	17.51	17.44
10m	15.08	15.75	16.17

4.2.5　运动仿真与分析

针对“海洋漫步者Ⅱ”号波浪驱动水面机器人进行运动仿真，包括纵向运动仿真、回转运动仿真、Z 形运动仿真、海流干扰下运动仿真以及风干扰下运动仿

真。“海洋漫步者Ⅱ”号波浪驱动水面机器人的主要参数见表 4.3。浮体和潜体在水平方向和垂向的附加质量根据经验分别设为其刚体质量的 10%和 2.1 倍[9,10,19]。

表 4.3 “海洋漫步者Ⅱ”号波浪驱动水面机器人主要参数

参数	取值
浮体质量	55kg
潜体质量	40kg
浮体重心的 x 坐标	25cm
浮体关于 z 轴的转动惯量	90kg · m^2
潜体关于 z 轴的转动惯量	10kg · m^2
潜体的湿重	239N
柔链长度	4m
柔链直径	1cm
柔链阻力系数	18N · s^2/m^2
潜体尾舵板面积	350cm^2
浮体纵向水动力系数	53N · s^2/m^2
潜体垂向水动力系数	1129N · s^2/m^2

1. 纵向运动仿真

在仿真中取规则波作为波浪输入。对于频率较低的规则波，可近似认为浮体的垂荡运动与波面的垂荡运动是一致的，并作为系统的已知输入。一级海况选取工况为波高 0.1m、波长 6m，二级海况选取工况为波高 0.2m、波长 8m，三级海况选取工况为波高 0.5m、波长 16m。波浪驱动水面机器人的柔链长度选取 4m。纵向运动仿真结果如图 4.5～图 4.16 所示。

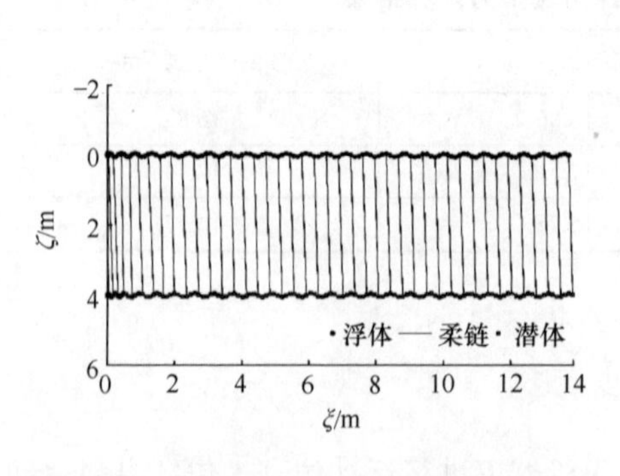

图 4.5 一级海况 xz 视图(见书后彩图)

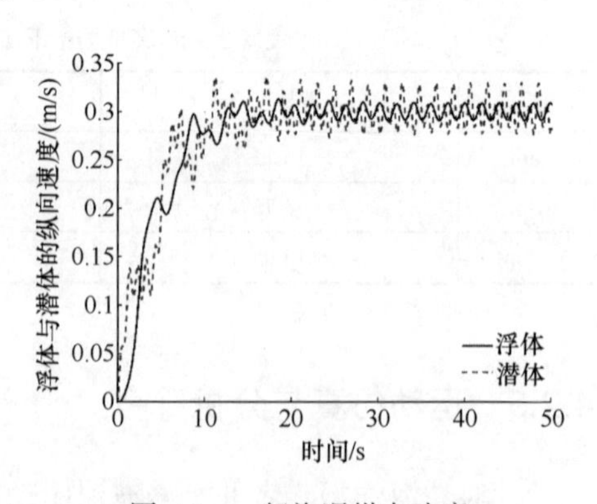

图 4.6 一级海况纵向速度

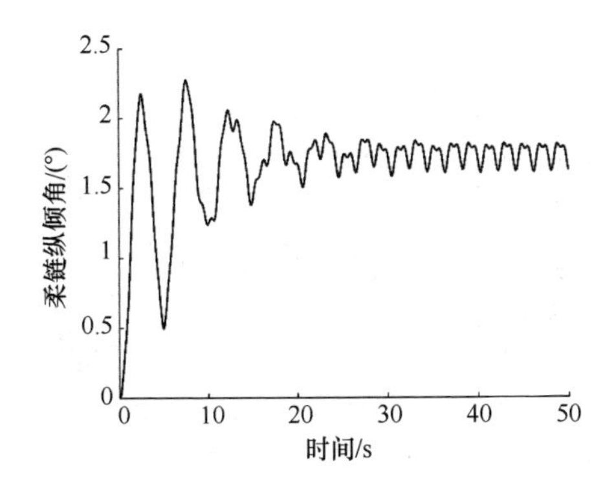

图 4.7 一级海况柔链纵倾角

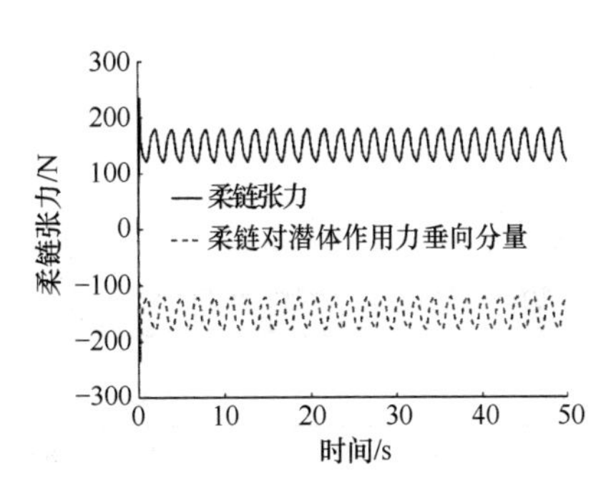

图 4.8 一级海况柔链张力

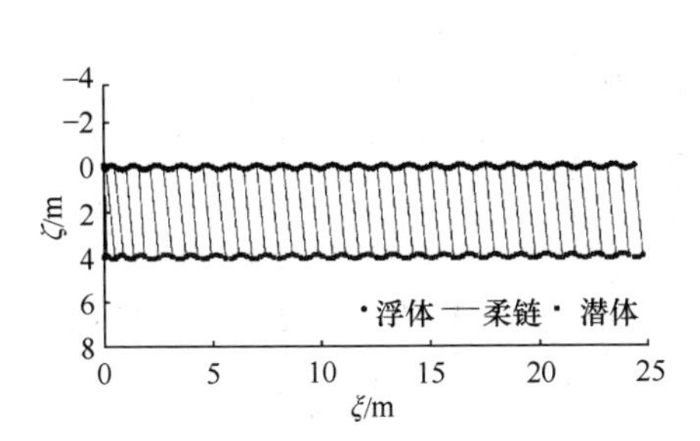

图 4.9 二级海况 xz 视图(见书后彩图)

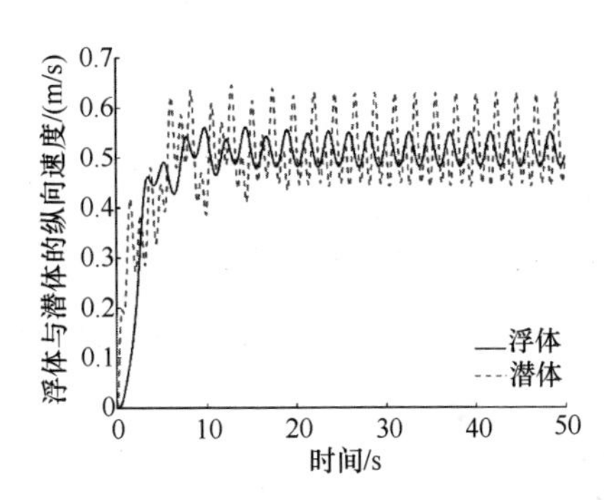

图 4.10 二级海况纵向速度

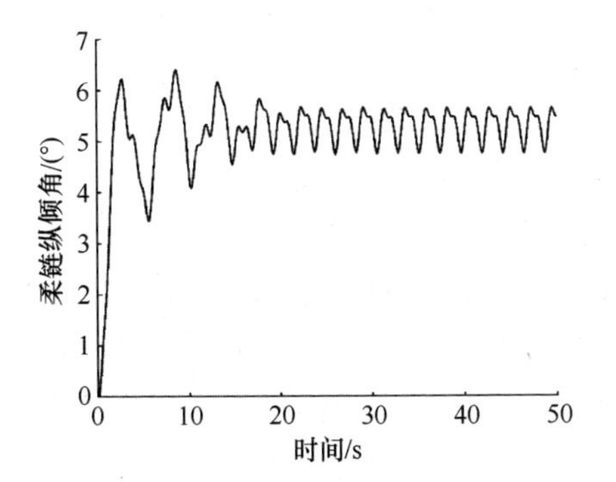

图 4.11 二级海况柔链纵倾角

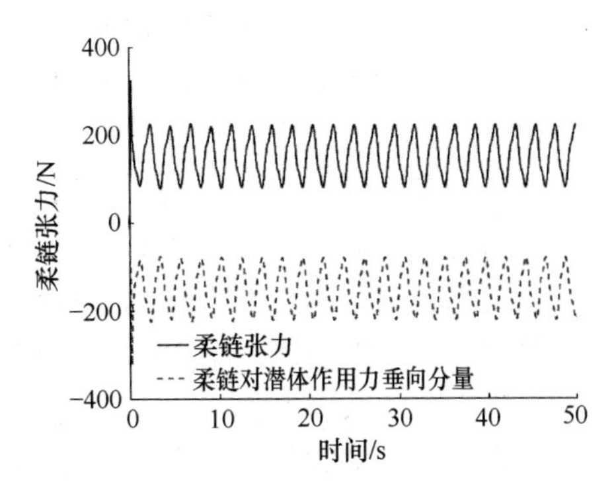

图 4.12 二级海况柔链张力

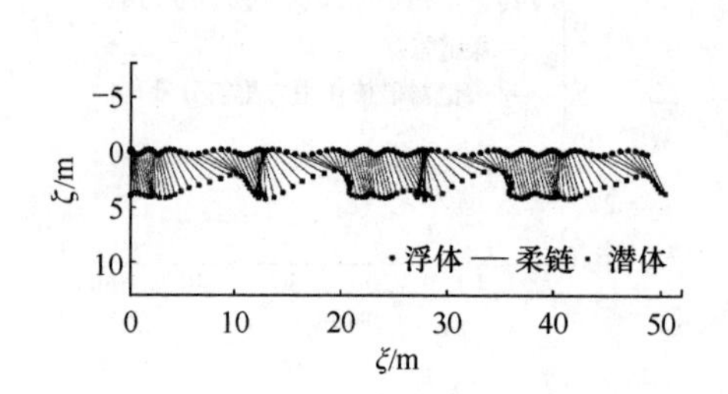

图 4.13　三级海况 *xz* 视图(见书后彩图)

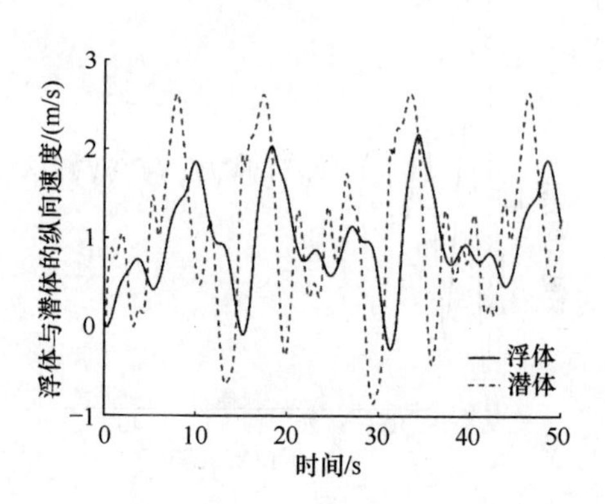

图 4.14　三级海况纵向速度

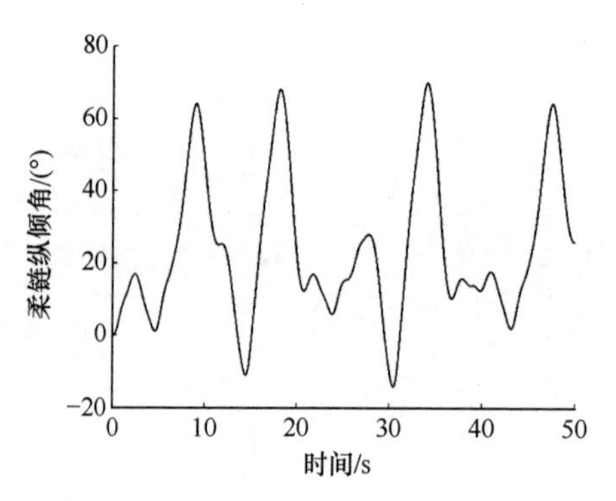

图 4.15　三级海况柔链纵倾角

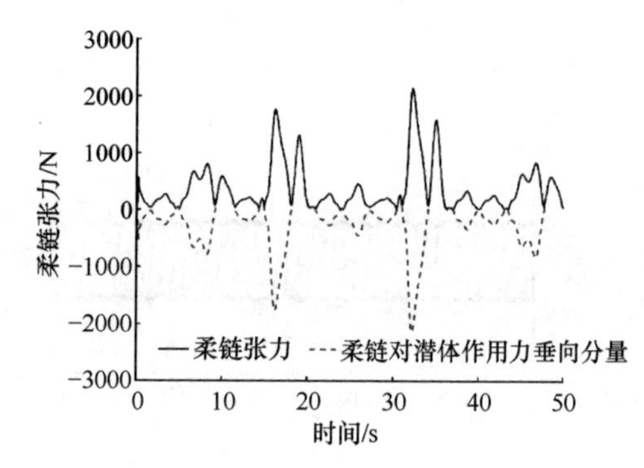

图 4.16　三级海况柔链张力

由仿真结果可知，随着波浪起伏，波浪驱动水面机器人的速度、纵倾角、柔链张力等均不断显著变化。随着海况的增大(从一级到三级)，波浪驱动水面机器人的速度与纵倾角均随之增加，在一级海况下平均速度约为 0.3m/s、平均纵倾角约为 1.7°，在二级海况下平均速度约为 0.5m/s、平均纵倾角约为 5.2°，在三级海况下平均速度约为 1m/s、平均纵倾角约为 30°。

在波浪驱动水面机器人运动过程中，柔链张力不断发生改变。随着海况的增大，柔链张力的振荡幅度显著增大。在一级海况和二级海况下，由静止开始运动的初始阶段柔链张力会出现一个峰值，运动过程平稳后，柔链张力的变化较为规则，潜体受到柔链张力的垂向分量始终为负，表明柔链始终处于张紧状态，这与该动力学模型建立过程中的柔链张紧假设是一致的。然而，在三级海况下，柔链张力的变化非常剧烈,潜体受到柔链张力的垂向分量出现了正数的情况(柔链张力“非负”现象)。

因此，三级海况时仿真采用柔链张紧假设下动力学模型是不够严谨的，仿真试验揭示“柔链张紧假设下运动建模”在低海况时具有合理性，但是应用于较高海况时存在局限性。在本节的后续部分，将以二级海况为例进行仿真。对于高海况下仿真，即三级海况以及高于三级海况下波浪驱动水面机器人运动仿真将在 4.3 节进行有针对性的研究和阐述。

2. 回转运动仿真

在回转试验中考虑波浪驱动水面机器人航行于波高 0.2m、波长 8m 的规则波（二级海况），给定舵角分别为 5°、10°、15°、20°、25°和 30°，回转运动仿真曲线如图 4.17～图 4.28 所示，回转直径、转艏角速度、横倾角以及纵倾角与舵角的关系统计结果如表 4.4 和图 4.29～图 4.31 所示。

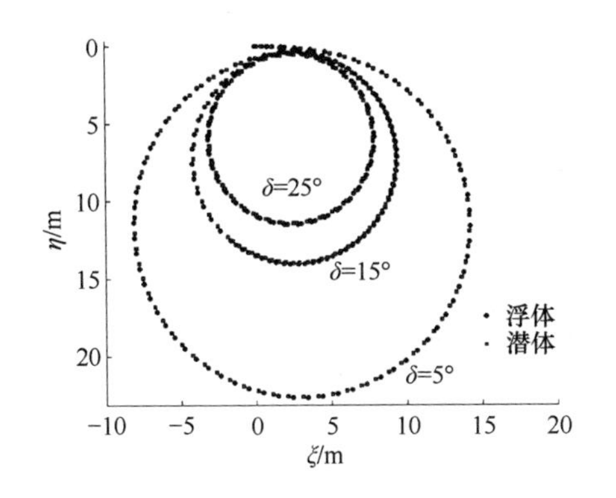

图 4.17　回转轨迹（δ=5°,15°,25°，见书后彩图）

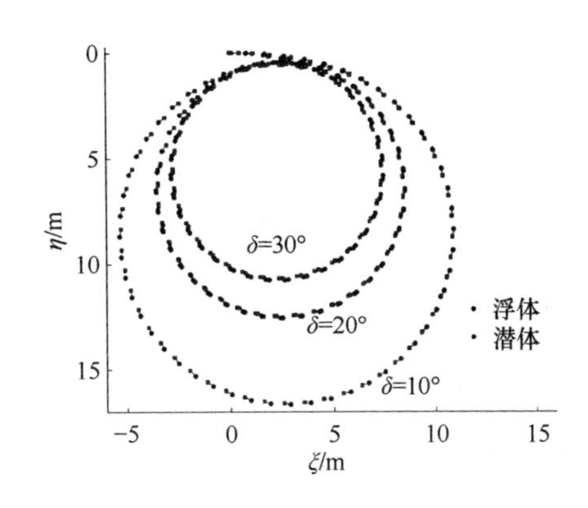

图 4.18　回转轨迹（δ=10°,20°,30°，见书后彩图）

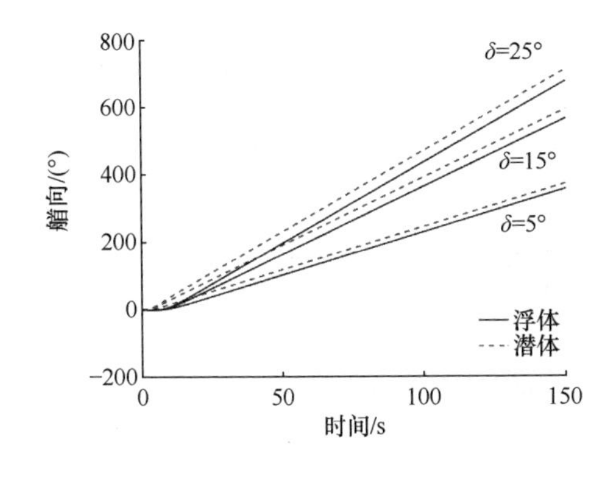

图 4.19　艏向（δ=5°,15°,25°）

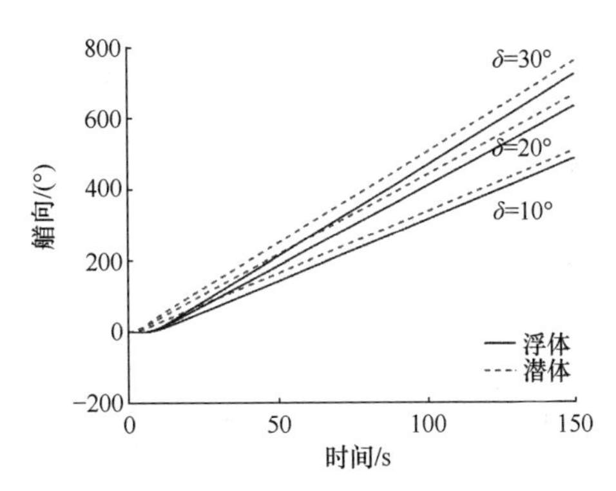

图 4.20　艏向（δ=10°,20°,30°）

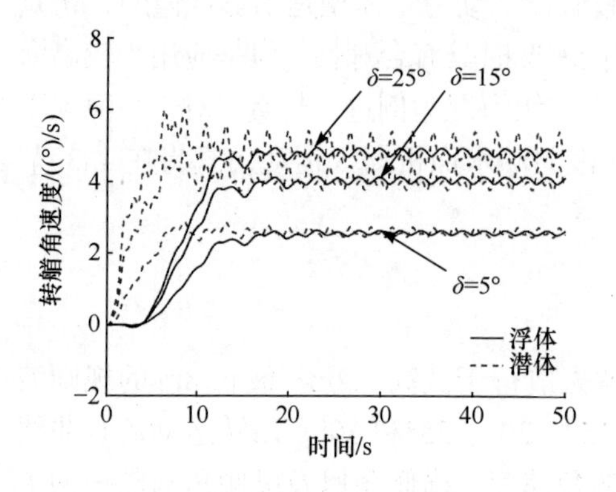

图 4.21　转艏角速度（δ=5°,15°,25°）

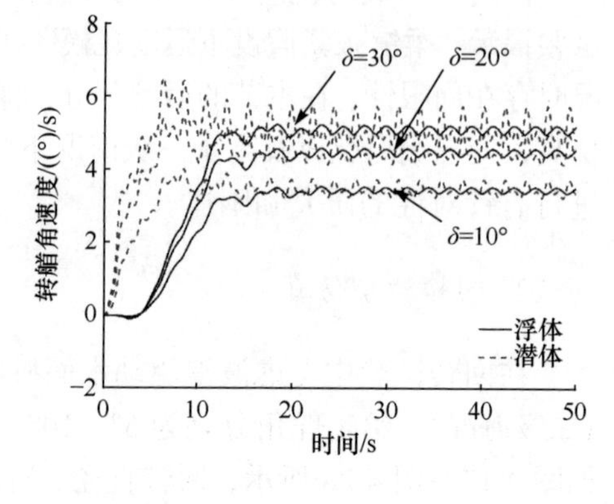

图 4.22　转艏角速度（δ=10°,20°,30°）

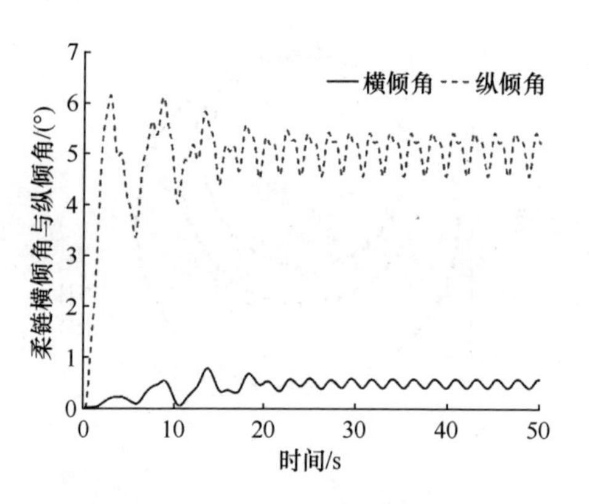

图 4.23　横倾角与纵倾角（δ=5°）

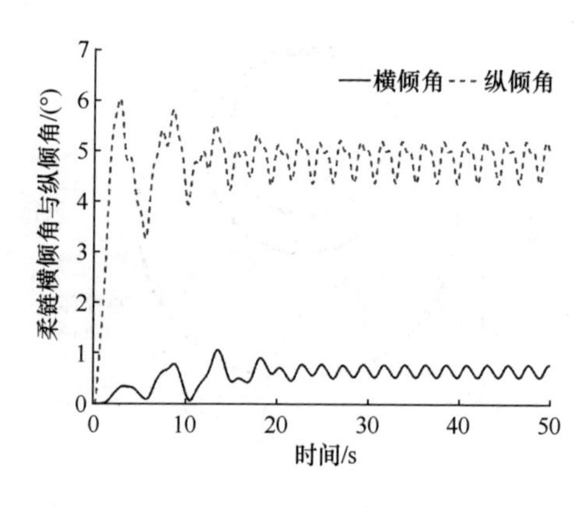

图 4.24　横倾角与纵倾角（δ=10°）

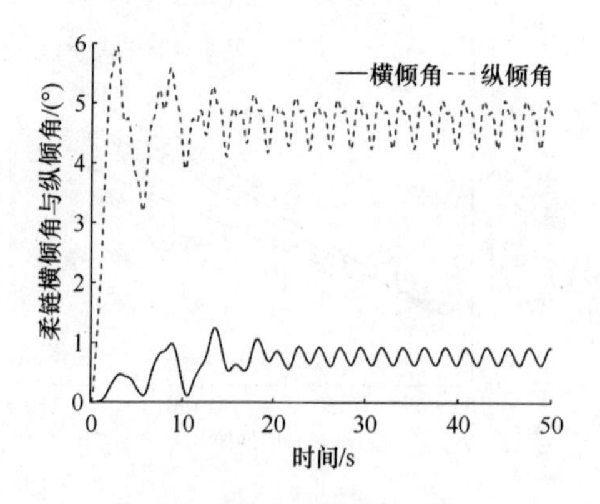

图 4.25　横倾角与纵倾角（δ=15°）

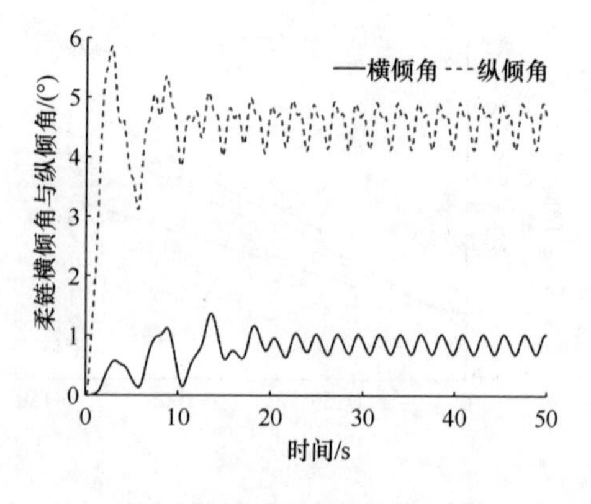

图 4.26　横倾角与纵倾角（δ=20°）

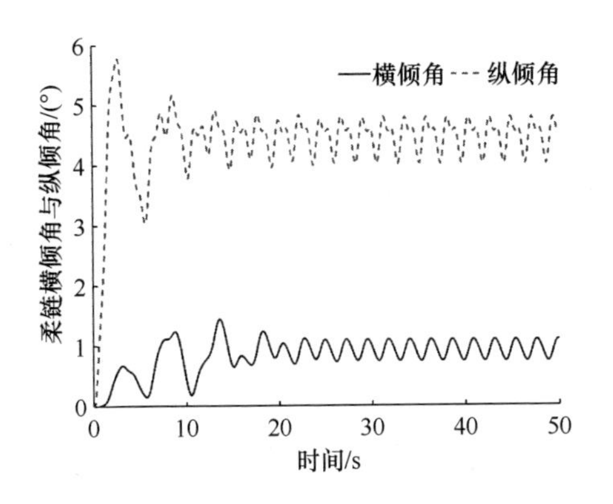

图 4.27 横倾角与纵倾角（δ=25°）

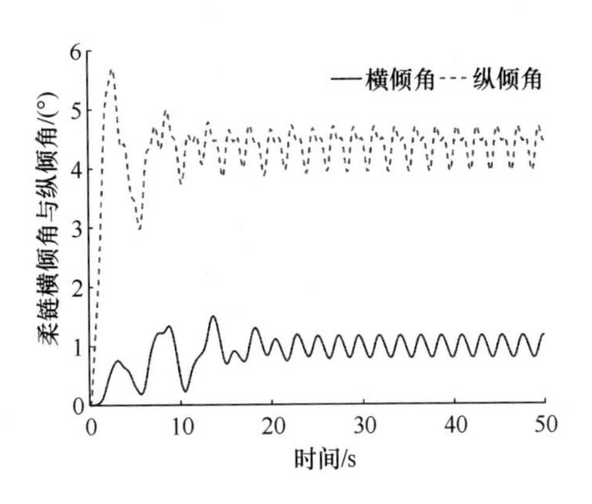

图 4.28 横倾角与纵倾角（δ=30°）

表 4.4 回转试验仿真结果

舵角/(°)	回转直径/m	平均转艏角速度/((°)/s)	平均横倾角/(°)	平均纵倾角/(°)
5	22.3	2.58	0.47	4.90
10	16.2	3.45	0.65	4.80
15	13.5	4.05	0.77	4.65
20	12.0	4.48	0.88	4.52
25	11.0	4.84	0.92	4.40
30	10.2	5.10	0.98	4.32

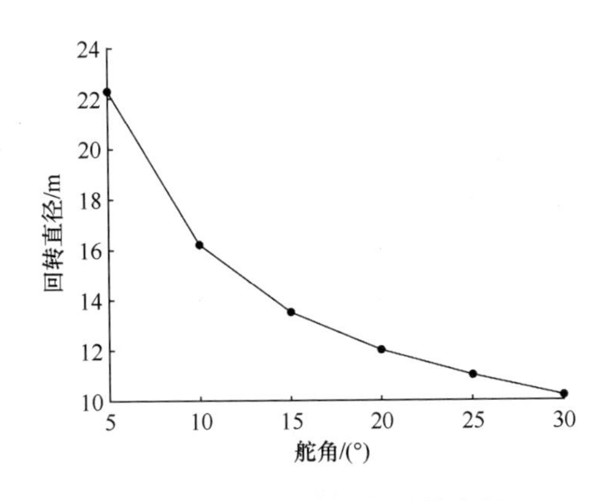

图 4.29 不同舵角下的回转直径

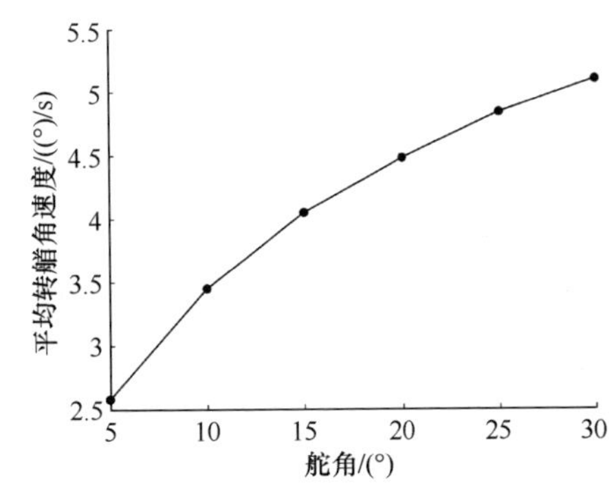

图 4.30 不同舵角下的平均转艏角速度

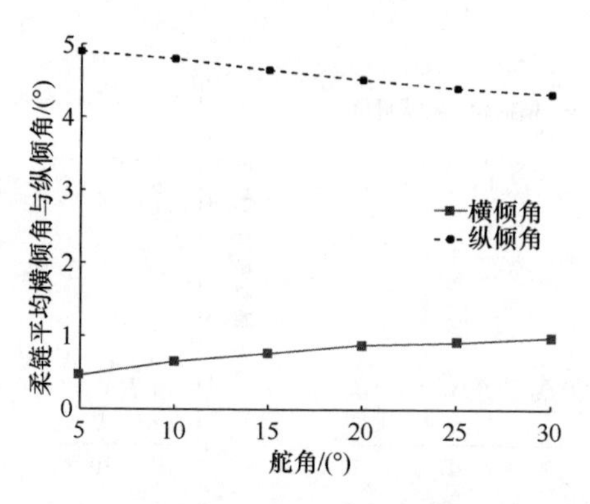

图 4.31　不同舵角下的平均横倾角与纵倾角

从上述试验结果可知，随着舵角增加，回转直径逐渐减小，而平均转艏角速度逐渐增大。波浪驱动水面机器人回转过程中柔链的横倾角与纵倾角均很小，其中横倾角接近静态平衡位置 0，随着舵角增加略微增大，而纵倾角在 4°～5°，随着舵角增加而略微减小。当舵角增大时，舵力的纵向阻力增大，抑制了纵摇运动幅度，而横向升力增加使横倾力矩增大。波浪驱动水面机器人最小回转直径约 10m，约是浮体长的 5 倍，即所设计样机的回转性能较好。

3. Z 形运动仿真

本节完成两组 Z 形运动仿真。考虑到波浪驱动水面机器人的浮体转艏与潜体转艏不一致，分别选取 $\delta/\psi^G = 20°/20°$ 和 $\delta/\psi^F = 20°/20°$，转舵最高速率 $\dot{\delta}$ 均为 $10°/\mathrm{s}$。$\delta/\psi^G = 20°/20°$ 的 Z 形运动仿真结果如图 4.32～图 4.40 所示。$\delta/\psi^F = 20°/20°$ 的 Z 形运动仿真结果如图 4.41～图 4.49 所示。

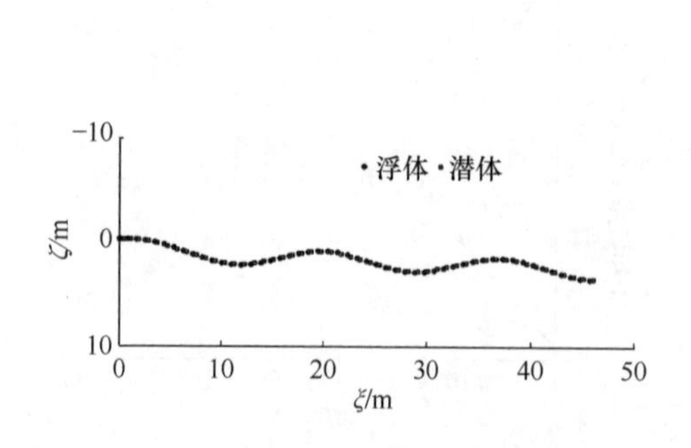

图 4.32　大地坐标系下浮体与潜体的位置
（见书后彩图）

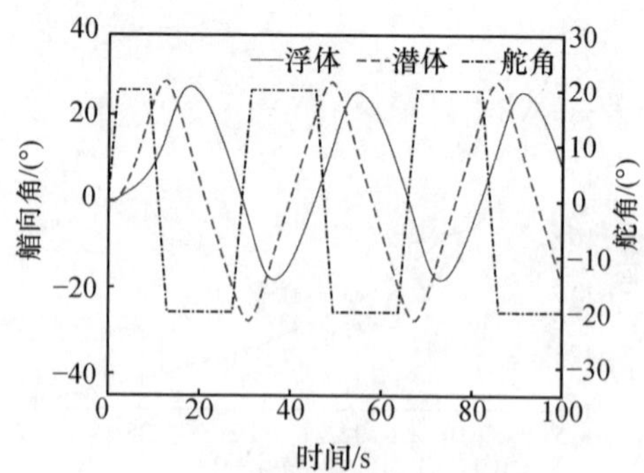

图 4.33　浮体与潜体的艏向

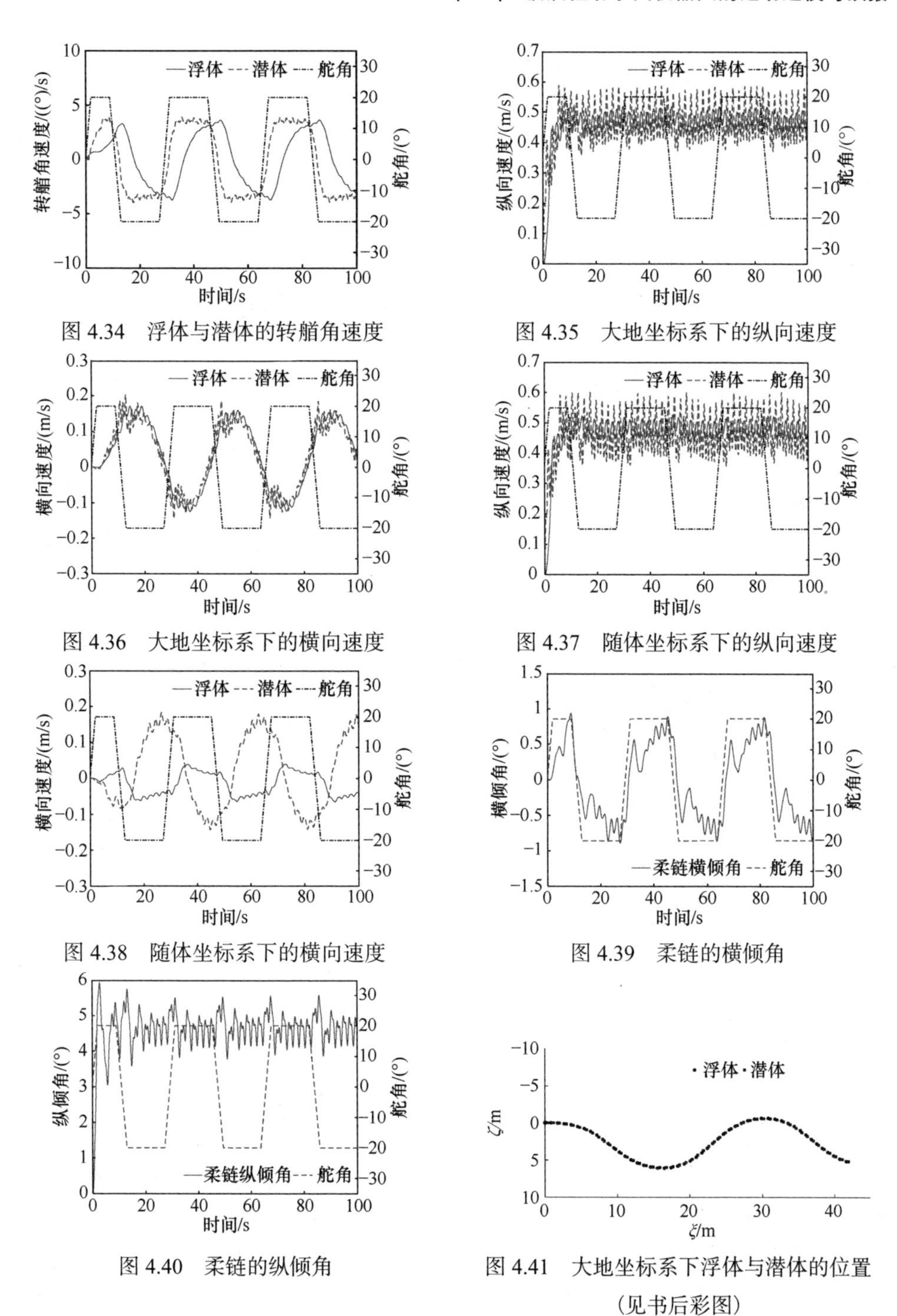

图 4.34 浮体与潜体的转艏角速度

图 4.35 大地坐标系下的纵向速度

图 4.36 大地坐标系下的横向速度

图 4.37 随体坐标系下的纵向速度

图 4.38 随体坐标系下的横向速度

图 4.39 柔链的横倾角

图 4.40 柔链的纵倾角

图 4.41 大地坐标系下浮体与潜体的位置

（见书后彩图）

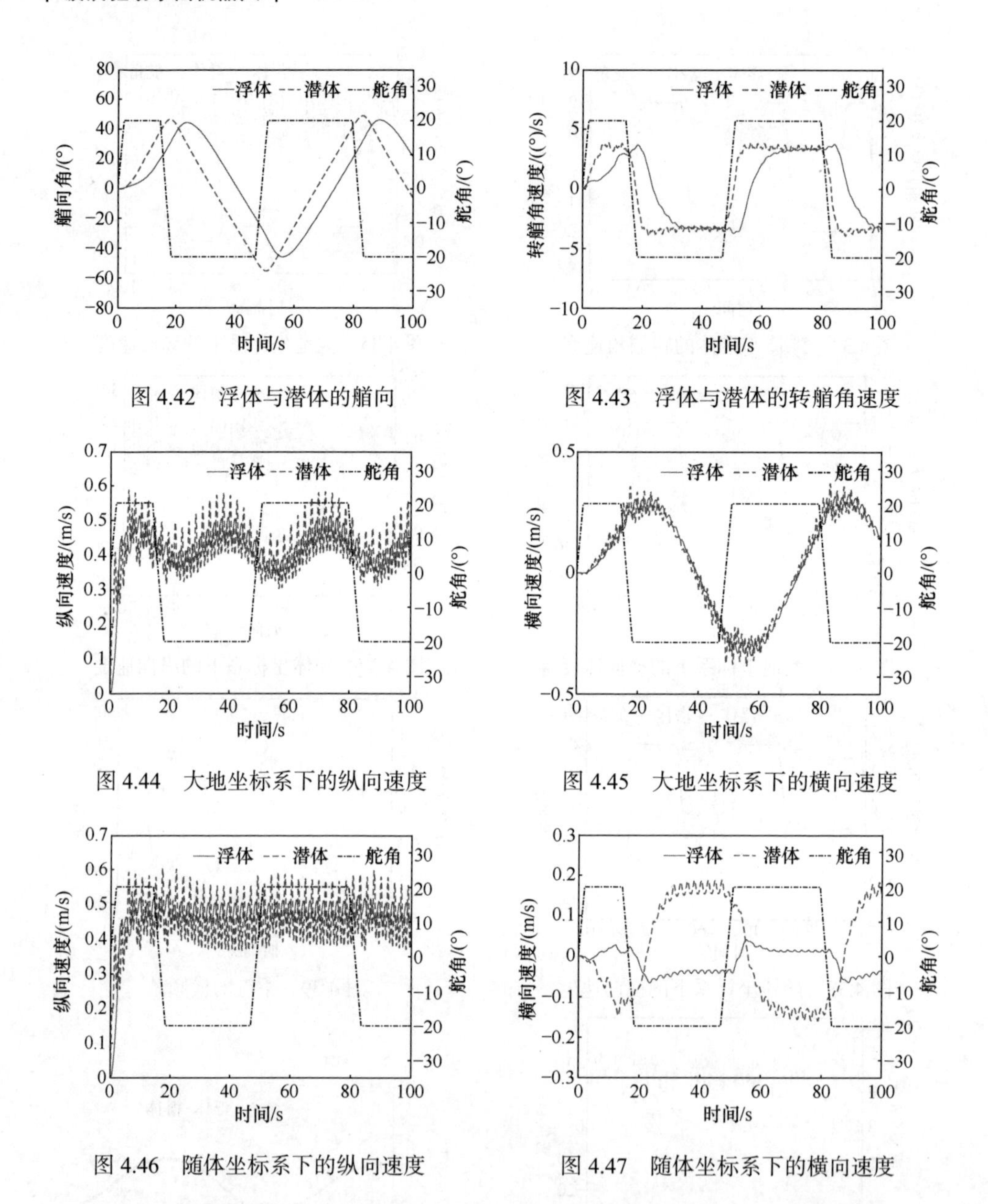

图 4.42 浮体与潜体的艏向

图 4.43 浮体与潜体的转艏角速度

图 4.44 大地坐标系下的纵向速度

图 4.45 大地坐标系下的横向速度

图 4.46 随体坐标系下的纵向速度

图 4.47 随体坐标系下的横向速度

以上仿真结果展示了波浪驱动水面机器人的位置、速度，柔链的横倾角、纵倾角以及潜体和浮体的艏向随时间的变化情况。在转艏过程中，浮体对于舵角的响应滞后于潜体，这是由于潜体的转艏力矩直接来源于舵力，而浮体的转艏力矩来源于柔链的张力。在本节的仿真中，浮体艏向的角度滞后约为 15°，时间滞后约为 5s。滞后时间与滞后角度是与特定的载体、特定的工况相关的，但这种滞后的特性是由波浪驱动水面机器人的结构特点造成的，对于不同载体及不同工况具有普适性。由于舵角的变化对推力影响较小，但对系统横向受力和转艏力矩有较大影响，因此系统横向速度和柔链横倾角与舵角呈现较为明显的相关关系，而系统纵向速度与柔链纵倾角在舵角变化时变化较小。

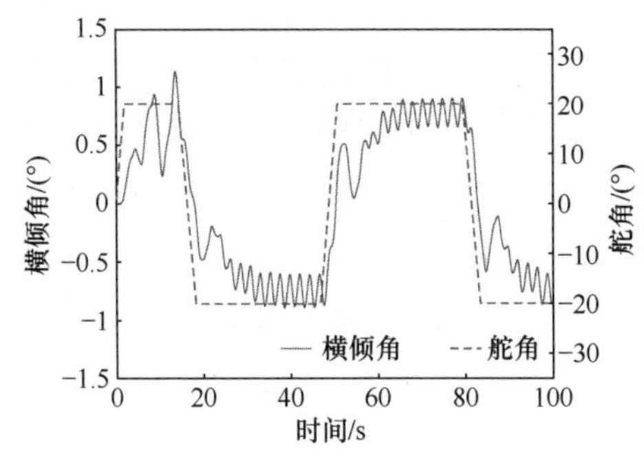

图 4.48　柔链的横倾角

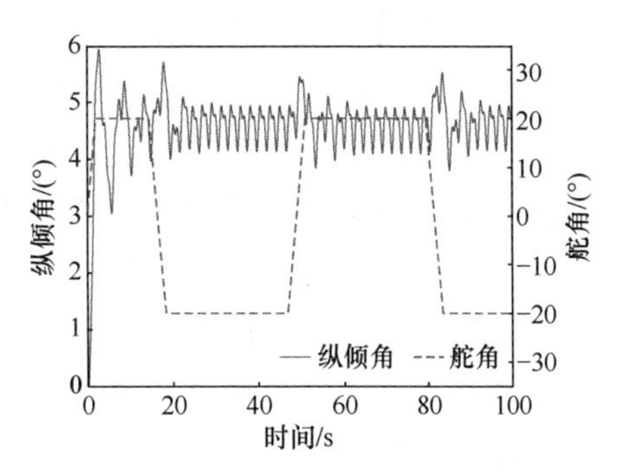

图 4.49　柔链的纵倾角

4. 海流干扰下运动仿真

由于波浪驱动水面机器人自身驱动力较弱、航速较低，海流流速与波浪驱动水面机器人航速处于同一量级，甚至在特定海域高于波浪驱动水面机器人自身的驱动航速(或“波浪驱动航速”)，导致海流对波浪驱动水面机器人运动的影响不可忽视，因此有必要研究海流干扰下波浪驱动水面机器人的运动性能。

在实际海洋环境中，波浪为不规则波。根据 4.2.4 节的分析，将推力取为瑞利分布，并取二级海况下瑞利分布平均值为 17.5N。

海流对波浪驱动水面机器人影响的实质是一种外力作用。因此，在存在海流的情况下，波浪驱动水面机器人除了受自身运动产生的水动力和舵控制力，同时还受海流作用力。参考海洋运载器的相关研究成果，使用以下两种方法来描述海流对波浪驱动水面机器人的干扰力。

(1) 采用类似风压作用力的计算方法，基于定常流假设，用下列公式[20]计算海流对海洋运载器的扰动力和扰动力矩：

$$\begin{cases} X_{cd} = \dfrac{1}{2}\rho V_{cd}^2 C_{XC}(\mu_{cd}) A_{TC} \\ Y_{cd} = \dfrac{1}{2}\rho V_{cd}^2 C_{YC}(\mu_{cd}) A_{LC} \\ N_{cd} = \dfrac{1}{2}\rho V_{cd}^2 C_{NC}(\mu_{cd}) A_{LS} \cdot L \end{cases} \tag{4.88}$$

其中，X_{cd}、Y_{cd} 和 N_{cd} 为海流对海洋运载器产生的纵向力、横向力和艏摇力矩；V_{cd}、μ_{cd} 为海流相对于海洋运载器的速度和浪向角；A_{TC}、A_{LC} 为海洋运载器水下部分的横向截面和纵向截面面积；L 为船长，与系数的无因次化有关；

$C_{XC}(\mu_{cd})$、$C_{YC}(\mu_{cd})$、$C_{NC}(\mu_{cd})$为纵荡力系数、横荡力系数和艏摇力矩系数，这些系数均与μ_{cd}有关，一般通过水池试验测得[21]。

(2)如果认为海流是稳态无变化的，假设波浪驱动水面机器人行驶于无海流环境，则波浪驱动水面机器人的水动力为其在无海流中水动力与有海流干扰力的合力。根据相对运动原理，结合水动力系数的物理意义，此时波浪驱动水面机器人在海流中的水动力不是绝对速度$\boldsymbol{v}=(u,v,w)$的函数，而是相对于海流的相对速度$\boldsymbol{v}_r=(u_r,v_r,w_r)$的函数。即将波浪驱动水面机器人的水动力方程转变为如下形式：

$$F_{\boldsymbol{v}_r}=M(\dot{\boldsymbol{v}}_r)+C(\boldsymbol{v}_r)\boldsymbol{v}_r+D(\boldsymbol{v}_r) \tag{4.89}$$

由式(4.89)可知，海流干扰对波浪驱动水面机器人运动的影响机理是：海流通过改变其相对于流体的速度（$\boldsymbol{v}$变为$\boldsymbol{v}_r$），使得所受水动力由$\boldsymbol{F}_v$变成$F_{\boldsymbol{v}_r}$。这里采用此方法进行海流干扰的计算。

下面开展定常海流下波浪驱动水面机器人的运动仿真，包括纵向运动、回转运动仿真。海况设为二级海况不规则波，仿真中流速设为0.1m/s、0.3m/s和0.5m/s，其中 0.1m/s 的流速认为是较低流速，对波浪驱动水面机器人运动的影响较小；0.3m/s 的流速认为是中等流速，对波浪驱动水面机器人运动的影响明显；0.5m/s的流速认为是较高流速，对波浪驱动水面机器人运动的影响极大。本节为简化后续仿真图的图题，略去“海流流速”、“海流流向”等描述，括号中以单位“°”标示海流流向，以“m/s”标示海流流速。

1)纵向运动仿真

海流流向为0°(即海流流向为正北方向，波浪驱动水面机器人为顺流航行)和180°(即海流流向为正南方向，波浪驱动水面机器人为逆流航行)，流速分别为0.1m/s、0.3m/s、0.5m/s，仿真结果如图4.50和图4.51所示。

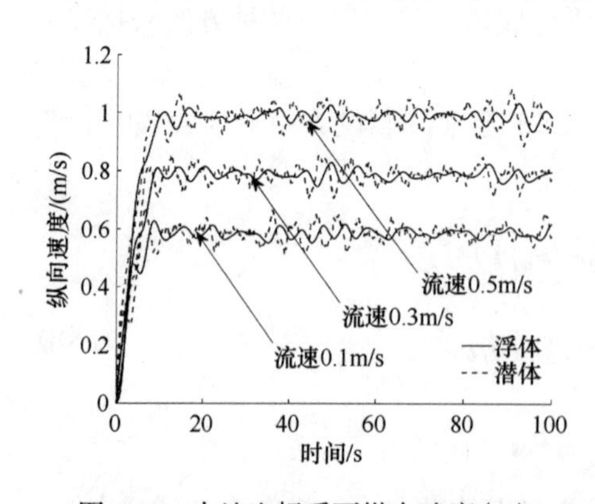

图4.50 大地坐标系下纵向速度(0°)

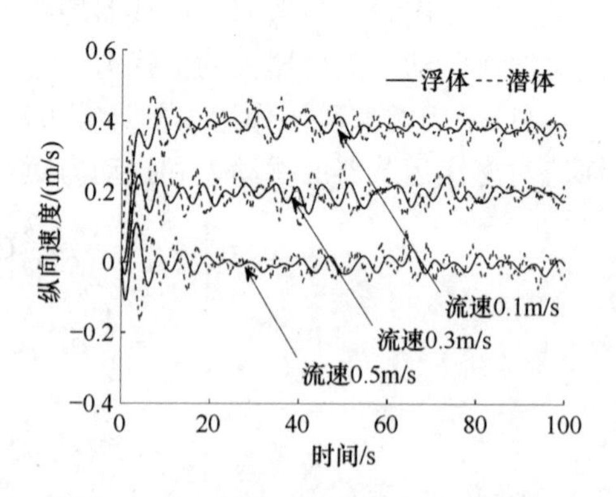

图4.51 大地坐标系下纵向速度(180°)

由图4.50和图4.51可知，海流流向与波浪驱动水面机器人在同一直线时，实际航速可认为是波浪驱动航速与海流流速的叠加。若二者同向，则实际航速高于波浪驱动航速；若二者反向，则实际航速低于波浪驱动航速。波浪驱动水面机器人的波浪驱动航速较低，仅约为 0.5m/s，海流流速≥0.5m/s 时将难以逆流航行。

海流流向为 90°(即海流流向为正东方向，波浪驱动水面机器人航行方向与海流方向垂直)，流速分别为 0.1m/s、0.3m/s、0.5m/s，仿真结果如图 4.52～图 4.57 所示。

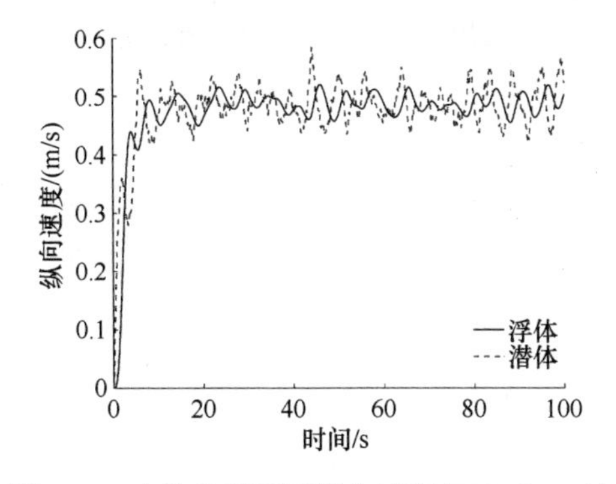

图 4.52　大地坐标系下纵向速度(90°, 0.1m/s)

纵向速度/(m/s)

时间/s

—浮体

---潜体

图 4.53　大地坐标系下纵向速度(90°, 0.3m/s)

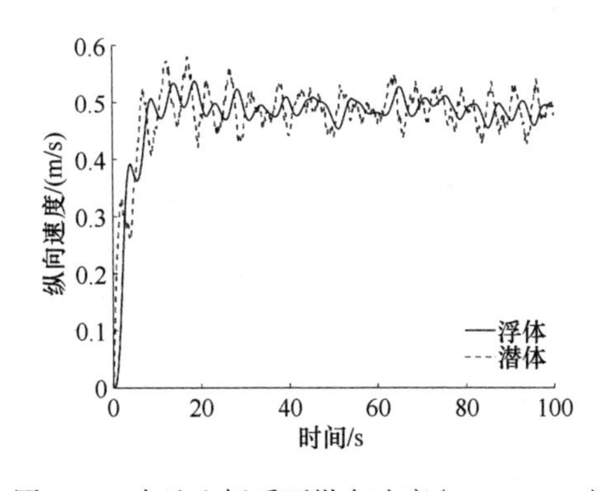

图 4.54　大地坐标系下纵向速度(90°, 0.5m/s)

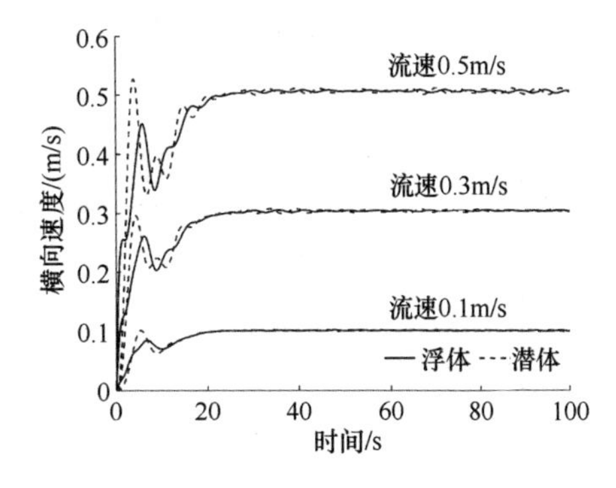

图 4.55　大地坐标系下横向速度(90°)

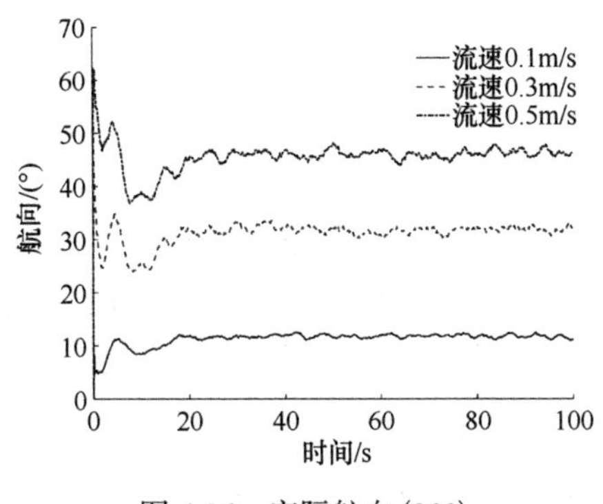

图 4.56　实际航向(90°)

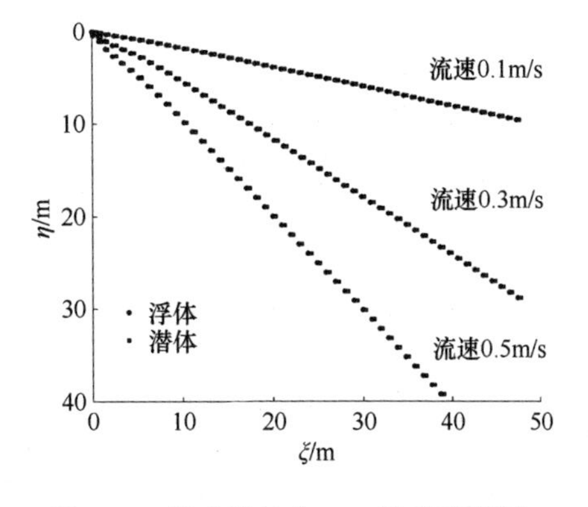

图 4.57　运动轨迹(90°，见书后彩图)

由图 4.52～图 4.57 可知，垂向来流对波浪驱动水面机器人的纵向速度影响较小，但对于横向速度影响较大，并且波浪驱动水面机器人航向发生了明显偏转。海流流速越大，对横向速度和航向的影响也越大。

海流流向为 45°(即海流流向为东北方向，波浪驱动水面机器人相对海流为斜航)，流速分别为 0.1m/s、0.3m/s、0.5m/s，仿真结果如图 4.58～图 4.61 所示。

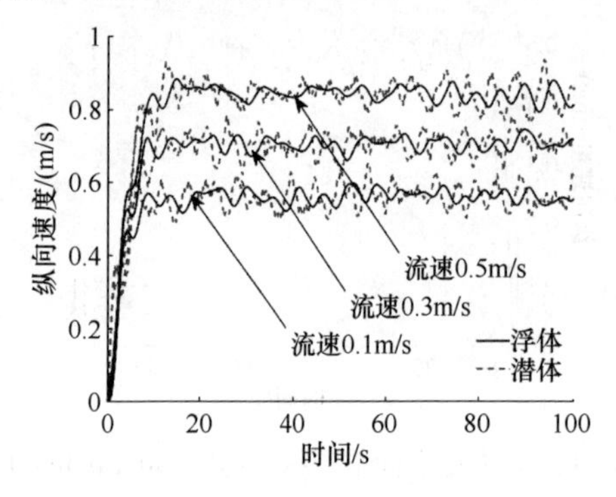

图 4.58　大地坐标系下纵向速度(45°)

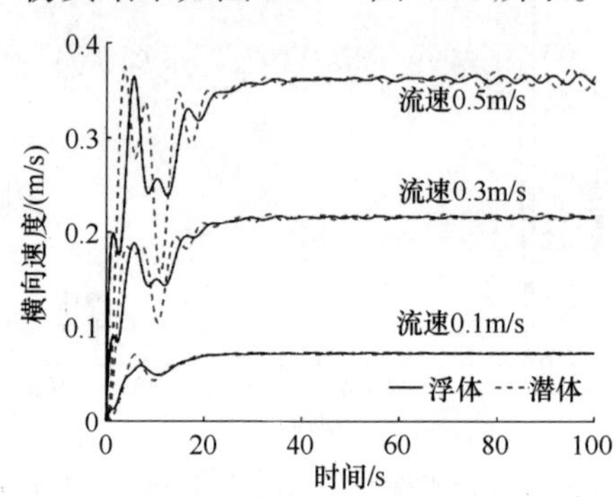

图 4.59　大地坐标系下横向速度(45°)

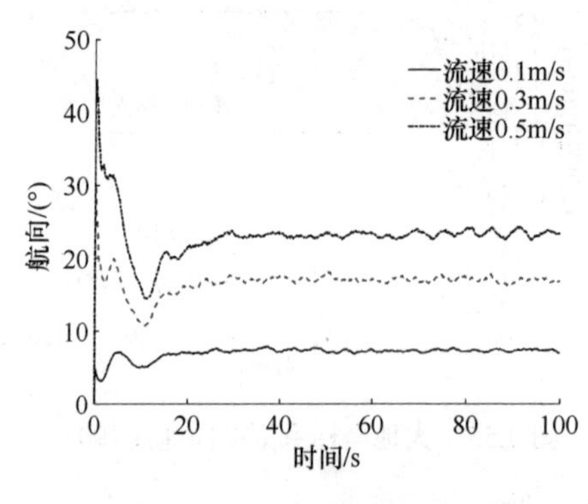

图 4.60　实际航向(45°)

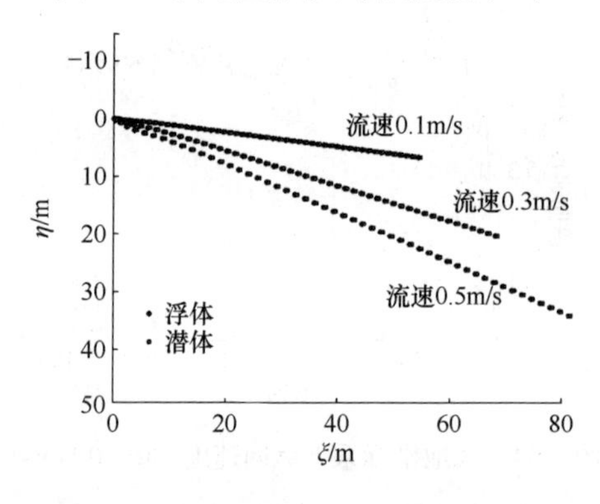

图 4.61　运动轨迹(45°，见书后彩图)

由图 4.58～图 4.61 可知，斜向来流对波浪驱动水面机器人的纵向、横向速度均存在影响，流速越大其纵向、横向速度也越大。同时，在斜向来流的作用下波浪驱动水面机器人航向发生了较大偏转。

2) 回转运动仿真

海流下回转运动仿真中，舵角为 20°、海流流向为 0°，流速分别为 0.1m/s、0.3m/s、0.5m/s，设置海流为定常均匀来流，仿真结果如图 4.62～图 4.65 所示。

由图 4.62～图 4.65 可知，在 0°海流环境下，波浪驱动水面机器人的回转圈发生了明显北向偏移。当海流流速较低时(0.1m/s)，回转圈在南北方向被拉长，但回转圈之间仍存在较大的交叉范围；当海流流速为中等流速时(0.3m/s)，回转圈在南北方向被进一步拉长，回转圈之间的交叉范围显著缩小；当海流流速较高时

(0.5m/s)，已经无法形成回转圈，360° 艏向变化周期内轨迹的重叠区域消失。此外，随着海流流速增大，在大地坐标系下波浪驱动水面机器人的纵向速度也随之增大。

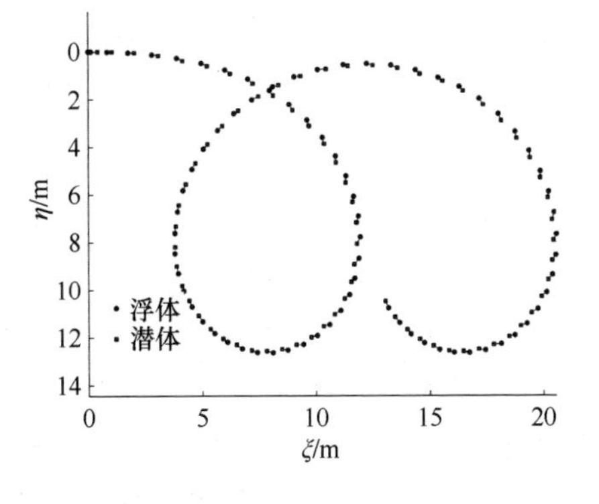

图 4.62　运动轨迹(0°，0.1m/s，见书后彩图)

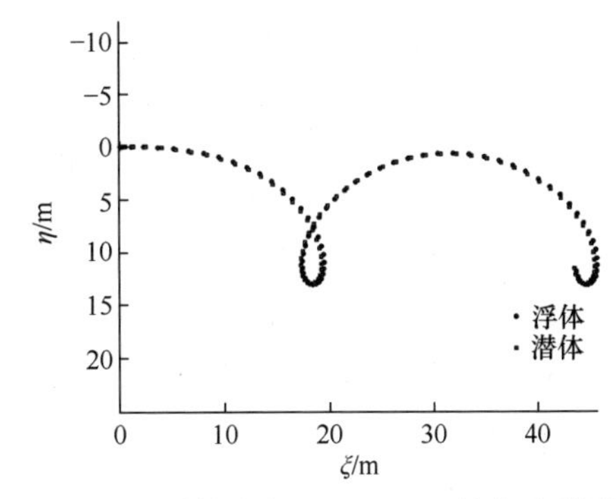

图 4.63　运动轨迹(0°，0.3m/s，见书后彩图)

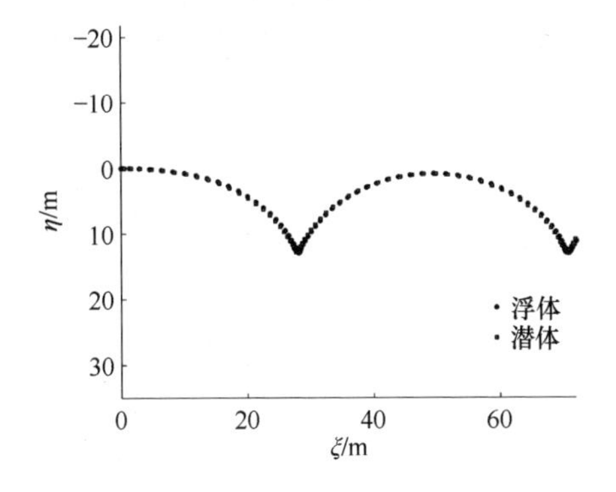

图 4.64　运动轨迹(0°，0.5m/s，见书后彩图)

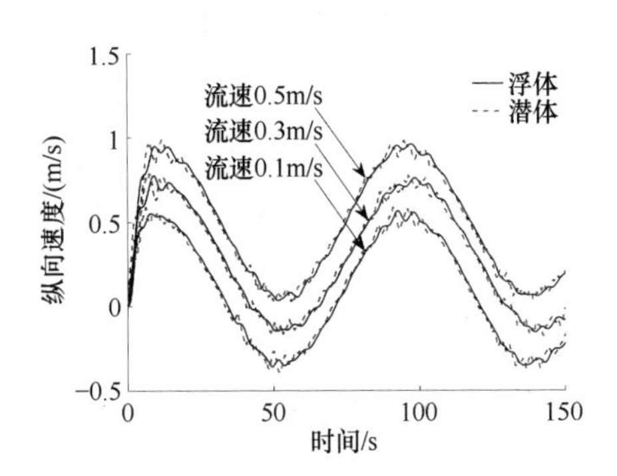

图 4.65　大地坐标系下纵向速度(0°)

海流流向为 90°，流速分别为 0.1m/s、0.3m/s、0.5m/s，仿真结果如图 4.66～图 4.69 所示。

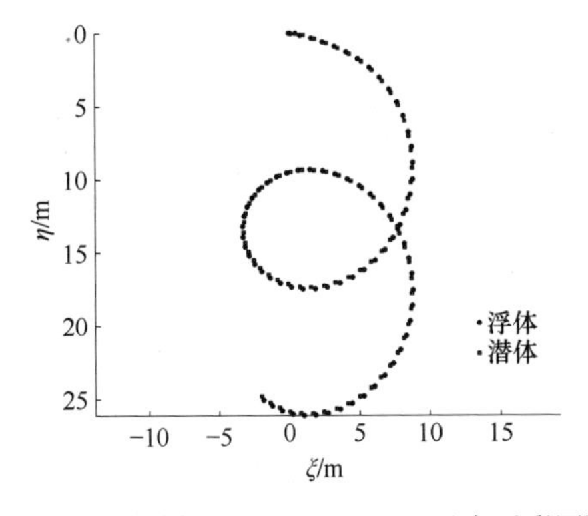

图 4.66　运动轨迹(90°，0.1m/s，见书后彩图)

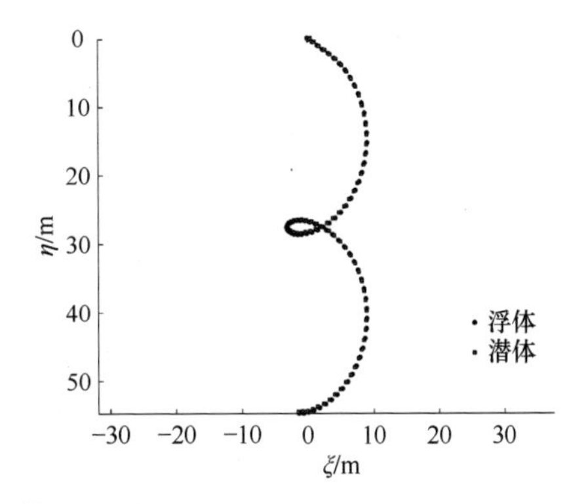

图 4.67　运动轨迹(90°，0.3m/s，见书后彩图)

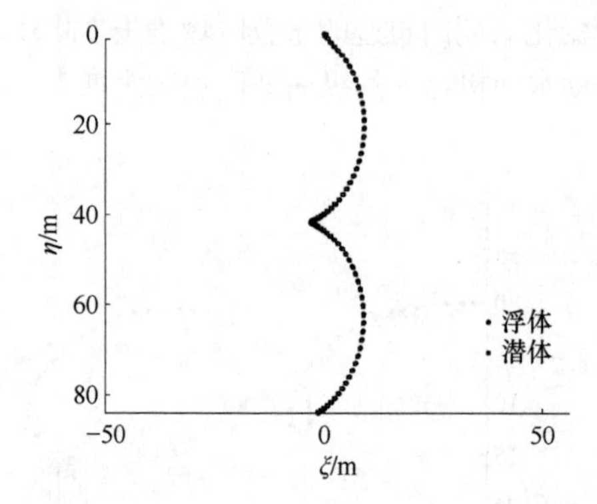

图 4.68　运动轨迹(90°，0.5m/s，见书后彩图)

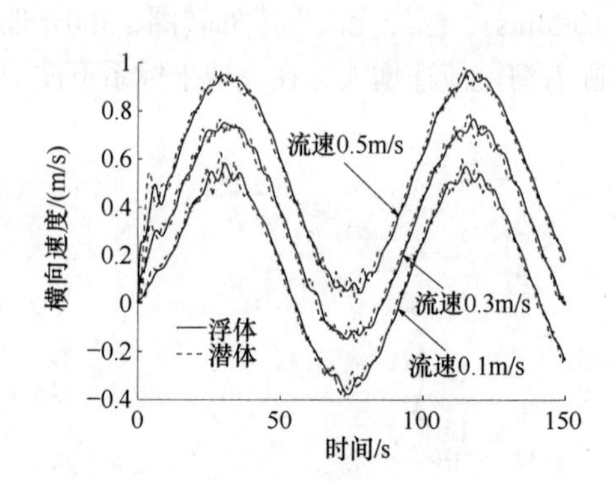

图 4.69　大地坐标系下横向速度(90°)

由图 4.66～图 4.69 可知，在 90°海流环境下，波浪驱动水面机器人的回转圈发生了明显的东向偏移。回转轨迹的变化规律与海流流向为 0°时相同。随着海流流速增大，在大地坐标系下波浪驱动水面机器人的横向速度也随之增大。

海流流向为 45°，流速分别为 0.1m/s、0.3m/s、0.5m/s，仿真结果如图 4.70～图 4.74 所示。

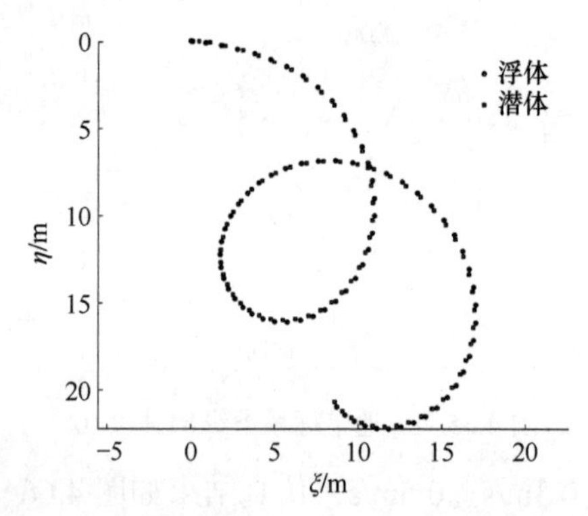

图 4.70　运动轨迹(45°，0.1m/s，见书后彩图)

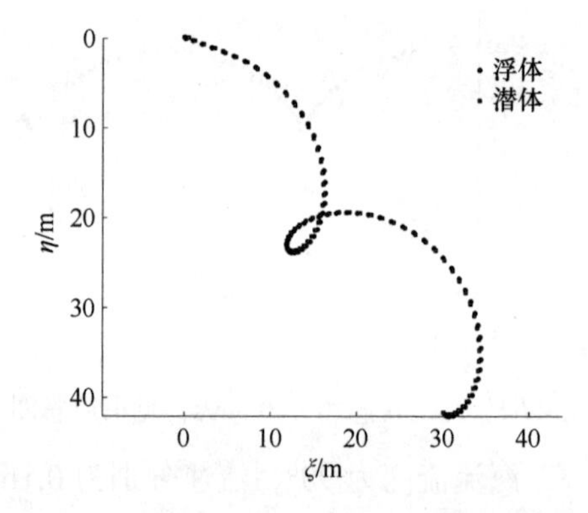

图 4.71　运动轨迹(45°，0.3m/s，见书后彩图)

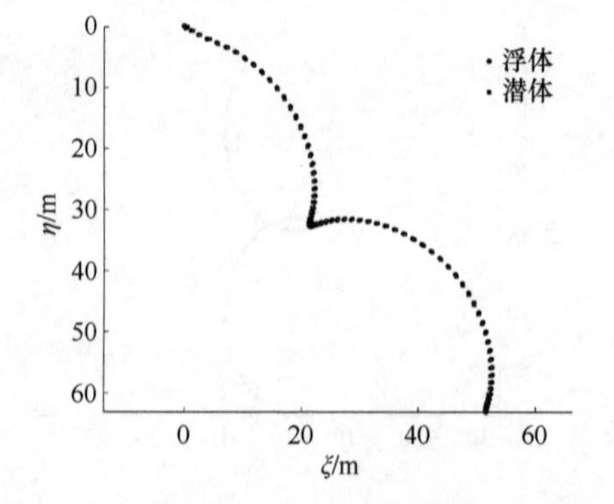

图 4.72　运动轨迹(45°，0.5m/s，见书后彩图)

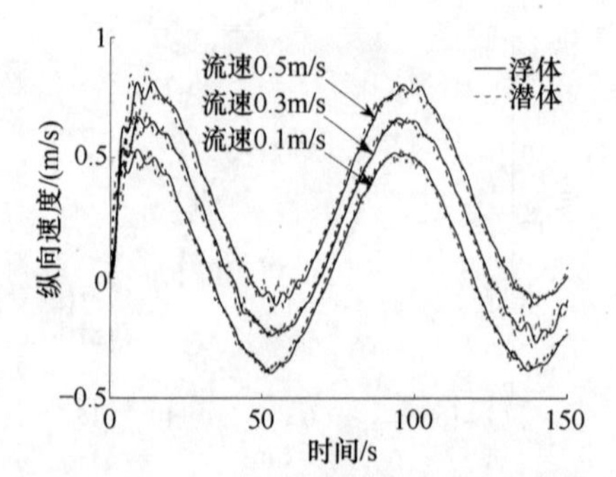

图 4.73　大地坐标系下纵向速度(45°)

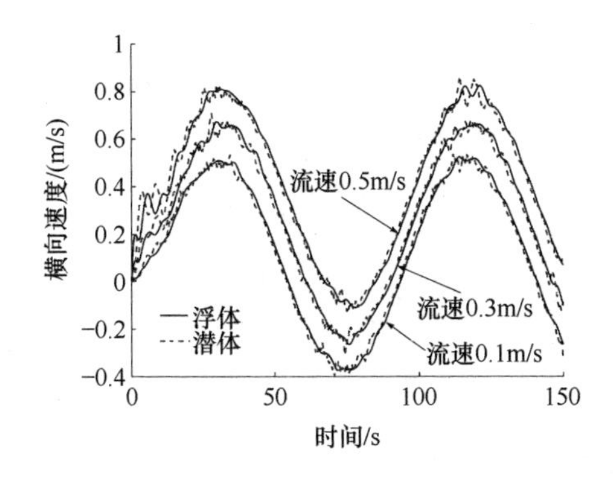

图 4.74 大地坐标系下横向速度(45°)

由图 4.70～图 4.74 可知，在 45°海流环境下，波浪驱动水面机器人的回转圈发生了明显的东北向偏移。回转轨迹的变化规律与海流流向为 0°和 90°时相同。随着海流流速增大，在大地坐标系下波浪驱动水面机器人的纵向、横向速度均有增大。

综上所述，海流对波浪驱动水面机器人的速度、航向、航迹等均存在较大影响。因此，波浪驱动水面机器人的动力学分析、运动控制、路径规划等研究以及真实环境的海上作业需要考虑海流因素的潜在影响。

5. 风干扰下运动仿真

风干扰主要作用于浮体水线以上部分，该部分阻碍了空气运动，导致风对浮体产生了作用力和力矩。风作用力的大小与浮体水线以上部分的截面积密切相关，同时也与风向和风速有关。掌握波浪驱动水面机器人在风中的运动性能，甚至可以利用风力作用来增加波浪驱动水面机器人的操纵灵活性。

通常的风向与风速是指绝对风向与风速。绝对风是指在地球上惯性坐标系内观察到的风，绝对风速用 V_T 表示、绝对风向角用 ψ_T 表示。波浪驱动水面机器人所受风干扰力的计算，所指的风向和风速是相对的风向和风速[20,22]。相对风速以 V_a 表示、相对风向角用 θ_a 表示。波浪驱动水面机器人处于非直线运动时，其速度和方向不断变化，所以相对风向和相对风速也在动态改变。因此，计算时需要将风从大地坐标系转换到浮体随体坐标系下：

$$\begin{aligned} u_a &= u + V_T \cos(\psi_T - \psi) \\ v_a &= v + V_T \sin(\psi_T - \psi) \end{aligned} \tag{4.90}$$

其中，u_a 和 v_a 是 V_a 的两个分量，规定风从浮体的左舷吹来时 $\theta_a > 0$，则相对风向角

$$\theta_a = \operatorname{atan2}(v_a, u_a) \tag{4.91}$$

其中

$$\operatorname{atan2}(\rho,\sigma)=\begin{cases}\arctan\left(\dfrac{\rho}{\sigma}\right), & \sigma>0\\ \pi+\arctan\left(\dfrac{\rho}{\sigma}\right), & \rho\geqslant 0,\sigma<0\\ -\pi+\arctan\left(\dfrac{\rho}{\sigma}\right), & \rho<0,\sigma<0\\ \dfrac{\pi}{2}, & \rho>0,\sigma=0\\ -\dfrac{\pi}{2}, & \rho<0,\sigma=0\end{cases} \tag{4.92}$$

常规船舶一般采用风洞试验测算风载荷。这种方法的精确度比较高，具体做法是使用一块平板来模拟海面，然后将船模放在平板上，按照相似准则加载一定速度的风，利用船模上安装的传感器测量出船模所受的风压力和风压力矩。目前，基于大量的风洞试验数据，研究人员提出了一些经验公式进行近似估算，如Isherwood 公式、岩井聪公式和汤忠谷公式等[23]。由于缺少相关试验数据，本节采用汤忠谷公式近似估算波浪驱动水面机器人浮体所受的风载荷。

风压合力系数为

$$\begin{aligned}C_a&=\frac{R_a}{\dfrac{1}{2}\rho_a\overline{V}_a^{\,2}(A_r\cos^2\theta_a+A_L\sin^2\theta_a)}\\&=1.142-0.142\cos(2\theta_a)-0.367\cos(4\theta_a)-0.133\cos(6\theta_a)\end{aligned} \tag{4.93}$$

风压作用中心位置 a 为

$$a/L_{PP}=0.291+0.0023\theta_a \tag{4.94}$$

风压合力作用角 β_a 为

$$\beta_a=\left[1-0.15\left(1-\frac{\theta_a}{90}\right)-0.80\left(1-\frac{\theta_a}{90}\right)^3\right]\times 90 \tag{4.95}$$

因此，风压力 X_a、Y_a、N_a 分别为

$$\begin{aligned}X_a&=C_a\times\frac{1}{2}\rho_a\overline{V}_a^{\,2}(A_r\cos^2\theta_a+A_L\sin^2\theta_a)\cos\beta_a\\Y_a&=C_a\times\frac{1}{2}\rho_a\overline{V}_a^{\,2}(A_r\cos^2\theta_a+A_L\sin^2\theta_a)\sin\beta_a\\N_a&=L_{PP}(0.5-a)Y_a\end{aligned} \tag{4.96}$$

其中，θ_a 为相对于浮体的风压角；$\overline{V}_a$ 为相对风速的大小；A_r 、A_L 分别为水线以上浮体正投影面积和侧投影面积；L_{PP} 为浮体垂线间的距离；ρ_a 为空气密度。波浪驱动水面机器人在海上工作时，受浮体横摇、纵摇、升沉的影响，水线以上浮体的正投影、侧投影及侧投影面积的形心位置以及到艏部和水线的距离均是时变的，因此该计算方法存在一定的误差。

通过在波浪驱动水面机器人运动数学模型中加入由风压引起的力，计算获得风干扰下波浪驱动水面机器人的运动状态。根据蒲福风级表，二级海况时对应风级为一级到三级，风速为 1.5～5.4m/s。本节仿真中设置为二级海况、风速为 3m/s。本节为简化描述仿真图的图题，略去“风速”、“风向”等描述，括号中以单位“°”标示风向，以“m/s”标示风速。

1) 纵向运动仿真

风干扰下纵向运动仿真，取风向分别为 0°、45°、90°、180°，仿真结果分别如图 4.75～图 4.84 所示。

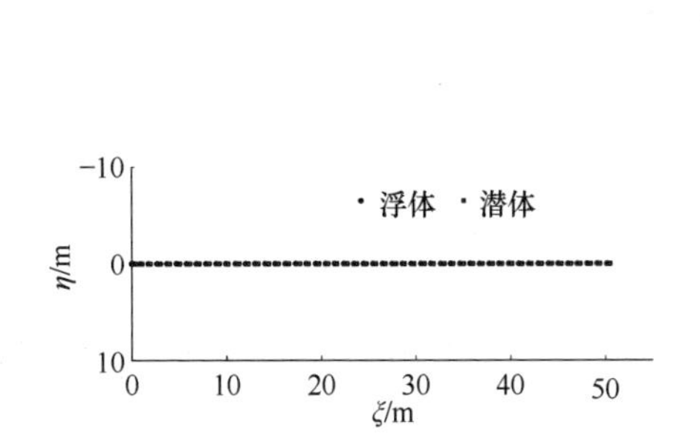

图 4.75　运动轨迹(0°，3m/s，见书后彩图)

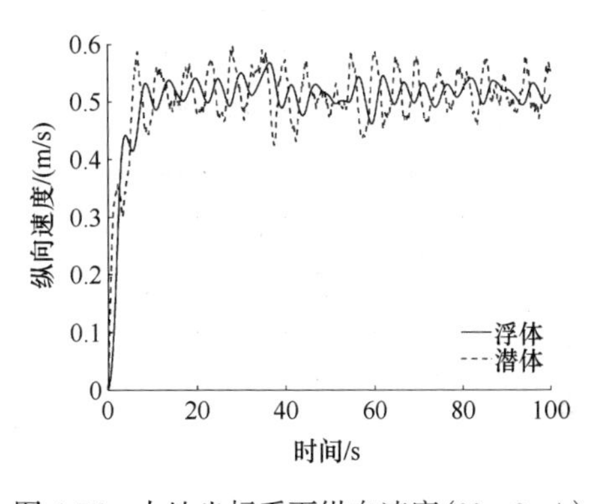

图 4.76　大地坐标系下纵向速度(0°，3m/s)

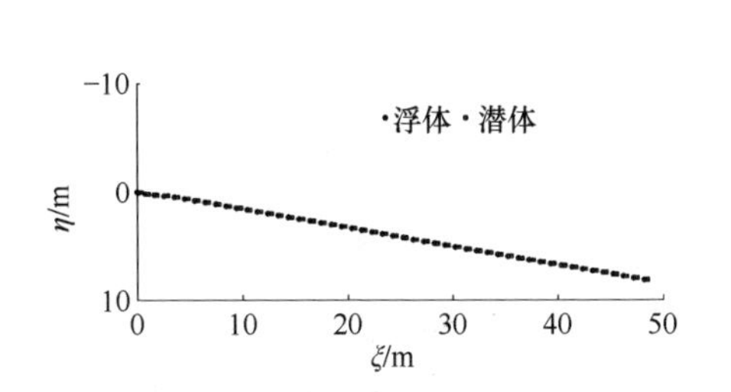

图 4.77　运动轨迹(45°，3m/s，见书后彩图)

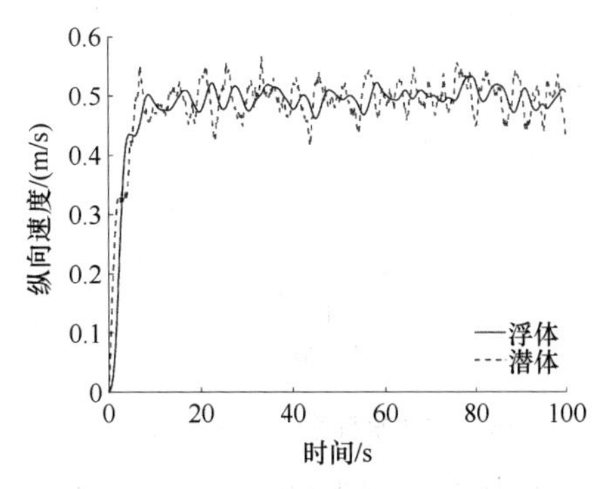

图 4.78　大地坐标系下纵向速度(45°，3m/s)

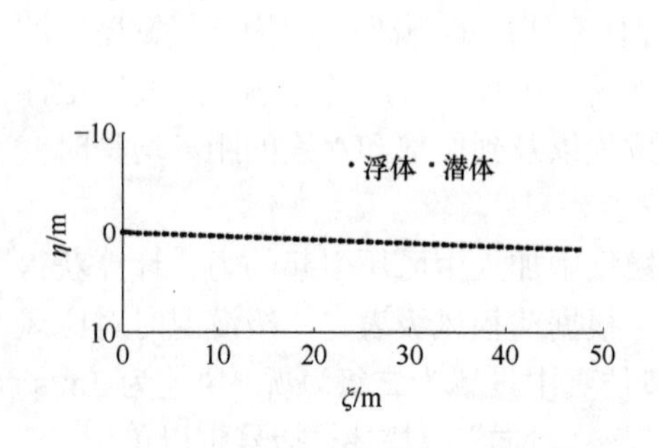

图 4.79　运动轨迹(90°，3m/s，见书后彩图)

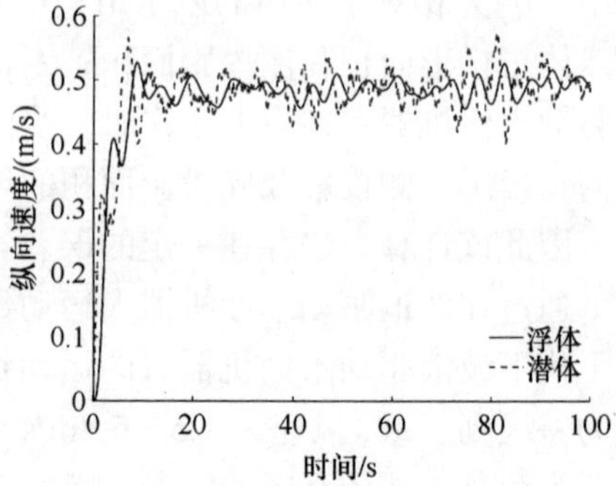

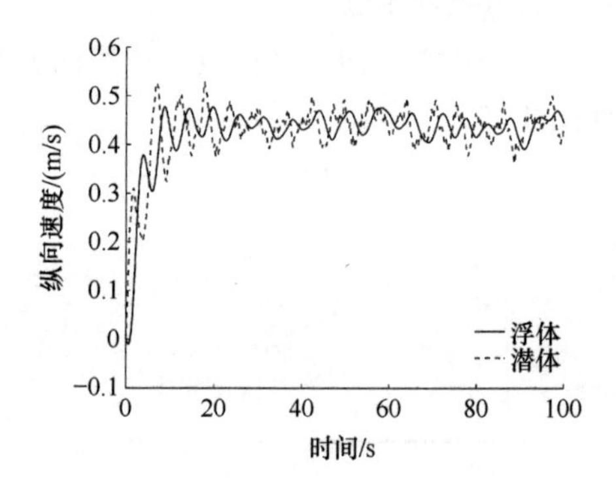

图 4.80　大地坐标系下纵向速度(90°，3m/s)

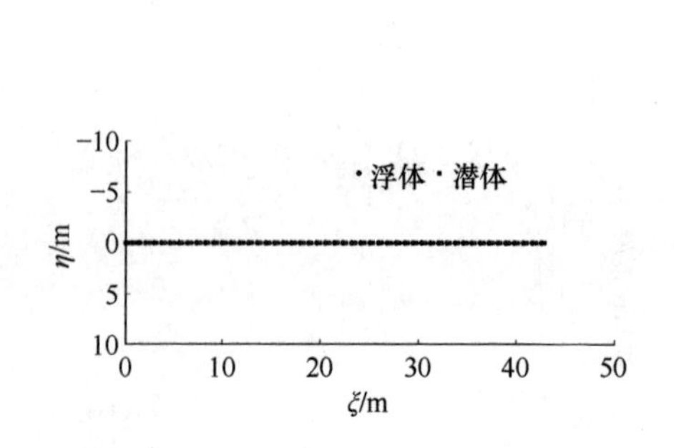

图 4.81　运动轨迹(180°，3m/s，见书后彩图)

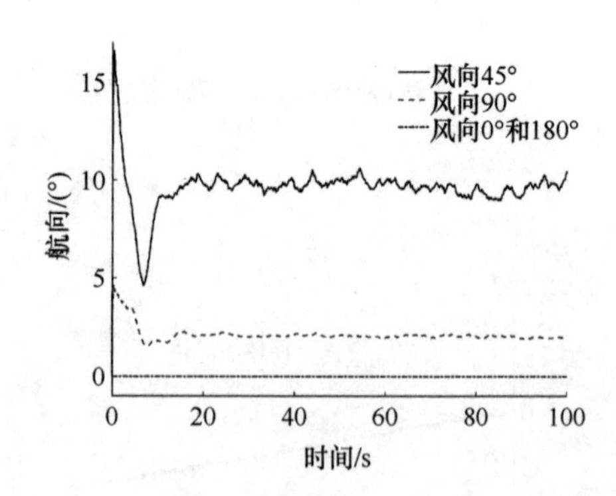

图 4.82　大地坐标系下纵向速度(180°，3m/s)

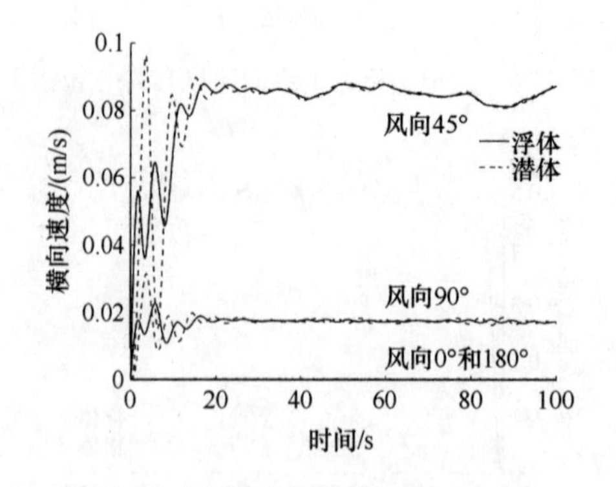

图 4.83　大地坐标系下横向速度(3m/s)

航向/(°)

时间/s

风向45°

风向90°

风向0°和180°

图 4.84　航向(3m/s)

由图 4.75～图 4.84 可知，风对波浪驱动水面机器人的速度存在一定影响，顺风航行将提高航速，逆风航行将降低航速。相对于波浪驱动水面机器人的波浪驱动航速，风导致其速度变化较小，因此在不同风向下波浪驱动水面机器人的纵向速度改变较小，而横向速度有明显的改变。此外在风作用下，波浪驱动水面机器人的航向和轨迹均发生偏移，偏移方向与风向一致。由于风压合力系数并非相对风向角 90°时最大，因此对波浪驱动水面机器人的横向速度、航向、航迹偏移影响最大的工况并不是 90°风向。

2) 回转运动仿真

风干扰下回转运动仿真，取风向分别为 0°、45°、90°、180°，仿真结果如图 4.85～图 4.96 所示。

由图 4.85～图 4.96 可知，在风作用下波浪驱动水面机器人的回转轨迹发生了明显偏移，偏移方向与风向一致。在回转运动中，不同风向下波浪驱动水面机器人的纵向速度、横向速度均改变较小。

综上，风对波浪驱动水面机器人的影响与海流的影响效果具有相似之处，但是相比于海流，风对波浪驱动水面机器人的影响较小。一方面，风的密度远小于水，另一方面，波浪驱动水面机器人的浮体、潜体和柔链均受海流影响，而仅有浮体水面以上部分承受风力，使得风的影响小于海流的影响。

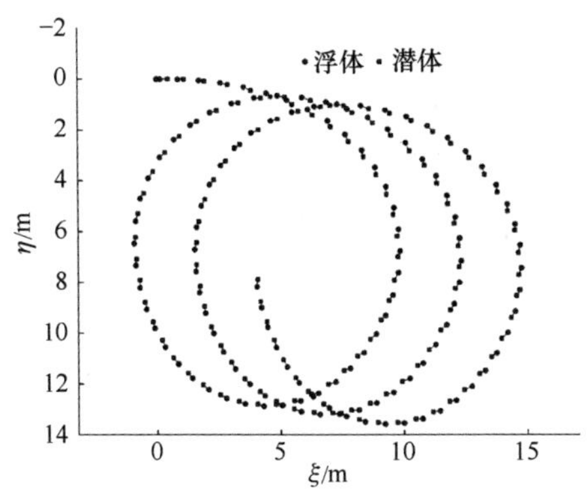

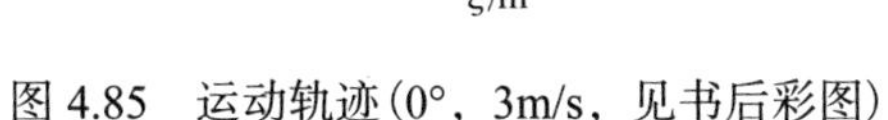

图 4.85　运动轨迹(0°，3m/s，见书后彩图)

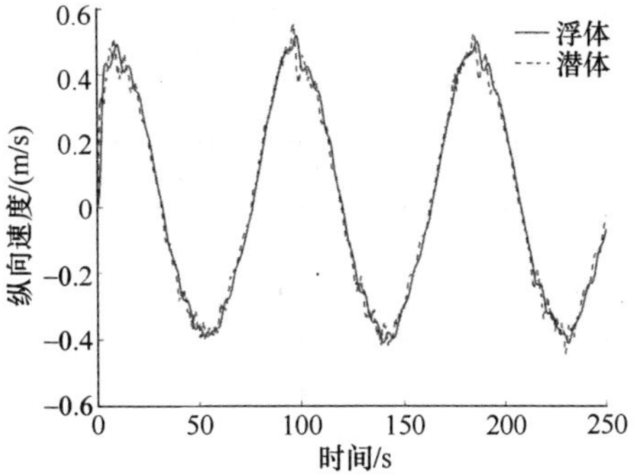

图 4.86　大地坐标系下纵向速度(0°，3m/s)

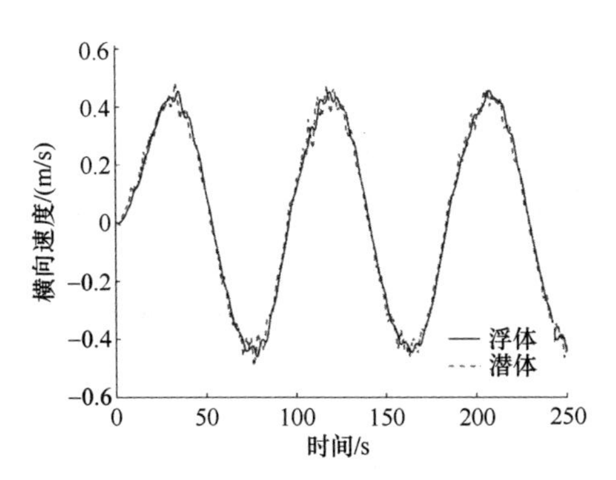

图 4.87　大地坐标系下横向速度(0°，3m/s)

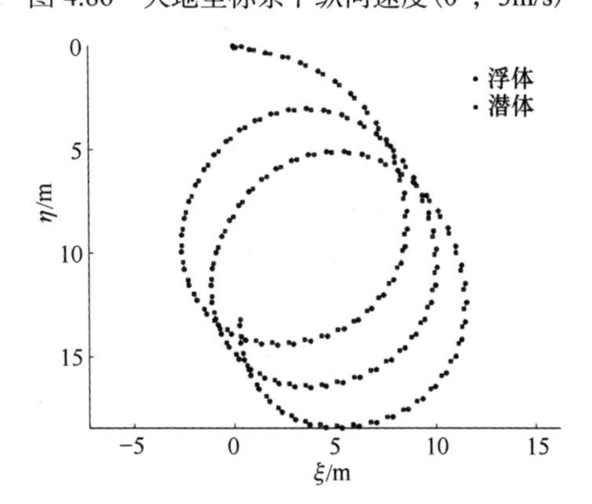

图 4.88　运动轨迹(45°，3m/s，见书后彩图)

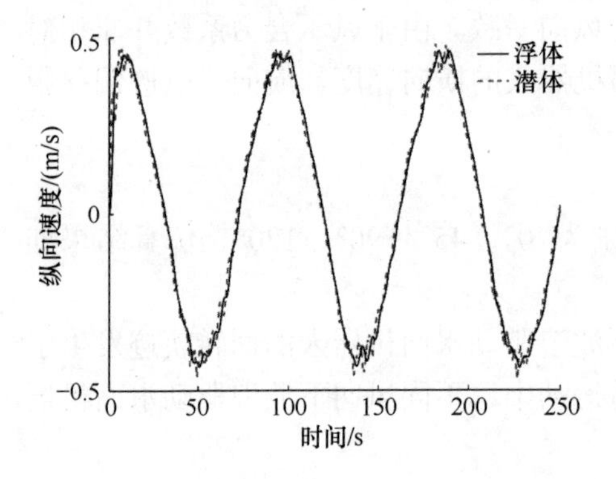

图 4.89　大地坐标系下纵向速度(45°，3m/s)

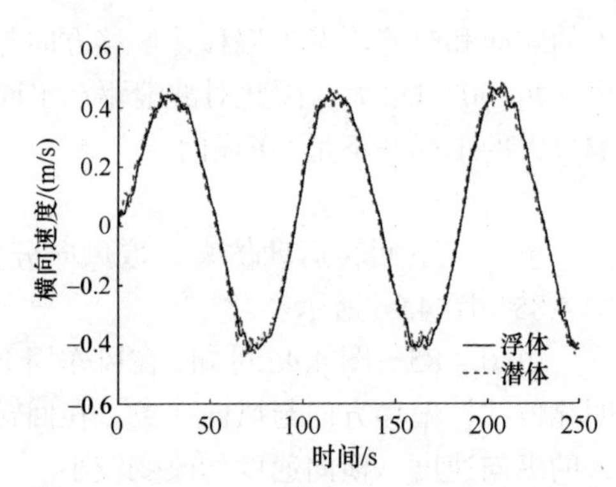

图 4.90　大地坐标系下横向速度(45°，3m/s)

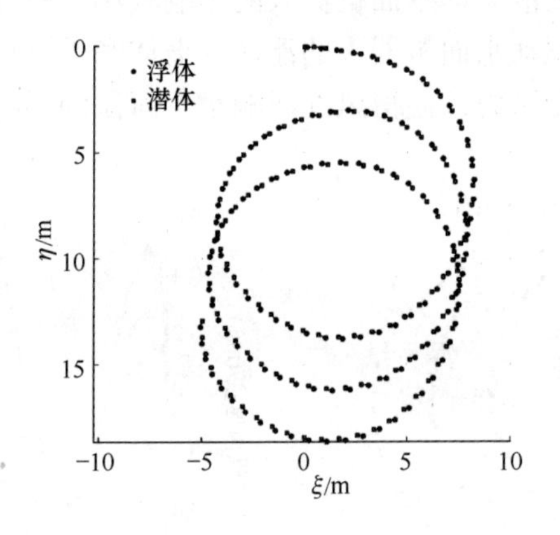

图 4.91　运动轨迹(90°，3m/s，见书后彩图)

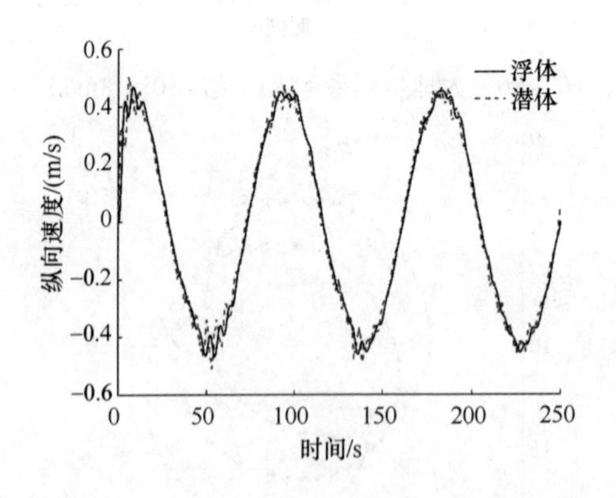

图 4.92　大地坐标系下纵向速度(90°，3m/s)

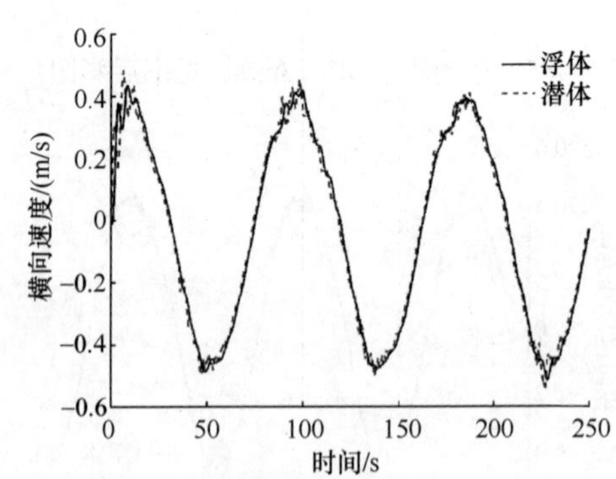

图 4.93　大地坐标系下横向速度(90°，3m/s)

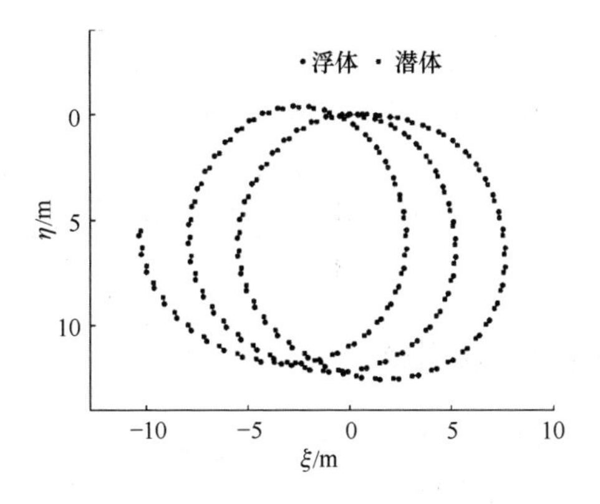

图 4.94　运动轨迹(180°，3m/s，见书后彩图)

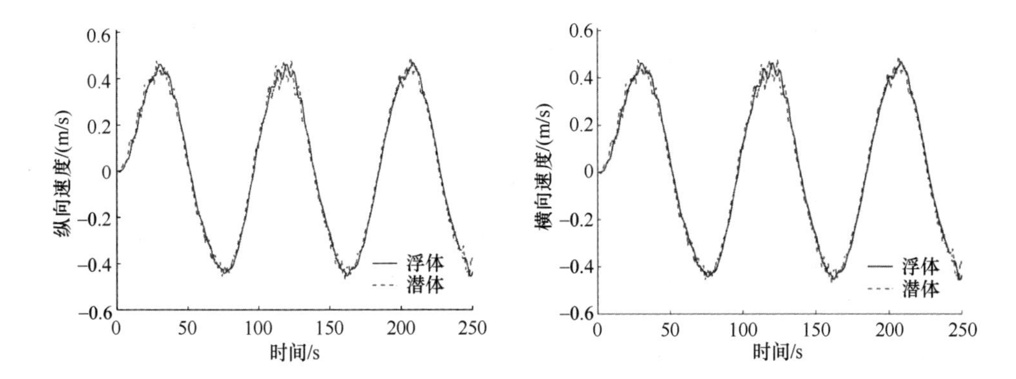

图 4.95　大地坐标系下纵向速度(180°，3m/s)　图 4.96　大地坐标系下横向速度(180°，3m/s)

4.3　柔链可放松假设下运动建模与预报

4.2 节探讨了柔链张紧假设下波浪驱动水面机器人的动力学模型(该模型假设柔链长期处于张紧状态，将柔链简化为刚性杆)，仿真试验表明由于潜体较重，在低海况下该模型具有合理性。然而，观测波浪驱动水面机器人的水池或外场试验可知，柔链实际上交替处于张紧或放松状态，且放松状态时间占比不可忽略，高海况时更加明显(体现为柔链张力“非负”现象)。因此，将柔链视为刚性杆还不够完善。

本节针对上述问题，探索柔链影响下波浪驱动水面机器人的动力学模型，考虑柔链的张紧、放松状态对其动力学特性的影响。研究中假设：①当柔链张紧时，对柔链尺度而言柔链的变形量极小，可认为浮体与潜体之间的距离是定值，同时浮体和潜体可绕二者与柔链的连接点转动；②当柔链放松时，忽略柔链自身的张力，浮体运动和潜体运动可视为相互独立。本节首先建立柔链放松时浮体、潜体独立的动力学模型；然后结合 4.2 节柔链张紧时波浪驱动水面机器人的动力学模型，并分析两种模型切换过程的判断准则和状态传递问题；最终建立柔链可放松假设下波浪驱动水面机器人的动力学模型。

4.3.1　柔链放松时浮体和潜体的动力学模型

当柔链为放松状态时，浮体与潜体的运动视为相互独立，因此分别建立浮体与潜体的动力学模型。浮体与潜体的随体坐标系和大地坐标系如图 4.97 所示。

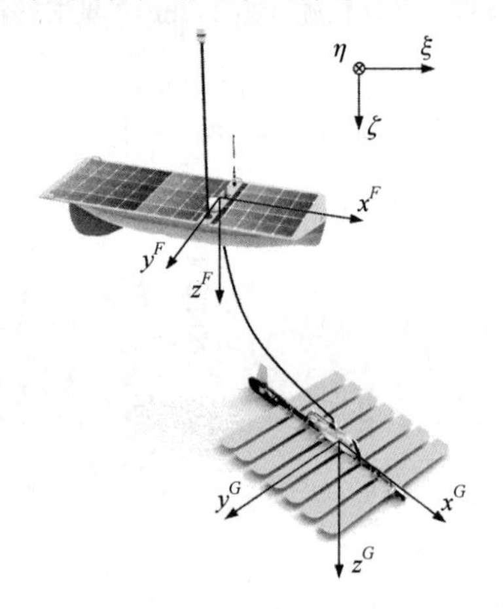

图 4.97　柔链放松时浮体与潜体的坐标系

(1) 浮体随体坐标系(右上标标注 F 的坐标系)：坐标系的原点位于浮体与柔链的连接点。其中 x^F 指向浮体艏部为正、y^F 指向浮体右舷为正、z^F 竖直向下为正。

(2) 潜体随体坐标系(右上标标注 G 的坐标系)：坐标系的原点位于潜体与柔链的连接点。其中 x^G 指向潜体艏部为正、y^G 指向潜体右舷为正、z^G 竖直向下为正。

(3) 大地坐标系(ξ-η-ζ 坐标系)：该坐标系为 NED 坐标系，ξ 轴以指向北为正、η 轴以指向东为正、ζ 轴竖直向下为正。

潜体的摇摆运动会降低潜体升沉过程中波浪能的利用效率，因此在结构设计中，一般把潜体重心、水动力重心以及与柔链连接点布局于同一竖直线内。柔链与浮体和潜体的连接点分别位于浮体和潜体的中纵剖面内，有式(4.97)成立：

$$x_g^G = y_g^G = z_g^G = y_g^F = z_g^F = 0 \tag{4.97}$$

浮体、潜体随体坐标系的坐标原点分别位于浮体与柔链的连接点、潜体与柔链的连接点。如此设置是因为在 4.3.2 节中，浮体、潜体随体坐标系原点之间的距离与切换过程中的判断准则密切相关。浮体与柔链的连接点位于浮体重心前方，因此 $x_g^F < 0$ 。

1. 浮体的动力学模型

当柔链处于放松状态时，浮体没有主动控制力输入。考虑到航行中浮体吃水变化量远小于波浪运动幅值，尤其是高海况下浮体吃水的变化为厘米量级而波浪运动为米量级，因此将浮体垂向运动近似为波浪表面的垂向运动，即浮体垂向运动与纵荡、横荡和艏摇运动是解耦的。

浮体的三自由度(纵荡、横荡、艏摇)耦合模型为[3]

$$\boldsymbol{M}^F \dot{\boldsymbol{v}}_r^F + \boldsymbol{C}^F(\boldsymbol{v}_r^F)\boldsymbol{v}_r^F = \boldsymbol{D}^F(\boldsymbol{v}_r^F) + \boldsymbol{\tau}_{\text{wind}}^F + \boldsymbol{\tau}_{\text{wave}}^F \tag{4.98}$$

其中，$\boldsymbol{v}_r^F = \begin{bmatrix} u_r^F & v_r^F & r^F \end{bmatrix}^{\mathrm{T}} = \begin{bmatrix} u^F - u_F^c & v^F - v_F^c & r^F \end{bmatrix}^{\mathrm{T}}$ 为浮体相对于海流的相对速度向量；u_r^F 、v_r^F 为浮体相对于海流的纵荡与横荡相对速度；u^F 、v^F 为浮体在浮体坐标系下的纵荡和横荡速度；u_F^c 、v_F^c 为海流在浮体随体坐标系下的纵向、横向速度；r^F 为浮体的转艏角速度；$\boldsymbol{M}^F = \boldsymbol{M}_{RB}^F + \boldsymbol{M}_A^F$ 为浮体的惯性矩阵，包括附加质量；$\boldsymbol{C}^F(\boldsymbol{v}_r^F) = \boldsymbol{C}_{RB}^F(\boldsymbol{v}_r^F) + \boldsymbol{C}_A^F$ 为浮体的科氏向心力系数矩阵，包括附加质量；$\boldsymbol{D}^F(\boldsymbol{v}_r^F)$ 为浮体的阻尼力向量；$\boldsymbol{\tau}_{\text{wind}}^F$ 为浮体的风力向量；$\boldsymbol{\tau}_{\text{wave}}^F$ 为浮体的波浪力向量。

考虑式(4.97)，简化后惯性矩阵和科氏向心力系数矩阵为

$$\boldsymbol{M}^F = \begin{bmatrix} m_F - X_{\dot{u}}^F & 0 & 0 \\ 0 & m_F - Y_{\dot{v}}^F & m_F x_g^F \\ 0 & m_F x_g^F & I_z^F - N_{\dot{r}}^F \end{bmatrix} \tag{4.99}$$

$$\boldsymbol{C}^F(\boldsymbol{v}_r^F) = \begin{bmatrix} 0 & 0 & -m_F(x_g^F r^F + v_r^F) + a_2^F \\ 0 & 0 & m_F u_r^F - a_1^F \\ m_F(x_g^F r^F + v_r^F) - a_2^F & -m_F u_r^F + a_1^F & 0 \end{bmatrix} \tag{4.100}$$

其中，m_F 为浮体的质量；I_z^F 为浮体关于浮体随体坐标系 z 轴的转动惯量；$X_{\dot{u}}^F$ 、$Y_{\dot{v}}^F$ 、$N_{\dot{r}}^F$ 为浮体的惯性水动力系数；a_1^F 、a_2^F 为浮体的水动-科氏向心力系数[3]。

浮体阻尼力向量的近似计算公式为

$$\boldsymbol{D}^F(\boldsymbol{v}_r^F) = -\begin{bmatrix} C_u^F(u_r^F)^2 \cdot \text{sign}(u_r^F) & C_v^F(v_r^F)^2 \cdot \text{sign}(v_r^F) & C_r^F(r^F)^2 \cdot \text{sign}(r^F) \end{bmatrix}^{\mathrm{T}} \tag{4.101}$$

其中，C_u^F 、C_v^F 、C_r^F 为浮体在纵荡、横荡和转艏运动的水动力系数；$\text{sign}(\cdot)$ 为

符号函数。

浮体在大地坐标系下的位置由式(4.102)计算：

$$\begin{cases}\dot{\xi}^F = u^F \, \mathrm{c}(\psi^F) - v^F \, \mathrm{s}(\psi^F) \\ \dot{\eta}^F = u^F \, \mathrm{s}(\psi^F) + v^F \, \mathrm{c}(\psi^F) \\ \dot{\psi}^F = r^F \end{cases} \tag{4.102}$$

其中，ξ^F 和 η^F 分别为浮体在大地坐标系下的纵向和横向坐标；ψ^F 为浮体的艏向。

2. 潜体的动力学模型

考虑如下四个独立自由度，即潜体重心的纵向运动、横向运动、垂向运动和潜体的转艏运动，潜体的四自由度耦合动力学方程如下[3]：

$$\boldsymbol{M}^G \dot{\boldsymbol{v}}_r^G + \boldsymbol{C}^G(\boldsymbol{v}_r^G)\boldsymbol{v}_r^G = \boldsymbol{D}^G(\boldsymbol{v}_r^G) + \boldsymbol{\tau}^G + \boldsymbol{P}^G \tag{4.103}$$

其中，$\boldsymbol{v}_r^G = \begin{bmatrix} u_r^G & v_r^G & w^G & r^G \end{bmatrix}^{\mathrm{T}} = \begin{bmatrix} u^G - u_G^c & v^G - v_G^c & w^G & r^G \end{bmatrix}^{\mathrm{T}}$ 为潜体相对于海流的相对速度向量；u_r^G、v_r^G 为潜体相对于海流的纵荡与横荡相对速度；u^G、v^G、w^G 为潜体在潜体随体坐标系下的纵荡、横荡和垂荡速度；u_G^c、v_G^c 为海流在潜体随体坐标系下的纵向和横向速度；r^G 为潜体的转艏角速度；$\boldsymbol{M}^G = \boldsymbol{M}_{RB}^G + \boldsymbol{M}_A^G$ 为潜体的惯性矩阵，包括附加质量；$\boldsymbol{C}^G(\boldsymbol{v}_r^G) = \boldsymbol{C}_{RB}^G(\boldsymbol{v}_r^G) + \boldsymbol{C}_A^G$ 为潜体的科氏向心力系数矩阵，包括附加质量；$\boldsymbol{D}^G(\boldsymbol{v}_r^G)$ 为潜体的阻尼力向量；$\boldsymbol{\tau}^G$ 为潜体的主动控制力向量，包括推力和舵力；$\boldsymbol{P}^G$ 为潜体的静力向量。

考虑式(4.97)，简化后惯性矩阵 $\boldsymbol{M}^G$ 和科氏向心力系数矩阵 $\boldsymbol{C}^G(\boldsymbol{v}_r^G)$ 如下：

$$\boldsymbol{M}^G = \begin{bmatrix} m_G - X_{\dot{u}}^G & 0 & 0 & 0 \\ 0 & m_G - Y_{\dot{v}}^G & 0 & 0 \\ 0 & 0 & m_G - Z_{\dot{w}}^G & 0 \\ 0 & 0 & 0 & I_z^G - N_{\dot{r}}^G \end{bmatrix} \tag{4.104}$$

$$\boldsymbol{C}^G(\boldsymbol{v}_r^G) = \begin{bmatrix} 0 & 0 & 0 & -m_G v_r^G + a_2^G \\ 0 & 0 & 0 & m_G u_r^G - a_1^G \\ 0 & 0 & 0 & 0 \\ m_G v_r^G - a_2^G & -m_G u_r^G + a_1^G & 0 & 0 \end{bmatrix} \tag{4.105}$$

其中，m_G 为潜体的质量；I_z^G 为潜体关于潜体坐标系 z 轴的转动惯量；$X_{\dot{u}}^G$、$Y_{\dot{v}}^G$、$Z_{\dot{w}}^G$、$N_{\dot{r}}^G$ 为潜体的惯性水动力系数；a_1^G、a_2^G 为潜体的水动-科氏向心力系数[3]。

潜体阻尼力向量的近似计算公式为

$$\boldsymbol{D}^G(\boldsymbol{v}_r^G) = -\Big[C_u^G(u_r^G)^2 \cdot \mathrm{sign}(u_r^G) \quad C_v^G(v_r^G)^2 \cdot \mathrm{sign}(v_r^G) \quad C_w^G(w_r^G)^2 \cdot \mathrm{sign}(w_r^G) \quad C_r^G(r^G)^2 \cdot \mathrm{sign}(r^G)\Big]^{\mathrm{T}} \tag{4.106}$$

其中，C_u^G、C_v^G、C_w^G、C_r^G 为潜体在纵荡、横荡、垂荡和转艏运动的水动力系数；$\mathrm{sign}(\cdot)$ 为符号函数。

$$\boldsymbol{\tau}^G = \begin{bmatrix} X_\tau^G \\ Y_\tau^G \\ Z_\tau^G \\ N_\tau^G \end{bmatrix} = \begin{bmatrix} T + \dfrac{1}{2}\rho S(v_r^\delta)^2 C_D(\delta) \\ \dfrac{1}{2}\rho S(v_r^\delta)^2 C_L(\delta) \\ 0 \\ Y_\tau^G \cdot L^\delta \end{bmatrix} \tag{4.107}$$

其中，T 为水翼推力；ρ 为介质密度（海水中 $\rho = 1.025 \times 10^3 \mathrm{kg/m^3}$）；$S$ 为舵板面积；v_r^δ 为来流速度；$C_L(\delta)$ 和 $C_D(\delta)$ 为舵板升力系数和阻力系数，$C_L(\delta)$ 和 $C_D(\delta)$ 均与舵角 δ 相关；L^δ 为舵与潜体中心的距离。

潜体的静力向量 $\boldsymbol{P}^G$ 如下：

$$\boldsymbol{P}^G = \begin{bmatrix} 0 & 0 & \overline{W} & 0 \end{bmatrix}^{\mathrm{T}} \tag{4.108}$$

其中，$\overline{W}$ 是潜体的湿重，等同于潜体重力与潜体所受浮力的合力。

大地坐标系下潜体位置由式(4.109)计算：

$$\begin{cases} \dot{\xi}^G = u^G \mathrm{c}(\psi^G) - v^G \mathrm{s}(\psi^G) \\ \dot{\eta}^G = u^G \mathrm{s}(\psi^G) + v^G \mathrm{c}(\psi^G) \\ \dot{\zeta}^G = w^G \\ \dot{\psi}^G = r^G \end{cases} \tag{4.109}$$

其中，ξ^G、η^G、ζ^G 为潜体在大地坐标系下纵向、横向和垂向坐标；ψ^G 为潜体艏向。

4.3.2 切换过程中判断准则与状态传递

1. 柔链由放松状态向张紧状态切换

1) 状态切换判断准则

在以下两种情况下，判定柔链由放松状态切换为张紧状态。

(1)浮体与潜体的距离 d^{FG} 大于柔链的长度 $d^{\text{umbilical}}$，即

$$d^{FG}=\sqrt{(\xi^F-\xi^G)^2+(\eta^F-\eta^G)^2+(\zeta^F-\zeta^G)^2}>d^{\text{umbilical}} \tag{4.110}$$

其中，ξ^F、η^F、ζ^F、ξ^G、η^G、ζ^G 表示浮体和潜体在大地坐标系下的纵向、横向、垂向坐标。

(2)浮体与潜体间距等于柔链长度,同时浮体和潜体之间有相互远离的运动趋势，即

$$d^{FG}=d^{\text{umbilical}} \text{ 且 } v_r^{FG}>0 \tag{4.111}$$

其中，v_r^{FG} 是潜体相对于浮体的速度在潜体与浮体之间连线上的投影：

$$v_r^{FG}=\boldsymbol{r}^{FG}\cdot\boldsymbol{v}_r^{FG} \tag{4.112}$$

其中，$\boldsymbol{r}^{FG}$ 是大地坐标系下归一化的浮体指向潜体的矢径：

$$\boldsymbol{r}^{FG}=\begin{bmatrix}\xi^G-\xi^F & \eta^G-\eta^F & \zeta^G-\zeta^F\end{bmatrix}^{\mathrm{T}}/d^{FG} \tag{4.113}$$

$\boldsymbol{v}_r^{FG}$ 是大地坐标系下潜体相对于浮体的速度矢量：

$$\boldsymbol{v}_r^{FG}=\begin{bmatrix}\dot\xi^G-\dot\xi^F & \dot\eta^G-\dot\eta^F & \dot\zeta^G-\dot\zeta^F\end{bmatrix}^{\mathrm{T}} \tag{4.114}$$

2)状态传递

除在柔链放松、张紧情形下相同的状态之外(如浮体和潜体的艏向、浮体和潜体的转艏角速度),柔链张紧状态下波浪驱动水面机器人的动力学模型还需获得以下初始状态：波浪驱动水面机器人系统在大地坐标系下的初始速度、横倾角和纵倾角，初始的横摇角速度及纵摇角速度。

系统坐标系的原点位于波浪驱动水面机器人的重心处，因此有

$$^{\text{NED}}\boldsymbol{\eta}^O=(m_F\cdot{}^{\text{NED}}\boldsymbol{\eta}^F+m_G\cdot{}^{\text{NED}}\boldsymbol{\eta}^G)/(m_F+m_G) \tag{4.115}$$

$$^{\text{NED}}\dot{\boldsymbol{\eta}}^O=(m_F\cdot{}^{\text{NED}}\dot{\boldsymbol{\eta}}^F+m_G\cdot{}^{\text{NED}}\dot{\boldsymbol{\eta}}^G)/(m_F+m_G) \tag{4.116}$$

其中，$^{\text{NED}}\boldsymbol{\eta}^O=\begin{bmatrix}\xi & \eta & \zeta\end{bmatrix}^{\mathrm{T}}$；$^{\text{NED}}\boldsymbol{\eta}^F=\begin{bmatrix}\xi^F & \eta^F & \zeta^F\end{bmatrix}^{\mathrm{T}}$；$^{\text{NED}}\boldsymbol{\eta}^G=\begin{bmatrix}\xi^G & \eta^G & \zeta^G\end{bmatrix}^{\mathrm{T}}$。

波浪驱动水面机器人的重心在系统坐标系下的速度：

$$\boldsymbol{v}={}_{\text{NED}}^{\ \ O}\boldsymbol{R}\cdot{}^{\text{NED}}\boldsymbol{\eta}^O \tag{4.117}$$

根据运动学关系式(4.6)，有

$$^O\boldsymbol{v}^G-\boldsymbol{v}=\boldsymbol{\omega}\times\boldsymbol{r}^G=qd^G\cdot\boldsymbol{i}-pd^G\cdot\boldsymbol{j}+0\cdot\boldsymbol{k} \tag{4.118}$$

可得

$$p = -({}^{O}\boldsymbol{v}^{G} - \boldsymbol{v}) \cdot \boldsymbol{j} / d^{G} \tag{4.119}$$

$$q = ({}^{O}\boldsymbol{v}^{G} - \boldsymbol{v}) \cdot \boldsymbol{i} / d^{G} \tag{4.120}$$

其中，${}^{O}\boldsymbol{v}^{G}$ 是潜体在系统坐标系下的速度：

$${}^{O}\boldsymbol{v}^{G} = {}_{G}^{O}\boldsymbol{R} \cdot \boldsymbol{v} \tag{4.121}$$

对于系统的初始横倾角 ϕ 和初始纵倾角 θ ，存在以下关系：

$${}^{\mathrm{NED}}\boldsymbol{r}^{G} = {}_{O}^{\mathrm{NED}}\boldsymbol{R} \cdot \boldsymbol{r}^{G} \tag{4.122}$$

其中，${}^{\mathrm{NED}}\boldsymbol{r}^{G}$ 是大地坐标系下系统坐标系原点指向潜体随体坐标系原点的矢径：

$${}^{\mathrm{NED}}\boldsymbol{r}^{G} = {}^{\mathrm{NED}}\boldsymbol{\eta}^{G} - {}^{\mathrm{NED}}\boldsymbol{\eta}^{O} \tag{4.123}$$

式(4.122)展开后第一行和第二行为包括 ϕ 和 θ 的两个方程：

$$d^{G}(\mathrm{c}(\psi^{G})\mathrm{s}(\theta)\mathrm{c}(\phi) + \mathrm{s}(\psi^{G})\mathrm{s}(\phi)) = {}^{\mathrm{NED}}\boldsymbol{r}^{G} \cdot \boldsymbol{i} \tag{4.124}$$

$$d^{G}(\mathrm{s}(\psi^{G})\mathrm{s}(\theta)\mathrm{c}(\phi) - \mathrm{c}(\psi^{G})\mathrm{s}(\phi)) = {}^{\mathrm{NED}}\boldsymbol{r}^{G} \cdot \boldsymbol{j} \tag{4.125}$$

还包括两个附加方程：

$$\mathrm{s}^{2}(\theta) + \mathrm{c}^{2}(\theta) = 1 \tag{4.126}$$

$$\mathrm{s}^{2}(\phi) + \mathrm{c}^{2}(\phi) = 1 \tag{4.127}$$

由式(4.124)～式(4.127)组成的方程组包括四个未知量：$\mathrm{s}(\theta)$ 、$\mathrm{c}(\theta)$ 、$\mathrm{s}(\phi)$ 和 $\mathrm{c}(\phi)$ 。采用数值方法可以求解这四个未知量，进一步利用反三角函数即可获得系统的初始横倾角 ϕ 和初始纵倾角 θ ，该方程组的求解可采用数值计算方法(如数值计算软件 MATLAB)。该方程组存在多解的情况，因为在实际中 ϕ 与 θ 均小于 90°，选取其中 $\mathrm{c}(\theta) > 0$ 且 $\mathrm{c}(\phi) > 0$ 的解；同时，正弦及余弦函数均为周期函数，在计算中选择 $-90° < \phi < 90°$ 且 $-90° < \theta < 90°$ 的解。

2. 柔链由张紧状态向放松状态切换

1) 状态切换判断准则

如 4.2.5 节所述，当潜体受柔链作用力的垂向分力为正时(柔链不合理地提供了压力)，柔链由张紧状态切换为放松状态，即如果 $\boldsymbol{T}^{G}(3) > 0$ ，则判定柔链由张紧状态切换为放松状态。

2) 状态传递

除在柔链放松、张紧情形下相同的状态之外(如浮体和潜体的艏向、浮体和潜体的转艏角速度)，柔链放松状态下浮体、潜体的动力学模型还需获得以下初始状态：浮体和潜体在各自随体坐标系下的初始速度，浮体和潜体在大地坐标系下的

初始位置。结合运动学关系式(4.6)和坐标系转化矩阵式(4.2)～式(4.5)可得

$$ {}^{\mathrm{NED}}\boldsymbol{\eta}^{F} = {}^{\mathrm{NED}}\boldsymbol{\eta}^{O} + {}^{\mathrm{NED}}_{O}\boldsymbol{R}\cdot\boldsymbol{r}^{F} \tag{4.128} $$

$$ {}^{\mathrm{NED}}\boldsymbol{\eta}^{G} = {}^{\mathrm{NED}}\boldsymbol{\eta}^{O} + {}^{\mathrm{NED}}_{O}\boldsymbol{R}\cdot\boldsymbol{r}^{G} \tag{4.129} $$

$$ \boldsymbol{v}^{F} = {}^{F}_{O}\boldsymbol{R}\cdot{}^{O}\boldsymbol{v}^{F} \tag{4.130} $$

$$ \boldsymbol{v}^{G} = {}^{G}_{O}\boldsymbol{R}\cdot{}^{O}\boldsymbol{v}^{G} \tag{4.131} $$

4.3.3 运动仿真与分析

柔链在较大波高情况下易于出现放松状态,然而受限于试验水池的造波能力,难以开展大波高工况下的水池试验。因此，本节利用仿真试验检验柔链可放松假设下波浪驱动水面机器人动力学模型的合理性。本节以“海洋漫步者Ⅱ”号波浪驱动水面机器人为对象开展相关研究,“海洋漫步者Ⅱ”号波浪驱动水面机器人的主要参数如表 4.3 所示。

1. 不同波浪下浮体与潜体之间距离变化

本节考虑几种典型规则正弦波浪工况[24](表 4.5)，开展波浪驱动水面机器人的纵向、回转运动仿真。浮体与潜体初始速度、柔链初始横倾角和初始纵倾角、浮体和潜体初始艏向均设为 0，柔链长度取为 4m；回转运动仿真中舵角设为 20°。仿真结果如图 4.98～图 4.105、表 4.6 和表 4.7 所示,图例中波浪指波浪的时变响应值。

表 4.5 仿真中的波浪工况 （单位：m）

参数	波浪工况 1	波浪工况 2	波浪工况 3	波浪工况 4
波高	0.2	0.5	1.0	1.5
波长	8	16	20	25

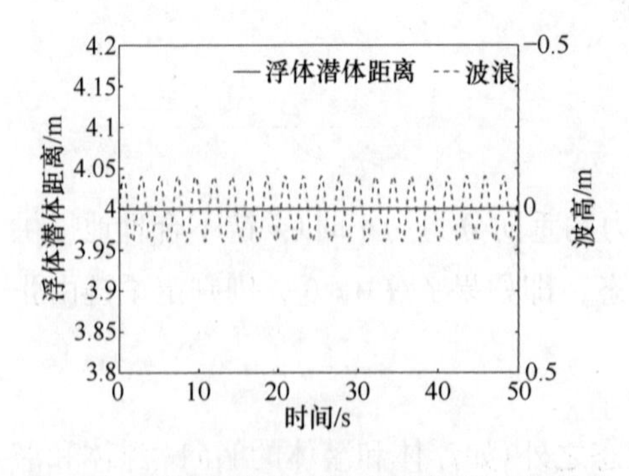

图 4.98 浮体与潜体之间的距离(纵向运动仿真，波浪工况 1)

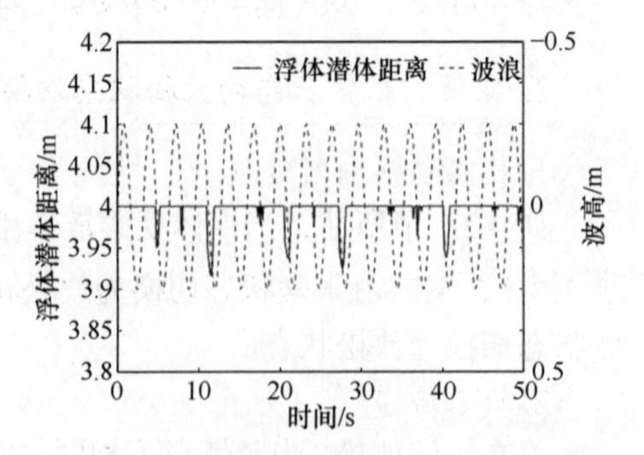

图 4.99 浮体与潜体之间的距离(纵向运动仿真，波浪工况 2)

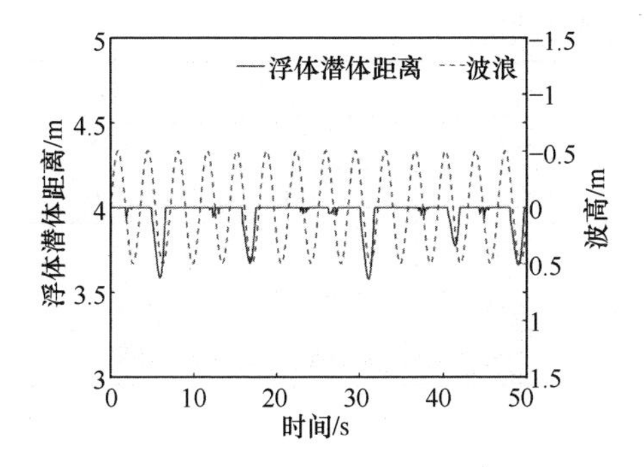

图 4.100 浮体与潜体之间的距离(纵向运动仿真，波浪工况 3)

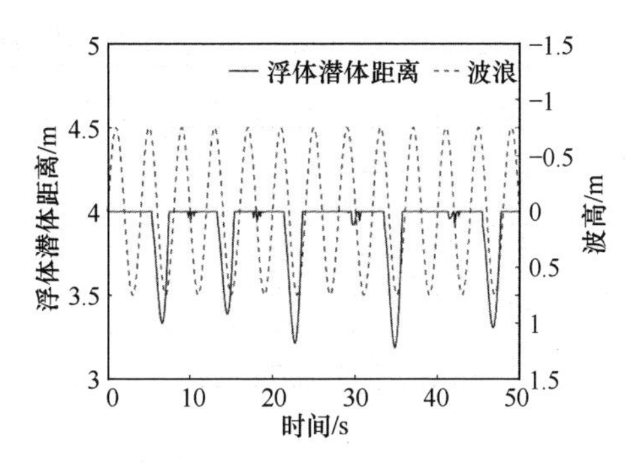

图 4.101 浮体与潜体之间的距离(纵向运动仿真，波浪工况 4)

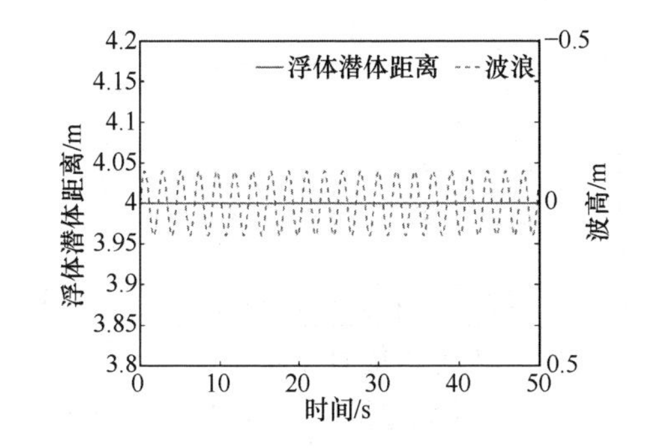

图 4.102 浮体与潜体之间的距离(回转运动仿真，波浪工况 1)

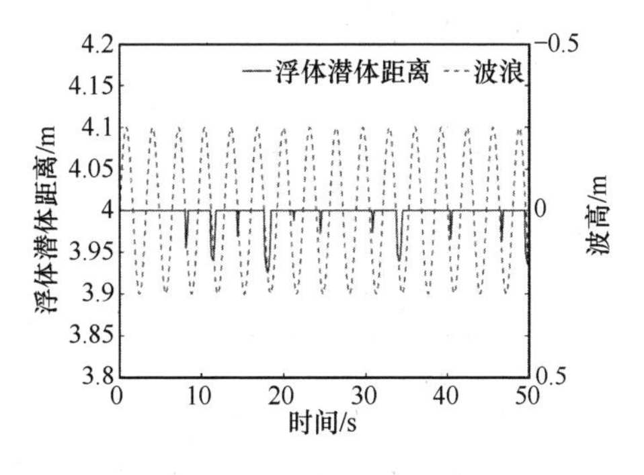

图 4.103 浮体与潜体之间的距离(回转运动仿真，波浪工况 2)

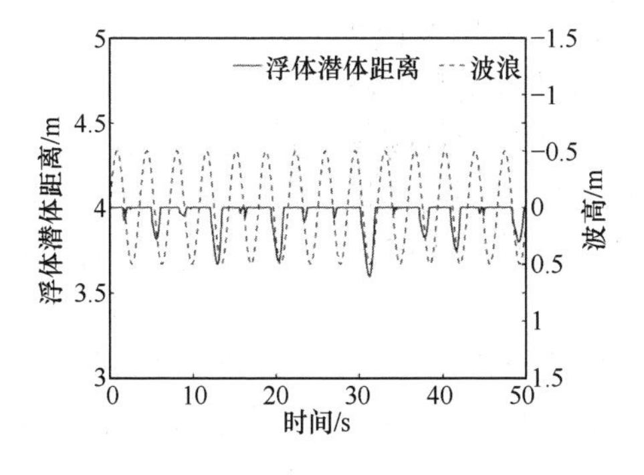

图 4.104 浮体与潜体之间的距离(回转运动仿真，波浪工况 3)

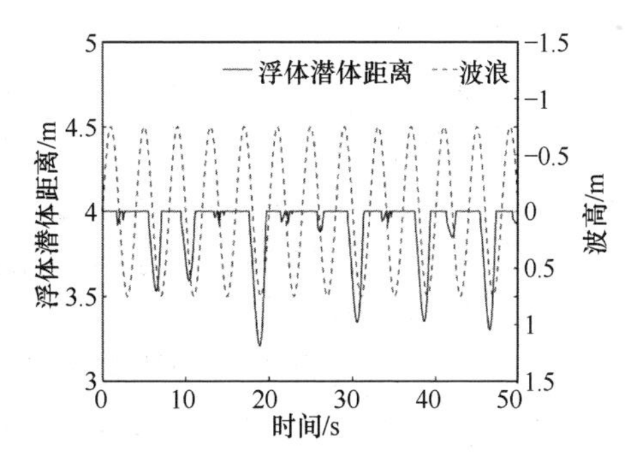

图 4.105 浮体与潜体之间的距离(回转运动仿真，波浪工况 4)

表 4.6　纵向运动仿真结果

参数	波浪工况 1	波浪工况 2	波浪工况 3	波浪工况 4
波高(m)/波长(m)	0.2/8	0.5/16	1.0/20	1.5/25
波浪表面最大垂荡速度/(m/s)	0.2774	0.4904	0.8773	1.1770
柔链放松状态时间占比/%	0	11.78	22.95	27.54
最小浮体与潜体距离/m	4	3.9166	3.5764	3.1871
平均浮体与潜体距离/m	4	3.9954	3.9616	3.9026

表 4.7　回转运动仿真结果

参数	波浪工况 1	波浪工况 2	波浪工况 3	波浪工况 4
波高(m)/波长(m)	0.2/8	0.5/16	1.0/20	1.5/25
波浪表面最大垂荡速度/(m/s)	0.2774	0.4904	0.8773	1.1770
柔链放松状态时间占比/%	0	8.18	25.95	32.34
最小浮体与潜体距离/m	4	3.9258	3.5952	3.2058
平均浮体与潜体距离/m	4	3.9965	3.9625	3.9079

图 4.98～图 4.105 展示了 4 种波浪工况下，纵向和回转运动仿真中浮体与潜体之间距离的变化曲线。波浪工况 1 时，纵向和回转运动仿真中柔链始终处于张紧状态(浮体与潜体之间距离始终等于柔链长度，无切换过程)。由表 4.6 和表 4.7 可知，对比波浪工况 2～4，波浪工况 1 的波浪表面最大垂荡速度最小。虽然动力学模型计入了柔链可放松影响，由于波浪工况 1 下波浪垂荡运动较弱，并未出现“柔链放松”现象。

波浪工况 2～4 时，浮体与潜体之间距离在一定时间内小于柔链长度，即发生了切换过程、柔链出现了放松状态，并且交替被拉紧和放松。由表 4.6 和表 4.7 可知，在纵向和回转运动仿真中，随着波浪表面最大垂荡速度的增大，浮体与潜体之间距离的最小值和平均值逐渐变小，而柔链处于放松状态的时间占比显著变大。表明波浪工况越高激励的浮体垂荡运动越剧烈，当浮体下降速度大于潜体时柔链将出现放松状态。

波浪工况 4 时，柔链处于放松状态的时间占比纵向运动为 27.54%、回转运动为 32.34%，即运动过程中约 30%的时间浮体与潜体之间几乎没有力和运动的传递。从上述运动仿真可知，柔链柔性对波浪驱动水面机器人动力学特性的影响客观存在，对于较高的波浪工况，柔链的柔性影响不能忽略。

2. 纵向运动响应

由前面分析可知，波浪工况 2～4 情形下柔链会出现放松状态。本节以波浪工况 2(波高 0.5m、波长 16m)为例，简要描述波浪驱动水面机器人的纵向、回转运动响应。

波浪工况 2 时纵向运动仿真结果如图 4.106～图 4.108 所示。

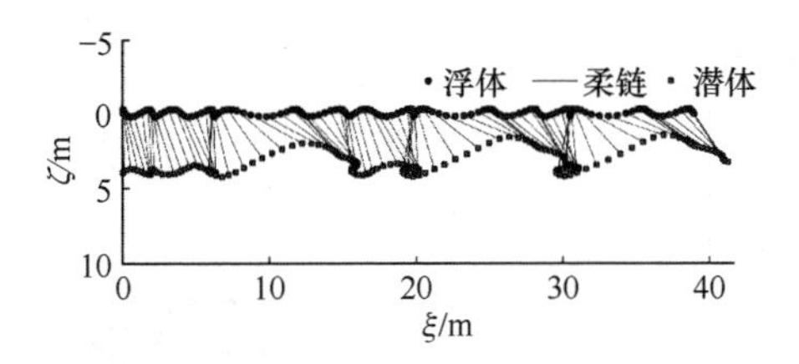

图 4.106　*xz* 视图(波高 0.5m、波长 16m，见书后彩图)

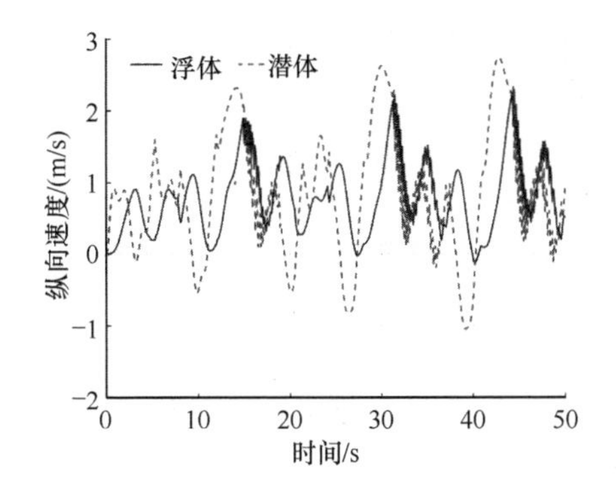

图 4.107　大地坐标系下浮体与潜体的纵向速度(波高 0.5m、波长 16m)

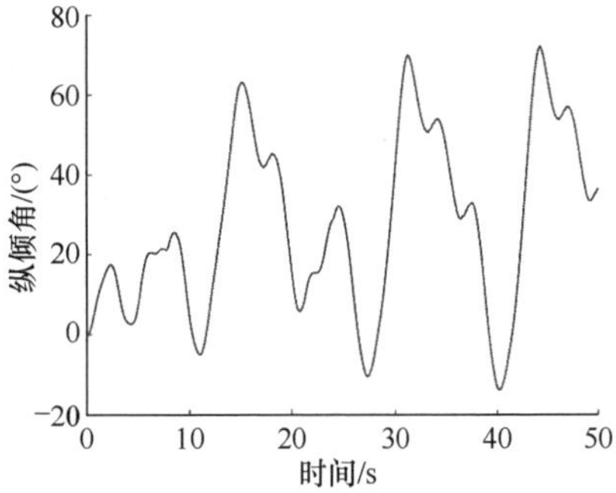

图 4.108　系统坐标系下柔链纵倾角(波高 0.5m、波长 16m)

图 4.106 中蓝色圆点、红色方点和黑色的直线分别代表浮体、潜体和柔链。该图是波浪驱动水面机器人纵向运动的整体描述，包含前进距离、系统坐标系纵倾角、浮体与潜体的轨迹等信息。详细数据如图 4.107 和图 4.108 所示，该设定波浪工况下浮体和潜体的平均速度约为 0.78m/s，浮体和潜体瞬时速度处于振荡状态；系统纵倾角的响应剧烈，最大值约为 70°、最小值约为−10°，纵倾角为负说明尽管潜体提供推力以拖曳浮体前进，但潜体不总是位于浮体前方。波浪运动激励下浮体运动较为规则，受浮体+柔链+潜体相互作用、潜体水动力等耦合影响，潜体运动较为剧烈，潜体垂向运动的幅度可达 2.5m。

图 4.109 描述了浮体与潜体之间距离、波高响应曲线。浮体与潜体之间距离不是一直等于柔链长度，即柔链交替处于张紧、放松状态。当波浪表面迅速下降时浮体迅速下降，而潜体受到垂向水动力作用无法迅速下降，当浮体下降速度快于潜体时出现了“柔链放松”现象。运动过程中有时柔链能够保持短暂的放松状态，有时会在放松状态和张紧状态之间连续快速切换。

可以预判在更高海况下，波浪驱动水面机器人的运动将更加剧烈，柔链柔性的影响以及柔链放松状态的时间将更为显著。下面开展波高 1m、波长 20m 下的仿真试验，结果如图 4.110～图 4.113 所示。

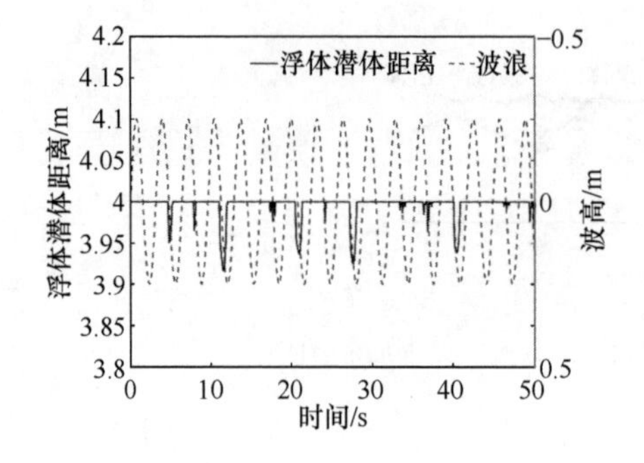

图 4.109　浮体与潜体之间的距离(波高 0.5m、波长 16m)

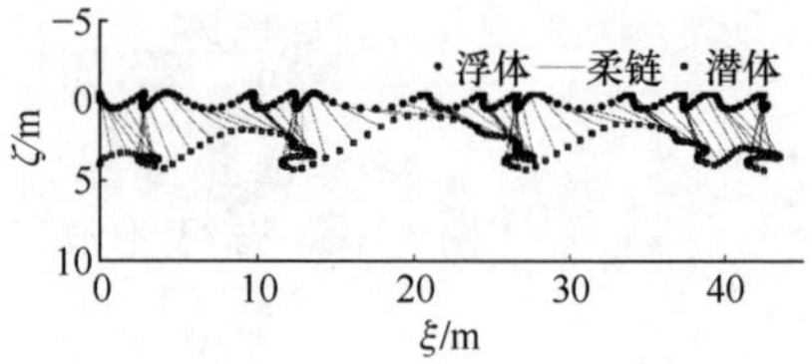

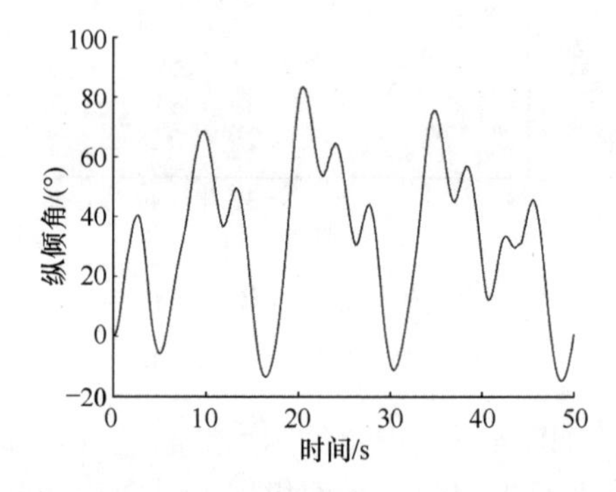

图 4.110　xz 视图(波高 1m、波长 20m，见书后彩图)

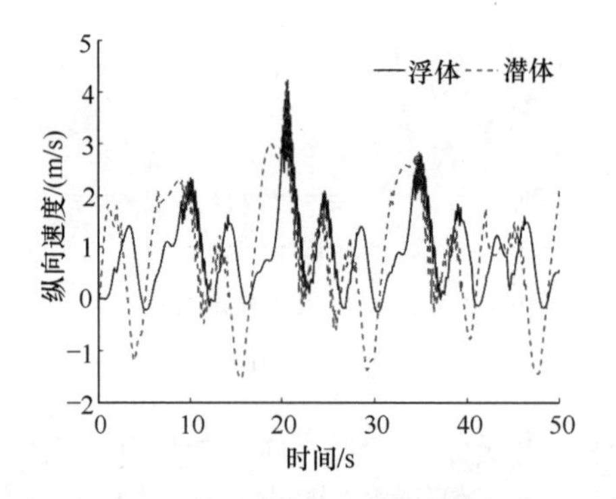

图 4.111　大地坐标系下浮体与潜体的纵向速度(波高 1m、波长 20m)

图 4.112　系统坐标系下柔链纵倾角(波高 1m、波长 20m)

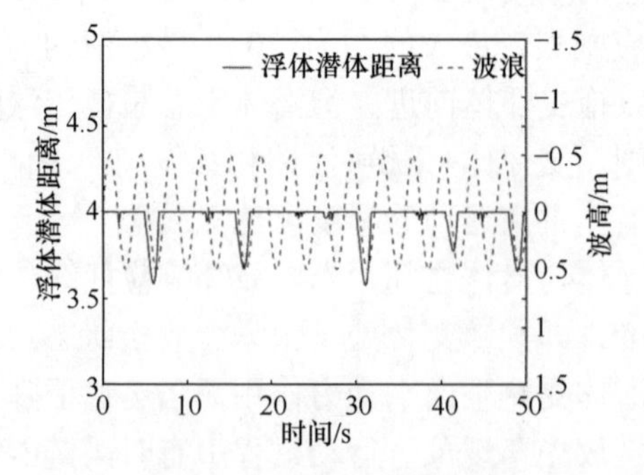

图 4.113　浮体与潜体之间的距离(波高 1m、波长 20m)

对比波高 0.5m、波长 16m 和波高 1m、波长 20m 的仿真结果，可知系统平均速度、速度振荡剧烈程度、平均柔链纵倾角、柔链放松状态时间等均有明显增加，而浮体与潜体之间距离的平均值、最小值均有减小。

3. 回转运动响应

波高 0.5m、波长 16m 和舵角 20°时，波浪驱动水面机器人的回转运动仿真结果如图 4.114～图 4.117 所示。

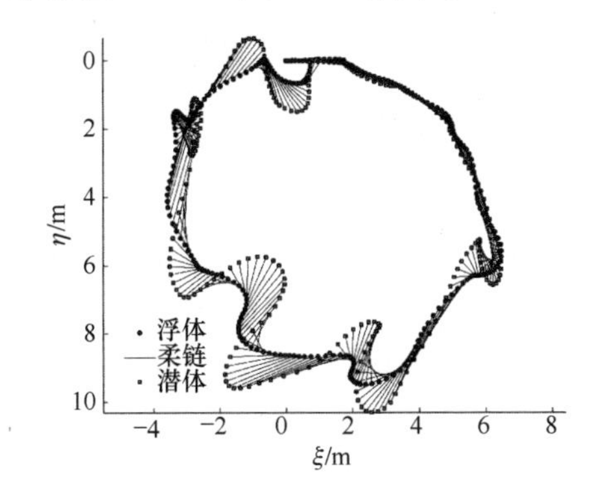

图 4.114　*xy* 视角(见书后彩图)

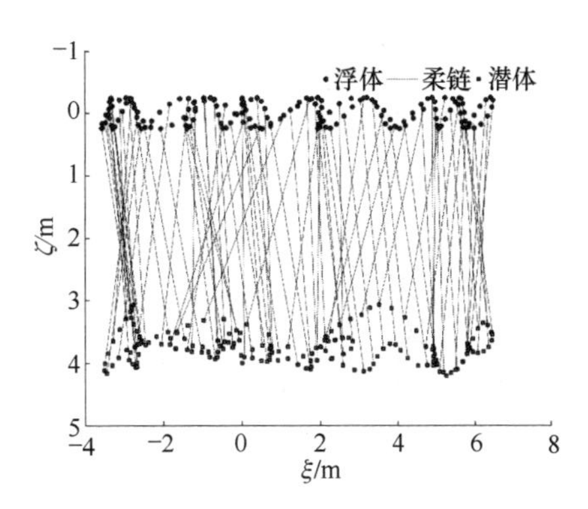

图 4.115　*xz* 视角(见书后彩图)

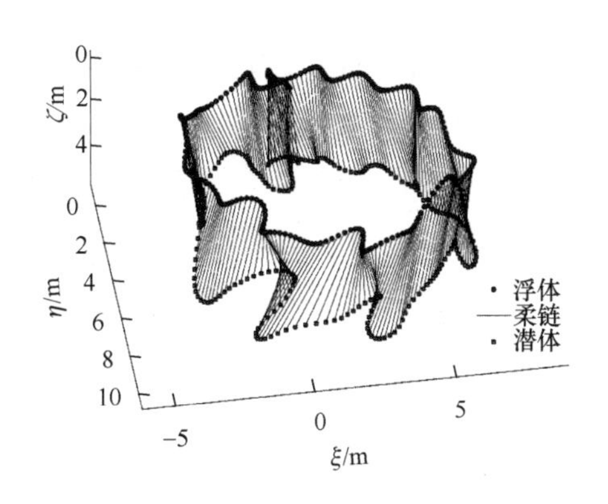

图 4.116　空间视角(见书后彩图)

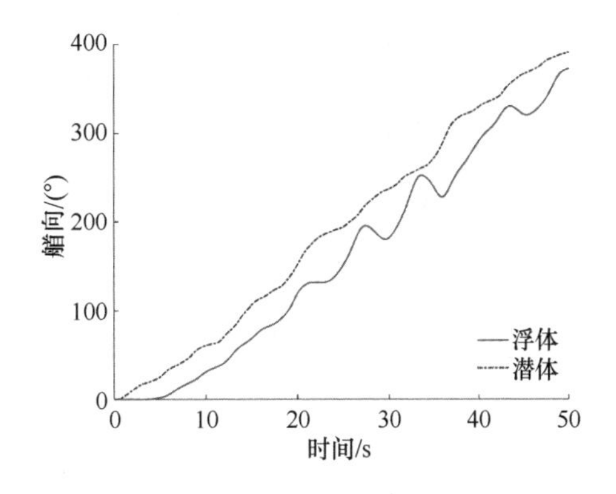

图 4.117　浮体与潜体的艏向

图 4.114～图 4.116 中蓝色圆点、红色方点组成的曲线表示浮体、潜体轨迹，黑色直线表示柔链。由图 4.114 可知，回转运动中浮体、潜体的轨迹畸变为不规则圆，潜体的轨迹位于浮体轨迹内侧或外侧，具有不确定性，与柔链张紧假设下回转运动有显著差异，也不同于常规海洋机器人的回转运动。由图 4.117 可知，浮体艏向滞后于潜体艏向，且浮体艏向响应有振荡。柔链张力响应有振荡，而浮体转艏力矩由柔链张力提供，导致浮体艏向出现振荡现象。浮体转艏力矩来源于柔链张力，非零的浮体潜体艏向夹角是柔链张力对浮体产生转艏力矩的基本条件，

因此浮体转艏相对于潜体转艏必然存在一定的滞后。

4.4 艏向响应模型辨识与预报

艏向控制问题是实现波浪驱动水面机器人自主航行的基础，然而现有波浪驱动水面机器人的运动建模及预报方法往往不能获得艏向运动响应方程，或其模型精度达不到控制要求。针对上述问题，本节探讨基于试验数据的波浪驱动水面机器人艏向响应模型辨识与预报方法。

本节以“海洋漫步者”号波浪驱动水面机器人为研究对象，研究其艏向运动模型辨识以及操纵性预报问题。首先，在简化假设条件下，将波浪驱动水面机器人由刚柔多体系统简化为一个“推进器+浮体”的刚性系统，进而建立浮体水平面运动模型；然后，采取经验方法结合参数辨识策略获取模型参数，即部分模型参数由经验方法估算得到，但是鉴于艏向控制的特殊性和重要性，艏向运动模型参数基于水池试验数据，并引入人工鱼群算法进行辨识获得，从而充分利用有限的试验数据以真实刻画系统的动力学特性；最后，针对典型海况下波浪驱动水面机器人运动进行数值预报和分析，并检验所用方法的有效性。

本节旨在初步掌握“海洋漫步者”号波浪驱动水面机器人的艏向运动响应性能，为搭建仿真试验平台和研究运动控制问题奠定模型基础。

4.4.1 运动数学建模

1. 波浪驱动水面机器人的简化运动数学模型

波浪驱动水面机器人的浮体是一种微型船体，考虑到艏向建模相关研究的需要，提出以下假设：

(1) 浮体关于中纵剖面左右对称，只考虑其在水平面内的运动（$\boldsymbol{\eta}=\begin{bmatrix}x & y & \psi\end{bmatrix}^{\mathrm{T}}$，$\boldsymbol{v}=[u\ v\ r]^{\mathrm{T}}$），忽略横摇、纵摇和升沉运动的影响。

(2) 柔链是刚性的，即潜体和浮体具有一致的艏向，将潜体简化为一种普通推进装置，即潜体仅传递纵向推力 F_u 和偏航力矩 T_r 给浮体，同时柔链和潜体的质量均集中于浮体，即忽略柔链和潜体对浮体水平面运动的其他影响。

在上述假设条件下，将波浪驱动水面机器人的空间运动简化为浮体的水平面内运动，其运动形式如图 4.118 所示，图中$\{E\}$表示大地坐标系。

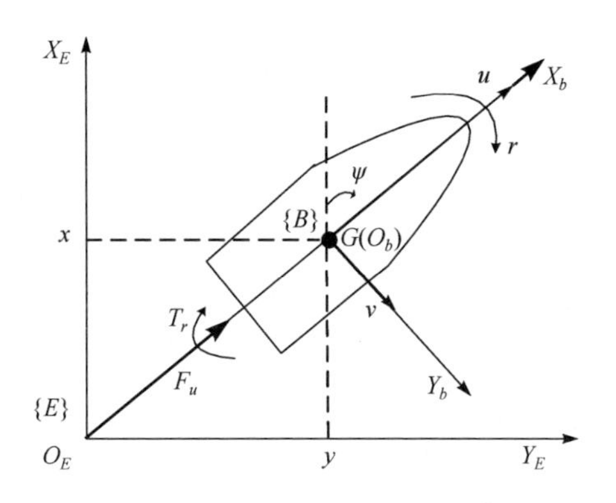

图 4.118 波浪驱动水面机器人运动模型

基于船舶操纵性建模理论[3]，可得到波浪驱动水面机器人在水平面内的简化运动数学模型为

$$\begin{cases}\dot{\eta}=J(\eta)v\\ M\dot{v}+C(v)v+D(v)v=\tau+\tau_E\end{cases} \tag{4.132}$$

鉴于波浪驱动水面机器人的航速由波浪环境决定，即表现出随机性和不可控特性，然而在特定海况下其平均航速较为稳定。为此建模过程中假设在设定海况下纵向速度变化较小，满足 $U=\sqrt{u^2+v^2}\approx u(U>0,\dot{u}=0)$ 恒成立，而航速 U 等于不同海况下的平均航速 $\bar{U}$；同时，考虑到波浪驱动水面机器人航速较低，艏摇运动采用一阶非线性 K-T 方程进行描述。因此，波浪驱动水面机器人水平面运动数学模型可进一步描述为

$$\begin{cases}\dot{x}=u\cos\psi-v\sin\psi\\ \dot{y}=u\sin\psi+v\cos\psi\\ \dot{\psi}=r\\ \dot{u}=0,\quad u=\sqrt{U^2-v^2}\\ \dot{v}=-\dfrac{m_{11}}{m_{22}}ur-\dfrac{Y_v}{m_{22}}v\\ \dot{r}=-\dfrac{1}{T}r+\dfrac{K}{T}\delta+\dfrac{\alpha}{T}r^3\end{cases} \tag{4.133}$$

其中，$\boldsymbol{\eta}=\begin{bmatrix}x & y & \psi\end{bmatrix}^{\mathrm{T}}$ 为纵向、横向位移以及艏向；$\boldsymbol{v}=\begin{bmatrix}u & v & r\end{bmatrix}^{\mathrm{T}}$ 为纵向、横向速度以及艏摇角速度；δ 为实际舵角；m_{11}、m_{22}、Y_v 为惯性质量和阻尼，根据 $m_{11}=m-X_{\dot{u}}$，$m_{22}=m-Y_{\dot{v}}$ 计算获得，m 为质量；T 为应舵指数(时间常数)；K 为回转性指数；α 为模型非线性项系数。

2. 水动力参数估计

上述操纵性参数可以通过水池以及海上操纵性试验获得，或者利用流体力学计算以及经验公式估算等方式得到。受试验条件和经费的限制，研究初期一般仅开展部分操纵性试验。由于缺乏实船操纵性试验数据，$X_{\dot{u}}$、$Y_{\dot{v}}$、Y_v 等参数采用经验公式进行估算，而K、T、α 等艏摇运动参数基于水池试验数据进行参数辨识得到。

$X_{\dot{u}}$ 利用周昭明回归公式计算[15]，而$Y_{\dot{v}}$、Y_v 利用 Clarke 线性水动力参数的回归公式计算[25]，这些回归公式均建立在大量实船(船模)试验数据基础上，具有较好的适用性。

$$
\begin{aligned}
X_{\dot{u}} &= \frac{m}{100}\left[0.398+11.97C_b\left(1+3.73\frac{D}{B}\right)-1.107\frac{L}{B}\frac{D}{B}\right. \\
&\quad \left. +0.175C_b\left(\frac{L}{B}\right)^2\left(1+0.541\frac{D}{B}\right)-2.89C_b\frac{L}{B}\left(1+1.13\frac{D}{B}\right)\right] \\
Y_{\dot{v}} &= \left[1+0.16C_b\frac{B}{D}-5.1\left(\frac{B}{L}\right)^2\right]\pi\left(\frac{D}{L}\right)^2\times 0.5\rho L^3 \\
Y_v &= -\left(1+0.4C_b\frac{B}{D}\right)\pi\left(\frac{D}{L}\right)^2\times 0.5\rho UL^2
\end{aligned}
\tag{4.134}
$$

其中，L、B、D、C_b 为浮体船长、船宽、吃水和方形系数；U、ρ 为航速和水密度。“海洋漫步者”号波浪驱动水面机器人的主要参数如表 4.8 所示。

表 4.8　“海洋漫步者”号波浪驱动水面机器人的主要参数

设计参数	参数值
m	122kg
L	2.94m
B	0.4m
D	0.171m
C_b	0.6067
U	SS1: 0.8kn SS2: 1.3kn SS3: 2.0kn SS4: 2.5kn

通过回归公式(4.134)估算出$X_{\dot{u}}$、$Y_{\dot{v}}$、Y_v；参数K、T、α 将在水池试验数据基础上基于特定算法进行参数辨识获得，下面进行专门阐述。

4.4.2 模型参数辨识方法

1. 算法选择与分析

船舶、波浪驱动水面机器人等艏摇运动是一类典型的非线性系统，其运动模型辨识问题是典型的非线性系统最优参数辨识问题。目前智能优化算法在数值计算、自动控制、机器人、图像处理、机器学习和数据挖掘等领域获得了广泛应用[26]，常用的包括蚁群算法、粒子群优化算法、遗传算法、人工鱼群算法(artificial fish swarm algorithm，AFSA)等。

大量文献研究和应用表明，人工鱼群算法能很好地解决非线性函数优化等问题，该算法的主要优点如下[27]：

(1)具有良好的摆脱局部极值，并取得全局极值的能力以及一定的自适应性。

(2)只需要比较目标函数值，而不必要求寻优问题的特殊信息(如梯度值)，因此对目标函数性质要求不高。

(3)对初值的要求不高(初值可随机产生或设为固定值)，且对各参数的选择比较宽裕。

(4)具有并行寻优能力，收敛速度较快。

下面基于人工鱼群算法进行波浪驱动水面机器人运动参数的模型辨识。

2. 人工鱼群算法

人工鱼群算法是一种仿生型群智能优化算法，它由李晓磊[28]于2003年提出。该算法基于动物自治体的概念，通过模拟自然界中鱼群的游弋觅食行为(主要表现为鱼的觅食、追尾、聚群和随机现象)，构造个体的底层行为，并通过模拟鱼群集体协作的社会行为，以最终实现集群智能。该算法已应用到控制参数整定[28]、模型辨识[29]、数据挖掘[30]、通信网优化[27]等领域。

下面简要介绍人工鱼群算法，该算法的更多相关细节详见文献[28]。人工鱼群算法中涉及的概念和参数定义如下：

(1)最大搜索空间维度，即待寻优变量的个数记为 D；B_d 表示待寻优变量的求解域，即 $B_d=\left[B_{di/\min}\ \ B_{di/\max}\right](i=1,2,\cdots,D)$，其中 $B_{di/\min}=\min(B_{di}), B_{di/\max}=\max(B_{di})$。

(2) V_s 表示人工鱼的视野(感知范围)；S_t 表示人工鱼的最大移动步长；κ 表示拥挤度系数，即人工鱼群的聚集程度；T_n 表示试探次数；人工鱼群体的总数量记为 n。

(3) $\boldsymbol{X}$ 表示人工鱼群整体，$\boldsymbol{X}=\left[\boldsymbol{X}_1,\boldsymbol{X}_2,\cdots,\boldsymbol{X}_n\right]^{\mathrm{T}}$；第 i 条人工鱼个体的状态表示为向量 $\boldsymbol{X}_i=\left(x_{i1},x_{i2},\cdots,x_{iD}\right)(i=1,2,\cdots,n)$；人工鱼个体间的距离表示为

$d_{i,j}=\|\boldsymbol{X}_i-\boldsymbol{X}_j\|$。

(4)人工鱼当前所在位置的食物浓度表示为$Y_i=f(\boldsymbol{X}_i)$，Y为目标函数值；最大迭代次数记为$K_{\max}$，而k则表示迭代次数。由于极大值问题和极小值问题之间易于转化，因此本节均以求取极大值为例进行讨论。

1) 行为描述

(1)觅食行为。设人工鱼当前状态为$\boldsymbol{X}_i$，在其视野内随机选择一个状态$\boldsymbol{X}_j$(即$d_{i,j}\leqslant V_s$)，如果对应的食物浓度$Y_i<Y_j$，则向$\boldsymbol{X}_j$方向移动一步；反之，重新随机选择状态$\boldsymbol{X}_j$，并判断是否满足移动条件。试探T_n次后，如果仍不满足移动条件，则随机移动一步，可用数学语言描述为

$$\begin{cases}\boldsymbol{X}_{i/\text{next}}=\boldsymbol{X}_{i/\text{next}}+\text{Random}(S_t)\dfrac{\boldsymbol{X}_j-\boldsymbol{X}_i}{\|\boldsymbol{X}_j-\boldsymbol{X}_i\|}, & Y_i<Y_j\\ \boldsymbol{X}_{i/\text{next}}=\boldsymbol{X}_{i/\text{next}}+\text{Random}(S_t), & Y_i\geqslant Y_j\end{cases}\tag{4.135}$$

其中，Y_i为状态$\boldsymbol{X}_i$对应的食物浓度；$\boldsymbol{X}_{i/\text{next}}$为第$i$条人工鱼的下一状态；$\text{Random}(S_t)$为$[0,S_t]$的随机数；$d_{i,j}=\|\boldsymbol{X}_j-\boldsymbol{X}_i\|$为人工鱼个体间的距离。后续符号定义与此相同。

(2)聚群行为。设人工鱼当前状态为$\boldsymbol{X}_i$，搜索其邻域内(即$d_{i,j}\leqslant V_s$)的伙伴数目n_f和中心位置$\boldsymbol{X}_c$，如果对应的食物浓度$Y_c/n_f>\kappa Y_i$(伙伴中心具有较高食物浓度且周围不拥挤)，则向伙伴中心位置$\boldsymbol{X}_c$方向移动一步，否则采取觅食行为(定义觅食行为为缺省行为)。

$$\begin{cases}\boldsymbol{X}_{i/\text{next}}=\boldsymbol{X}_{i/\text{next}}+\text{Random}(S_t)\dfrac{\boldsymbol{X}_c-\boldsymbol{X}_i}{\|\boldsymbol{X}_c-\boldsymbol{X}_i\|}, & Y_c/n_f>\kappa Y_i\\ \boldsymbol{X}_{i/\text{next}}=\text{AF\_prey}, & Y_c/n_f\leqslant\kappa Y_i\end{cases}\tag{4.136}$$

对于一种特殊情况，即搜索其邻域发现没有一个伙伴存在，则默认执行觅食行为。

(3)追尾行为。设人工鱼当前状态为$\boldsymbol{X}_i$，搜索其邻域内(即$d_{i,j}\leqslant V_s$)的最优邻居$\boldsymbol{X}_{\max}$，即具有最大食物浓度$Y_{\max}$。如果$Y_{\max}>Y_i$，$\boldsymbol{X}_{\max}$邻域内的伙伴数目为$n_{\max/f}$，且满足$Y_{\max}/n_{\max/f}>\kappa Y_i$(表明伙伴$\boldsymbol{X}_{\max}$具有较高的食物浓度且周围不拥挤)，则向伙伴$\boldsymbol{X}_{\max}$方向移动一步，否则采取觅食行为(定义觅食行为是缺省行为)。

$$\begin{cases}\boldsymbol{X}_{i/\text{next}}=\boldsymbol{X}_{i/\text{next}}+\text{Random}(S_t)\dfrac{\boldsymbol{X}_c-\boldsymbol{X}_i}{\|\boldsymbol{X}_c-\boldsymbol{X}_i\|}, & Y_{\max}/n_{\max/f}>\kappa Y_i\\ \boldsymbol{X}_{i/\text{next}}=\text{AF\_prey}, & Y_{\max}/n_{\max/f}\leqslant\kappa Y_i\end{cases}\tag{4.137}$$

如果搜索其邻域发现不存在伙伴，则默认执行觅食行为。

(4) 随机行为。随机行为就是人工鱼在视野内随机选择一个状态，然后向该方向移动，以便更大范围内地寻觅食物或同伴，该行为是觅食行为的缺省形式。

(5) 行为策略。针对不同的求解问题，评估人工鱼当前所处的环境，从而选择某种行为策略。常用的行为策略有：最优进步原则，即选取各行为中使人工鱼下一个状态最优的行为；进步即可原则，即选择某个或多个行为组合，只要取得进步即可。如果上述方案均没有获得进步，则可执行随机行为。

(6) 公告板。设立一个公告板，用公告板记录人工鱼群体中最优的个体状态和该人工鱼所在位置的食物浓度。每条人工鱼在执行一次行动后，把公告板同自身状态相比较，若自身状态更优，则使用自身状态来更新公告板状态，即利用公告板来记录历史的最优状态。

2) 算法流程

基于以上人工鱼群算法行为，下面给出算法的基本工作流程：

(1) 根据具体求解问题的需要，设定适宜的人工鱼群参数 D 、 B_d 、 V_s 、 S_t 、 n 、 $K_{\max}$ 、 T_n 和 κ 。对鱼群进行初始化，搜索最优人工鱼，并将其状态记入公告板，将迭代次数 k 置零。

(2) 运行第 $k+1$ 次迭代，先对寻优过程进行评估，然后设定行动策略。

(3) 按照行动策略，各人工鱼 $\boldsymbol{X}_i$ 执行觅食、聚群和追尾等行为。对个体进行评估，若某人工鱼优于公告板，则用该人工鱼来更新公告板。

(4) 判断是否满足退出条件(可按需要以达到最大迭代次数、满足寻优精度、多次迭代无进步等为条件)。本节均以达到最大迭代次数 $K_{\max}$ 为终止条件，即 $k=K_{\max}$ 时算法退出，否则转到第(2)步继续执行。

4.4.3 艏向响应模型参数辨识与分析

2014 年，“海洋漫步者”号波浪驱动水面机器人进行了大量水池试验，包括直航、回转、航向控制等试验内容。试验水池长 50m、宽 30m、深 10m；试验中波浪驱动水面机器人搭载了自动控制系统，艏向由 TCM 型磁罗经测得，实际舵角为微型舵机编码器的反馈值；波浪条件为波高 0.23m、波长 10m。试验中观测获得平均航速约 0.4m/s，在 30°舵角情况下能完成回转运动，回转直径为 20～30m。

下面在水池航向控制数据的基础上，利用人工鱼群算法进行艏摇运动模型参数辨识，根据实际经验选取模型参数范围为 $0<K\leqslant 0.2,\ 0<T\leqslant 15,\ 0<\alpha\leqslant 20$ ，设置人工鱼群算法的鱼群参数为

$$\begin{cases} D=3, \quad B_d=[0\ \ 0.2;0\ 15;0\ 20], \quad n=50, \quad K_{\max}=30 \\ V_s=|B_d|/4.5, \quad S_t=V_s/3.5, \quad T_n=3, \quad \kappa=0.9 \end{cases} \tag{4.138}$$

经过模型参数辨识后，获得 0.4m/s 航速下“海洋漫步者”号波浪驱动水面机器人的艏向运动模型参数为 $K=0.049$，$T=4$，$\alpha=17$。为了检验上述方法的有效性，利用该参数进行艏向运动数值预报试验，试验对比结果如图 4.119～图 4.122 所示。

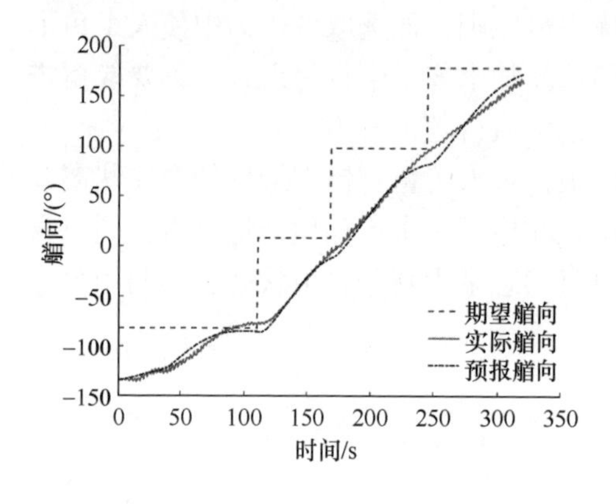

图 4.119　艏向响应对比曲线图

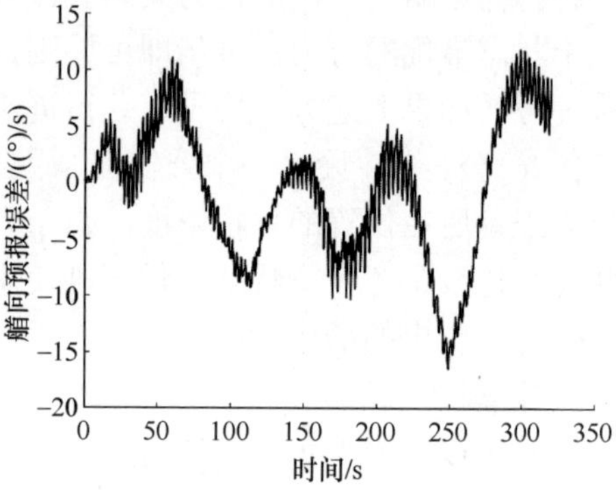

图 4.120　艏向预报误差曲线

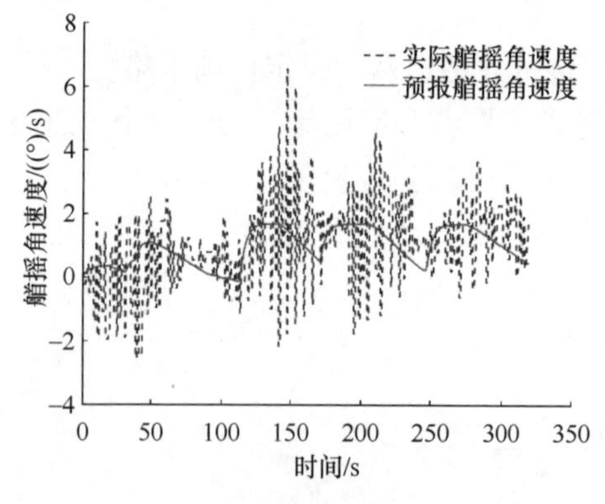

图 4.121　艏摇角速度响应对比曲线

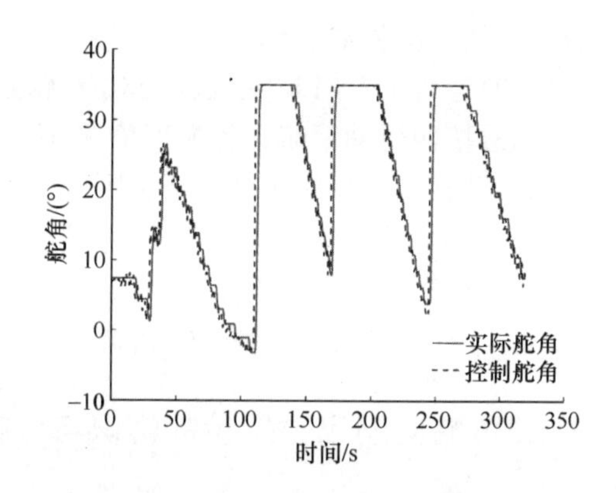

图 4.122　舵角响应对比曲线

由图 4.119 和图 4.120 可知，利用模型辨识参数能够实现对实际艏向响应的预报，预报误差基本保持在±10°以内；在舵角发生突变时预报误差较大，但是预报值能很快跟踪上实际艏向。由图 4.121 和图 4.122 可知，受环境扰动力以及磁罗经测量噪声影响，实际艏向和艏摇角速度测量值的波动大、振荡剧烈，这对艏向控制性能非常不利。然而，利用模型辨识参数预报的艏向和艏摇角速度输出平稳、无波动，有利于进一步提高艏向控制精度。

对于波浪驱动水面机器人，不同海况下航速低且变化较小（为 0～1.5m/s），因此根据相似原理，可以利用 0.4m/s 航速下操纵性参数 K、T、α，计算获得其他航速下的操纵性参数。首先利用式(4.139)获得“海洋漫步者”号波浪驱动水面机器人在 0.4m/s 航速下的无因次操纵性参数，进而估算出若干典型航速下的操纵性参数，计算结果如表 4.9 所示。

$$K' = K\left(\frac{L}{U_0}\right)$$
$$T' = T\left(\frac{U_0}{L}\right) \qquad (4.139)$$
$$\alpha' = \alpha\left(\frac{U_0^2}{L}\right)$$

其中，K'、T'、α' 为无因次操纵性参数。

表 4.9 不同典型航速下的操纵性参数

航速/(m/s)	K/s^{-1}	T/s	α/(s^2/m)
0.1	0.012	16	272
0.4*	0.049*	4*	7*
0.5	0.061	3.2	10.88
1	0.123	1.6	2.72
1.5	0.184	1.07	1.21

*表示利用参数辨识方法获得。

4.4.4 运动仿真与分析

下面利用上述模型参数进行典型操纵性数值预报，主要包括回转运动、定常海流下回转运动、Z 形机动等。

1. 回转运动预报

完成了两种工况下的波浪驱动水面机器人回转运动预报：①设定航速 0.4m/s 时，典型舵角下的回转运动；②设定最大舵角时，典型航速下的回转运动。本节根据不同海况选取平均航速为 0.5m/s、1m/s、1.5m/s。试验位置起点均为坐标原点，初始状态 $v = r = \psi = 0$ 。试验结果如图 4.123 和图 4.124 所示。

由图 4.123 可知，在航速 0.4m/s 情况下，随着舵角的增加，波浪驱动水面机器人回转能力增强，定常回转直径从 93.8m 减小到 31.6m，稳态艏摇角速度从 0.49°/s 增加到 1.43°/s。30°舵角下回转运动预报值与水池试验结果基本吻合。由图 4.124 可知，在固定舵角 30°情况下，随着航速的增加，波浪驱动水面机器人战术直径从 32m 增加到 34m，稳态艏摇角速度从 1.82°/s 增加到 5.44°/s，而定常回转直径约为31.6m。由图4.123和图4.124可知，随着航速(海况)和舵角的增加，波浪驱动水面机器人的回转能力(机动性能)得到了一定改善。

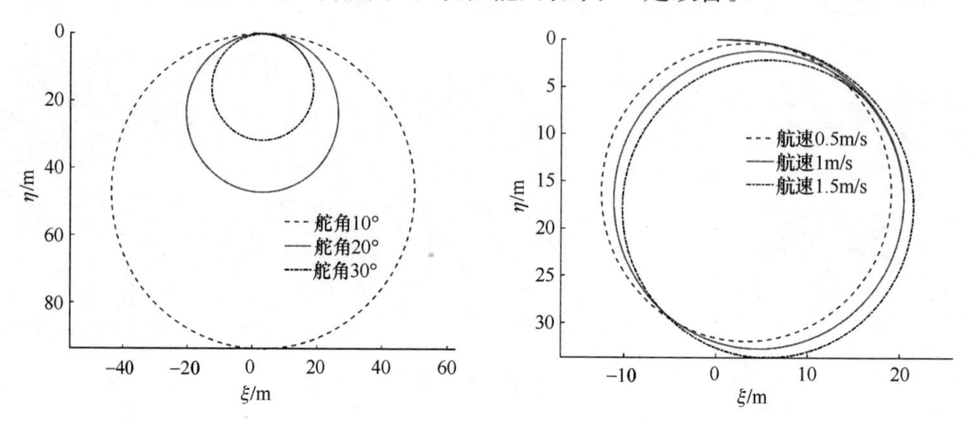

图4.123　舵角的回转运动预报(航速0.4m/s)　　图4.124　不同航速下的回转运动预报(舵角30°)

"海洋漫步者"号波浪驱动水面机器人在30°舵角下相对回转直径为11m，与常规船舶(5～7m)相比回转性较差，主要由低航速下舵效较差导致，未来可以采取增加舵面积、优化翼型等措施来改善其回转性能。

2. 定常海流下回转运动预报

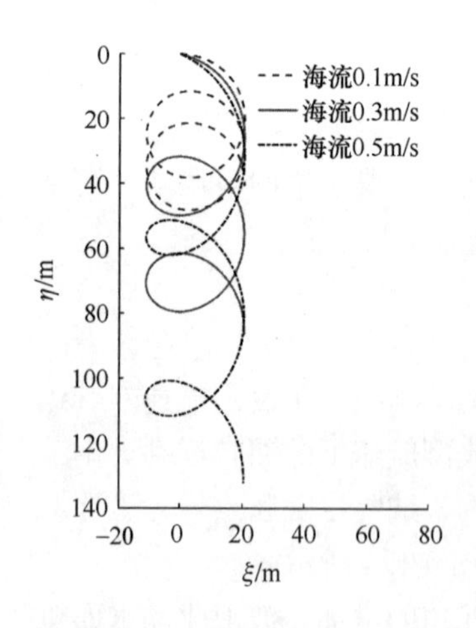

图4.125　海流影响下回转运动预报

考虑到海流或洋流在海洋环境中普遍存在，下面针对"海洋漫步者"号波浪驱动水面机器人开展定常海流影响下的操纵性预报。设置平均航速为1m/s，海流为定常海流，方向90°，流速为0.1m/s、0.3m/s、0.5m/s，其他条件与本节第一部分一致。海流影响下回转运动轨迹如图4.125所示。

对比图4.124和图4.125，受海流的不利影响，波浪驱动水面机器人的回转运动难以保持圆轨迹，其轨迹偏移随着流速的增加而逐渐增大。由于波浪驱动水面机器人航速较低，海流对其具有显著影响，如何解决海流影响下的运动控制问题值得深入探讨。

3. Z形机动预报

在使用中长时间保持固定舵角的情况较少，经常情况是以较小舵角左右操舵以保持期望航向。Z形操纵试验是船舶操纵性研究的标准方法，可以综合反映波浪驱动水面机器人的航向稳定性和操舵跟从性。在试验中设置平均航速为 1m/s，忽略海流的影响，考虑舵机控制特性 10.1°/s(根据试验测得)，进行了 10°/10°Z 形机动试验，其他条件与本节第一部分一致，仿真结果如图 4.126 所示。

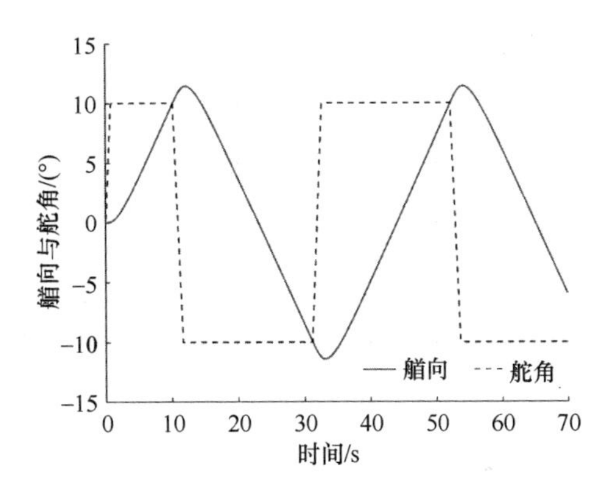

图 4.126　航速 1m/s 下 10°/10°Z 形机动预报

由图 4.126 可知，波浪驱动水面机器人的超越角约为 1.3°，转艏滞后时间约为 1.4s，表明它具有较好的跟从性，即操舵后系统的转艏响应较快，这有利于后续航向以及航迹控制。

上述研究中面向运动控制需要，建立了波浪驱动水面机器人简化的水平面运动数学模型，并基于水池试验数据和人工鱼群算法辨识出艏向运动模型参数，初步掌握了“海洋漫步者”号波浪驱动水面机器人的操纵性能，为搭建仿真平台、研究运动控制问题奠定了基础。

4.5　基于环境参数的航速预测模型

波浪驱动水面机器人的一个主要任务是长期、大范围的海洋环境观测。然而，由于波浪驱动水面机器人的动力来源于波浪，其前进速度取决于海洋环境，无法人为控制。波浪驱动水面机器人速度的不可控特性给路径规划、航迹跟踪研究带来新问题。本节主要研究波浪驱动水面机器人的航速预测模型，用于为离线路径规划提供准确的速度估计。通过给定典型波高、海域表面流速、浅层流速/风速/风向等信息，给出系统辨识模型，以预报一定航行范围内波浪驱动水面机器人的航速[11-13]。

4.5.1 线性航速预测模型

1. 波浪驱动水面机器人在不同海况下的前进速度

波浪驱动水面机器人的前进速度与波面振幅、浮体浮力以及潜体质量相关[31]。后两个因素由波浪驱动水面机器人的自身配置决定，布放过程中假设为恒定值，并且已经调整到波浪能推进效率最高的状态[32]。表 4.10 列出了 Wave Glider 系列中 SV2 型波浪驱动水面机器人在不同海况下的航速。

表 4.10 不同海况下 SV2 型波浪驱动水面机器人在不同海况下的航速

海况	有义波高/m	航速/kn	航速/(m/s)
完全平静海面	0	0	0
零级海况	0	0.25～0.5	0.13～0.26
一级海况	0～0.1	0.5～1.5	0.26～0.8
二级海况	0.1～0.5	1.25～2.0	0.64～1.03
三级以上海况	0.5～1.25+	1.5～2.25	0.8～1.16
长航时任务均值	可变	1.5	0.8

注：1kn=0.5144m/s，最后两列含义相同，只是考虑到不同的单位使用习惯；1.25+表示波高范围为 1.25m 及以上。

通过长航时任务，观测到波浪驱动水面机器人可以维持约 0.8m/s 的平均航速，但是这仅给任务规划提供了一个指导，如果能获得波浪和速度之间更精确的关系将更为有用。除了波浪因素以外，有必要找出其他影响波浪驱动水面机器人运动的环境因素。研究中用到上述波浪驱动水面机器人记录的风速/风向、航向及速度数据，也涉及雷达和声学多普勒流速剖面仪所测量的表面流速和浅层流速数据。

2. 海洋环境和波浪驱动水面机器人数据

为获取期望的预测模型，通过多个来源收集基础信息，有针对性地挑选有用数据以支持波浪驱动水面机器人后续试验进行离线速度预测。这些数据要容易获得，并且在目标海洋有广泛的观测。涉及的数据及其来源如下[11]：

(1)洋流。感兴趣的洋流有两类，一是表面洋流，二是处于潜体深度(约 7m 处)的水下浅层洋流。表面洋流通过高频雷达(美国 CODAR 海洋传感器公司生产)高频雷达测量，雷达系统通过持续发射/接收雷达波测量表面洋流[11]。水下浅层洋流数据通过锚泊的头朝下声学多普勒流速剖面仪获取。图 4.127 和图 4.128 是雷达测量的表面流速以及在波浪驱动水面机器人随体坐标系轴向的速度投影。

(2)波浪。包括波浪驱动水面机器人布放期间的有义波高、波峰周期和波向，波浪驱动水面机器人航行方向和波向之间的差值也可用于分析。

(3) 风速和风向。风速和风向由海上固定锚泊点采集，其高度和波浪驱动水面机器人相近，因此可以估计出海洋表面影响波浪驱动水面机器人的风场特性。分析中主要应用沿波浪驱动水面机器人随体坐标系浪涌轴向的风速分量。

(4) 波浪驱动水面机器人数据。包括当前航向、指令航向和当前速度，航向来源于磁罗经，指令航向可以从任务日志中查询，速度从 GPS 记录获得。

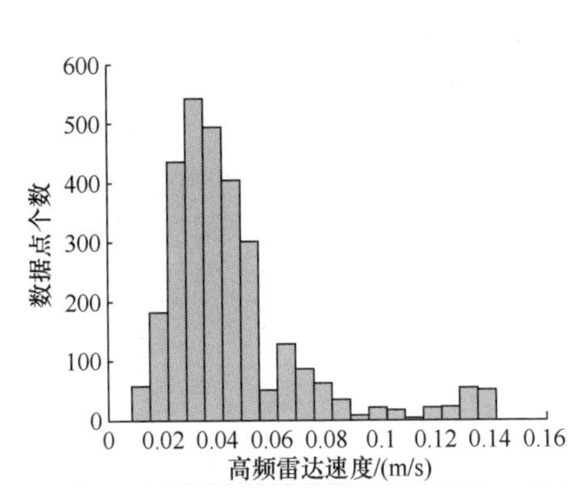

图 4.127　高频雷达速度图

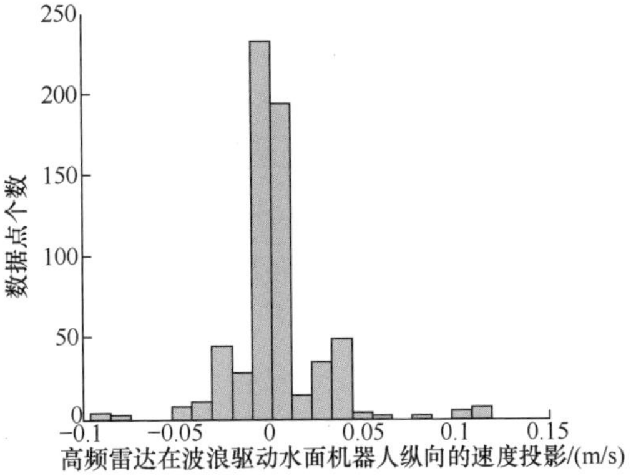

图 4.128　在波浪驱动水面机器人前进方向高频雷达速度

3. 系统辨识方法

收集 7 天的环境和波浪驱动水面机器人航行数据(从 2010 年 10 月 20 日 18:30 至 27 日 15:30)。将这些数据以约每 6min 组成一个含 650 个点的数组，记录点个数为 N=650，表征不同类型数据的维数为 k=6，即 $\boldsymbol{x}=[x_1 \ \cdots \ x_6]$，其中 6 个元素表示有义波高、波峰周期、波向和航向差、表层流速、浅层流速和风速在浪涌轴向分量。这些数据组成了一个 650×6 的输入矩阵 $\boldsymbol{X}$，相对应的系统输出矩阵为 650×1 的波浪驱动水面机器人速度矩阵 $\boldsymbol{Y}$ [11]。

为了构建从输入向量 $\boldsymbol{x}$ 到波浪驱动水面机器人速度 y 的线性预测模型，需要训练模型 $y=f(\boldsymbol{x})$ 的参数，其中 $\boldsymbol{x}\in\mathbf{R}^6, y\in\mathbf{R}$；函数 f 由系数向量 $\boldsymbol{w}$ 表示，即 $y=\boldsymbol{w}^{\mathrm{T}}\boldsymbol{x}$。

模型参数 $\boldsymbol{w}$ 使用最小二乘方法进行训练，如下：

$$\boldsymbol{w}=(\boldsymbol{X}^{\mathrm{T}}\boldsymbol{X})^{-1}\boldsymbol{X}^{\mathrm{T}}\boldsymbol{Y} \tag{4.140}$$

4. 试验结果与分析

将 80%的原始数据用于参数训练，20%的原始数据用于结果检测，挑选方式是从原数组中每 5 个点取一个点用于检测。该方式确保训练和检测数据均贯穿于全过程，即训练用数据具有 7 天试验期间的全部环境变化特征。

利用本节第三部分方法推导出波浪驱动水面机器人速度的预测模型。波浪驱动水面机器人的速度线性回归公式为

$$\begin{aligned} y_{\text{sog}} &= 0.1619x_{\text{wh}} + 0.0107x_{\text{wpp}} + 0.001x_{\text{wdir}} \\ &\quad + 0.0023x_{\text{wnd}} + 0.002x_{\text{adcp}} - 0.5x_{\text{hfr}} \end{aligned} \tag{4.141}$$

其中，y_{sog} 是波浪驱动水面机器人对地速度；x_{wh} 是有义波高；x_{wpp} 是波峰周期；x_{wdir} 是风速在体坐标系浪涌轴向分量；x_{wnd} 是风速在浪涌轴向分量；x_{adcp} 和 x_{hfr} 是表层和浅层流速坐标系浪涌轴向分量。这 6 个要素之中有义波高、波峰周期是最主要的因素。在 7 天的波浪驱动水面机器人布放期间，其平均速度为 0.4m/s，速度数值分布如图 4.129 所示。

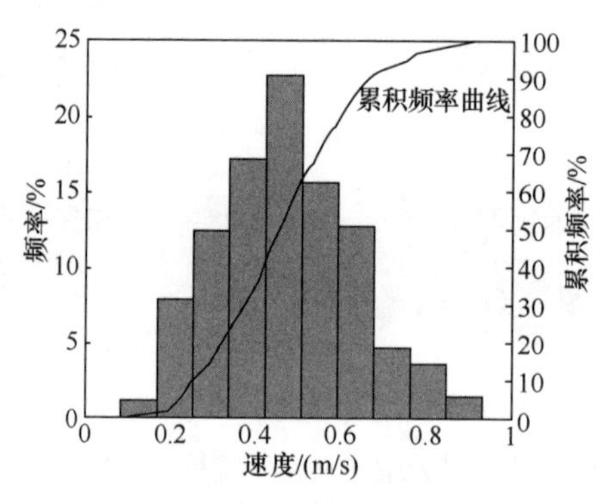

图 4.129　波浪驱动水面机器人速度

图 4.130 为波浪驱动水面机器人速度与有义波高的对比。由图可知，有义波高和波浪驱动水面机器人的速度具有明显的正相关关系，相关系数为 R=0.61；另一个明显影响速度的环境因素是波峰周期，相关系数为 R=0.13；而波向、风速/风向、表层和浅层流速因素，最大相关系数为 $R < 0.05$，相对有义波高和波峰周期的影响小一个量级。图 4.131 展示了波浪驱动水面机器人速度与有义波高、波峰周期、波向和航向差三个环境因素的关系。在图 4.131 中各参数单位进行了归一化处理，速度与有义波高、波峰周期存在对应关系，与波向和航向差没有对应关系。总体而言上述结果与表 4.10 中所列速度一致，波浪驱动水面机器人的速度主要与有义波高对应。

7 天布放中波浪驱动水面机器人的平均速度为 0.47m/s，而表 4.10 以及文献[31]和[32]中所述的平均速度为 0.8m/s。布放过程中，波浪驱动水面机器人经历的有义波高为 0～3.4m，图 4.131 波浪驱动水面机器人速度和表 4.10 没有显示出直接相关性。尤其基于上述模型分析要达到约 0.8m/s 的速度，有义波高需要高达 3m，

对比表 4.10 所列数据 0.1～0.5m 存在显著差异。主要有三个可能原因：①布放地点的差别所致；②其他或未知的环境因素影响航行；③现有用于训练的数据量不足以代表长航程任务。当然，也可能是这三者的综合影响[11]。

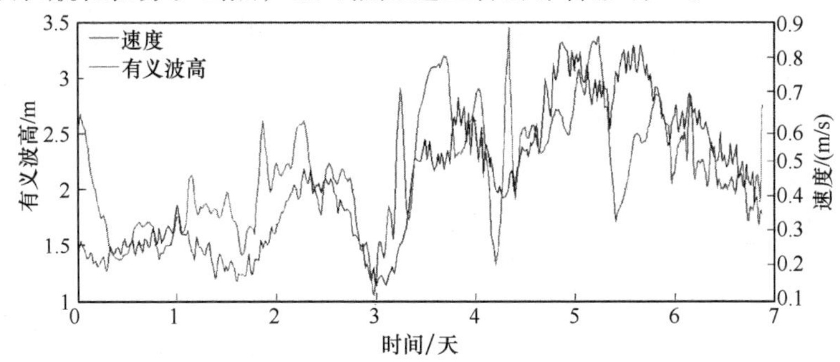

图 4.130　波浪驱动水面机器人速度与有义波高对比(见书后彩图)

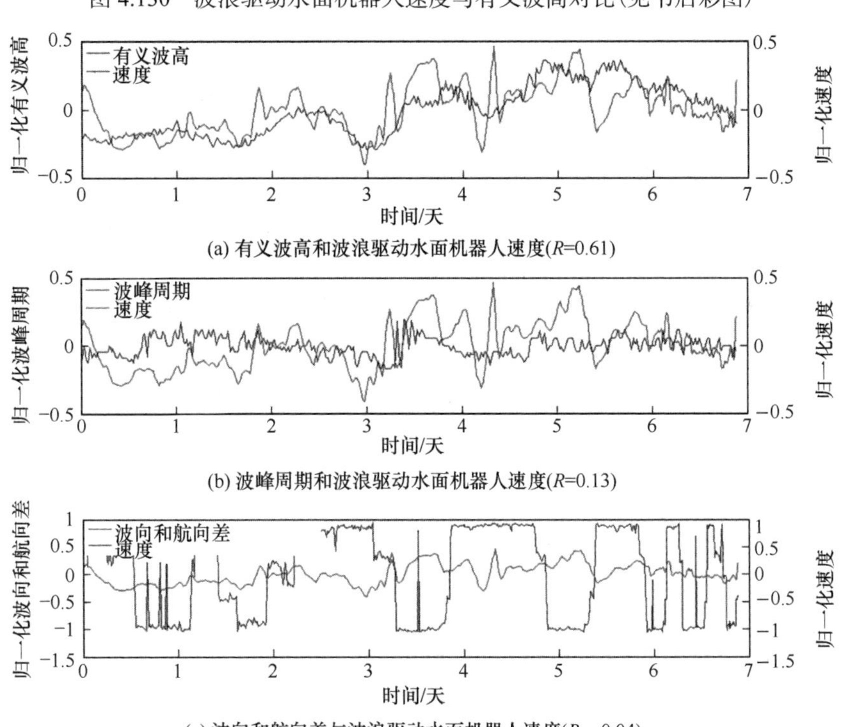

图 4.131　波浪驱动水面机器人速度与其他三个输入变量的关系(见书后彩图)

原本预判表层流、浅层流对波浪驱动水面机器人速度存在较大的影响，表面流速分布如图 4.127 所示。但是实际布放期间平均流速仅为 0.045m/s，对比波浪驱动水面机器人的平均速度 0.47m/s 小了一个数量级，因此在此期间流速的影响较小，如图 4.129 所示。同时，有义波高被认为较大尺度上具有一致性，而表层流和浅层流测量来源于陆基 CODAR 站、单个固定浮标上声学多普勒流速剖面仪测定[33]（仅能测量小尺度流场），颗粒度太大难以真实反映波浪驱动水面机器人航行中的局部流场情况。因此，需要更精细的测量数据用于速度预测。

训练数据用于产生线性拟合模型中所有环境因素的权重系数，数据重新代入拟合模型得到的散点图如图 4.132 所示，其中 x 轴是真实速度，y 轴是预测速度（考虑环境因素，通过拟合模型获得）。尽管存在一些异常数据以及真实速度的变化较大，主体上数据具有线性趋势。利用相同方法可得测试数据的散点图，如图 4.133 所示。图 4.133 和图 4.132 具有类似的特性。

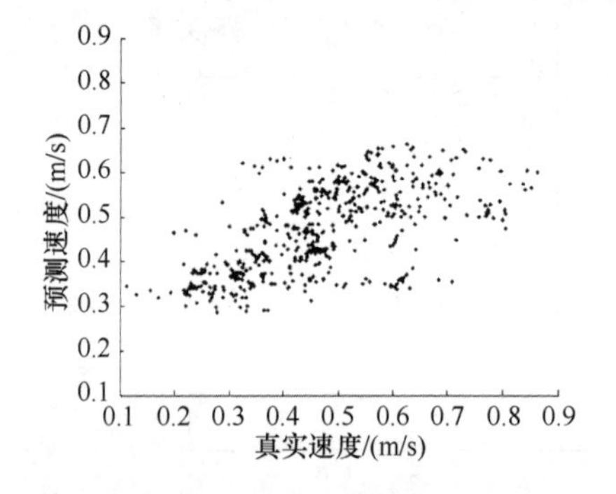

图 4.132 波浪驱动水面机器人训练数据
R=0.61763，RMSE=1.0012

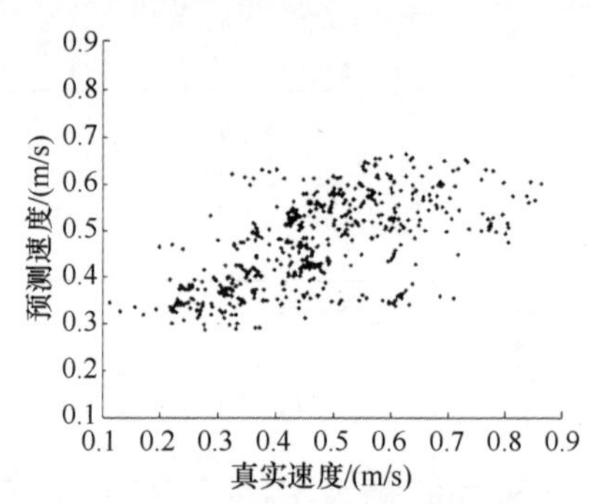

图 4.133 波浪驱动水面机器人测试数据
R=0.59526，RMSE=1.0004

本节分析表明，上述 6 个环境因素中有义波高和波峰周期因素显著影响了波浪驱动水面机器人的速度，这同文献[31]和[32]中的结论一致。当前结果还表明，存在其他影响速度的环境因素，如波浪驱动水面机器人附近的浅层流场、局部风场等。浅层流场影响潜体，局部风场对浮体运动有直接影响，并通过柔链间接影响潜体。因此，需要进一步研究，建立一个更可靠的速度预测模型。

4.5.2 基于波浪模型的航速预测模型

根据波浪驱动水面机器人的推进机理以及文献[11]和[12]中的分析，预测波浪驱动水面机器人航速最重要的环境因素是有义波高和波峰周期，虽然还受到流速、艏向相对浪向攻角等影响，但它们的影响程度相对较小。在同一波群下，迎浪艏向（波浪驱动水面机器人艏向与浪向完全相反）相对于随浪艏向（艏向与浪向完全相同）经历一个更小的波峰周期，其他攻角对应的波峰周期介于迎浪和随浪工况，波浪驱动水面机器人的艏向改变时波高保持不变。本节只关注基于有义波高、波峰周期的波浪驱动水面机器人航速预测模型，忽略流速、流向、波向等影响因素。

为了降低船载计算机计算强度及最小化与岸上通信频率，尝试不使用波浪驱动水面机器人自身收集数据的航速预测模型具有重要意义。潜在候选的数据源包括来自浮标或大面积海洋区域的波浪模型。本节选择使用美国国家海洋和大气管理局的波浪观测器Ⅲ波浪模型[34]。在夏威夷试验中，波浪驱动水面机器人搭载传感器测得的功率谱密度如图 4.134 所示。

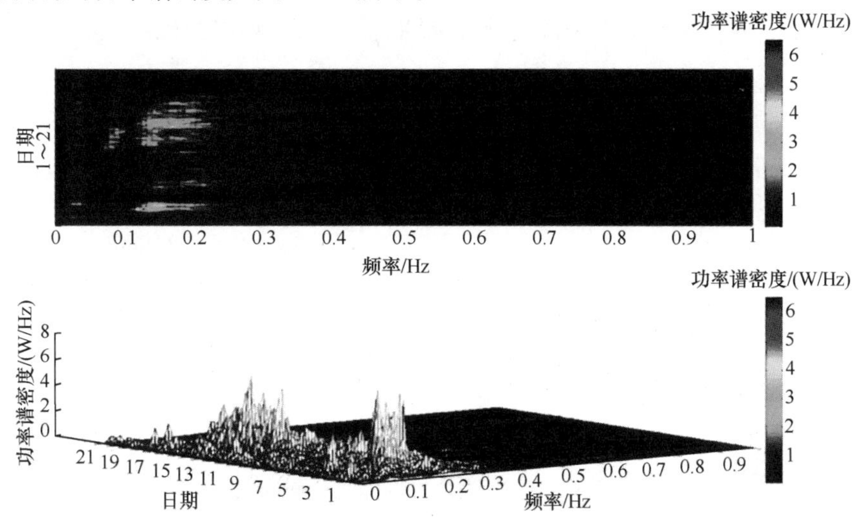

图 4.134　波浪驱动水面机器人上传感器测得的功率谱密度(夏威夷试验)

1. 预测海洋波浪模型

波浪观测器Ⅲ[34]是一个建立数年并多次完善的波浪预测模型，提供了主要的、可操作的海洋波浪预测。该模型由美国国家海洋和大气管理局环境预测中心的海洋建模与分析部门所建，波浪观测器Ⅰ、波浪观测器Ⅱ分别建立于荷兰代尔夫特理工大学和美国国家航空航天局的戈达德太空飞行中心。海况预测基于已经证明的物理学知识，如波场折射和非线性共振相互作用。波浪观测器Ⅲ在全球的分辨率约为 100km，而在北半球一些局部海域分辨率约为 25km[35]。

波浪观测器Ⅲ数据来源于美国国家海洋和大气管理局的数据访问门户，并对比波浪驱动水面机器人观测的波浪参数。波浪观测器Ⅲ模型可预测有义波高、风向、波向和波峰周期，其中有义波高、波峰周期是波浪驱动水面机器人速度预测模型的输入。夏威夷外场试验中，波浪驱动水面机器人携带 Datawell MOSE-G1000 传感器记录了波浪功率谱密度，从而根据式(4.142)计算有义波高[13]：

$$H_S=4\sqrt{m_0} \tag{4.142}$$

其中，m_0 是零阶矩，或者是频谱范围[36]。

由图 4.135 可知，波浪观测器Ⅲ模型(图中用 WW3 表示)的预测数据与船载传感器的观测数据匹配得较好，虽然存在约 30cm 的偏移差，但趋势具有相似性。

相比 Datawell MOSE-G1000 传感器数据，波浪观测器Ⅲ的数据更加光滑，这是由于波浪观测器Ⅲ的瞬时分辨率为 3 小时，大于 Datawell MOSE-G1000 传感器 30min 的分辨率。

类似地，对比两组数据来源的波峰周期 T_P，由式(4.143)计算：

$$T_P = \frac{1}{f_P} \tag{4.143}$$

其中，f_P 是最大波浪功率谱密度的频率[36]。

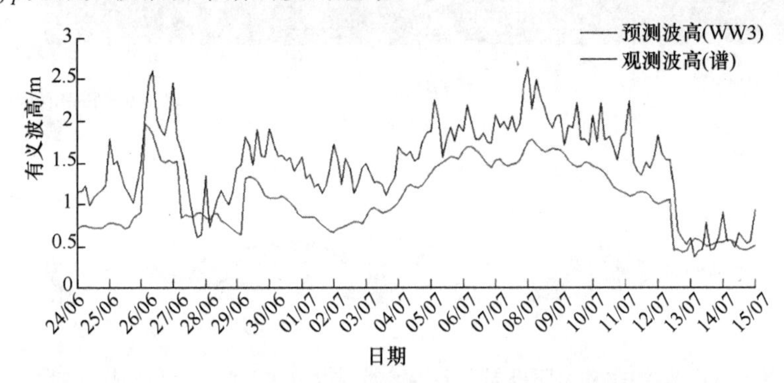

图 4.135　波浪观测器Ⅲ模型预测和船载传感器观测的有义波高(见书后彩图)

由图 4.136 可知，波浪观测器Ⅲ模型预测的波峰周期遵循试验中船载传感器观测的波峰周期的整体趋势，一些异常现象的最可能原因是：船载传感器观测的多峰波浪谱数据在式(4.143)中没有被很好地体现。除了这些差异，波浪模型预测数据与观测波峰周期具有一致性。

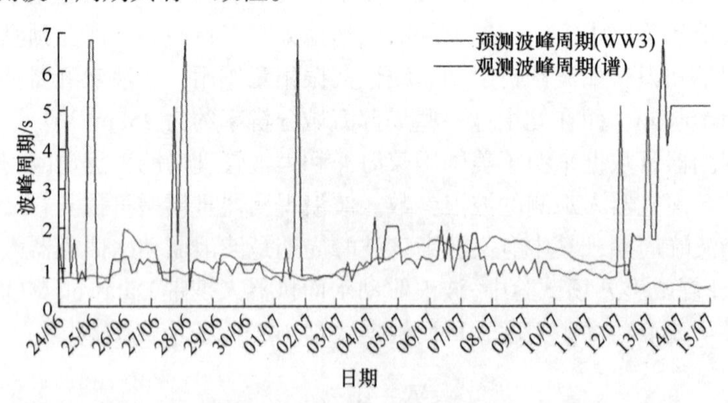

图 4.136　波浪观测器Ⅲ模型预测和船载传感器观测的波峰周期(见书后彩图)

波浪驱动水面机器人还记录了 GPS 数据，根据该数据可获得 6 个月部署期间的航速情况。图 4.137 为速度分布，图 4.138 为航行过程中的瞬时速度与平均速度，图 4.139 为航向[13]。

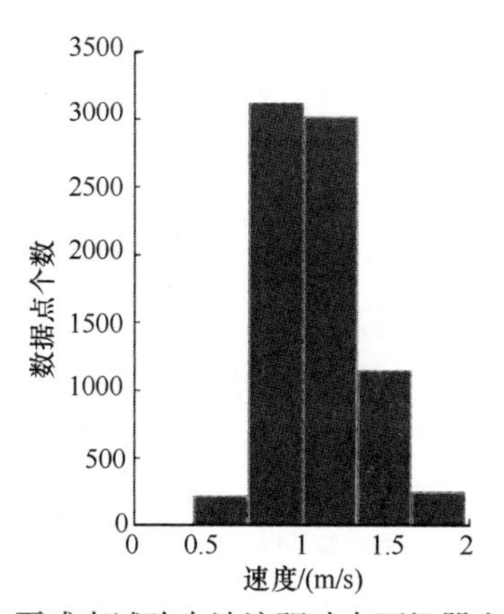

图 4.137　夏威夷试验中波浪驱动水面机器人速度分布

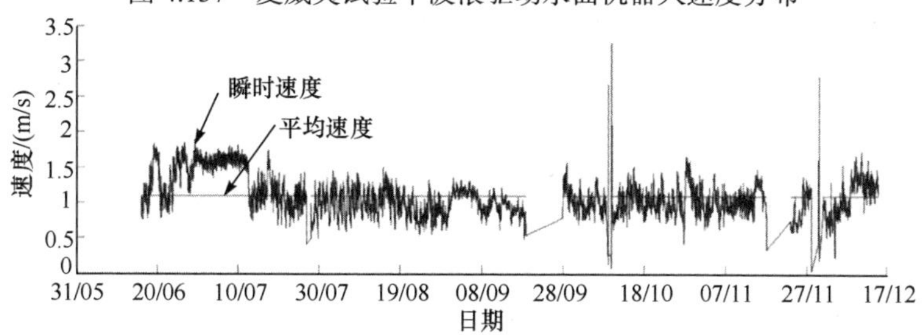

图 4.138　航行瞬时速度与平均速度

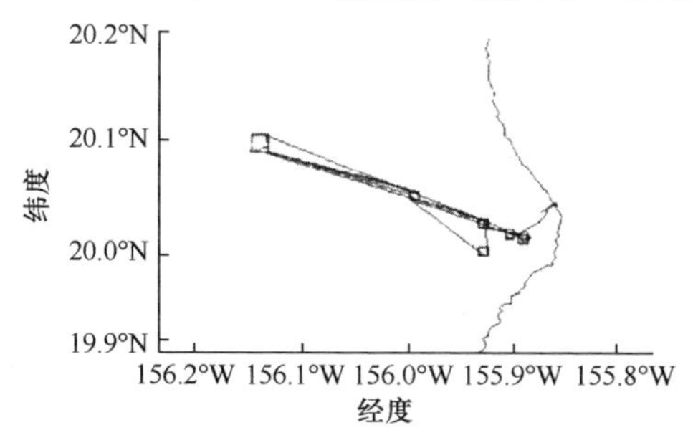

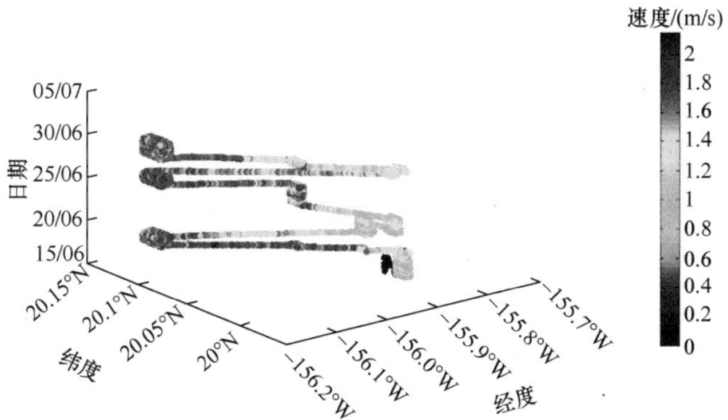

图 4.139　夏威夷试验中波浪驱动水面机器人的路径、位置与速度

2. 研究方法

本节研究中输出值(航速)为波浪参数的连续函数，即只关注回归问题。进行两项分析：首先研究波浪驱动水面机器人航速时间序列的特性，并评价高斯过程模型进行航速多步预测的性能；然后考虑波浪观测器Ⅲ模型的预测波浪参数，实现波浪驱动水面机器人的航速预报。

1) 不使用波浪参数的波浪驱动水面机器人航速预报

时间序列分析方法主要包括辨识、使用局部趋势和周期性，时间序列分析工具主要包括人工神经网络和高斯马尔可夫过程。文献[12]中时间序列表达为一个高斯过程，均值为零，采用引导聚合方法，给出了采用周期性协方差函数和马特恩协方差函数的多步迭代方法的估计结果。

(1) 周期性协方差函数的高斯过程模型。时间序列分析中通用目标是辨识周期性或序列趋势。针对6个月试验时间内波浪驱动水面机器人的航速进行初步视觉分析(图4.138)，可以清晰地看出该时间序列并没有表现出明显的周期性。

文献[24]描述了一类称为周期性协方差函数的协方差函数，该协方差函数可建立为具有循环趋势和模式以便于预测。本节使用的周期性协方差函数如式(4.144)所示：

$$k_{\mathrm{PE}}(x,x')=\sigma_f^2\,\mathrm{e}^{-2\left(\sin\left(\frac{\pi}{p}\|x-x'\|\right)\right)^2\Big/l^2} \tag{4.144}$$

其中，p 是周期，这些超参数由文献[12]中贝叶斯模型选择方法约束。

(2) K 步迭代高斯过程模型。文献[37]提出一种时间序列的多步前向预测方法，该方法主要在于不断重复一步前向预测，直至达到期望水平。将速度数据作为时间序列 $(y^1,\cdots,y^t)$，包含滞后 L 的时间 t_i 处状态为 $x^{t_i}=\left[y^{t_i-1}\ \cdots\ y^{t_i-L}\right]$；然后在每个单独时间步的前向预测中采用一个原始迭代的 k 步前向预测模型，模型输入包括当前预测输出的估计和直至滞后时间 L 之前的输出(即 x^{t_i})，进行下一个时间步预测，直到迭代 k 步停止[24]。

2) 使用波浪参数的波浪驱动水面机器人航速预测

为了提高航速预测精度，探讨基于高斯过程回归模型和波浪参数，预测波浪驱动水面机器人实时航速的迭代方法[13]。该模型使用标记数据进行训练，标记数据是一组试验中获得的波浪参数和对应的测量航速；输入数据点是 D 维的波浪参数向量 $\boldsymbol{x}\in\mathbf{R}^D$ (表示有义波高、波峰周期)、对应的真实输出值 $y\in\mathbf{R}$ (表示波浪驱动水面机器人的速度)；经过训练的航速预测模型 $f(\cdot)$ 根据要求的输入波浪参数向量进行航速预测，可表述为 $y=f(\boldsymbol{x})$。关于使用马特恩协方差函数类的高斯过程回归模型的详细描述参见文献[12]。

使用上述航速预测模型时，相应预测策略包括使用函数 $f(\cdot)$ 迭代到达期望的时间范围，该过程用式(4.145)描述：

$$v(t+\Delta t)=f\left(t,\Delta t,v(t),\mathrm{lat}(t),\mathrm{lon}(t),h(t)\right) \tag{4.145}$$

其中，$t \geqslant 0$ 是当前时间步；Δt 是规定时间步；$v(t)$ 是 t 时刻波浪驱动水面机器人的速度；$\mathrm{lat}(t)$ 是当前纬度；$\mathrm{lon}(t)$ 是当前经度；$h(t)$ 是艏向。根据波浪观测器Ⅲ数据，提出航速预测算法 1 进行波浪驱动水面机器人的航速预报。

航速预测算法 1：根据波浪观测器Ⅲ数据预报波浪驱动水面机器人航速；数据为起始时间、结束时间、起始速度、起始艏向、时间步，结果为估计的航速。当时间小于结束时间时，执行如下步骤：

(1) 根据当前航速和艏向，计算波浪驱动水面机器人在 $t'=t+\Delta t$ 的位置，假设时间 Δt 内航速是定值；

(2) 根据预测出的环境参数，调用波浪预测模型；

(3) 应用马特恩协方差函数类的高斯过程，回归预测 t' 的航速；

(4) 不断迭代，直到达到期望的水平。

这种策略的好处是最可能应用于波浪驱动水面机器人跟踪设定航线的情况，如航线由一系列航点组成。使用波浪预测模型的输出实现对波浪驱动水面机器人一个完整设定航线的总耗时预测，如什么时刻能够到达指定位置或者执行某项任务是否合适。

3. 试验结果与分析

利用美国国家海洋和大气管理局网站提供的波浪观测器Ⅲ预测数据[34]，针对夏威夷试验开展仿真试验。波浪参数的预测以一种栅格形式呈现，时间间隔为 3h、空间分辨率为 10′(弧分)。选择预测数据考虑了 6 个月夏威夷试验中波浪驱动水面机器人的整条航线。将具有周期性协方差函数和 k 步迭代的高斯过程模型作为波浪驱动水面机器人在 6 个月试验内的时间序列数据，以此判断在环境条件中是否存在一个模式或周期性，可以预测波浪驱动水面机器人未来的航速。

1) 周期性协方差函数的高斯过程模型

基于式(4.144)所示的周期性协方差函数，训练预测用高斯过程模型，使用所有数据进行训练的结果如图 4.140 所示。可以清晰地看出，从这些数据中该模型并不能推断出任何趋势或模式。同时发现使用高斯过程的 k 步迭代方法得到的结果更差。图 4.141 和图 4.142 展示了时延 10s 和 100s 情况下的预测曲线。上述结果表明，波浪驱动水面机器人的航速时间序列自身不存在相关性。值得注意的是，当时延为 200s 时，预测曲线将呈现一种周期性行为。

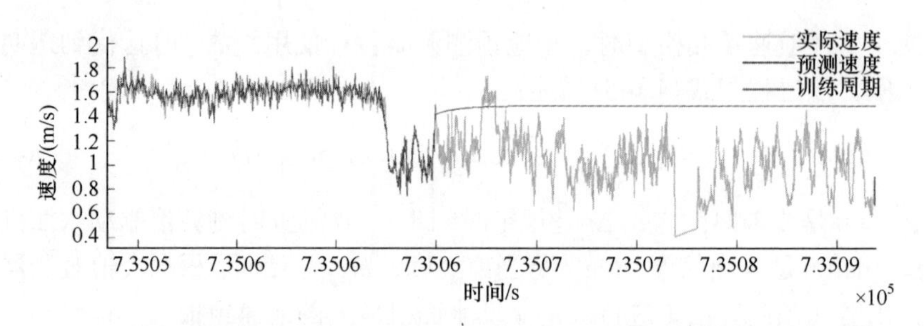

图 4.140 使用周期性协方差函数的波浪驱动水面机器人航速预测(见书后彩图)

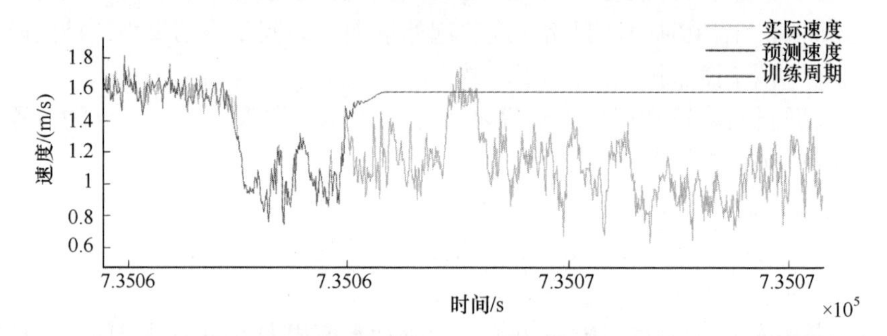

图 4.141 使用 k 步迭代高斯过程模型的波浪驱动水面机器人航速预测(滞后 10s，见书后彩图)

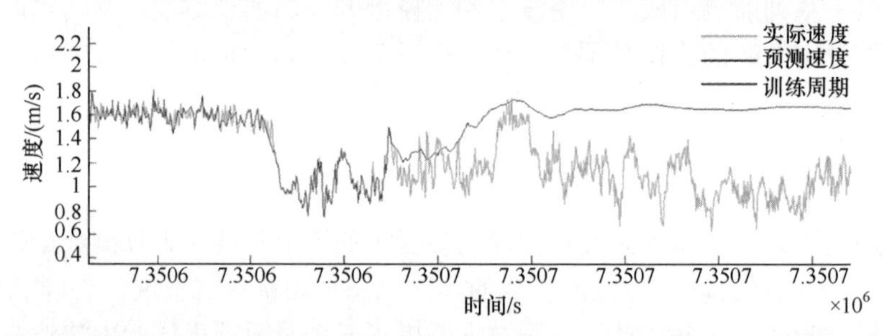

图 4.142 使用 k 步迭代高斯过程模型的波浪驱动水面机器人航速预测(滞后 100s，见书后彩图)

2) 依据波浪模型预测的航速预测

下面使用航速预测算法 1，将有义波高和波峰周期输入波浪观测器Ⅲ来预测试验期间波浪驱动水面机器人的航速。波浪驱动水面机器人的观测航速和基于波浪观测器Ⅲ的预测航速对比曲线如图 4.143 所示。可以发现预测航速在整个试验期间保持相对稳定，这与观测航速具有明显差异，也与文献[11]和[12]中的结果矛盾。

图 4.143 中较差的数据对应性主要来源于两个相互耦合的因素：①预测数据较低的时间分辨率(3h)使得必须做出一个假设，即波浪驱动水面机器人航速在整个时间区间内保持不变；②为了短时间内精确地预测航速，使用有义波高和波峰周期时，对数据进行了过度的二次采样。分析表明，为了提供更有意义的预测，

需要一个时域内远高于当前分辨率的预测模型，然而情况并非如此。

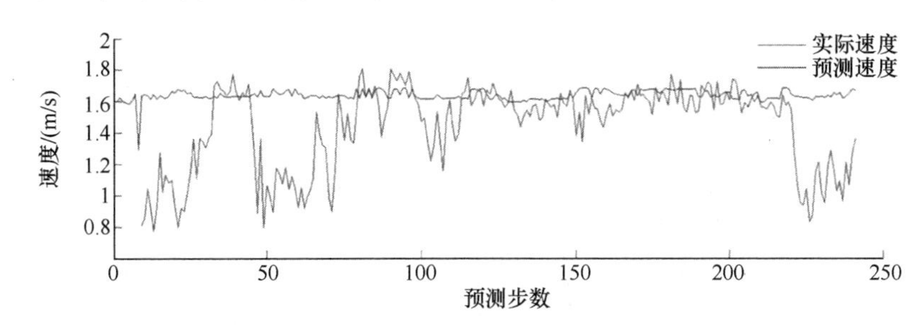

图 4.143　波浪驱动水面机器人的航速预测对比(仅根据波浪观测器Ⅲ的模型数据，见书后彩图)

使用船载 Datawell MOSE-G1000 传感器观测的高分辨率波浪谱数据，该数据以 30min 的时间分辨率记录了整个试验期间的有义波高、波峰周期，以及波浪谱数据在每个频率窗口的功率谱密度、椭圆度、偏斜度、定向传播度、峰度和方向度。波浪谱每 30min 由 256 个或 128 个采样点产生，取决于 GPS 性能，频率范围在 0～1Hz，即每个频率窗口采样两次[13]。

高斯过程模型使用了 20 天的数据(2012 年 6 月 24 日至 2012 年 7 月 14 日)，数据由波浪谱计算出有义波高和波峰周期后训练获得。然后利用波浪观测器Ⅲ的预测数据进行波浪驱动水面机器人的航速预测，预测航速与实际航速对比曲线如图 4.144 所示。蓝色高亮区域为训练数据的时间周期，红色高亮区域为已知波浪驱动水面机器人表现不正常事件的发生时间，如生物淤积、缆绳缠绕或其他机械故障。

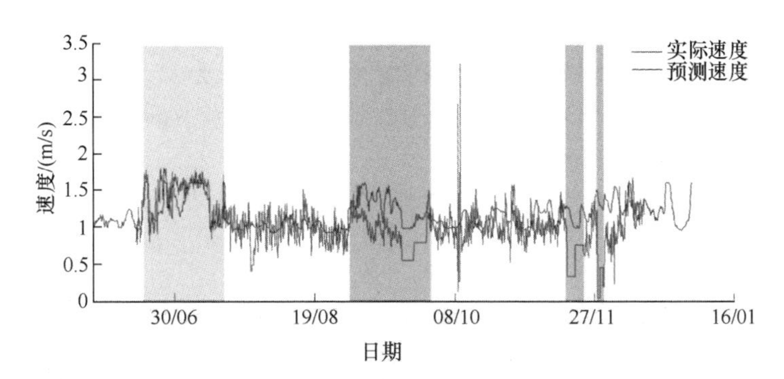

图 4.144　波浪驱动水面机器人的航速预测对比

(融合传感器观察波浪谱数据的训练模型和波浪观测器Ⅲ的模型数据，见书后彩图)

由图 4.144 可知，融合数据后预测结果变得更加精确，较好地估计了整个关注时间内波浪驱动水面机器人的航速，可以看出，每个主要误差点均发生在已知错误或发生故障的时刻。

4.6 本章小结

本章首先在船舶操纵性理论基础上结合波浪驱动水面机器人特有的刚柔混合多体形式，建立了柔链张紧假设下波浪驱动水面机器人的空间运动数学模型。首先分析并获得了波浪驱动水面机器人的各项水动力学参数；然后考虑到柔链柔性对波浪驱动水面机器人动力学特性的影响，在上述模型基础上加入了柔链放松状态的空间运动数学模型，结合切换过程的状态传递，建立了柔链可放松假设下波浪驱动水面机器人的空间运动数学模型。基于上述模型构建出仿真试验平台，实现了典型海况下波浪驱动水面机器人直航、回转、Z 形机动等运动形态的数值预报。

同时，面向运动控制需求并针对关键的艏向运动自由度，基于水池试验数据和参数辨识方法，实现了波浪驱动水面机器人艏向响应模型的参数辨识，并进行了操纵性预测；最后论述了基于环境参数的波浪驱动水面机器人航速预测相关研究成果。

参 考 文 献

[1] Kraus N D, Bingham B. Estimation of Wave Glider dynamics for precise positioning[C]. IEEE/MTS OCEANS, 2011: 1-9.

[2] Kraus N D. Wave Glider dynamic modeling, parameter identification and simulation[D]. Manoa: University of Hawaii, 2012.

[3] Fossen T I. Craft Hydrodynamics and Motion Control[M]. Hoboken: John Wiley & Sons Ltd, 2011.

[4] 卢旭. 波浪驱动水面机器人总体技术研究[D]. 哈尔滨: 哈尔滨工程大学, 2015.

[5] Qi Z F, Liu W X, Jia L J, et al. Dynamic modeling and motion simulation for Wave Glider[J]. Applied Mechanics and Materials, 2013, 397-400: 285-290.

[6] Zhou C L, Wang B X, Zhou H X, et al. Dynamic modeling of a Wave Glider[J]. Frontiers of Information Technology & Electronic Engineering, 2017, 18(9): 1295-1304.

[7] 李小涛. 波浪滑翔器动力学建模及其仿真研究[D]. 北京:中国舰船研究院, 2014.

[8] Tian B Q, Yu J C, Zhang A Q. Dynamic analysis of wave-driven unmanned surface vehicle in longitudinal profile[C]. IEEE/MTS OCEANS, 2014: 1-6.

[9] Tian B Q, Yu J C, Zhang A Q. Dynamic modeling of wave driven unmanned surface vehicle in longitudinal profile based on D-H approach[J]. Journal of Central South University, 2015, 22(12): 4578-4584.

[10] Tian B Q, Yu J C. Lagrangian dynamic modeling of wave-driven unmanned surface vehicle in three dimensions based on the D-H approach[C]. The 5th Annual IEEE International Conference on Cyber Technology in Automation, Control and Intelligent Systems, 2015: 1253-1258.

[11] Smith R N, Das J, Hine G, et al. Predicting Wave Glider speed from environmental measurements[C]. IEEE/MTS OCEANS, 2011: 1-8.

[12] Ngo P, Al-Sabbana W, Thomasb J, et al. An analysis of regression models for predicting the speed of a Wave Glider autonomous surface vehicle[C]. The Australasian Conference on Robotics and Automation, 2013: 1-9.

[13] Ngo P, Das J, Ogle J, et al. Predicting the speed of a Wave Glider autonomous surface vehicle from wave model data[C]. The Australasian Conference on Robotics & Automation, Australian Robotics & Automation Association, 2014: 2250-2256.

[14] Lewandowski W. The Dynamics of Marine Craft[M]. Singapore: World Scientific, 2004.

[15] 周昭明, 盛子寅, 冯悟时. 多用途货船的操纵性预报计算[J]. 船舶工程, 1983, (6): 21-29.

[16] 张亮, 李云波. 流体力学[M]. 哈尔滨: 哈尔滨工程大学出版社, 2001.

[17] 盛振邦, 刘应中. 船舶原理(下册)[M]. 上海: 上海交通大学出版社, 2004.

[18] 张蔚欣. 基于 CFD 技术的波浪滑翔器自航模型[D]. 哈尔滨: 哈尔滨工程大学, 2017.

[19] Korotkin A I. Added Massed of Ship Structures[M]. New York: Springer, 2010: 229-230.

[20] 姚云熙. 水面无人艇在风浪流干扰下的运动仿真[D]. 哈尔滨: 哈尔滨工程大学, 2007.

[21] 朱仁庆, 杨松林, 杨大明. 实验流体力学[M]. 北京: 国防工业出版社, 2005.

[22] 田超. 风浪流作用下船舶操纵运动的仿真计算[D]. 武汉: 武汉理工大学, 2003.

[23] 吴秀恒, 张乐文, 王仁康. 船舶操纵性与耐波性[M]. 北京: 人民交通出版社, 1988.

[24] Rasmussen C E, Williams C. Gaussian Processes for Machine Learning[M]. Cambridge: MIT Press, 2006.

[25] Clarke D P, Gedling P, Hine G . The application of maneuvering criteria in hull design using linear theory[J]. RINA, 1983, (125): 45-68.

[26] Shen W, Guo X P, Wu C. Forecasting stock indices using radial basis function neural networks optimized by artificial fish swarm algorithm[J]. Knowledge-Based Systems, 2011, 24(3): 378-385.

[27] Wu H F, Chen X Q, Shi C J, et al. An ACOA-AFSA fusion routing algorithm for underwater wireless sensor network[J]. International Journal of Distributed Sensor Networks, 2012, 1(1): 1-9.

[28] 李晓磊. 一种新型的智能优化方法——人工鱼群算法[D]. 杭州: 浙江大学, 2003.

[29] 师彪, 李郁侠, 何常胜, 等. 水轮机智能调速系统数学模型仿真及参数辨识[J]. 电力自动化设备, 2010, 30(4): 10-15.

[30] Zhang M F, Shao C, Li M J, et al. Mining classification rule with artificial fish swarm[C]. The 6th World Congress on Intelligent Control and Automation, 2006: 5877-5881.

[31] Hine R, Willcox S, Hine G, et al. The Wave Glider: A wave-powered autonomous marine vehicle[C]. IEEE/MTS OCEANS, 2009: 1-6.

[32] Manley J, Willcox S. The Wave Glider: A persistent platform for ocean science[C]. IEEE/MTS OCEANS, 2010: 1-5.

[33] Dean R, Dalrymple R. Water Wave Mechanics for Engineers and Scientists [M]. Singapore: World Scientific, 1991.

[34] GitHub Inc. NOAA-EMC/WW3[EB/OL]. https://github. com/NOAA-EMC/WW3/releases/tag/6.07.1[2019-6-23].

[35] Tolman H L. User manual and system documentation of WAVE WATCH IIITM version 3.14[R]. Technical Note 276. Colorado: NOAA/NWS/NCEP/MMAB, 2009:194.

[36] Earle M D. Nondirectional and directional wave data analysis procedures[R]. NDBC Technical Document 96-01. Colorado: National Oceanic and Atmospheric Administration, National Data Buoy Center, 1996:1-43.

[37] Girard A, Rasmussen C, Quinonero-Candela J, et al. Gaussian Process Priors with Uncertain Inputs—Application to Multiple-Step Ahead Time Series Forecasting[M]. Cambridge: MIT Press, 2003.

5 波浪驱动水面机器人的运动控制

本章主要研究波浪驱动水面机器人的运动控制问题。波浪驱动水面机器人仅有操舵装置可控且航速较低，具有典型的弱机动特性；其体积小，易受风、浪和流等环境力的剧烈干扰(即呈现出大扰动特性)，因此波浪驱动水面机器人的控制属于一类特殊的大扰动条件下弱机动载体的运动控制。本章首先基于控制系统需求分析，进行波浪驱动水面机器人的智能控制系统设计；然后分别研究波浪驱动水面机器人的艏向/航向控制、航点跟踪问题；最后将理论方法应用于“海洋漫步者”号及“海洋漫步者Ⅱ”号波浪驱动水面机器人，并开展仿真、水池和海洋试验研究。本章研究是波浪驱动水面机器人实现长期、自主航行及自主作业的关键。

5.1 智能控制系统设计

波浪驱动水面机器人是近十五年出现的一种新型海洋机器人，与水下机器人相比研究历史较短。波浪驱动水面机器人作为一类移动式智能机器人，在体系结构方面与海洋机器人具有相似之处，研究中可以充分借鉴海洋机器人等智能机器人技术的相关研究成果。下面首先介绍智能机器人的几种典型体系结构，然后分析波浪驱动水面机器人的智能行为，最后完成波浪驱动水面机器人的智能控制系统设计。

5.1.1 控制系统体系结构概述

1. 体系结构的技术内涵

Douglass[1]在 *Real Time UML* 一书中将体系结构定义为一套能影响整个系统结构、行为和功能的战略设计决策，他认为体系结构主要包括以下五个部分：

(1) 子系统，包含各自应有的硬件和软件部分的大规模组件；
(2) 系统资源，当前系统的资源管理、任务调配；
(3) 资源分配，当前系统的资源分配以及各种资源的相互通信；
(4) 安全和可靠性，系统故障的定义、诊断以及自我修复；
(5) 应用，以上各个部分之间的相互连接。

刘海波等[2]认为对于智能机器人，智能机器人的体系结构是指一个智能机器人系统中智能、行为、信息、控制的时空分布模式。体系结构是机器人本体的物理框架，是机器人智能的逻辑载体，选择和确定合适的体系结构是机器人研究中最基础且关键的一环。

更具体地，波浪驱动水面机器人体系结构即指其控制系统结构，作为影响波浪驱动水面机器人结构、行为和功能的设计决策技术，是一个十分复杂的问题，既有理论与方法的问题，如运动学、动力学、决策与规划、环境建模、运动控制、故障诊断、导航与通信、作业任务等，也有组织与实施的问题，如任务的时空分解、信息的采集、处理与传输等。波浪驱动水面机器人要自主地完成关系复杂的任务，只是简单地罗列这些方法不能有效地解决问题，必须有一套完善的机制与体制，能够有效地组织上述内容，使信息能及时顺畅地流通，使功能模块的作用能够合理地在时间、空间域上发挥作用，这就是波浪驱动水面机器人体系结构的研究内容。

2. 几类典型的体系结构

根据传统方法即基于认知和行为的分布模式（根据机器人对外界环境的刺激采用决策、推理、响应的方式），可将智能机器人体系结构划分为分层递阶（慎思）、包容（反应）和混合结构三大类。对于水下机器人，其体系结构主要分为四种[3,4]：按照时间和空间分解原则的体系结构，简称时空分解结构；多级基于知识的操作和控制结构，简称情景评价体系结构；按智能递降精度递增原则的体系结构，简称智能递降结构；按行为响应原则的体系结构，简称行为响应结构。

然而，刘海波等[2]的研究表明，随着智能机器人体系结构种类增多、新的成果不断涌现，依据传统的分类方法已不能确切区分新涌现的各类体系结构。于是提出了新的分类方法，即依据智能机器人的智能、行为、信息、控制的时空分布模式归纳出七种典型的体系结构：分层递阶结构、包容结构、三层结构、自组织结构、分布式结构、进化控制结构和社会机器人结构。下面简要阐述几种典型的体系结构。

1) 分层递阶结构

1979 年，Saridis[5]提出智能控制系统必然是分层递阶结构，其分层原则是：随着控制精度的增加而智能水平减少。根据这一原则把智能控制系统分为三级，即组织级、协调级和控制级（也称执行级），如图 5.1 所示，图中#CAM 表示摄像机、#ABE 表示水下机器人 ABE 本体，#CON 表示控制，#NAV 表示导航，#DP 表示深度，#AM 表示姿态。这是目标驱动的分层递阶结构，其核心在于基于符号的规划。典型的代表有感知计划行动(sense plan act，SPA)和美国国家航空航天局/美国国家标准局(NASA/NBS)标准参考模型(NASA/NBS standard reference model，NASREM)[6]。SPA 应用于第一个具有规划功能的移动机器人 Shakey，美国伍兹霍尔海洋研究所的 ABE 水下机器人也采用了该结构[7]。

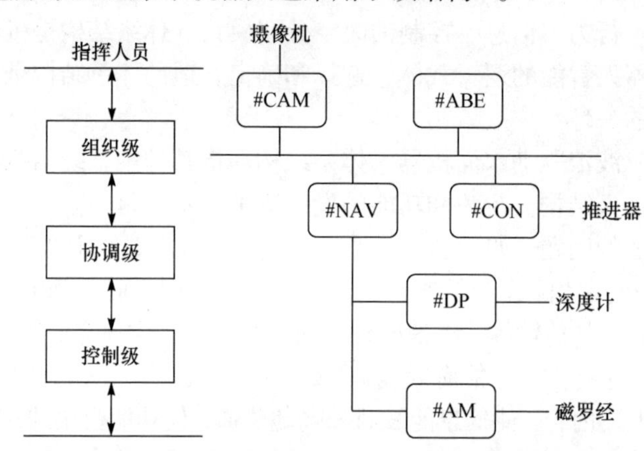

图 5.1　分层递阶结构及其在 ABE 水下机器人中的应用

分层递阶结构中智能分布在顶层，通过信息逐层向下流动，间接地控制行为。该结构具有很好的规划推理能力，通过自上而下任务逐层分解，模块工作范围逐层缩小，问题求解精度逐层增加，实现了从抽象到具体、从定性到定量、从人工智能推理方法到数值算法的逐渐过渡，较好地解决了智能和控制精度之间的相互关系；但是其缺点是系统的可靠性、鲁棒性、反应性较差。

2)包容结构

1986 年，Brooks[8]以移动机器人为背景提出了一种依据行为来划分层次和构造模块的思想。他相信机器人行为的复杂性反映了其所处环境的复杂性，而非机器人内部结构的复杂性，于是提出了包容结构(图 5.2)，这是一种典型的反应式结构。包容结构中每个控制层直接基于传感器的输入进行决策，在其内部不维护外界环境模型，可以在完全陌生的环境中进行操作。美国麻省理工学院开发的水下机器人 Odyssey Ⅱx 是该结构的典型应用[9]。

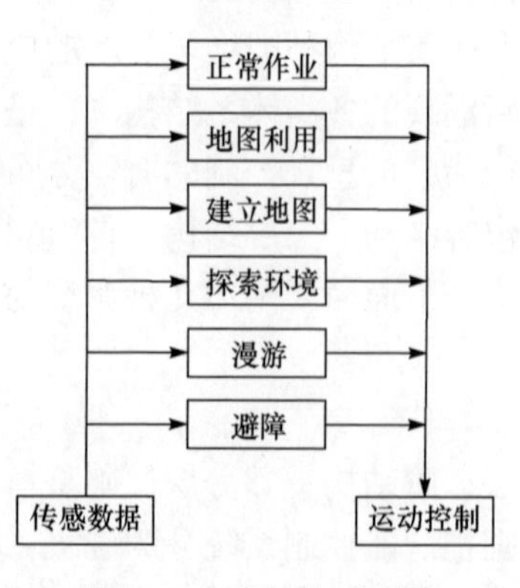

图 5.2　包容结构示意图

包容结构中没有环境模型，模块之间信息流的表示也很简单，反应性非常好，其灵活的反应行为体现了一定的智能特征。但包容结构过分强调单元的独立、平行工作，缺少全局的指导和协调。

3）三层结构

20 世纪 90 年代初，三个不同的研究小组同期独立提出了极其相似的解决方案，即三层体系结构[10]。三层结构由反馈控制层、慎思规划层和连接二者的序列层构成（图 5.3），它是分层递阶和包容结构相融合的混合结构。三层结构既吸取了递阶结构中高层规划的智能性，又保持了包容结构中低层反应的灵活性。三层结构获得了大量应用，如 1997 年 Simmons 等研制的 Xavier，以及美国 ARIES 型水下机器人也采用了三层体系结构[11]，分别为执行层、战术层、战略层。

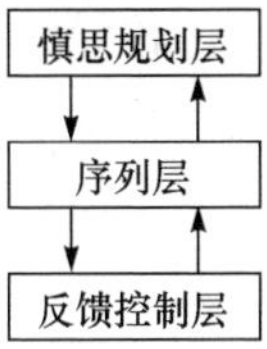

慎思规划层
序列层
反馈控制层

图 5.3　三层结构示意图

4）进化控制结构

将进化计算理论与反馈控制理论相结合，形成了一个新的智能控制方法，即进化控制，它能很好地解决移动机器人的学习与适应能力方面的问题。2000 年，蔡自兴[12]提出了基于功能/行为集成的自主式移动机器人进化控制体系结构（图 5.4），整个体系结构包括进化规划与行为控制两大模块。这种综合体系结构的优点是既具有基于行为的实时性，又保持了基于功能的目标可控性，

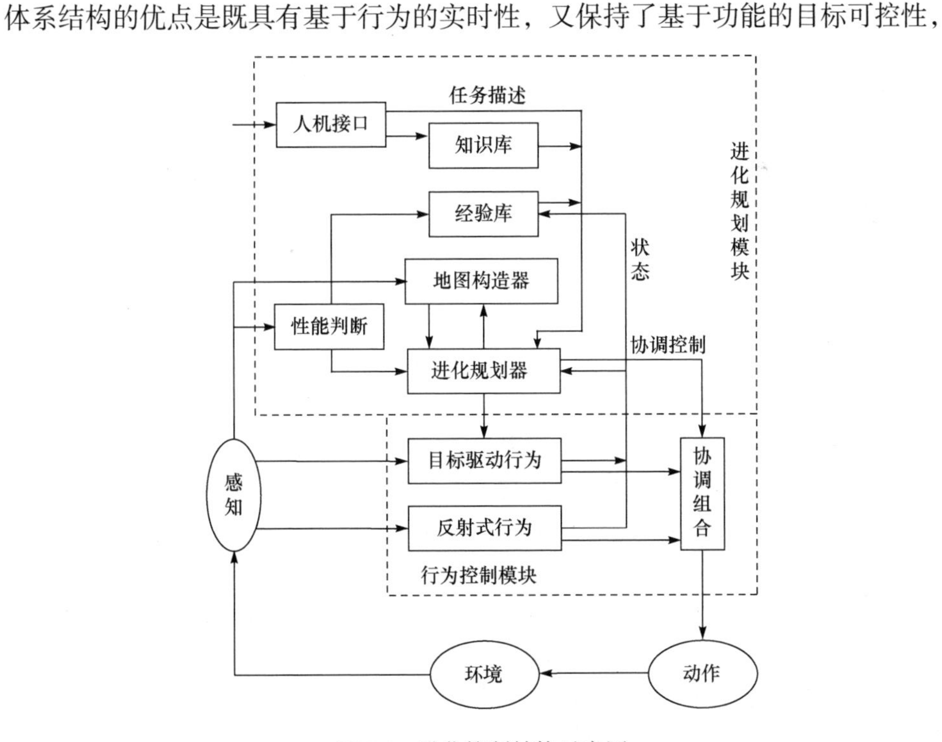

图 5.4　进化控制结构示意图

该结构的独特之处在于其智能分布在进化规划过程中。

5）社会机器人结构

1999 年，Rooney[13]根据社会智能假说提出了由物理层、反应层、慎思层和社会层构成的社会机器人体系结构，如图 5.5 所示。其特色之处在于基于信念、愿望和意图（belief-desire-intention，BDI）模型的慎思层和基于智能体（Agent）通信语言 Teanga 的社会层。该模型赋予了机器人心智状态，Teanga 赋予了机器人社会交互能力。该结构采用智能体对机器人进行建模，更自然贴切，能很好地描述智能机器人的智能、行为、信息、控制的时空分布模式。引入智能体理论可以对机器人的智能本质（心智）进行更细致的刻画，对机器人的社会特性进行更好的封装。除了这五种典型体系结构外，还有自组织、分布式等结构，在此不逐一介绍。

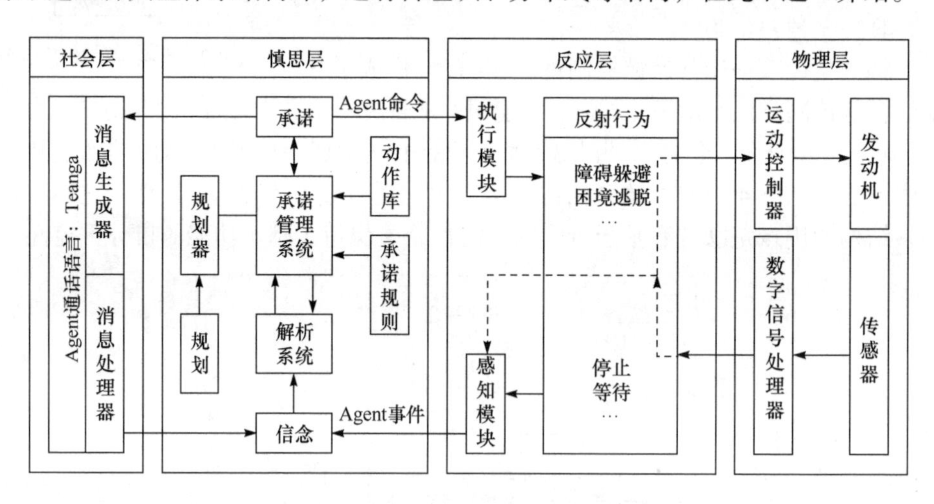

图 5.5　社会机器人结构示意图

5.1.2　智能行为分析

若根据脑基本机能联合区理论，建立智能机器人的神经心理结构模型，可将智能机器人系统分为两个部分[14]，即物理系统和神经系统，而神经系统又划分为慎思区、认知区和感知区，且每个区由三级皮层组成，该模型为描述智能机器人的神经生理结构、认知心理机制与智能行为过程奠定了基础。研究表明，可采用自治性、反应性、主动性和社会性准则作为评价智能机器人体系结构功能的标准，对几类典型的体系结构进行对比分析，如分层递阶结构、包容结构、三层结构、社会机器人结构。分析表明，这四种结构缺乏对主动性或社会性的支持，而神经心理结构模型全部满足这四种准则。

波浪驱动水面机器人同样具有如下特性：①自治性，即自主运行能力，自主地决定其自身的行为；②反应性，即感知外界环境和其他群体成员状态的改变，并做出及时响应的自适应能力；③主动性，即主动运行能力，仅在心智的驱动下即可采取面向目标的智能行为，而不需要外界指令与干预；④社会性，即需要考虑多机器人群体合作能力，如与波浪驱动水面机器人、水下机器人、水面机器人等联合应用，这涉及合作、承诺、协调和通信等机制。

因此，为了满足波浪驱动水面机器人对自治性、反应性、主动性和社会性等行为特性的需求，本章基于神经心理结构模型进行波浪驱动水面机器人智能控制系统的体系结构设计。

5.1.3 控制系统结构设计

1. 体系结构设计

1) 系统构成

为了确保波浪驱动水面机器人能够可靠、协调地工作，涉及波浪驱动水面机器人智能控制系统的体系结构问题。将波浪驱动水面机器人分为载体系统和神经系统两个分系统。其中载体系统包括：波浪驱动水面机器人载体；执行机构，由舵机控制模块组成；感知，由 BDS、GPS、磁罗经、底层传感器、环境监测等模块组成；通信，由无线数传电台、无线网络、卫星通信等构成；嵌入式计算机等。

按功能和模块化划分，波浪驱动水面机器人由载体、智能控制、岸基监控、无线通信等四部分构成。"海洋漫步者"号波浪驱动水面机器人的系统构成如图 5.6 所示，其中波浪驱动水面机器人智能控制系统又分为运动控制、智能规划

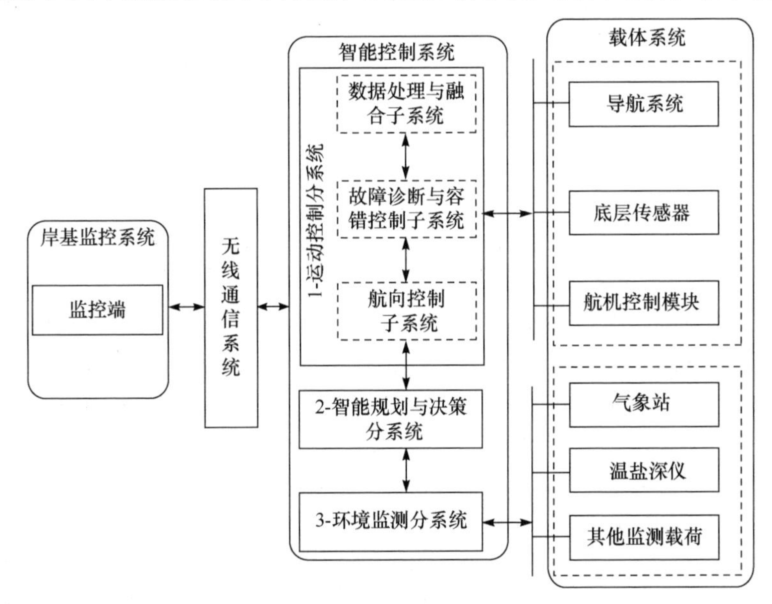

图 5.6 "海洋漫步者"号波浪驱动水面机器人的系统构成

与决策、环境监测等三个分系统。

2) 神经心理结构建模

基于脑基本机能联合区理论，将波浪驱动水面机器人进行高度抽象和概括，可把波浪驱动水面机器人神经系统分为三个基本联合区，即慎思区、认知区和感知区，而每个区域又由三级构成，如图 5.7 所示。下面详细介绍波浪驱动水面机器人神经系统的三个区域。

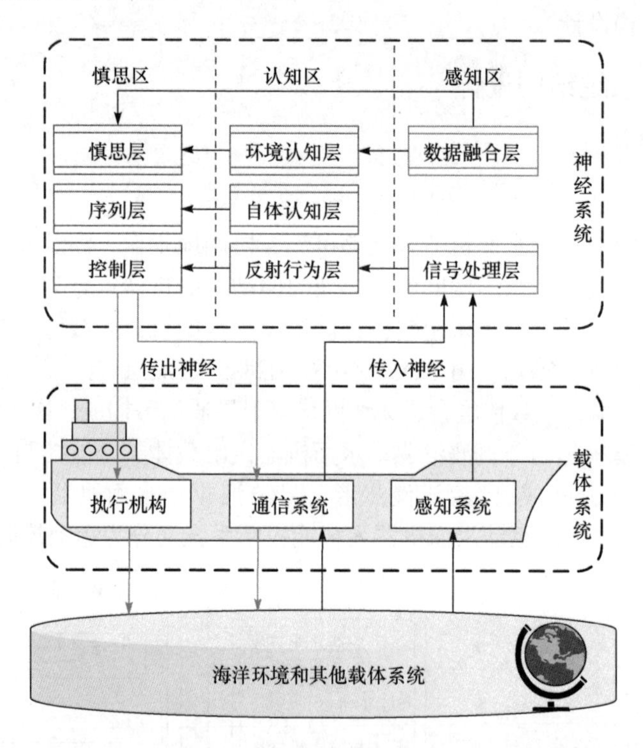

图 5.7　波浪驱动水面机器人的神经心理结构模型图

(1) 感知区。感知区由信号处理层、数据融合层和模式识别层构成(由于可提供的负载功率有限，波浪驱动水面机器人不能搭载雷达、视觉等环境感知设备，因此波浪驱动水面机器人忽略该层)。①信号处理层。由感知系统或通信系统产生的神经冲动，经传入神经进入信号处理层，该层对传感器数据进行预处理、数字滤波、故障检测与诊断等处理后，将信息传入反射行为层和数据融合层。②数据融合层。负责将信号处理层的处理结果进行数据融合，并将融合后的感知数据传递给环境认知层与慎思层。

(2) 认知区。认知区由反射行为层、自体认知层和环境认知层构成。环境认知层负责维护海洋环境模型；自体认知层则维护波浪驱动水面机器人自身的认知模型。上述两种认知信息供序列层、慎思层使用。反射行为层由预先设定的反射行为数据库组成，该数据库是从各种特殊状态到基本生存规则的映射，波浪驱动水面机器人根据基本生存规则采取不同的反射行为(如紧急转向、通信求救等)，对故障或危险事件做出迅速响应，直接传到控制层，并送到自体认知层。作为长期运行、无人自主的波浪驱动水面机器人，需要具有高度可靠性和安全性，设计中主要针对执行机构故障、传感器故障、紧急事件等采取相应的控制策略，反射行为层从容错的角度考虑，最大限度地保证波浪驱动水面机器人的可靠性。

(3) 慎思区。慎思区由慎思层、序列层和控制层构成。①慎思层。该层是波浪驱动水面机器人认知心理活动的核心，由愿望、信念、能力、承诺规则、承诺、意图、学习等心智模块构成。愿望包含波浪驱动水面机器人的任务目标，可以从通信等方式获知；信念包括海洋环境、自体及群体中其他成员的信息；能力为波浪驱动水面机器人可执行的动作。波浪驱动水面机器人认知心理活动主要受目标驱动，而不仅是环境触发，即波浪驱动水面机器人具有主动性心智特征。②序列层。该层依据慎思层产生的行为意图，规划出相应的动作序列。③控制层。按照序列层的动作序列，控制层直接操控执行机构或利用通信系统生成通信信息等。

显然，波浪驱动水面机器人智能控制系统的各个分系统是由神经系统中不同层组成、抽象出的有机整体，例如，数据处理与融合子系统对应于信号处理层和数据融合层，而航向控制子系统对应于控制层，具体对应关系如图 5.8 所示。

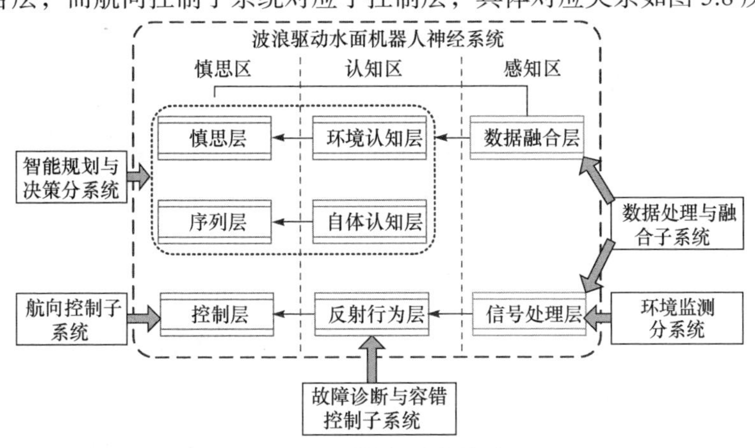

图 5.8　系统间对应关系

目前，已将智能控制系统完全部署到波浪驱动水面机器人载体上以实现自主式运行。运动控制分系统是波浪驱动水面机器人的核心部分，限于篇幅下面重点探讨波浪驱动水面机器人运动控制分系统的设计问题。

2. 硬件系统设计

波浪驱动水面机器人运动控制分系统由嵌入式计算机系统(从硬件角度)和嵌入式控制系统(从软件角度,重点讨论波浪驱动水面机器人的运动控制问题)组成。

其中嵌入式计算机系统的核心是基于 Atmel 工业处理器的开发板(嵌入式 ARM 计算机)，其高度集成了 400MHz 的 ARM9 内核，并提供了丰富的外设接口，包括模数转换器(analog-to-digital converter，ADC)接口、控制器局域网络(controller area network，CAN)接口、串口、以太网、通用串行总线(universal serial bus，USB)接口、通用型输入输出(general-purpose input/output，GPIO)、脉冲宽度调制(pulse width modulation，PWM)、安全数字输入输出(secure digital input and output，SDIO)、音频、视频、移动存储卡等。相比于 PC/104 等 X86 系列的嵌入式计算机，工业级 ARM 计算机不但保障了控制系统长期运行的可靠性和环境适应性，也显著地降低了系统功耗，这契合了波浪驱动水面机器人的低功耗运行要求。波浪驱动水面机器人运动控制系统的硬件组成如图 5.9 所示。

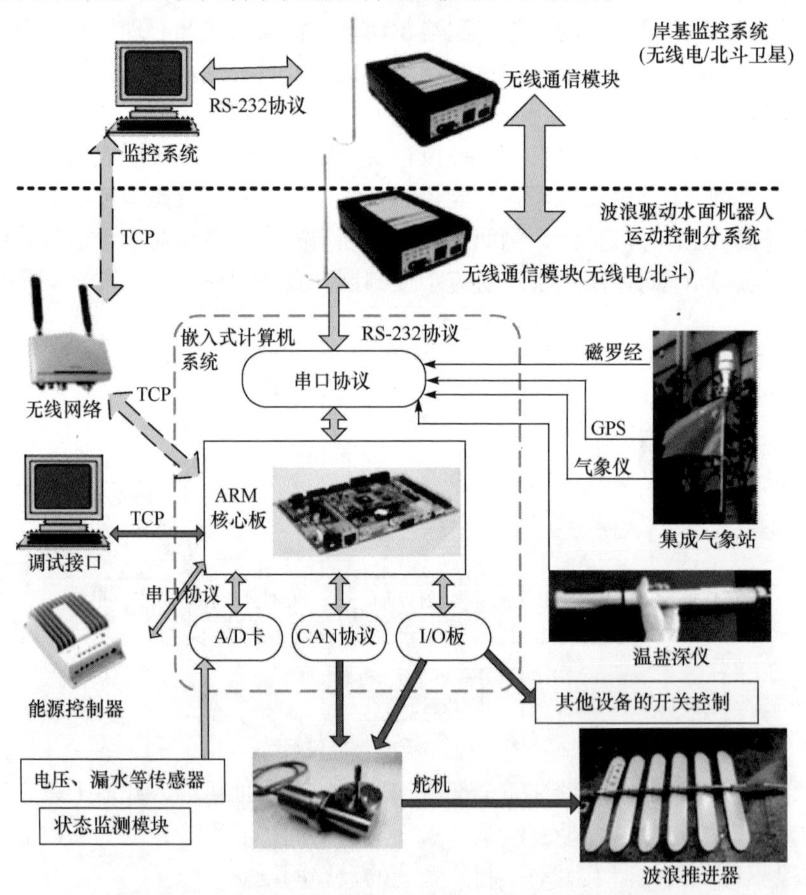

图 5.9　波浪驱动水面机器人运动控制分系统硬件组成图

TCP 指传输控制协议(transmission control protocol)，A/D 指模数转换(analog to digital convert)，I/O 指输入输出(input/output)

考虑到运动控制分系统对扩展性和经济性的需求，嵌入式 ARM 模块中采用开源的嵌入式多任务操作系统 Linux。由于 Linux 性能稳定、裁剪性好、开发和使用便捷，被广泛应用到通信装备、工业控制、航空航天以及消费性电子产品等领域。同时，岸基监控机采用 Windows 下的 MATLAB GUI(图形用户接口)开发监控软件。通过无线通信系统，岸基监控机与波浪驱动水面机器人之间实现了远距离的无线实时监控，且预留了网络调试和监控接口。

3. 软件系统设计

波浪驱动水面机器人嵌入式控制系统主要由智能规划与决策模块、航向控制模块、网络数据采集模块、无线数据通信模块、舵机等组成，如图 5.10 所示。基于时空分解体系结构和行为响应体系结构相结合的思想，将波浪驱动水面机器人嵌入式控制系统分为控制层、通信层、感知层和执行层等四部分，各层主要构成和功能如下。

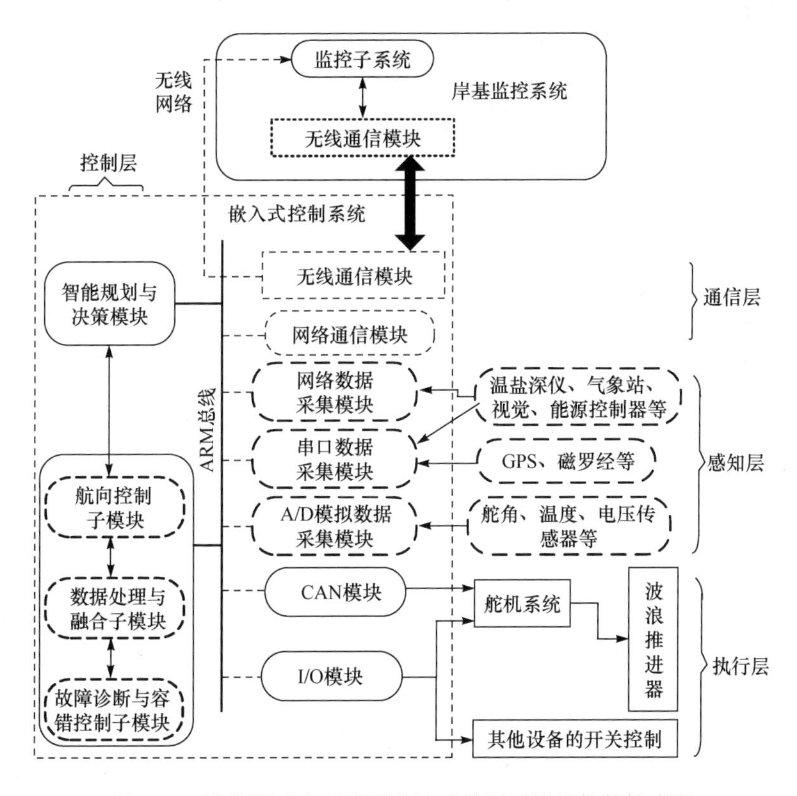

图 5.10　波浪驱动水面机器人运动控制系统的软件构成图

(1)控制层。可分为运动控制模块和智能规划与决策模块。其中运动控制模块负责处理环境和位姿信息并根据目标指令生成所需的控制指令，它包含航向控制、数据处理与融合、故障诊断与容错控制等子模块，是嵌入式控制系统的核心；智能决策模块是波浪驱动水面机器人的"大脑"，负责维护环境和自体认知模型，受目标驱动进行行为意图决策，并规划出动作序列，综合考虑波浪驱动水面机器人的环境和自身状态生成目标指令。同时，将危险规避、特殊使命任务等模块嵌入控制层，由智能规划与决策模块来协调控制。

(2)通信层。主要负责整个系统的通信，包含串口的无线通信接口、传输控制协议/互联网协议(TCP/IP)的网络通信接口、ARM总线的通信接口等。

(3)感知层。即环境与运动感知模块，它由A/D卡、串口板和网络等采集模块组成，负责波浪驱动水面机器人所处环境、位姿等传感器数据的采集。

(4)执行层。即执行模块，负责控制指令的理解和下达，以完成执行机构和各类设备控制，主要由CAN模块、I/O模块组成。

5.2 基于改进S面方法的艏向控制

5.2.1 S面控制器及其参数优化方法

1. 艏向控制特性分析

"海洋漫步者"号波浪驱动水面机器人与国内外一些常规动力海洋机器人的运动性能对比[15,16]如表5.1所示。其中"海洋漫步者"号的数据来源于水池试验，而"XL"号水面机器人、"WeiLong"号和"海灵"号水下机器人的数据来源于哈尔滨工程大学的水下机器人技术国家级重点实验室，而"USV14"号水面机器人数据来源于文献[16]。

表5.1 "海洋漫步者"号波浪驱动水面机器人与常规动力海洋机器人的运动性能对比

性能指标	"USV14"号	"XL"号	"WeiLong"号	"海灵"号	"海洋漫步者"号
长度/m	4.3	6.2	2.5	4.3	3.0(浮体)
推进类型	螺旋桨推进	泵喷推进	螺旋桨推进	螺旋桨推进	波浪推进
回转直径/m	12	≈15	≈18	≈14	≈30
最高航速/(m/s)	2.8	16.0	2.5	2.5	0.3～0.5(SS1) 0.8～1.0(SS3)
转艏时延/s	—	≈1.0	≈1.2	≈1.0	≈5.0

由表5.1可知，对比常规动力海洋机器人，波浪驱动水面机器人的航速低、机动性弱、时滞大，并受海洋环境力的随机干扰；同时，难以建立精确的波浪驱动水面机器人运动数学模型，导致其艏向控制问题是一个难点，主要体现在：

(1) 波浪驱动水面机器人靠波浪能驱动，实践表明其航速低、机动性差、艏向控制能力较弱；

(2) 波浪驱动水面机器人为多体系连结构，由浮体、潜体和柔链三部分组成，操纵装置位于潜体，系统惯性大、运动响应较慢，易导致系统振荡；

(3) 波浪驱动水面机器人体积很小，在海洋环境中易受环境力影响，具有大扰动特性且艏向保持能力较差。

可见波浪驱动水面机器人具有弱机动、大时滞、大扰动等控制特性，因此所设计的控制器必须能够适应这些控制特性，并且对复杂环境力影响具备较强的鲁棒性。

2. S 面控制器设计

智能控制将控制理论方法和人工智能技术灵活地结合起来，其控制方法适应所控对象的复杂性和不确定性，常用智能控制方法有神经网络、模糊逻辑控制、专家控制等。研究中采用 S 面控制器[17]，该方法将模糊控制的思想与比例-微分-积分(PID)的简单控制结构相结合，在水面机器人、水下机器人的运动控制中得到了广泛应用[17-20]，该方法描述如下。

取模糊控制器的控制规则主对角线数值连成折线，如表 5.2 所示，这样的折线能用一条光滑曲线来拟合(如 tanh 函数、Sigmoid 函数等)，实际上光滑曲线可看成无数条长度趋向于零的折线相连。显然整个模糊控制规则库对应的折线面也可用光滑的曲线面代替。

表 5.2　控制规则表

		$\dot{e}$				
		−4	−2	0	2	4
e	−4	4	3	2	1	0
	−2	3	2	1	0	−1
	0	2	1	0	−1	−2
	2	1	0	−1	−2	−3
	4	0	−1	−2	−3	−4

Sigmoid 曲线函数可表示为

$$u = 2/(1+\exp(-kx))-1 \tag{5.1}$$

那么 Sigmoid 曲面函数为

$$z = 2/(1+\exp(-k_1x-k_2y))-1 \tag{5.2}$$

选取 S 面控制器的控制模型为

$$u = 2/(1+\exp(-k_1e-k_2\dot{e}))-1 \tag{5.3}$$

其中，e 和 $\dot{e}$ 为控制的输入(分别为偏差和偏差变化率，并通过归一化处理)；u 为归一化的控制力输出；k_1、k_2对应偏差和偏差变化率的控制参数，可以改变其对应控制输出的变化速度。

图5.11的三维光滑曲面表达了偏差、偏差变化率与控制输入之间的相互关系。对比 PID 控制器可知，S 面控制器在模型结构形式上与比例-微分(proportion-differential，PD)控制器很相似，只不过PD是线性的，而S面是非线性的。显然，利用非线性函数来拟合非线性系统比采用线性函数更好一些[17]。

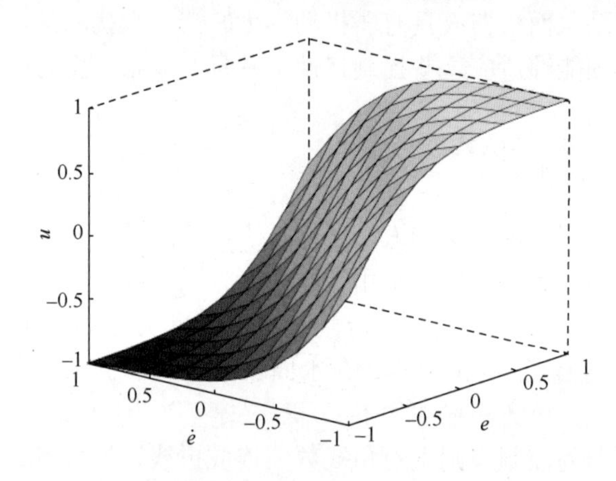

图 5.11　Sigmoid 曲面图

控制输出即舵角，而控制输入是艏向偏差和转艏角速度。通过改变k_1和k_2的大小，可以调整偏差和偏差变化率在控制输出中所占的比重，即可以调整k_1和k_2来改变控制器的控制特性，从而调节超调量和收敛速度以满足控制要求。一般控制参数调整规律为：若超调较大，则适当减小k_1而增加k_2；反之，若收敛速度较慢，则适当增加k_1而减小k_2。

值得注意的是，虽然S面控制器待调节参数少，但是应用中仍存在参数调节费时费力、难以获得最优性能等问题。若利用已有数学模型进行控制参数优化，将有助于推进其工程应用，可节约宝贵的实船试验时间。基于该研究思路，下面探讨控制参数的优化问题。

3. 控制参数优化

在控制参数的优化过程中，往往需要大范围、不连续地进行寻优搜索，鉴于人工鱼群算法(详见 4.4.2 节)具有较强的自适应性和全局搜索能力，下面基于人工鱼群算法进行波浪驱动水面机器人的控制参数优化。

控制器的设计目的是使控制系统性能指标函数$J(\cdot)$为最小，设计中常采用的评价指标是综合时间与绝对误差(integrated time and absolute error，ITAE)准则。

$J(\text{ITAE})=\int_0^{\infty} t|\varepsilon(t)|\mathrm{d}t$，其中 ε 为误差(例如，对于艏向控制 $\varepsilon=|\varepsilon_{\psi}|$，$\varepsilon_{\psi}=\psi_d-\psi$，$\psi_d$、$\psi$ 分别为期望艏向与实际艏向)。ITAE 较少考虑初始偏差，而强调超调量和调节时间，综合反映了控制系统的快速性和精确性，在控制领域普遍使用。把目标函数取为 $J(\text{ITAE})$ 的倒数，即 $Y=1/J(\text{ITAE})$，则可将控制参数优化问题转化为求解目标函数 Y 的极大值问题。

根据实际调试经验，选取控制参数范围为 $0<k_{\psi1}\leqslant 50,\ 0<k_{\psi2}\leqslant 5$，人工鱼群算法的鱼群参数为

$$\begin{aligned}&D=2,\quad B_d=[0\ \ 50;0\ 5],\quad n=50,\quad K_{\max}=30\\&V_s=|B_d|/4.5,\quad S_t=V_s/3.5,\quad T_n=3,\quad \kappa=0.9\end{aligned}\tag{5.4}$$

利用人工鱼群算法进行参数寻优，可得到艏向控制器的设计参数为 $k_{\psi1}=40$，$k_{\psi2}=0.3$。

5.2.2 基于舵角补偿的改进 S 面控制方法

1. 艏向控制问题描述

试验中发现，波浪驱动水面机器人艏向控制过程中存在如下两个主要问题。

1) 舵角零点漂移现象

外场试验中发现舵机装置存在舵角零点漂移现象。波浪驱动水面机器人航行于海洋环境，为了保持直航，需要打某个非零舵角 $\bar{\delta}_0$ 而不是维持零舵角，该非零舵角值就是舵角零点的偏移量 $\bar{\delta}$。该现象主要由以下原因引起：①环境外力干扰，在风、浪、流等未知外力的共同干扰下，波浪驱动水面机器人受到一定的转艏力矩作用，即需要打一个固定舵角来补偿该力矩以保持艏向。该影响具有时变性、不确定性等特点，该修正舵角是时变的，需要在线估计。②柔链安装位置存在偏差，即潜体推力作用中心线和浮体中纵面之间存在一定偏角。③舵机装置误差等其他因素。

上述因素的影响同时存在，很难分解开以区别对待，舵角零点漂移现象是上述因素联合作用的结果。舵角零点漂移问题使艏向控制变得更加困难，严重影响了艏向控制的精度，在恶劣的条件下甚至难以保持艏向。试验表明，即使采用了 S 面加积分的控制方式，仍无法很好地解决该问题。

2) 时滞问题

试验中还发现如果设定的最大控制舵角 $\delta_{c,\max}\geqslant 40°$，很容易使艏向控制振荡难以收敛，甚至发散。如果控制舵角过大，舵机和波浪驱动水面机器人自身的时滞性也将严重地影响控制性能。

试验中发现，上述两个问题不是简单地通过调整控制参数就能解决的。为此下面提出一种基于舵角(执行器)补偿的改进 S 面控制方法。

2. 改进 S 面控制方法

考虑船长操舵控制艏向的经验：船航行于复杂海洋环境，船长能学习和总结操舵规律，凭借其丰富的操舵经验，不断地修正舵角以补偿舵角零点漂移带来的不利影响，即舵角补偿。借鉴船长操舵的思想，将专家控制与 S 面控制方法相结合，提出一种基于舵角补偿的改进 S 面控制方法，其原理如图 5.12 所示。

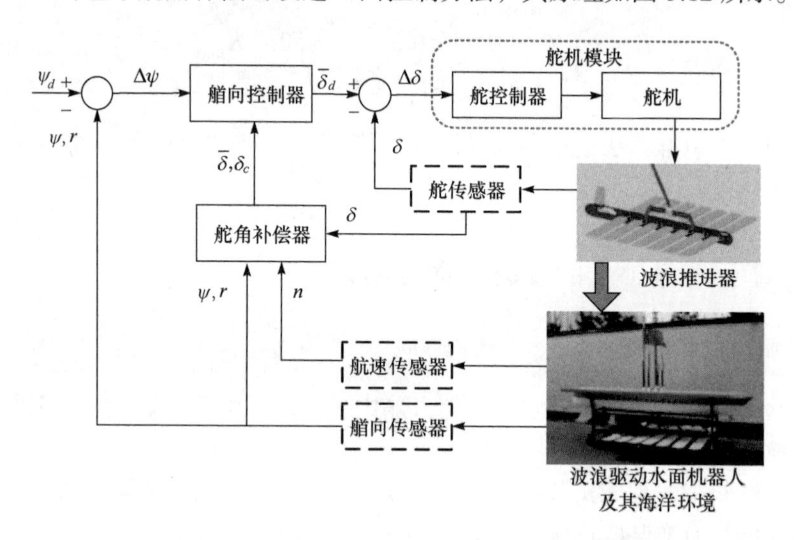

图 5.12　基于舵角补偿的改进 S 面控制方法原理图

该方法的具体改进措施如下：

(1)动态修正舵角零点。如前所述，可将外界干扰、柔链安装偏差和舵机装置等不确定性的影响皆归结为舵角零点漂移现象，因此均采用动态调整舵角零点的方法来加以补偿。一个基本的操舵事实是：若船持续保持一个左舵角，则其应该左转，考虑到系统的时滞性，假设打左舵后并维持一段时间 T_δ，船就应该有左转行为。然而，实际上船没有左转，甚至在右转，这时可认为舵角零点发生了漂移，需要对其进行补偿如下：

$$\bar{\delta}=\begin{cases}\bar{\delta}_{\max}\operatorname{sign}(\delta)\tanh\left[\kappa_{\bar{\delta}}\left(t-T_{\delta}\right)\right], & \delta\neq 0,\delta r\leqslant 0,t\geqslant T_{\delta}\\ -\bar{\delta}_{\max}\tanh\left[\kappa_{\bar{\delta}}\left(t-T_{\delta}\right)\right], & \delta=0,r\neq 0,t\geqslant T_{\delta}\\ \bar{\delta}\left\{1-\tanh\left[\kappa_{\bar{\delta}}\left(t-T_{\delta}\right)\right]\right\}, & \delta r>0\text{或}\delta=r=0,t\geqslant T_{\delta}\end{cases}\tag{5.5}$$

其中，$\bar{\delta}_{\max}$ 是最大修正舵角；T_δ 是滞后时间；t 是某一打舵状态下的持续时间；$\kappa_{\bar{\delta}}$ 是修正舵角调整因子。

(2)动态调整控制舵角。波浪驱动水面机器人独特的刚柔多体系连结构，如果舵角太大容易使潜体相对浮体的转艏速度过快，出现特有的“柔链缠绕”现象，从而导致系统艏向振荡甚至发散；采用小舵角操舵的方法可以削弱舵机装置和波浪驱动水面机器人本身的时滞影响。显然，从控制和节能角度考虑，小舵角控制总是适合的。具体调整规律为随着航速的增加，δ_c不断变小，如下所示：

$$\delta_c(u)=\begin{cases}\delta_{c,\max}, & u\leqslant 1\\ \delta_{c,\min}+\left(\delta_{c,\max}-\delta_{c,\min}\right)\exp\left(\dfrac{1-u}{\kappa_\delta}\right), & 1<u<2\\ \delta_{c,\min}, & u\geqslant 2\end{cases}\tag{5.6}$$

其中，$\delta_{c,\max}$、$\delta_{c,\min}$是控制舵角的最大、最小设定值；u是航速；$\delta_c(u)$是某一航速下的控制舵角；κ_δ是控制舵角调整因子。

在下列试验中上述参数选择为$\bar{\delta}_{\max}=10°$，$T_\delta=8\text{s}$，$\kappa_{\bar{\delta}}=0.9$，$\delta_{c,\max}=35°$，$\delta_{c,\min}=20°$，$\kappa_\delta=2$。

5.2.3　仿真试验与分析

本节采用5.2.2节中所设计的自适应S面艏向控制器，基于4.4节建立的“海洋漫步者”号波浪驱动水面机器人艏向响应模型(K-T方程)，开展艏向控制的仿真试验，进行如下四种工况仿真试验。

1. 标称航速下艏向控制仿真试验

仿真试验中平均航速设为0.4m/s，期望艏向为 90°，初始艏向与转艏角速度为0，最大舵角设为35°，仿真试验结果如图5.13～图5.15所示。

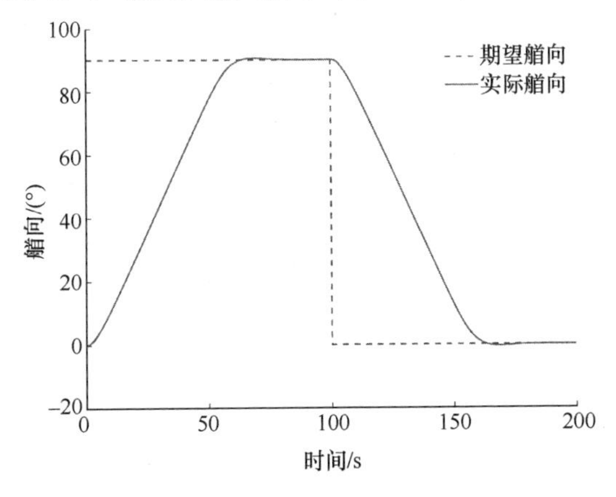

图5.13　期望艏向与实际艏向(航速0.4m/s)

由图5.13可知，实际艏向从0°达到期望艏向90°后只有约1°的超调量，之后迅速稳定至期望艏向，无振荡现象。由图 5.14 可知，实际转艏角速度变化平缓；由图 5.15 可知，控制舵角无振荡，输出平缓，意味着较小的能量消耗。仿真试验结果体现了该波浪驱动水面机器人较好的控制性能。

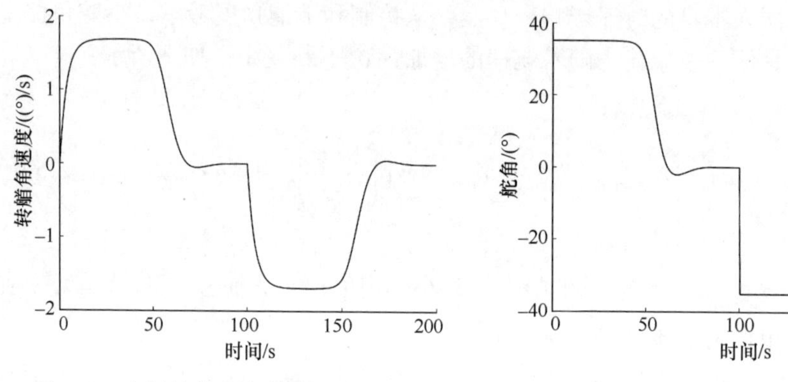

图 5.14　实际转艏角速度(航速 0.4m/s)　　图 5.15　控制舵角(航速 0.4m/s)

2. 非标称航速下艏向控制仿真试验

仿真试验中平均航速设为 1m/s，期望艏向为 90°，初始艏向与转艏角速度为 0，最大舵角设为 25°，仿真试验结果如图 5.16～图 5.18 所示。

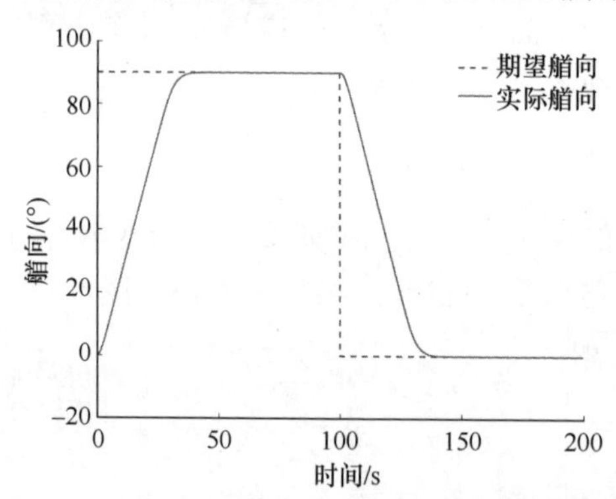

图 5.16　期望艏向与实际艏向(航速 1m/s)

由图 5.16～图 5.18 可知，尽管最大舵角相较于 5.2.3 节第一部分较小，但航速较高的情况下舵效好，使得实际艏向的收敛更快、超调更小。试验结果表明，在不同航速下控制器仍然具有较好的控制性能。

3. 艏向跟踪仿真试验

仿真试验中平均航速设为 0.4m/s，期望艏向设置为谐波艏向 $\psi_d = 54\sin(t/50)$，初始艏向与转艏角速度为 0，最大舵角设为 35°，仿真试验结果如图 5.19～图 5.21 所示。

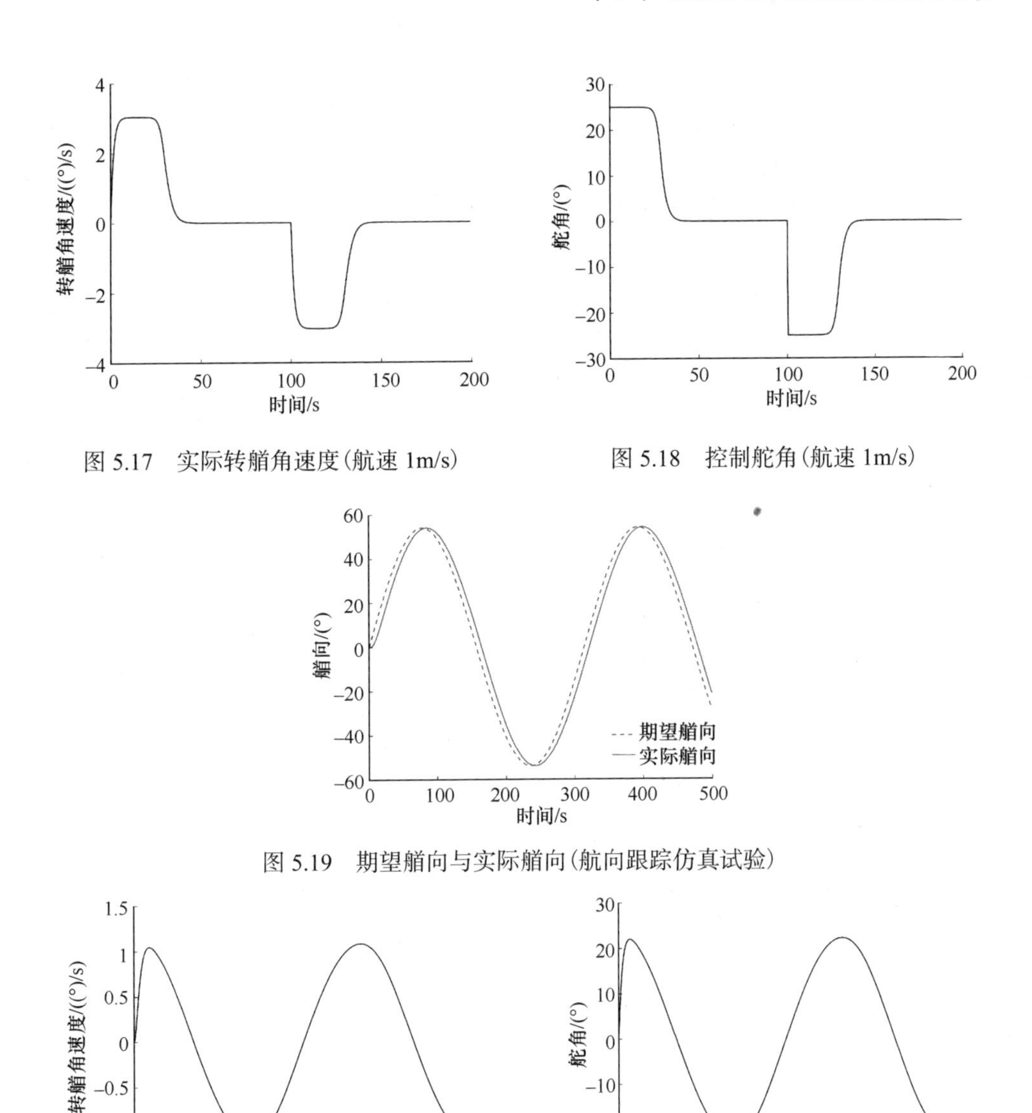

图 5.17　实际转艏角速度(航速 1m/s)

图 5.18　控制舵角(航速 1m/s)

图 5.19　期望艏向与实际艏向(航向跟踪仿真试验)

图 5.20　实际转艏角速度(航向跟踪仿真试验)

图 5.21　控制舵角(航向跟踪仿真试验)

由图 5.19～图 5.21 可知，实际艏向相对于期望艏向的滞后较小，艏向输出和控制舵角响应平稳，这说明所设计控制器能够较好地完成艏向跟踪任务。

4. 不确定影响时艏向控制仿真试验

开展存在模型摄动和外界干扰力等不确定影响下的艏向控制，以检验控制方法的自适应性和鲁棒性。

仿真试验中平均航速设为 0.4m/s，期望艏向为 90°，初始艏向与转艏角速度为 0，最大舵角设为 35°。仿真中假设模型存在不大于200%的参数摄动，不失一般性，考虑一种极端情况，可设定实际模型参数如下：$K = 2\times 0.049$，$T = 2\times 4$，$\alpha = 2\times 17$；假设环境扰动力为高斯白噪声，设置与艏摇加速度 $\dot{r}$ 同量级的外界干扰力为 $d_r = \mathrm{rand}(-1,1)((°)/\mathrm{s}^2)$。仿真试验结果如图 5.22～图 5.24 所示。

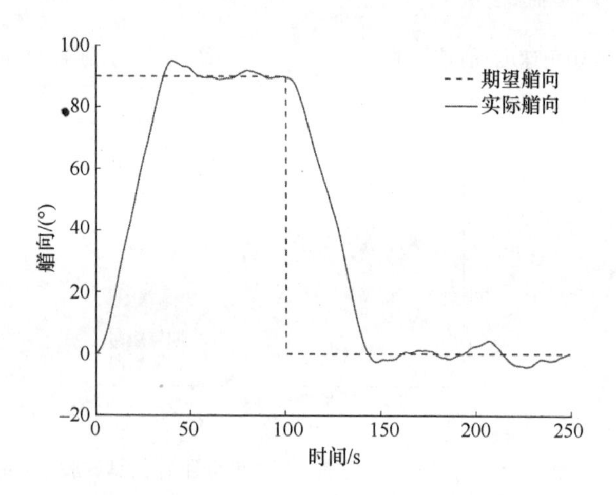

图 5.22　期望艏向与实际艏向(不确定影响时艏向控制仿真试验)

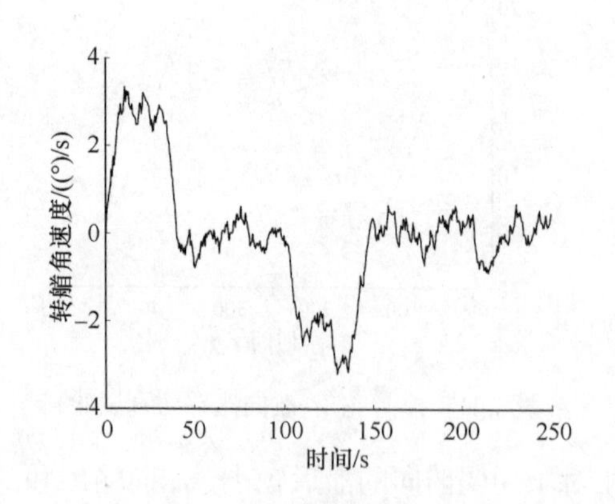

图 5.23　转艏角速度(不确定影响时艏向控制仿真试验)

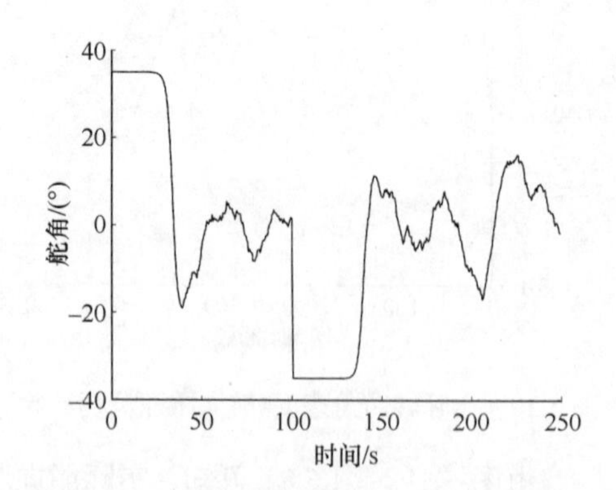

图 5.24　控制舵角(不确定影响时艏向控制仿真试验)

由图 5.22～图 5.24 可知，加入不确定影响后实际艏向输出有超调(⩽10°)，并存在一定振荡现象，扰动影响下控制舵角的输入较为平缓，有较小抖动，控制精度较无不确定影响时有所下降(不确定影响时为±4°，标称模型时为±0.5°)。对于波浪驱动水面机器人这类大范围作业装备，仍可以满足工程应用需求。通过上述仿真对比试验，验证了所设计控制方法的自适应性和鲁棒性。

5.3 基于艏向信息融合的航向控制

波浪驱动水面机器人的航向与浮体艏向和潜体艏向存在复杂的非线性耦合关系，并且在大部分时间与这两者均不相同，难以采用机理建模方法在实时变化的环境干扰中精确地描述三者之间的耦合关系。本节首先提出一种浮潜多体艏向动态耦合模型以描述波浪驱动水面机器人的浮体艏向、潜体艏向和系统整体航向的相互关系，该模型根据波浪驱动水面机器人航行动态数据实时修正；然后基于艏向信息融合策略，解算出潜体期望艏向；最后通过对潜体艏向进行直接控制，实现对波浪驱动水面机器人实际航向的间接控制。

下面以“海洋漫步者Ⅱ”号波浪驱动水面机器人为研究对象，通过仿真试验检验所提出浮潜多体艏向动态耦合模型和艏向信息融合策略的有效性，并在 5.5.2 节第二部分描述海上试验结果。

5.3.1 浮潜多体艏向动态耦合模型

波浪驱动水面机器人的多体艏向关系如图 5.25 所示，其中 ψ^* 表示期望艏向，D 表示期望目标点。波浪驱动水面机器人的多体艏向系统可描述为

$$\psi(k) = f(\psi^F(k), \psi^G(k), F(k)) \tag{5.7}$$

其中，$\psi(k)$ 是波浪驱动水面机器人的航向(系统整体航向)；$\psi^F(k)$ 是波浪驱动水面机器人浮体的艏向；$\psi^G(k)$ 是波浪驱动水面机器人潜体的艏向；$F(k)$ 是其他影响因素，包括推力、环境干扰力等；k 是离散控制系统的运行时刻。

$f(\cdot)$ 是复杂的非线性函数，$F(k)$ 包含诸多相互耦合的因素，因此难以得到 $\psi(k)$ 准确的表达形式。然而，一定存在一个系数 $c(k)$，使得满足以下方程：

$$\psi^G(k) - \psi(k) = c(k) \times (\psi(k) - \psi^F(k)) \tag{5.8}$$

当 $\psi(k) \neq \psi^F(k)$ 时，式(5.8)等价于

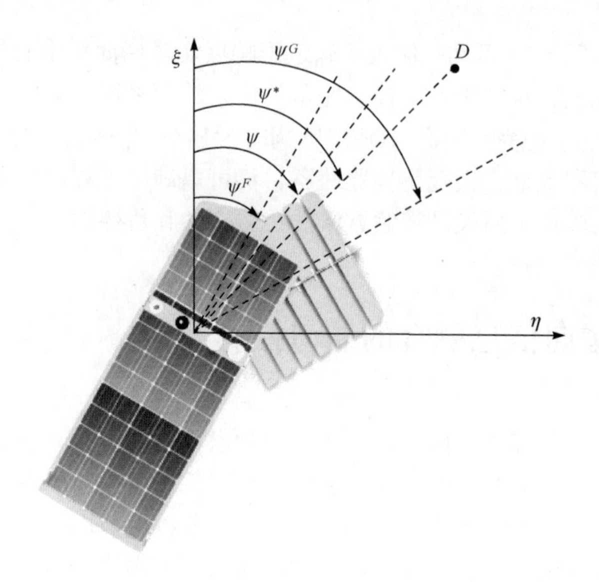

图 5.25　波浪驱动水面机器人的多体艏向关系示意图

$$c(k)=\frac{\psi^G(k)-\psi(k)}{\psi(k)-\psi^F(k)} \tag{5.9}$$

由式(5.9)可以看出，系数$c(k)$具有明确的物理意义，表示潜体与浮体分别相对于系统航向偏移量的比例关系。其几何表示如图 5.26 所示，曲线的横坐标为浮体艏向相对于系统航向的偏移量，纵坐标为潜体艏向相对于系统航向的偏移量，$c(k)$为曲线上各点与原点连线的斜率。需要注意的是，定义浮体艏向相对于系统

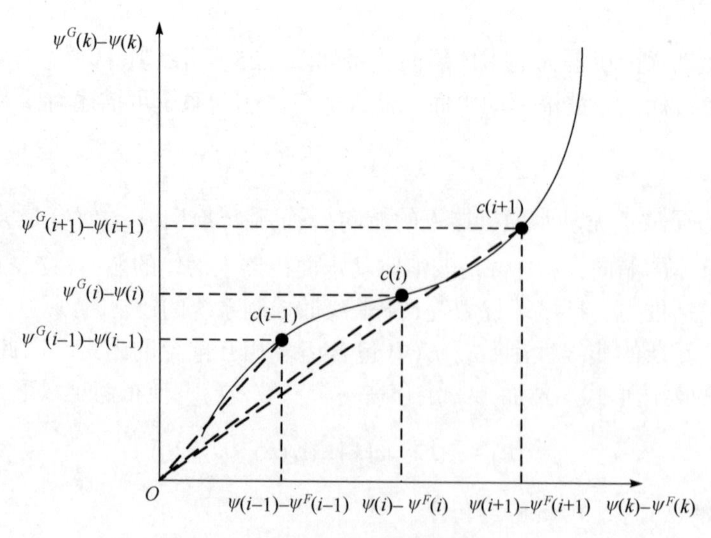

图 5.26　偏移比例系数的几何解释

航向的偏移量以浮体艏向小于系统航向为正，而潜体艏向相对于系统航向的偏移量以潜体艏向大于系统航向为正。这样定义的原因是：在大部分情况下，波浪驱动水面机器人的航向位于浮体艏向与潜体艏向之间，使得 $c(k)$ 在大部分情况下为正。

为表述方便，后续描述中称 $c(k)$ 为偏移比例系数(offset ratio coefficient，ORC)。

波浪驱动水面机器人多体艏向系统中所有复杂的行为特征，如非线性、时变参数、环境干扰力都被压缩到偏移比例系数 $c(k)$。显然偏移比例系数 $c(k)$ 是时变参数，其与波浪驱动水面机器人自身姿态、外界环境状态等相关，其动态特性复杂而难以描述，然而其数值行为却可能相对简单且容易估计。

5.3.2 偏移比例系数估计算法

偏移比例系数的动态特性十分复杂，与诸多影响因素相关，倘若采用机理建模结合水动力学计算建立精确的波浪驱动水面机器人运动数学模型，并进一步确定偏移比例系数的取值，其最终结果的准确性将难以保证。本节根据波浪驱动水面机器人航行过程动态数据，实时估计出偏移比例系数 $c(k)$。

由式(5.8)得

$$\psi^G(k)=c(k)\times(\psi(k)-\psi^F(k))+\psi(k) \tag{5.10}$$

即已知当前时刻波浪驱动水面机器人的航向、浮体艏向和偏移比例系数，能够估计当前的潜体艏向。因此，偏移比例系数的估计准则函数可选择极小化潜体艏向估计值与潜体艏向真实值之差的平方。然而，这样参数值会对某些不准确的采样数据(可能由干扰或者传感器失灵等原因引起)过于敏感。因此，在估计准则函数中，加入极小化当前时刻偏移比例系数与上一时刻偏移比例系数之差的平方，提出如下偏移比例系数 $c(k)$ 的估计准则函数：

$$J(\hat{c}(k))=\left|\psi^G(k)-\psi(k)-\hat{c}(k)(\psi(k)-\psi^F(k))\right|^2+\mu\left|\hat{c}(k)-\hat{c}(k-1)\right|^2 \tag{5.11}$$

其中，$\hat{c}(k)$ 是当前时刻偏移比例系数的估计值；$\hat{c}(k-1)$ 是上一时刻偏移比例系数的估计值；$\mu>0$ 是权重因子。

对式(5.11)求极值，得到偏移比例系数的估计公式为

$$\hat{c}(k)=\hat{c}(k-1)-\eta\frac{(\psi^G(k)-\psi(k))(\psi^F(k)-\psi(k))+\hat{c}(k-1)(\psi^F(k)-\psi(k))^2}{(\psi^F(k)-\psi(k))^2+\mu} \tag{5.12}$$

其中，$\eta\in(0,1]$ 是步长因子。加入步长因子使得针对不同离散控制系统的步长或

不同的应用需求，该算法具有更强的灵活性和一般性。增大μ，将使得偏移比例系数变化平稳，提高估计的鲁棒性；减小μ，则提高偏移比例系数的跟踪性。增大η，算法输出的变化率较大；减小η，则算法输出趋于平缓。μ和η的取值需根据实际应用需求调整。偏移比例系数的初值根据经验选择，如可取为1。

5.3.3 艏向信息融合策略

波浪驱动水面机器人的航向控制系统是非常复杂的非线性系统，各因素之间存在复杂的耦合关系。如果将波浪驱动水面机器人视为单体结构，考虑波浪驱动水面机器人的弱机动、大时滞、大扰动特性，仅对单体结构控制方法进行改进，控制效果将难以保证。如果将浮体艏向作为控制目标和控制反馈，控制系统易于出现不稳定，当浮体受持续干扰力矩影响时，潜体可能出现持续多圈旋转，发生"柔链缠绕"现象；如果将潜体艏向作为控制目标和控制反馈，即使实现高精度的潜体艏向控制，波浪驱动水面机器人系统整体的航向仍是不确定的。

针对上述问题，提出如下艏向信息融合策略，以实现波浪驱动水面机器人的航向解耦控制。

(1)根据期望航向、浮体实际艏向和偏移比例系数，计算潜体的期望艏向为

$$\psi^{Gd}(k)=\hat{c}(k)\times(\psi^{*}(k)-\psi^{F}(k))+\psi^{*}(k) \tag{5.13}$$

(2)计算潜体期望艏向与浮体艏向的夹角的绝对值,将其限制在预先设定的阈值$\psi^{FG\max}$内，即

$$\psi^{Gd}(k)=\begin{cases}\psi^{Gd}(k), & \left|\psi^{Gd}(k)-\psi^{F}(k)\right|\leqslant\psi^{FG\max}\\ \psi^{F}(k)+\psi^{FG\max}, & \psi^{Gd}(k)-\psi^{F}(k)>\psi^{FG\max}\\ \psi^{F}(k)-\psi^{FG\max}, & \psi^{Gd}(k)-\psi^{F}(k)<-\psi^{FG\max}\end{cases} \tag{5.14}$$

其中，夹角阈值$\psi^{FG\max}$根据经验选取，一般不大于90°，本节取为90°。

(3)进行潜体艏向控制。

5.3.4 潜体艏向控制方法

解耦后潜体艏向控制本质上属于单体海洋机器人的艏向控制问题。目前已广泛应用于单体海洋机器人控制的方法均可借鉴，如PID控制、模糊PID控制、S面控制等。下面以基本PID控制器为例，进行潜体艏向控制方法设计，PID控制器描述如下：

$$\delta(k)=k_p\times e(k)+k_i\times\sum_{j=1}^{k}e(j)+k_d\times\frac{e(k)-e(k-1)}{T} \tag{5.15}$$

其中，潜体艏向偏差$e(k)=\psi^{Gd}(k)-\psi^{G}(k)$；$k_p$、$k_i$、$k_d$是比例项、积分项、微分项系数，需根据经验进行调节；T是控制系统的运行步长。

综上所述，基于艏向信息融合的波浪驱动水面机器人航向控制方法流程如下：

算法 5.1: 波浪驱动水面机器人航向控制算法

已知: 期望航向 $\psi^*(k)$，实际航向 $\psi(k)$

浮体艏向 $\psi^F(k)$，潜体艏向 $\psi^G(k)$

初始化 $c(1)\leftarrow 1$ // 偏移比例系数

重复

$$\hat{c}(k)\leftarrow\hat{c}(k-1)-\eta\frac{(\psi^G(k)-\psi(k))(\psi^F(k)-\psi(k))+\hat{c}(k-1)(\psi^F(k)-\psi(k))^2}{(\psi^F(k)-\psi(k))^2+\mu}$$

//偏移比例系数估计

$\psi^{Gd}(k)\leftarrow\hat{c}(k)\times(\psi^*(k)-\psi^F(k))+\psi^*(k)$ //计算潜体期望艏向

if $\psi^{Gd}(k)-\psi^F(k)>\psi^{FG\max}$ //限制浮体与潜体之间艏向偏移

$\psi^{Gd}(k)\leftarrow\psi^F(k)+\psi^{FG\max}$

else if $\psi^{Gd}(k)-\psi^F(k)<-\psi^{FG\max}$

$\psi^{Gd}(k)\leftarrow\psi^F(k)-\psi^{FG\max}$

else

$\psi^{Gd}(k)\leftarrow\psi^{Gd}(k)$

end

$e(k)=\psi^{Gd}(k)-\psi^G(k)$ // 计算潜体艏向偏差

$\delta(k)=k_p\times e(k)+k_i\times\sum_{j=1}^{k}e(k)+k_d\times\frac{e(k)-e(k-1)}{T}$ //PID 控制器

直到 停止指令

5.3.5 仿真试验与分析

下面基于4.3节构建的波浪驱动水面机器人运动数学模型进行仿真试验研究。仿真试验中设定期望航向 30°、表面流流速 0.1m/s、流向 0°，波浪工况为波高 0.2m、波长 8m。除了所提出基于艏向信息融合的航向控制方法，还选取三个对照组(均采用 PID 控制器)，三个对照组控制反馈分别为实际航向、浮体艏向和潜体艏向。对照组中 PID 控制器参数和基于艏向信息融合的航向控制方法的第三步(潜体艏向 PID 控制器)的参数相一致，设为 k_p=3, $k_i=0.001$, $k_d=0.5$ 。偏移比例系数估计算法中参数设置为η=0.1, $\mu=10$；浮体与潜体的夹角阈值$\psi^{FG\max}$设为 90°；偏移比例系数的初值设为 1。仿真结果如图 5.27～图 5.31 所示。

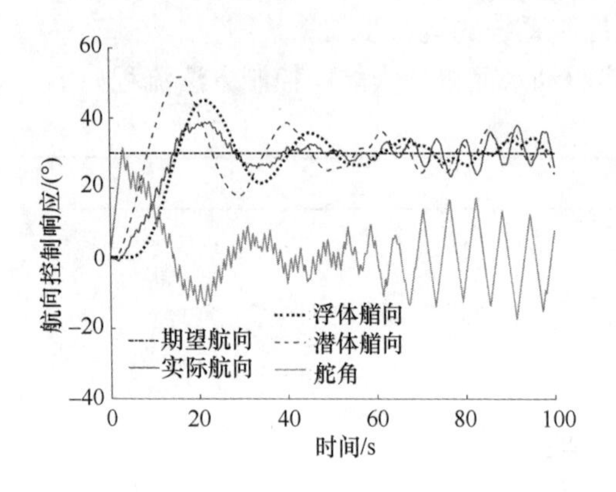

图 5.27 控制器反馈为实际航向时的控制响应(见书后彩图)

图 5.28 控制器反馈为浮体艏向时的控制响应(见书后彩图)

图 5.27 与图 5.28 分别为将系统实际航向和浮体艏向作为控制反馈的仿真结果，由于波浪驱动水面机器人动力学系统存在复杂的非线性特性，控制系统无法达到稳定。

图 5.29 为将潜体艏向作为反馈的仿真结果。相比图 5.27 和图 5.28，图 5.29 中的响应曲线更为规则，潜体艏向可稳定至 30°。因为潜体自身的艏向控制本质上属于单体海洋机器人的艏向控制，其艏向控制问题并无特殊性。然而，系统航

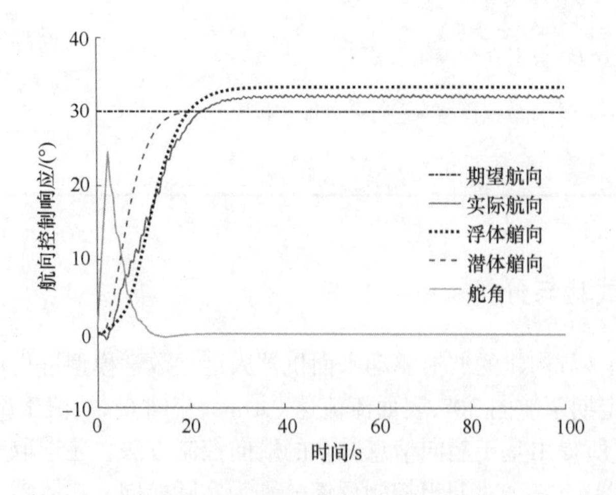

图 5.29 控制器反馈为潜体艏向时的控制响应(见书后彩图)

向相对于期望航向存在明显的稳态误差。

采用提出的自适应艏向信息融合策略，偏移比例系数根据动态数据进行实时估计，仿真结果如图 5.30 和图 5.31 所示。

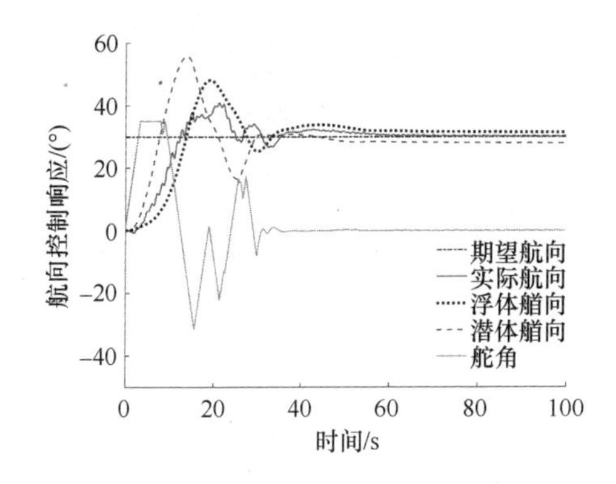

图 5.30　采用艏向信息融合策略后的控制响应(见书后彩图)

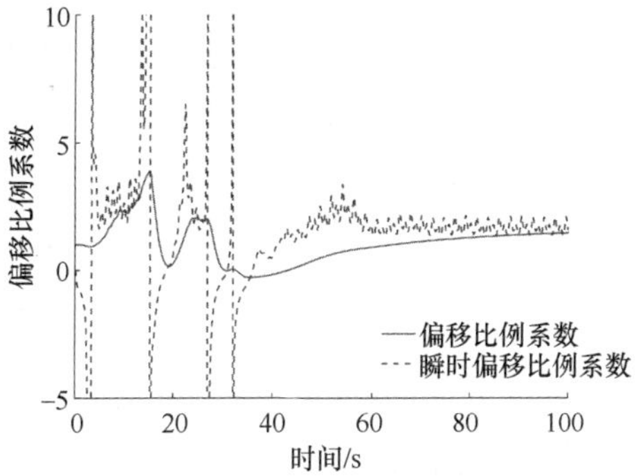

图 5.31　基于动态 I/O 数据的偏移比例系数估计(见书后彩图)

由图 5.30 可知，引入浮潜多体艏向动态耦合模型和艏向信息融合策略后，控制效果改善明显，驱使波浪驱动水面机器人实际航向收敛至期望航向，无稳态误差，浮体艏向和潜体艏向则稳定在期望航向的两侧。图 5.31 为偏移比例系数和真实的瞬时偏移比例系数，真实瞬时偏移比例系数存在剧烈的振荡，运动过程中浮体艏向接近系统航向时分母接近零而出现奇异。偏移比例系数能够平缓地跟踪真实的瞬时偏移比例系数变化，显然控制器中采用偏移比例系数有利于改善航向控制的品质。

5.4　基于航点制导的航迹跟踪

由于波浪驱动水面机器人航速不可控，因此难以采取直接方式完成航迹跟踪，为了实现波浪驱动水面机器人对期望航迹的跟踪，本节采用间接的位置控制(航迹跟踪)方法，即根据波浪驱动水面机器人的期望位置，基于特定制导算法，获得期望航向指令，运动控制器操纵舵机以跟踪期望航向，并最终实现对期望位置(航迹)的间接控制。波浪驱动水面机器人的导航、制导与控制系统原理如图 5.32 所示。下面分别阐述滤波方法、制导律问题。

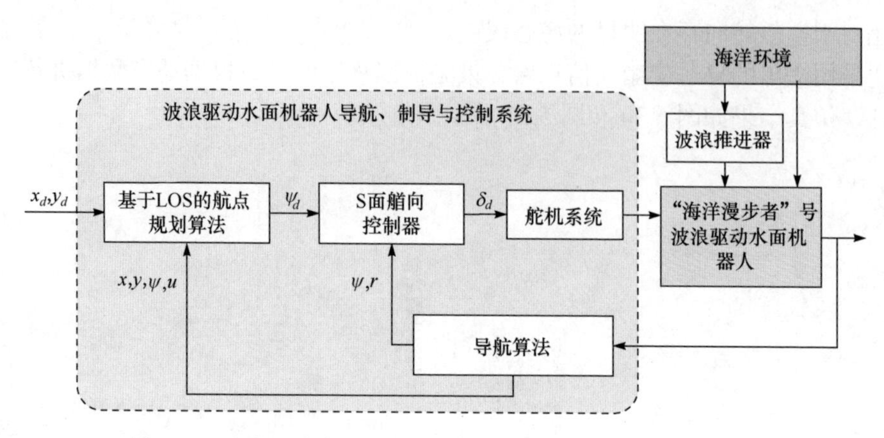

图 5.32　波浪驱动水面机器人的导航、制导与控制系统原理图

5.4.1　滤波方法

传感器数据的准确性、稳定性对控制系统性能具有非常重要的影响。波浪驱动水面机器人体积小，在海洋环境中运行时极易受环境力干扰，同时考虑到成本控制因素，波浪驱动水面机器人常采用低精度磁罗经进行姿态测量，从而导致传感器数据尤其是姿态数据的噪声(波动)大，难以直接用于运动控制。

波浪驱动水面机器人运动缓慢，可以近似看成线性运动，即适用于线性滤波方法，目前常用的线性滤波策略有维纳滤波、α-β-γ 滤波、卡尔曼滤波等。卡尔曼滤波是常用的滤波器之一，对于匀速直线运动对象，卡尔曼滤波器也是最优滤波器。α-β-γ 滤波器实质上是运动方程为匀加速的卡尔曼滤波器的稳态解形式，它的增益为 α、β、γ 三个常数。由于 α-β-γ 滤波器结构简单、计算量小，克服了卡尔曼滤波器计算量大的缺点，在无人艇、目标检测和雷达跟踪中获得了大量应用[20,21]。下面介绍其基本原理。

假设控制对象近似做匀加速直线运动，此时状态量 $\boldsymbol{X}$ 是三维向量：

$$\boldsymbol{X} = (x, \dot{x}, \ddot{x})^{\mathrm{T}} \tag{5.16}$$

其中，$(x, \dot{x}, \ddot{x})$ 表示对象的位置、速度和加速度分量。对象运动的状态方程为

$$\boldsymbol{X}_{k+1} = \boldsymbol{\Phi} \boldsymbol{X}_k + \boldsymbol{\Gamma} \boldsymbol{W}_k \tag{5.17}$$

其中

$$\boldsymbol{\Phi} = \begin{bmatrix} 1 & T & T^2/2 \\ 0 & 1 & T \\ 0 & 0 & 1 \end{bmatrix}, \quad \boldsymbol{\Gamma} = \begin{bmatrix} T^3/6 \\ T^2/2 \\ T \end{bmatrix} \tag{5.18}$$

式 (5.17) 中，状态噪声 $\boldsymbol{W}_k$ 是零均值的高斯白噪声过程，其方差 $\boldsymbol{Q} = E(\boldsymbol{W}_k \boldsymbol{W}_k^{\mathrm{T}})$；式(5.18)中，$T$ 是采样时间间隔。该过程的测量方程为

$$\boldsymbol{y}_k = \boldsymbol{H}\boldsymbol{X}_k + \boldsymbol{V}_k \tag{5.19}$$

其中，$\boldsymbol{H} = [1 \quad 0 \quad 0]$；测量噪声 $\boldsymbol{V}_k$ 是均值为零、方差 $\boldsymbol{R} = E(\boldsymbol{V}_k \boldsymbol{V}_k^{\mathrm{T}})$ 的高斯白噪声过程。运动方程(5.17)的卡尔曼滤波公式为

$$\begin{cases} \tilde{\boldsymbol{X}}_{k+1/k} = \boldsymbol{\Phi}\tilde{\boldsymbol{X}}_{k/k} \\ \boldsymbol{P}_{k+1/k} = \boldsymbol{\Phi}\boldsymbol{P}_{k/k}\boldsymbol{\Phi}^{\mathrm{T}} + \boldsymbol{\Gamma}\boldsymbol{Q}\boldsymbol{\Gamma}^{\mathrm{T}} \\ \boldsymbol{K}_{k+1} = \boldsymbol{P}_{k+1/k}\boldsymbol{H}^{\mathrm{T}}(\boldsymbol{H}\boldsymbol{P}_{k+1/k}\boldsymbol{H}^{\mathrm{T}} + \boldsymbol{R})^{-1} \\ \tilde{\boldsymbol{X}}_{k+1/k+1} = \tilde{\boldsymbol{X}}_{k+1/k} + \boldsymbol{K}_{k+1}(\boldsymbol{y}_{k+1} - \boldsymbol{H}\tilde{\boldsymbol{X}}_{k+1/k}) \\ \boldsymbol{P}_{k+1/k+1} = (\boldsymbol{I} - \boldsymbol{K}_{k+1}\boldsymbol{H})\boldsymbol{P}_{k+1/k} \end{cases} \tag{5.20}$$

当卡尔曼滤波递推充分多的步数后，增益矩阵 $\boldsymbol{K}_{k+1}$ 将趋于常数矩阵 $\boldsymbol{K}$，根据式(5.17)和式(5.19)，可得 α-β-γ 滤波器方程为

$$\begin{cases} \tilde{\boldsymbol{X}}_{k+1/k} = \boldsymbol{\Phi}\tilde{\boldsymbol{X}}_{k/k} \\ \tilde{\boldsymbol{X}}_{k+1/k+1} = \tilde{\boldsymbol{X}}_{k+1/k} + \boldsymbol{K}(\boldsymbol{y}_{k+1} - \boldsymbol{H}\tilde{\boldsymbol{X}}_{k+1/k}) \end{cases} \tag{5.21}$$

其中，增益矩阵 $\boldsymbol{K} = [\alpha \quad \beta / T \quad \gamma / (2T^2)]^{\mathrm{T}}$，$\alpha$、$\beta$、$\gamma$ 是滤波增益参数。

α-β-γ 滤波器的精度和收敛速度与噪声方差矩阵 $\boldsymbol{Q}$ 和 $\boldsymbol{R}$ 有关，而 $\boldsymbol{Q}$ 和 $\boldsymbol{R}$ 的取值与增益参数 α、β、γ 直接相关。因此，选取 α、β、γ 参数需要考虑噪声特性与滤波器动态性能之间的平衡。一般地，参数 α、β、γ 越大，滤波器收敛越快，但滤波精度越差，反之亦然。研究中选择参数为 $\alpha = 0.52$、$\beta = 0.04$、$\gamma = 0.006$。

5.4.2 航点制导算法

期望航迹可由一系列航点构成，即 $P = (P_1, P_2, \cdots, P_n)$，为了避免波浪驱动水面机器人在到达航点后频繁转向，设置跟踪误差阈值为 d^*。利用视线(line-of-sight, LOS)法[22]生成参考航向 ψ_d，它由下列基本航点制导律计算获得：

$$\psi_d = \operatorname{atan2}(y_d - \hat{y}, x_d - \hat{x}) \tag{5.22}$$

$$\operatorname{atan2}(\rho, \sigma) = \begin{cases} \arctan\left(\dfrac{\rho}{\sigma}\right), & \sigma > 0 \\ \pi + \arctan\left(\dfrac{\rho}{\sigma}\right), & \rho \geqslant 0, \sigma < 0 \\ -\pi + \arctan\left(\dfrac{\rho}{\sigma}\right), & \rho < 0, \sigma < 0 \\ \dfrac{\pi}{2}, & \rho > 0, \sigma = 0 \\ -\dfrac{\pi}{2}, & \rho < 0, \sigma = 0 \end{cases} \tag{5.23}$$

其中，(x_d, y_d) 和 $(\hat{x}, \hat{y})$ 表示大地坐标系下波浪驱动水面机器人的参考位置和测量位置。

波浪驱动水面机器人制导算法主要流程如下：

(1) 将期望航迹离散为一系列关键航点 $P=(P_1, P_2, \cdots, P_n)$，$P_i \in (x_{di}, y_{di})$，$n \geqslant 2$；

(2) 波浪驱动水面机器人跟踪第 i 个航点 $P_i (i=1,2,\cdots,n-1)$；

(3) 计算参考和测量位置间的距离 d，若 $d<d^*$，则利用式(5.22)计算参考航向指令 ψ_{di}，否则转到第(4)步，其中 $d=\sqrt{(x_{di}-\hat{x})^2+(y_{di}-\hat{y})^2}$；

(4) 跟踪第 $i+1$ 个航点 $P_{i+1} (i=1,2,\cdots,n-1)$，如果 $i<n-1$ 执行第(3)步，否则转到第(5)步；

(5) 完成航迹跟踪，并围绕最后一个航点 P_n 进行定位控制，定位误差阈值为 $2d^*$。

5.4.3　改进航点制导算法

由于波浪驱动水面机器人主要在开阔海域航行，其期望路径常常是直线航迹或航点路径，即由一系列分段直线构成。本节考虑由若干航点组成的一条期望几何路径 $(\cdots, \boldsymbol{P}_{k-1}, \boldsymbol{P}_k, \boldsymbol{P}_{k+1}, \cdots)$，如图 5.33 所示。

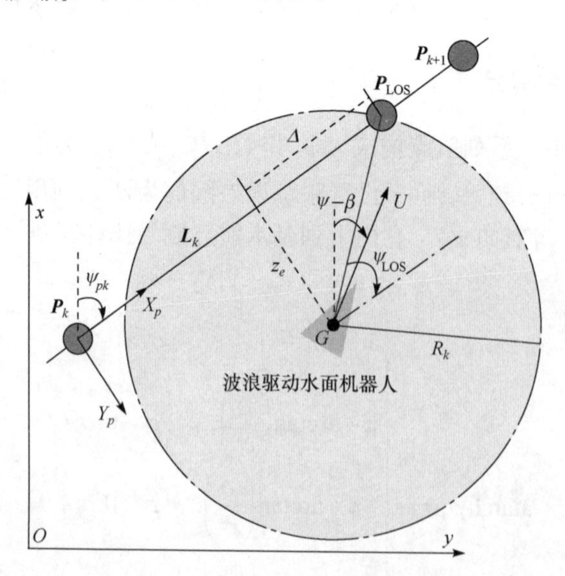

图 5.33　波浪驱动水面机器人的直线路径跟随示意图

对于一条直线路径 $\boldsymbol{L}_k \in \overline{\boldsymbol{P}_k \boldsymbol{P}_{k+1}}$，该路径可由两个航点定义，这两个航点表示

为 $\boldsymbol{P}_k=[x_k,y_k]^{\mathrm{T}}\in\mathbf{R}^2$ 和 $\boldsymbol{P}_{k+1}=[x_{k+1},y_{k+1}]^{\mathrm{T}}\in\mathbf{R}^2$。同时考虑原点在 $\boldsymbol{P}_k$ 路径上的坐标系，该系的 x 轴相对于固定坐标系的正向角度[23]为 $\psi_{pk}=\mathrm{atan2}(y_{k+1}-y_k,x_{k+1}-x_k)\in[-\pi,\pi]$。在图 5.33 中，$\psi_{pk}$ 是直线路径 $\boldsymbol{L}_k$ 与坐标轴 x 之间的夹角，$\dot{\psi}_{pk}=0$；z_e 是波浪驱动水面机器人重心 G 点与 $\boldsymbol{L}_k$ 之间的距离，即横侧偏差；$\psi_e=\psi-\psi_{pk}$ 是相对艏向误差；$U=\sqrt{u^2+v^2}$ 是波浪驱动水面机器人的合成速度；β 是纵向速度 u 与合成速度 U 之间的夹角，即侧漂角。

考虑在实际操纵中，横向速度相对纵向速度较小可以忽略不计，即 $v=0$，$\beta=0$。因此，直线路径跟踪误差动力学方程可表示为

$$\begin{cases}\dot{z}_e=u\sin\psi_e+v\cos\psi_e\\ \dot{\psi}_e=r\end{cases} \tag{5.24}$$

在船舶、水面机器人和水下机器人等直线路径跟踪中，LOS 制导律获得了广泛应用[23-25]。视线角可由式(5.25)得到：

$$\psi_{\mathrm{LOS}}=\arctan\left(-\frac{z_e}{\varDelta}\right) \tag{5.25}$$

其中，$\psi_{\mathrm{LOS}}\in[-\pi/2,\pi/2]$；$\varDelta$ 为超前距离，满足 $\varDelta>0$。

如果波浪驱动水面机器人的艏向能够跟踪视线角，该角由式(5.25)确定，那么可以实现对期望路径的跟随任务。由式(5.24)可得

$$\dot{z}_e=u\sin\psi_e+v\cos\psi_e=U\sin\left(\psi_e+\arctan\frac{v}{u}\right) \tag{5.26}$$

如果波浪驱动水面机器人 ψ_e 满足：

$$\psi_e+\arctan\frac{v}{u}=\psi_{\mathrm{LOS}} \tag{5.27}$$

那么可得

$$\begin{aligned}\dot{z}_e&=U\sin\psi_{\mathrm{LOS}}\\&=U\sin\left[\arctan\left(-\frac{z_e}{\varDelta}\right)\right]\\&=-\frac{U}{\sqrt{z_e^2+\varDelta^2}}z_e\end{aligned} \tag{5.28}$$

定义李雅普诺夫函数为

$$V_1=\frac{1}{2}z_e^2 \tag{5.29}$$

将V_1对式(5.24)的解求微分，将式(5.28)代入可得

$$\dot{V}_1 = -\frac{U}{\sqrt{z_e^2 + \Delta^2}} z_e^2 \leqslant 0, \quad U > 0 \tag{5.30}$$

由式(5.30)可知，如果波浪驱动水面机器人的绝对速度$U = \sqrt{u^2 + v^2}$是正值，那么横侧偏差z_e具有全局一致渐近稳定性。

Breivik 等[23]研究表明，海洋环境扰动力作用(尤其是持续的海流)对海洋航行器(特别是欠驱动系统)运动具有不利影响，如果路径跟踪任务中采用常规的 LOS 制导方法，将不可避免地存在稳态路径跟踪误差问题。下面考虑在 LOS 的基础上结合 PID 控制思想，设计一种 PID 型 LOS 制导方法(PID-LOS)，以补偿海流的不利影响[23]，如下：

$$\bar{\psi}_{\text{LOS}} = \arctan\left(-k_p z_e - k_i \int_0^t z_e(\tau)\mathrm{d}\tau - k_d \dot{z}_e\right) \tag{5.31}$$

其中，$\bar{\psi}_{\text{LOS}}$是修正视线角，它是横侧偏差z_e的函数，利用 PID 方法实时计算获得；k_p、k_i、k_d是制导参数，均为正值。

根据经验对上述 PID-LOS 进行改进，提出一种自适应 PID 型 LOS(adaptive PID-LOS，APID-LOS)制导方法。制导参数的自适应调整策略如下。

(1)根据路径跟踪误差的大小，将路径跟踪过程分为三个阶段，即指向阶段($z_e \geqslant n_{\text{larger}} L_{\text{ship}}$)、接近阶段($n_{\text{little}} L_{\text{ship}} \geqslant z_e > n_{\text{larger}} L_{\text{ship}}$)和稳定跟踪阶段($z_e < n_{\text{little}} L_{\text{ship}}$)，$n_{\text{larger}}$、$n_{\text{little}}$为设计参数，根据船舶尺寸和机动性能确定。

(2)指向阶段，比例占主导，忽略微分和积分作用(此时$\bar{\psi}_{\text{LOS}} = \psi_{\text{LOS}}$为比例(proportion，P)型)；比例参数随误差增大而增大，以加快系统响应。本节选用$k_p = 20\tanh\frac{|z_e|}{100} + \bar{k}_p$，$k_i = k_d = 0$。

(3)接近阶段，比例和微分占主导，忽略积分(此时$\bar{\psi}_{\text{LOS}}$为 PD 型)，抑制超调。本节选用$k_p = 20\tanh\frac{|z_e|}{100} + \bar{k}_p$，$k_i = 0$，$k_d = \bar{k}_d$。

(4)稳定跟踪阶段，比例、积分和微分共同作用(此时$\bar{\psi}_{\text{LOS}}$为 PID 型)，选取恰当的积分系数以消除稳态偏差。本节选用$k_p = \bar{k}_p$，$k_i = \bar{k}_i$，$k_d = \bar{k}_d$。

(5)考虑到实际控制中积分采用数值计算方式获得，为避免积分饱和，跟踪误差积分$Z_{\text{int}} = \int_0^t z_e(\tau)\mathrm{d}\tau$采用如下方法得到：

$$Z_{\text{int}}=\begin{cases}\sum_{i=1}^{n}z_e(i), & Z_{\text{int}}\leqslant Z_{\max}\\ \sum_{i=1}^{n}z_e(i), & Z_{\text{int}}>Z_{\max},z_e\dot{z}_e<0\\ Z_{\max}, & Z_{\text{int}}>Z_{\max},z_e\dot{z}_e\geqslant 0\end{cases} \tag{5.32}$$

其中，$Z_{\max}=n_{\max}L_{\text{ship}}$ 为积分上限，由机器人尺寸确定。

5.4.4 仿真试验与分析

本节在 4.4 节波浪驱动水面机器人的艏向响应模型基础上进行仿真研究。设定期望路径为一条直线 $x_d=0.5t$，$y_d=50$。选取两种工况：①无海流影响，即 $V_{\text{current}}=0$；②考虑一种极端情况，存在定常海流影响且海流垂直于设定路径，即 $V_{\text{current}}=0.3\text{m/s}$，$\psi_{\text{current}}=90°$。期望巡航速度为 0.5m/s。

工况②所设置海流的大小以及方向具有典型意义：垂直于期望路径方向的海流对于波浪驱动水面机器人的跟踪作业最为不利；流速 0.3m/s 的海流为中国周边海域表层海流中的常见值，海流大小达到波浪驱动水面机器人巡航速度的 60%，对于低航速的波浪驱动水面机器人颇具挑战性。

仿真试验中选取初始条件为 $(x(0),y(0),\psi(0),u(0),v(0),r(0))=(0,0,0,0,0,0)$；主要控制参数选择为 $\bar{k}_p=2.5$，$\bar{k}_i=2$，$\bar{k}_d=0.5$，$n_{\text{larger}}=20$，$n_{\text{little}}=5$，$n_{\max}=100$，$\bar{k}_{\psi 1}=40$，$\bar{k}_{\psi 2}=0.3$。分别利用 LOS 和 APID-LOS 制导方法进行对比试验，仿真结果如图 5.34 和图 5.35 所示。

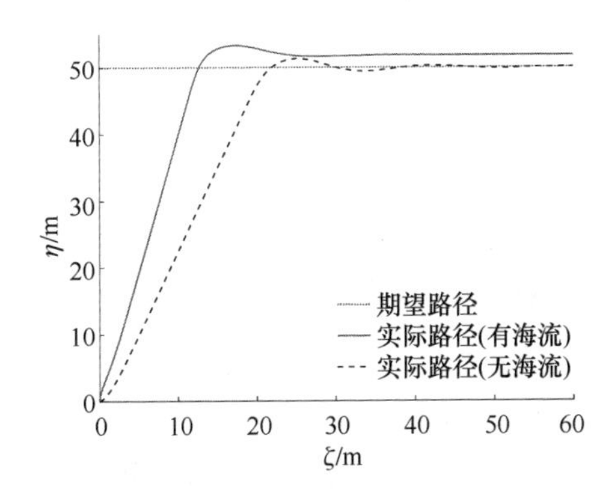

图 5.34 LOS 制导方法的仿真结果
（见书后彩图）

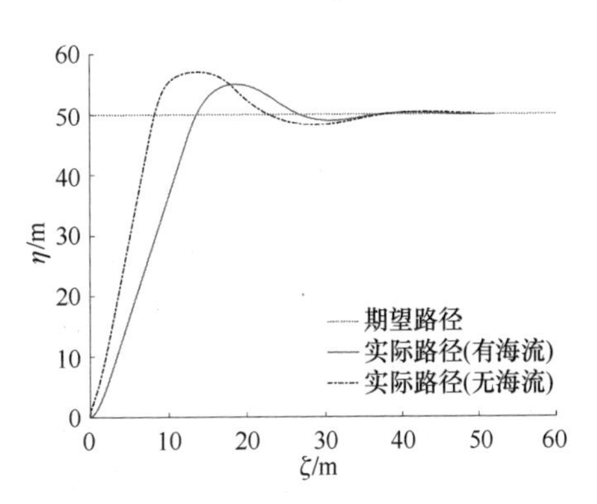

图 5.35 APID-LOS 制导方法的仿真结果
（见书后彩图）

对比图 5.34 和图 5.35 可知，无海流影响时 LOS 制导方法引导波浪驱动水面机器人较好地跟踪上期望路径，超调为 1.2m；相比之下，APID-LOS 方法的超调较大，为 4.9m。两种方法最终能收敛至期望路径，稳态误差为零，并具有良好的动态性能。在海流影响下，LOS 制导方法无法收敛到设定路径，稳态误差约为 2.1m；APID-LOS 制导方法最终零偏差地引导波浪驱动水面机器人收敛至期望路径，依然完成了路径跟踪任务，与工况①相比稳定时间相当，但超调变大，为 6.9m。

5.5 实艇试验与分析

5.5.1 水池试验与分析

2014～2015 年，“海洋漫步者”号波浪驱动水面机器人在哈尔滨工程大学深水综合试验水池完成了多次水池试验，如图 5.36 所示。主要试验科目有集成与联调、遥控航行、运动控制等。下面对部分试验结果进行分析。

(a) 起吊过程

(b) 水池中航行

图 5.36 “海洋漫步者”号波浪驱动水面机器人的水池试验

1. 数据滤波结果与分析

波浪驱动水面机器人水池试验发现，水池环境复杂，严重干扰了局部磁场环境，导致波浪驱动水面机器人磁罗经受局部磁场的影响较为严重；同时，在波浪力周期作用下，姿态测量数据噪声较大难以直接应用，于是试验中采用了 α-β-γ 滤波器。波浪驱动水面机器人艏向滤波效果如图 5.37 所示。

由图 5.37 可知，滤波前姿态传感器数据有较大噪声，滤波后姿态变化平缓，便于数据分析和运动控制。试验表明，采用 α-β-γ 滤波器进行数据处理，滤波器跟踪性能好，滤波后数据平滑，能够满足控制要求；α-β-γ 滤波器结构简单，具有良好的收敛速度与精度，适宜于波浪驱动水面机器人这类艇载嵌入式系统。

2. 艏向控制试验结果与分析

波浪驱动水面机器人的艏向控制水池试验采用了两种 S 面控制方法以便于对比分析。

(1) 水池波浪参数为波高 0.23m、波长 10m，设控制舵角阈值为±35°，经反复调试选取控制参数 $k_1 = 40$, $k_2 = 0.3$，不引入舵角补偿环节。从初始艏向−54°定向到−83°，其艏向控制效果如图 5.38 所示。

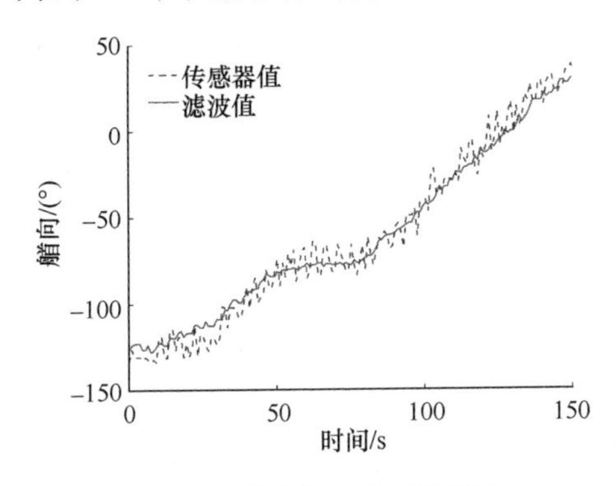

图 5.37 波浪驱动水面机器人艏向滤波比较

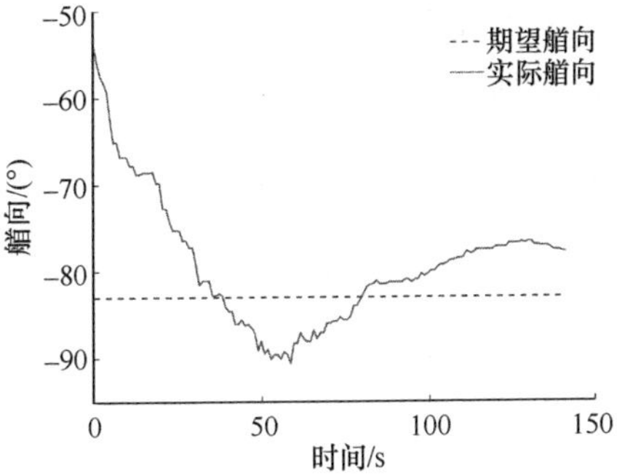

图 5.38 艏向响应曲线

由图 5.38 可知，艏向响应快速且平滑，在上升阶段超调较小且无振荡，S 面控制器具有较好的控制效果。但是艏向没有收敛到期望值，艏向稳态误差在 5°左右。主要原因是试验中波浪驱动水面机器人迎浪航行受波浪力影响较大，且独特系连结构形式导致系统时滞较大。因此下一步考虑加入舵角补偿。

(2) 波浪参数和控制参数同前一致，采用基于舵角补偿的改进 S 面控制方法。从初始艏向−50°定向到−83°，其定向控制效果如图 5.39 和图 5.40 所示。

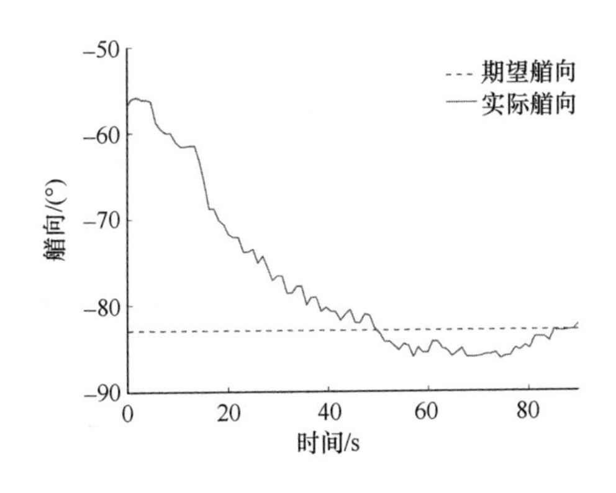

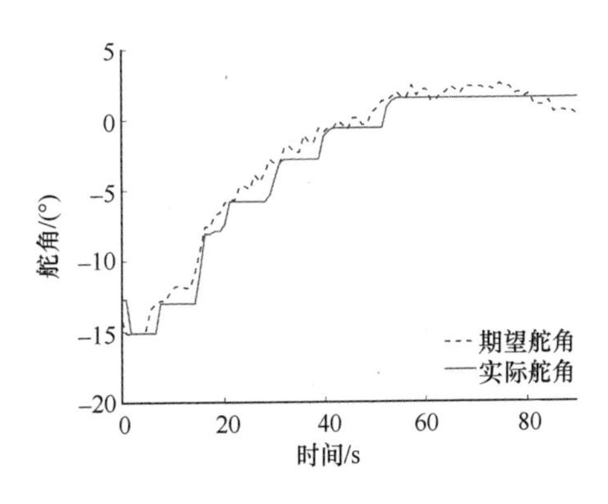

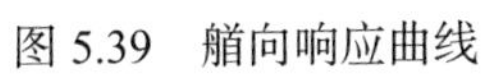
图 5.39 艏向响应曲线

图 5.40 舵角响应曲线

多次艏向控制试验表明：艏向输出超调小、无振荡，但响应较慢(约 50s)，这是由波浪驱动水面机器人航速低导致舵效较差引起的；艏向控制精度为±3°；动舵十余次即完成了艏向保持控制，有效地降低了系统能耗。试验表明，在环境干扰力影响下，波浪驱动水面机器人依然具有较强的艏向保持能力，实现了自动艏向控制，为波浪驱动水面机器人的自主控制与作业奠定了基础。

3. 自主航迹跟踪结果与分析

考虑到水池尺寸限制和波浪驱动水面机器人的机动能力，航迹跟踪中选取跟踪误差阈值 $d^* = 3\mathrm{m}$ 。波浪驱动水面机器人起点在水池船坞旁，坐标为 $x = 25\mathrm{m}$，$y = 8\mathrm{m}$，试验结果如图 5.41～图 5.44 所示。

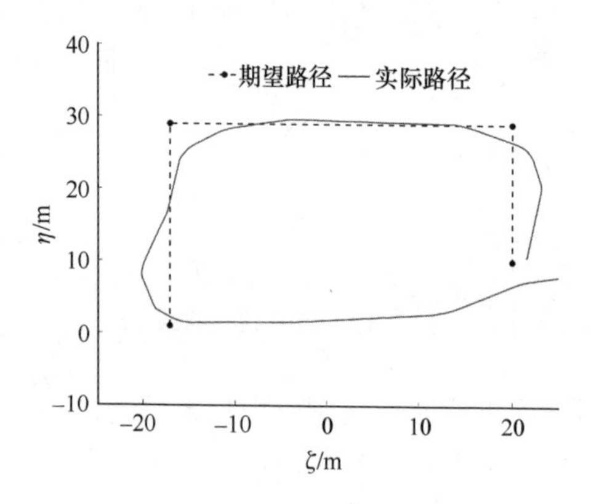

图 5.41 航迹跟踪结果

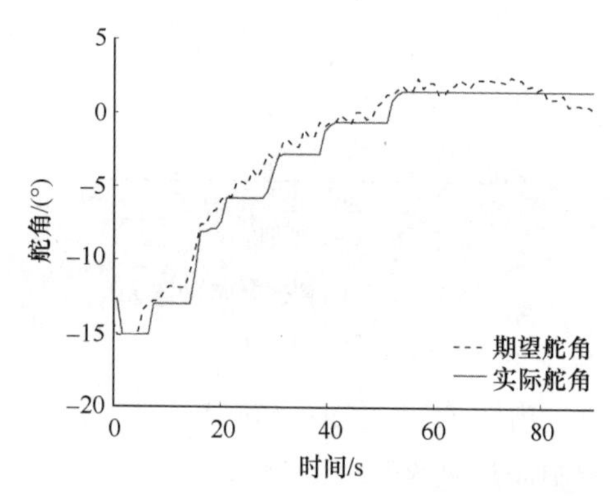

图 5.42 航迹跟踪过程中舵角响应曲线

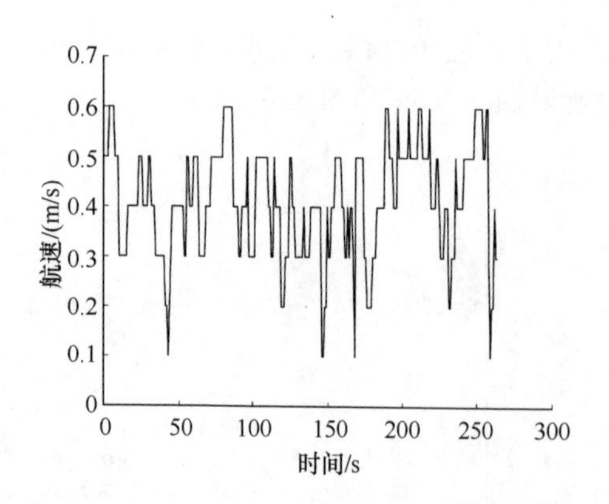

图 5.43 航迹跟踪过程中航速响应曲线

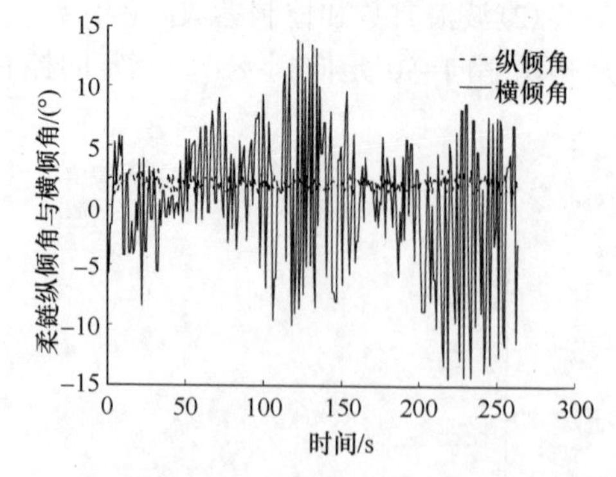

图 5.44 航迹跟踪过程中姿态响应曲线

由图 5.41 可知，波浪驱动水面机器人完成了对期望矩形航迹(由四个航点构成)的跟踪控制，最大跟踪误差≤5m，试验表明在水池环境下波浪驱动水面机器人具有较强的航迹跟踪能力，为自主海洋环境监测作业奠定了基础。由图 5.42 可知，控制系统具有良好的舵角跟踪性能。由图 5.43 可知，航速与波浪方向关联度较弱，平均航速约为 0.41m/s，一级低海况下仍具有较强的航行能力。由图 5.44 可知，波浪驱动水面机器人载体纵倾较小(平均纵倾角为 1.9°)，而横摇较为明显，相比迎浪和顺浪航行，横浪航行时横倾最大。

4. 自主环境观测结果与分析

水池试验中波浪驱动水面机器人搭载的任务载荷为集成气象站，其采用自主模式进行环境观测作业，观测获得的部分气象数据如图 5.45～图 5.48 所示。

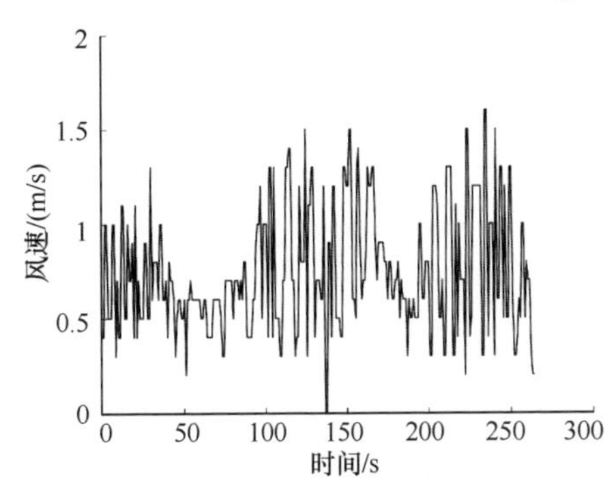

图 5.45　风速响应曲线

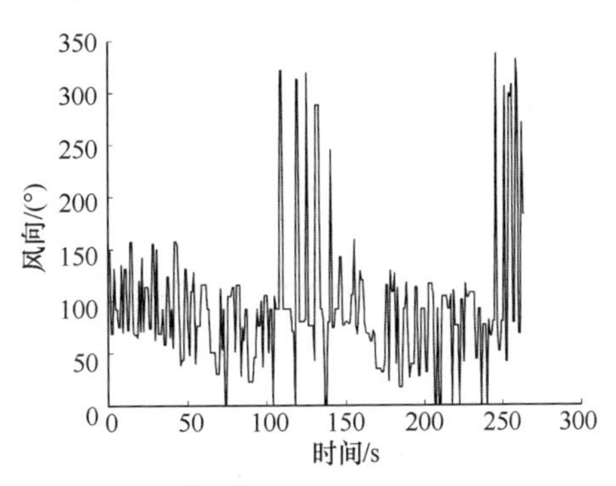

图 5.46　风向响应曲线

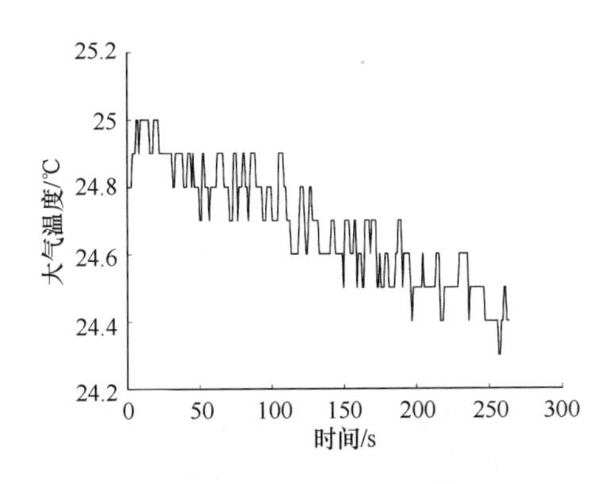

图 5.47　大气温度响应曲线

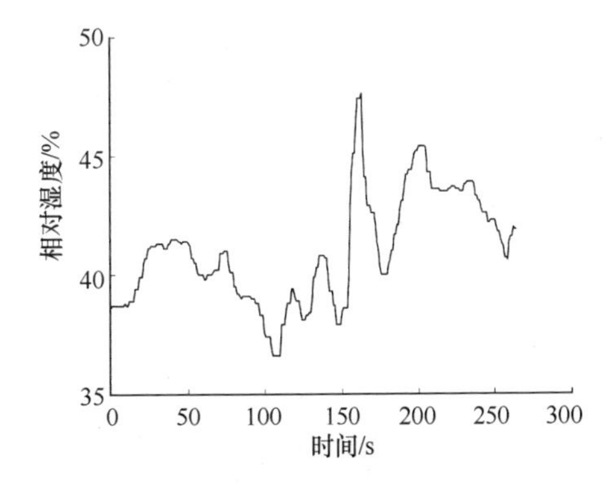

图 5.48　相对湿度响应曲线

风速、风向数据为室内局部流场与波浪驱动水面机器人运动相互耦合的结果，由于室内扰流较小，因此波浪驱动水面机器人运动对风速、风向数据影响更为明显。因为波浪驱动水面机器人运动航速和航向带有较大波动性，所以风速、风向测量数据的振荡较大，即低风速情况下受波浪驱动水面机器人运动特性影响较大。

由图 5.48 可知，试验中相对湿度从 38%上升到 47%左右，一种可能的解释是：

随着试验的进行，岸边波浪与消波岸撞击剧烈，致使空气中含有大量飞沫和水汽(图 5.36)，从而具有较高相对湿度。从上述气象观测数据可知，在水池 30m×50m 的局部范围内气象数据依然存在着较大差异，且波浪驱动水面机器人有效地观测到这些细微变化，体现出波浪驱动水面机器人具备较强的环境监测能力。

上述水池试验表明，波浪驱动水面机器人的载体、控制系统、操纵机构、电气设备、传感器、观测载荷等能够稳定运行和有效工作，检验了波浪驱动水面机器人研究方案的可行性与控制能力，支撑了波浪驱动水面机器人的进一步研究和试验测试。

5.5.2 海上试验与分析

2014～2017 年，“海洋漫步者”号和“海洋漫步者Ⅱ”号波浪驱动水面机器人在山东威海海域、青岛海域完成了多次海上试验，如图 5.49 和图 5.50 所示。主要试验科目有艏向控制试验、航向控制试验、自主航迹跟踪试验、自主环境观测试验等。下面对部分试验结果进行分析。

(a) “海洋漫步者”号(2014年)

(b) “海洋漫步者Ⅱ”号(2016年)

图 5.49 “海洋漫步者”号及“海洋漫步者Ⅱ”号波浪驱动水面机器人

(a) “海洋漫步者”号(2015年)

(b) “海洋漫步者Ⅱ”号(2016～2017年)

图 5.50 波浪驱动水面机器人的海上试验

1. 艏向控制试验结果与分析

2015 年，“海洋漫步者”号波浪驱动水面机器人分别在一级至三级海况下进行了艏向控制海上试验，典型试验结果如图 5.51 和图 5.52 所示。

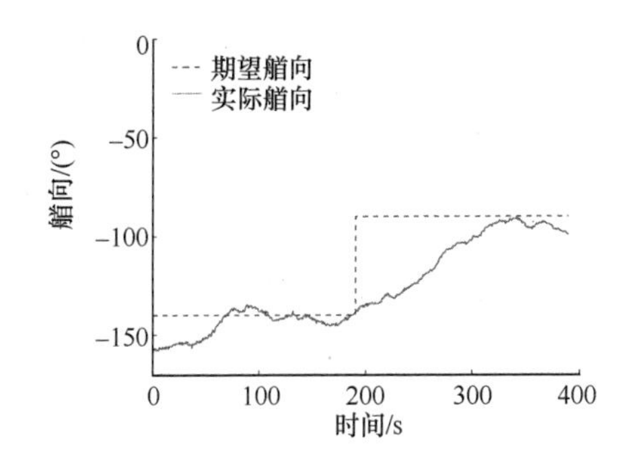

图 5.51　艏向控制中艏向响应曲线
（二级海况）

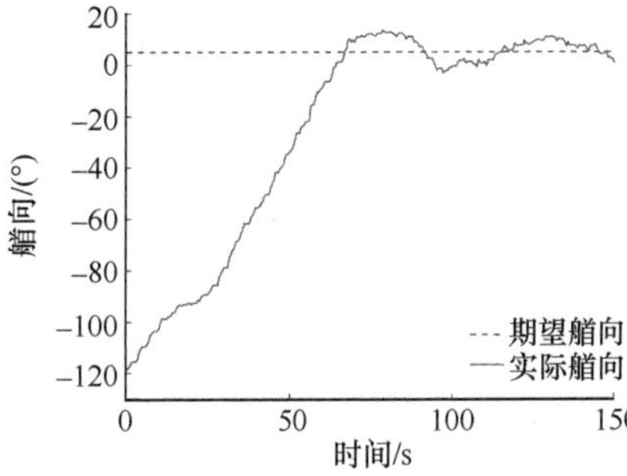

图 5.52　艏向控制中艏向响应曲线
（三级海况）

由图 5.51 和图 5.52 可知，波浪驱动水面机器人在海洋环境中具有较好的艏向控制性能，控制精度为±8°。对比图 5.51 和图 5.52 可知，随着海况的增加，艏向稳定所需时间明显缩短，主要原因为高海况下波浪驱动水面机器人航速较高，从而改善了舵效，使得转艏运动能力增强。对比图 5.39 和图 5.51 可知，虽然水池海况（SS1）低于海上（SS2），但是水池艏向控制性能较好。这是由于水池中风、流等环境力可以忽略，而海洋环境中风、流和碎波对波浪驱动水面机器人的影响非常明显。

2. 航向控制试验结果与分析

2017 年，“海洋漫步者Ⅱ”号波浪驱动水面机器人的航向控制试验结果如图 5.53～图 5.56 所示，试验中采用基于艏向信息融合的航向控制方法。

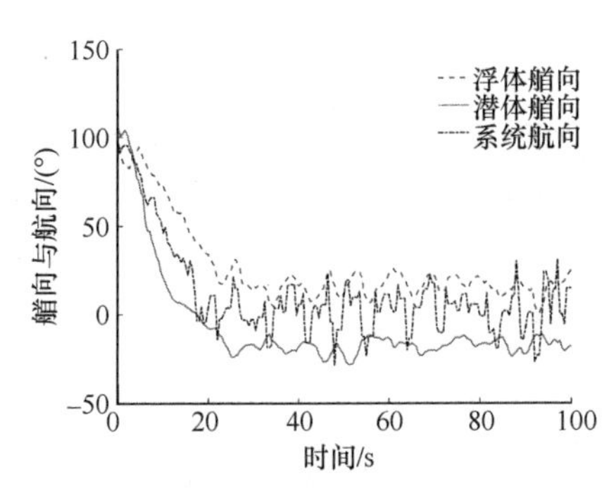

图 5.53　浮体艏向、潜体艏向和系统航向
（见书后彩图）

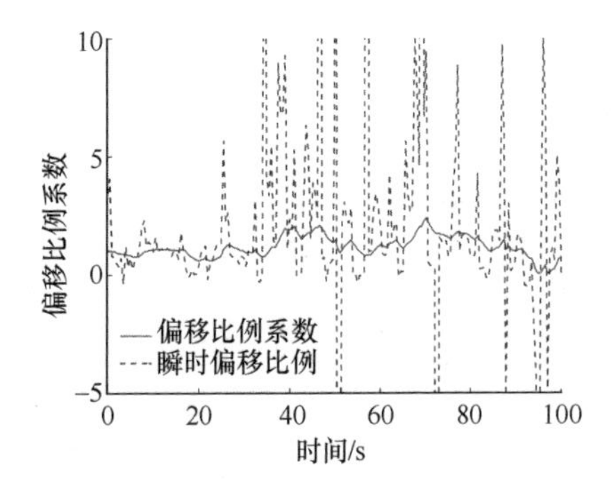

图 5.54　偏移比例系数估计

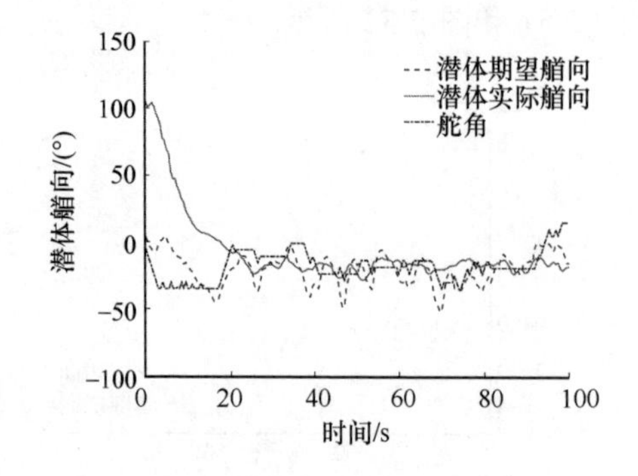

图 5.55 潜体艏向控制响应(见书后彩图)

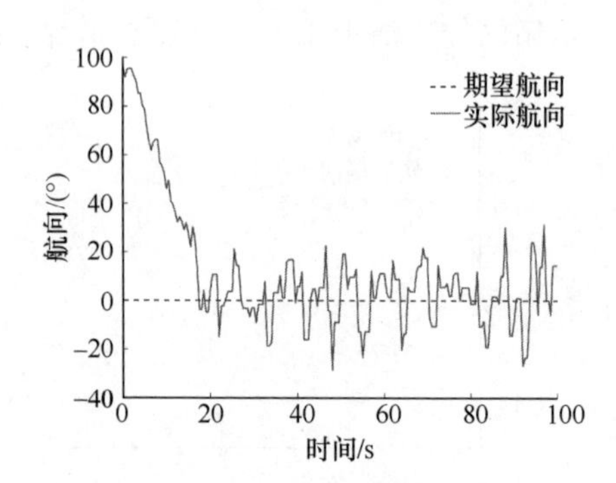

图 5.56 航向控制响应

由图 5.53 可知，波浪驱动水面机器人在实际航行中，其浮体艏向、潜体艏向和系统航向并不一致，且变化规律复杂，难以用机理建模的方法精确地描述浮体艏向、潜体艏向和系统航向的变化规律和三者之间的相互关系。由图 5.54 可知，偏移比例系数的估计值和真实的瞬时偏移比例的相对趋势与仿真的结果相一致，但是海洋环境中振荡更为剧烈，这由环境扰动力影响所致。

潜体的艏向响应如图 5.55 所示，考虑到波浪驱动水面机器人的应用需求和操纵能力，潜体艏向控制的误差阈值设为 10°。波浪驱动水面机器人航向被控制在期望航向的±20° 范围内，如图 5.56 所示。受海洋环境中不确定性干扰力、传感器噪声等不利影响，海上试验数据曲线相比仿真具有更大振荡，海上试验控制效果也劣于仿真效果。

3. 自主航迹跟踪试验结果与分析

2017 年，“海洋漫步者Ⅱ”号波浪驱动水面机器人开展了自主航迹跟踪试验。期望航迹包含 7 个关键航点，如表 5.3 所示。不同于常规海洋机器人，波浪驱动水面机器人的航速不可控，主要由海洋环境决定，因此不涉及航速控制问题。波浪驱动水面机器人起始位置位于经度 120.25191°E、纬度 36.11426°N。试验海区为三级海况，风力为 2～3 级。自主航迹跟踪试验结果如图 5.57 和图 5.58 所示。

表 5.3 期望航迹的关键航点及其经纬度

序号	经度	纬度
1	120.252°N	36.114°E
2	120.252°N	36.113°E
3	120.251°N	36.112°E
4	120.252°N	36.108°E
5	120.251°N	36.107°E
6	120.251°N	36.106°E
7	120.252°N	36.104°E

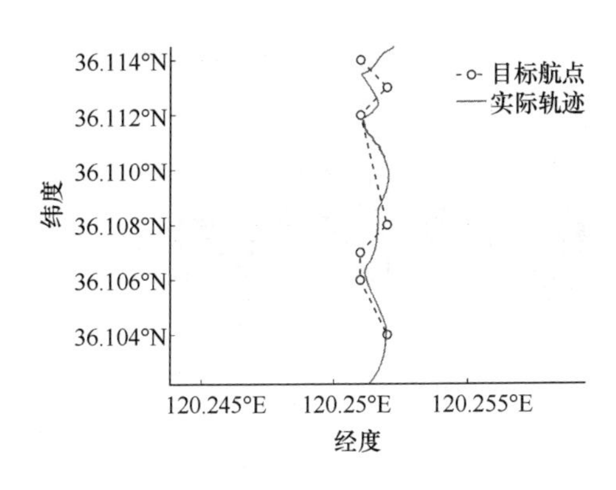

图 5.57 自主航迹跟踪的海上试验结果

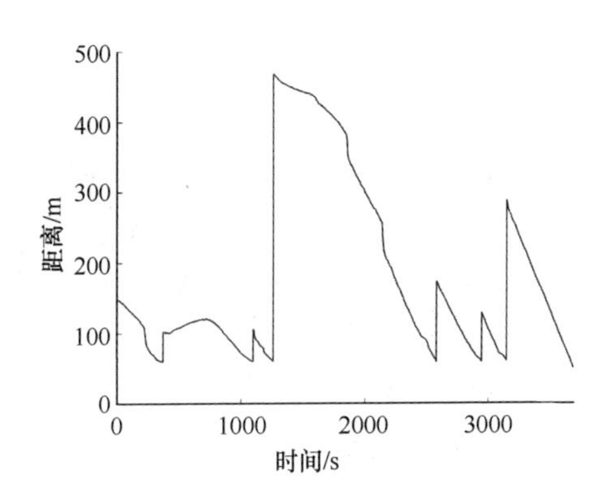

图 5.58 航迹跟踪误差的响应曲线

由图 5.57 和图 5.58 可知，在波浪驱动水面机器人的航迹跟踪试验中，由于环境干扰力的存在，波浪驱动水面机器人的实际航迹在局部区域偏离了期望航点路线，且在某一航点局部时段的跟踪过程中与目标点距离增加，但总体而言波浪驱动水面机器人仍能跟踪期望航点，针对每个期望航点的跟踪误差都能够控制在 60m 以内。该项试验表明波浪驱动水面机器人具有一定的航迹跟踪能力，为后续自主海洋环境观测作业奠定了基础。

需要指出的是，相比于常规海洋机器人，波浪驱动水面机器人机动性弱、航速低且不可控，导致其舵效较差，抗环境扰动尤其是海流能力较弱。常规水面机器人、水下机器人的航迹跟踪误差一般为米级(可精细化作业)，然而受到航程较短的局限，适宜于短程、精细化环境观测。波浪驱动水面机器人航迹跟踪误差为百米量级，但波浪驱动水面机器人具有几乎无限续航力的优势，对于数公里一个观测节点的广域海洋观测任务，数百米的跟踪误差是可以接受的。因此，波浪驱动水面机器人更加适合大范围的海洋环境观测应用。

4. 自主环境观测试验结果与分析

2017 年，“海洋漫步者Ⅱ”号波浪驱动水面机器人开展了自主环境观测试验。试验中波浪驱动水面机器人搭载的任务载荷为集成气象站和海水温度传感器，试验中采用了自主模式进行环境观测作业。试验中测量获得的部分海洋环境数据如图 5.59～图 5.61 所示。图 5.59 和图 5.60 为试验路径上近海面的气象数据。风速和风向曲线如图 5.59 所示，试验中平均风速约为 3m/s，前期风向处于不断振荡中，中后期风向稳定在大约 150° ，即东南风。空气温度在 26～31℃振荡，平均空气温度约为 28.5℃，相对湿度在 50%～65%变化，平均湿度约为 58%。图 5.61 为海水温度曲线，海水温度在 26.1～26.9℃变化，平均海水温度约为 26.5℃。

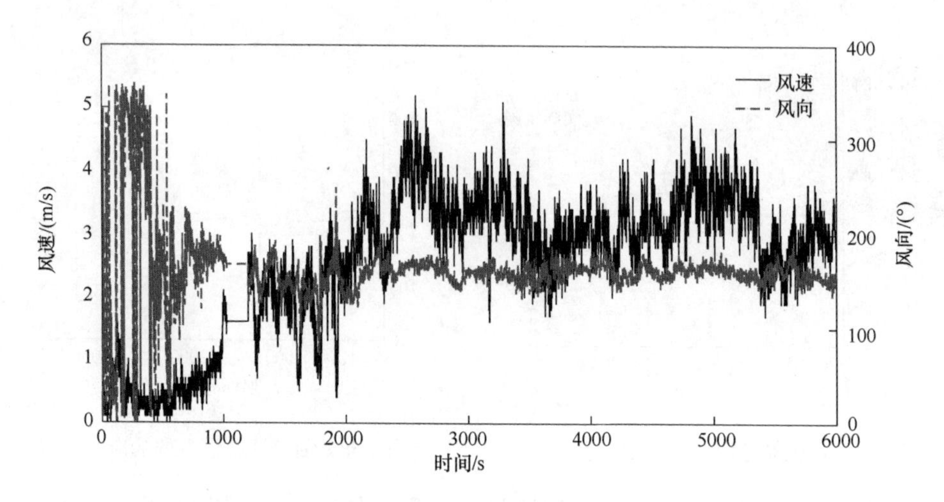

图 5.59 近海面风速和风向曲线

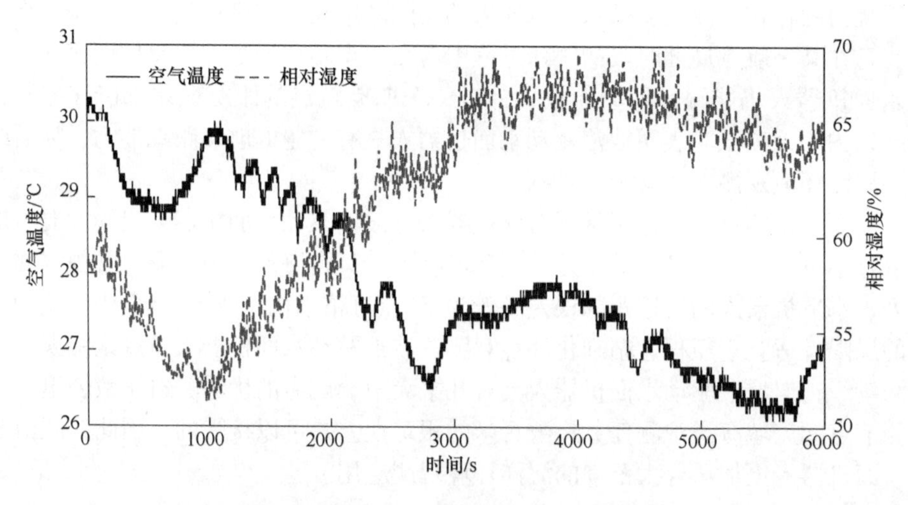

图 5.60 近海面空气温度和相对湿度曲线

由图 5.59～图 5.61 可知，该海域内水文/气象数据存在较大差异，且波浪驱动水面机器人有效地观测到这些变化，充分检验了波浪驱动水面机器人的自主海洋环境观测能力。同时，该波浪驱动水面机器人预留了载荷空间和电气接口，未来可根据用户应用需求搭载声学多普勒流速剖面仪、波浪仪、水质传感器等多类型的任务载荷。

上述海上试验结果表明，波浪驱动水面机器人系统能够在海洋环境下可靠运行和完成作业任务，充分检验了波浪驱动水面机器人的有效性与自主控制能力，为波浪驱动水面机器人的深入研究和工程应用奠定了技术与平台基础。

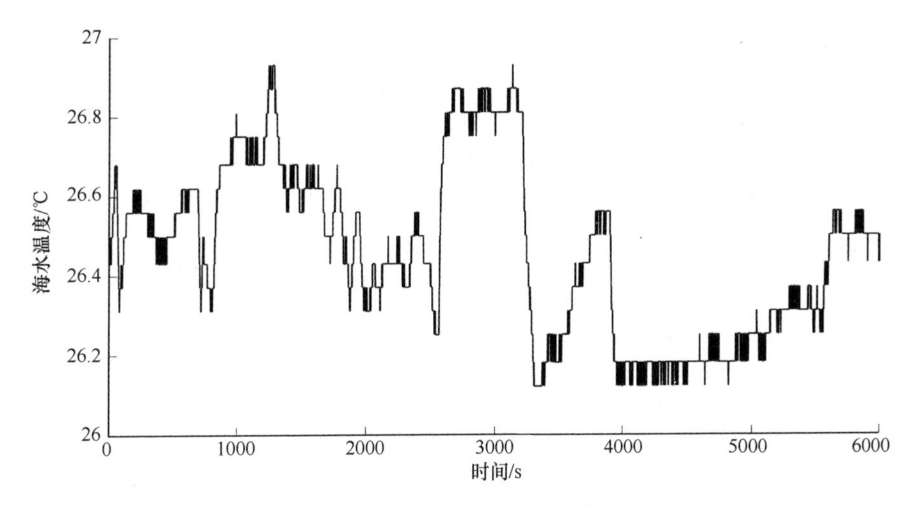

图 5.61　浅层海水温度曲线

5.6　本章小结

本章针对波浪驱动水面机器人的运动控制问题，以“海洋漫步者”号波浪驱动水面机器人为研究对象开展了深入研究。首先，基于波浪驱动水面机器人智能行为分析，设计了一种波浪驱动水面机器人的智能控制系统。然后，针对波浪驱动水面机器人艏向控制具有的弱机动、大时滞、扰动大等特性，借鉴专家操舵思想，提出了基于舵角补偿的改进 S 面艏向控制方法。

同时，针对波浪驱动水面机器人的刚柔多体结构形式、系统航向与浮体/潜体艏向的动态耦合特征，设计了浮潜多体艏向动态耦合模型和艏向信息融合策略，提出基于艏向信息融合的航向控制方法；针对海洋环境大扰动和弱机动影响下波浪驱动水面机器人的航迹跟踪问题，提出了面向海上大范围操控的改进航点制导算法。最后，完成了“海洋漫步者”号和“海洋漫步者Ⅱ”号波浪驱动水面机器人的仿真、水池和海上试验验证。

参 考 文 献

[1] Douglass B P. Real Time UML[M]. Boston: Addison Wesley, 2004.

[2] 刘海波，顾国昌，张国印. 智能机器人体系结构分类研究[J]. 哈尔滨工程大学学报, 2003, 24(6): 664-668.

[3] Demetrious G A. A hybrid control architecture for an autonomous underwater vehicle[D]. Lafayette: University of Southwestern Louisiana, 1998.

[4] 甘永. 水下机器人运动控制系统体系结构的研究[D]. 哈尔滨：哈尔滨工程大学, 2007.

[5] Saridis G. Toward the realization of intelligent controls[J]. Proceedings of the IEEE, 1979, 67(4): 1115-1133.

[6] Albus J S, McCain H G, Lumia R. NASA/NBS standard reference model for telerobot control system architecture (NASREM) [R]. Washington: National Bureau of Standards, Tech Note #1235, NASA SS-GFSC-0027, 1986: 1-76.

[7] Yoerger D R，Bradley A M，Walden B B. System testing of the autonomous benthic explorer[C]. The IARB 2nd Workshop on Nobile Robots for Subsea Environments, 1994: 95-106.

[8] Brooks R. A robust layered control system for a mobile robot[J]. IEEE Journal of Robotics and Automation, 1986, 2(1): 14-23.

[9] Perrier M, Bellingham J G. Control software for an autonomous survey vehicle[R]. Technical Report MITSG 93-20J. Cambridge: Autonomous Underwater Vehicle Laboratory, 1994.

[10] Gat E. Reliable goal-directed reactive control for real world autonomous mobile robots[D]. Blacksburg: Virginia Polytechnic Institute and State University, 1991.

[11] Healy A J，Mareo D B，MeGhee R B，et al. Evaluation of the tri-level hybrid control system for NPS PHOENIX autonomous underwater vehicle[C]. The International Program Development in Undersea Robotics and Intelligent Control (URIC) —A Joint U.S/Portugal Workshop, 1995: 78-90.

[12] 蔡自兴. 基于功能/行为集成的自主式移动机器人进化控制体系结构[J]. 机器人, 2000, 22(3): 170-175.

[13] Rooney B, O'Donoghue R, Duffy B, et al. The social robot architecture: Towards sociality in a real world domain[C]. Towards Intelligent Mobile Robots, 1999: 1-8.

[14] 刘海波. 智能机器人神经心理模型研究[D]. 哈尔滨: 哈尔滨工程大学, 2005: 18-32.

[15] Liao Y L, Wang L F, Li Y M, et al. The intelligent control system and experiments for an unmanned Wave Glider[J]. PLOS ONE, 2016, 11(12): e0168792.

[16] Bertaska I R, Shah S, Ellenrieder K V, et al. Experimental evaluation of automatically-generated behaviors for USV operations[J]. Ocean Engineering, 2015, 106: 496-514.

[17] 刘学敏, 徐玉如. 水下机器人运动的 S 面控制方法[J]. 海洋工程, 2001, 19(3): 81-84.

[18] 刘建成, 于华男, 徐玉如. 水下机器人改进的 S 面控制方法[J]. 哈尔滨工程大学学报, 2002, 23(1): 33-36.

[19] 甘永, 王丽荣, 刘建成, 等. 水下机器人嵌入式基础运动控制系统[J]. 机器人, 2004, 26(3): 246-249.

[20] 廖煜雷, 万磊, 庄佳园. 喷水推进型无人水面艇的嵌入式运动控制系统研究[J]. 高技术通讯, 2012, 22(4): 416-422.

[21] 罗威, 姚放吾, 张正宏. 基于 ARM 的船用导航雷达 α-β-γ 跟踪设计方法[J]. 上海海事大学学报, 2008, 29(1): 32-36.

[22] Caccia M，Bono R，Bruzzone G，et al. An autonomous craft for the study of sea-air interactions[J]. IEEE Robotics & Automation Magazine, 2005, 12(3): 95-105.

[23] Breivik M，Fossen T I. Guidance Laws for Autonomous Underwater Vehicles[M]. Vienna: I-Tech, 2008: 51-76.

[24] Moreira L, Fossen T I, Soares C G. Path following control system for a tanker ship model[J]. Ocean Engineering, 2007, 34(14-15): 2074-2085.

[25] Oh S R，Sun J. Path following of underactuated marine surface vessels using line-of-sight based model predictive control[J]. Ocean Engineering, 2010, 36(2-3): 1-17.

6 波浪驱动水面机器人的应用分析

本章结合海洋观测技术对观测平台提出的新需求，重点分析波浪驱动水面机器人相比常规典型移动观测平台具有的主要优势；同时，从科学研究、商业用途和军事应用三个角度，梳理波浪驱动水面机器人的典型应用场景。本章研究旨在从工程应用视角，促进波浪驱动水面机器人技术研究。

6.1 波浪驱动水面机器人的优势分析

我国海洋调查正向世界先进行列迈进，调查范围已从海岸带、近海拓展到三大洋和南北极海域[1]。随着资源、能源开发利用进程的逐步深入，对全球气候变化的广泛重视以及海洋科学的不断发展，海洋观测正在发生革命性变化，研制长航时、自主化、移动式的海洋环境监测平台对构建全球海洋立体观测系统，推动海洋开发、保护海洋环境、保卫海洋安全具有重要作用[2,3]。未来的全球海洋环境立体观测系统想象图如图 6.1 所示。

6.1.1 典型移动观测平台的性能对比

目前，已有多种海洋环境数据获取手段，包括船载勘测设备(有人科考船)、浮标、潜标、水面机器人、水下机器人、水下滑翔机等，这些常规观测平台可以测量波高、海流、水温、盐度、潮位、风速、气压、温度、声场等某种或多种海洋环境要素，并已获得了大量应用。然而，这些观测平台主要解决某一特定有限海区的定点、断面、剖面观测，但难以完成(或成本过于高昂)长期化、大范围、业务化的移动观测任务，如长期化水文气象观测、台风跟踪与预报、大洋环境调查等。

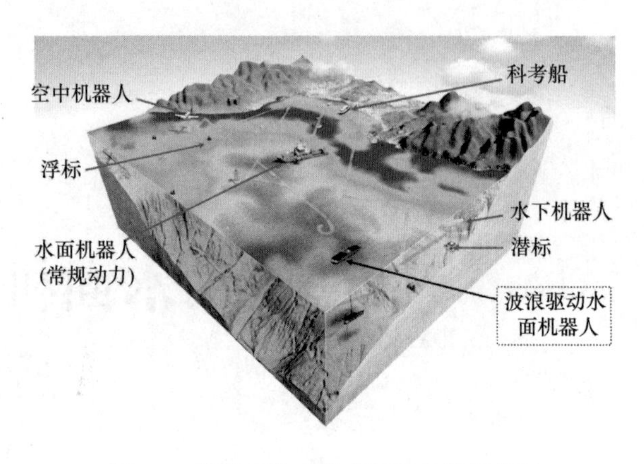

图 6.1　海洋环境立体观测系统的想象图

同时，常规海洋机器人，如水面机器人(常规动力)、自主水下机器人、遥控水下机器人等，一般采用燃油或电池作为动力源。由于所携带的能源有限，其续航力较短，这对于长期的海洋观测、科学研究等任务来说作业效能低、成本高昂。随着长期化、网络化海洋环境监测任务变得日益重要，迫使各国研制航程更大、航时更长、运维成本更低的海洋机器人。

下面针对几类典型海洋机器人的主要性能[4-9]进行简要对比分析，如表 6.1 所示。

表 6.1　几类典型海洋机器人的性能对比

类别	航速/(m/s)	续航力	操控方式	能量源	载荷供电	观测能力	使用成本
遥控水下机器人	1～2.5	依赖母船	缆控	电力	数千瓦	水下	很高
自主水下机器人	1～4	几百千米	自主	电池	上千瓦	水下	高
水下滑翔机	0.1～0.25	数千千米	规则自主运动	电池	1～3W	水下	较低
水面机器人(常规动力)	5～25	几百千米	遥控或自主	燃油或电池	数千瓦	水下/水面	高
波浪驱动水面机器人	0.25～1	上万千米	遥控或自主	波浪能和太阳能	≈5W	水下/水面	低

由表 6.1 可知，对比常规海洋机器人，波浪驱动水面机器人在续航力方面具有显著优势。相比水下机器人，波浪驱动水面机器人具备海表与海面(水文/气象)的同步观测能力，尤其适合于长时序、大尺度的海洋移动观测任务，如海-气界面业务化观测、极端气候追踪、中尺度涡观测或定点长期监测等。同时，波浪驱动水面机器人成本相对低廉、使用灵活，有利于大批量部署以进行广域化、常态化、分布式的海洋组网观测任务，如构建全球海洋环境同步观测网、情报侦察网等应用。

6.1.2 波浪驱动水面机器人的主要优势

波浪驱动水面机器人作为一类新型海洋能驱动机器人，得益于对太阳、波浪等多种形态海洋能源的高效复合利用，它有望从根本上摆脱常规观测/监测平台受到自身所携带有限能量源的束缚，为执行长期、广域、自主的海洋环境监测任务提供了一种全新的解决方案。相比其他海洋机器人，波浪驱动水面机器人具有以下突出优势。

1. 突出的续航力

波浪驱动水面机器人依靠波浪能驱动、太阳能在线补给而无须额外动力能源，因此理论上具有无限续航力，这使得波浪驱动水面机器人能够长时间在海上工作，这是目前常规观测装备所不具备的。波浪驱动水面机器人凭借突出的长航时、大续航力优势，为深远海科学研究提供了新型解决手段与平台。

2011 年 11 月 17 日，Liquid Robotics 公司发起了横跨太平洋计划(PacX)，4 台波浪驱动水面机器人从美国旧金山出发前往日本和澳大利亚试图跨越太平洋。2012 年 11 月 20 日，其中一台波浪驱动水面机器人 Papa Mau 历时近 1 年、航行超过 16000km，在历经暴风雨、鲨鱼袭击以及 25ft 巨浪挑战后，顺利抵达澳大利亚的昆士兰，此举创下了新的机器人远航世界纪录，Villareal 等对波浪驱动水面机器人的跨洋航行观测数据与卫星测量数据进行了对比分析研究[10]。

2. 优越的生存能力

波浪驱动水面机器人为适应极端的海洋环境而专门设计，重心低、抗倾覆，且波浪等级较高时航行速度较快。对比传统调查方法，波浪驱动水面机器人受自然条件的限制少，可运行于极端海洋环境，将对验证、获取深远海区域的自然规律提供大量、多样的基础数据支撑；同时，它的体积小、自身噪声低、视觉难以发现，而且雷达反射信号也相当小，使其具备了隐蔽工作能力。

图 6.2 "Wave Glider"追踪 Flossie 飓风试验

据报道，Liquid Robotics 公司的"Wave Glider"系列波浪驱动水面机器人曾经历过二十余次台风、飓风和龙卷风[11,12]。早在 2007 年，它被投放到 Flossie 飓风中首次用于极端天气观测，如图 6.2 所示；2014 年，夏威夷 Iselle 和 Julio 飓风期间，它被遥控到飓风中心作业，同年，在中国南海迎战 40 年来遭遇的最强台风"威马逊"(风速 60m/s、浪高 13.7m)，它最终经受住飓风的考验，并成功获得珍贵数据。大量实践表明，波浪驱动水面机器人可以实现极端天气或海况的近距离观测。

3. 较高的性价比

百余台波浪驱动水面机器人的总价才和一艘常规远洋调查船的价格相当，而获得的数据量却要多得多；另外，相对科考船或其他数据搜集平台，波浪驱动水面机器人的日均花费极少，日常的维护费用也要低很多，即波浪驱动水面机器人的性价比高、经济性好。同时，波浪驱动水面机器人可以全天候地收集更为密集的数据，而且执行任务时不会造成环境污染，也不会让试验人员处于危险之中。

根据 Liquid Robotics 公司公布的数据[13]，单个基本配置波浪驱动水面机器人的售价约 35 万美元，而提供单艇海洋数据服务为 1500～3000 美元/天。然而，执行同样任务的一艘有人调查船，商业用途成本约 15 万美元/天，研究用途成本约 4 万美元/天。可见相比购买动辄数千万至上亿美元的调查船，并计入日常所需昂贵燃油和数十名船员费用等不菲支出，波浪驱动水面机器人的购置与使用成本无疑是极为低廉的。

4. 丰富的负载能力

相对于水下机器人、水下滑翔机等水下无人移动观测平台，波浪驱动水面机器人的另外一个优势就是负载能力丰富，可搭载水文、气象、化学、声学、视觉等多样化载荷，如图 6.3 所示，具有独特的海-气界面、极端气候追踪等能力。执行一个航次时它可以同时搭载最多十余种传感器，同时采集不同种类的数据（如水文、水质、气象、声学等）；并且其扩展能力强，具有可定制性，针对不同类型的任务可以安装相应载荷，方便灵活。

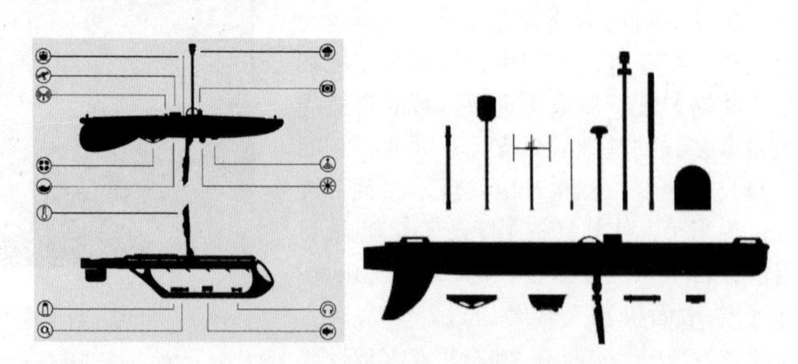

图 6.3　波浪驱动水面机器人可搭载多类型载荷[13]

总之，波浪驱动水面机器人作为一类新型长航时移动观测平台，丰富和拓展了“海洋物联网”技术体系，突破了现有移动观测平台对时间、空间的局限，波浪驱动水面机器人的研制和大量部署，有助于解决海洋环境的长期化移动观测问题，对于推进“透明海洋”建设、深远海洋科学研究具有重要意义。

6.2 波浪驱动水面机器人的典型应用

波浪驱动水面机器人凭借长期航行、生命力强、经济性好和自主部署等突出优势，已经在科学研究、商业用途和军事应用等方面展现出较大的应用潜力。

6.2.1 科学研究

波浪驱动水面机器人最早、最广的应用是在海洋科学研究中(图 6.4 和图 6.5)，它能搭载相关仪器执行海洋环境监测任务[13,14]，如测量海水的温度、盐度、酸碱度，进行海表流速、氧气含量、CO_2 含量的测定等(2009 年，美国国家海洋和大气管理局用于测量全球海洋的碳吸收能力)；可以执行海洋学/气象学的任务，如飓风预报与跟踪、地震和海啸检测等(2007 年，投放到 Flossie 飓风中心实施飓风跟踪)；也用于海洋生物研究，如鱼群追踪、渔业调查；或完成其他辅助性任务，如对水下机器人的伴航支持(如用于通信中继、声学定位、长基线导航等)。

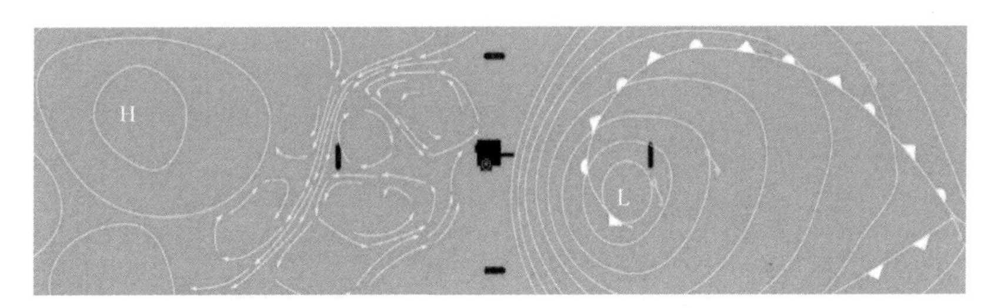

图 6.4　执行海洋环境监测任务(搭载气象站、温盐深仪、流速剖面仪等设备)

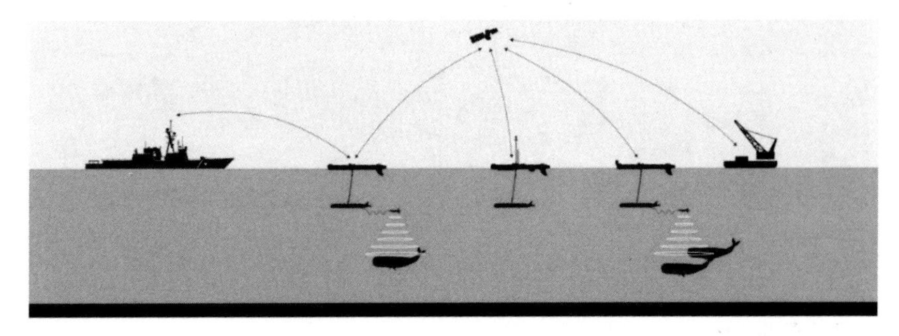

图 6.5　执行海洋哺乳动物监测任务(搭载声通信、摄像机等设备)

6.2.2 商业用途

伴随着科学研究的成功应用，波浪驱动水面机器人引起了工业界的投资兴趣并展示出良好的商业前景，如用于海洋油气的勘探和开发、生产监测、海上漏油事故的追踪、海上安防等，如图 6.6 和图 6.7 所示。例如，2013 年，石油巨头 BP 集团购买了一批波浪驱动水面机器人，部署到该公司位于墨西哥湾的采油装备周围，用于长期监测在“墨西哥湾漏油”事件后采油装备周围海洋生物的复苏状况[15,16]。

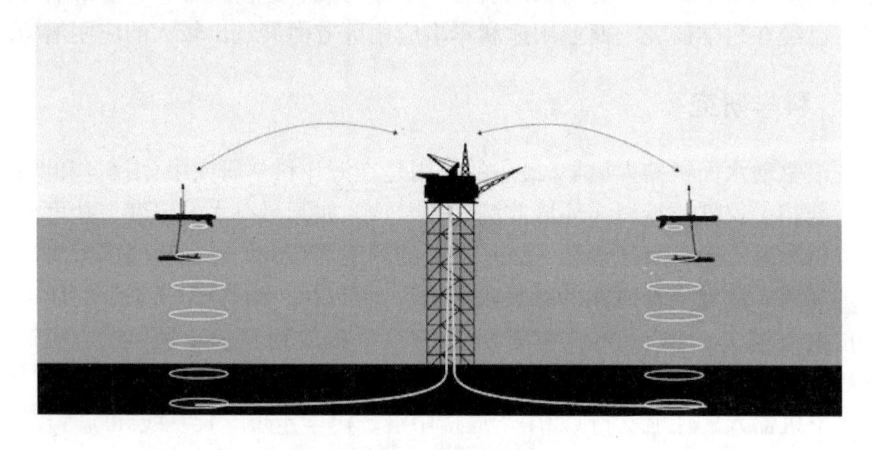

图 6.6 执行海洋油气资源勘探任务(搭载声呐、水文等设备)

图 6.7 执行海上漏油事故评估任务(搭载叶绿素计、浊度计、溶解氧计等设备)

6.2.3 军事应用

在军事方面，波浪驱动水面机器人可以用于反潜侦听、敏感/热点海域情报搜集、重点海港长期监控、近海面或深海通信中继等任务，如图 6.8 和图 6.9 所示。据报道，Liquid Robotics 公司的 SV3 型波浪驱动水面机器人已经列装到多国海军，其中 2014 年美国海军装备了 30 台，澳大利亚皇家海军装备了 6 台，并装备于挪威皇家海军、北约海军。美国海军已部署 SV3 用于执行多种特殊军事任务，如情报监视侦察、对潜监听（该系统拖曳特制的声学阵列）、水下/水面通信中继器、数据链接中继器等[17]。

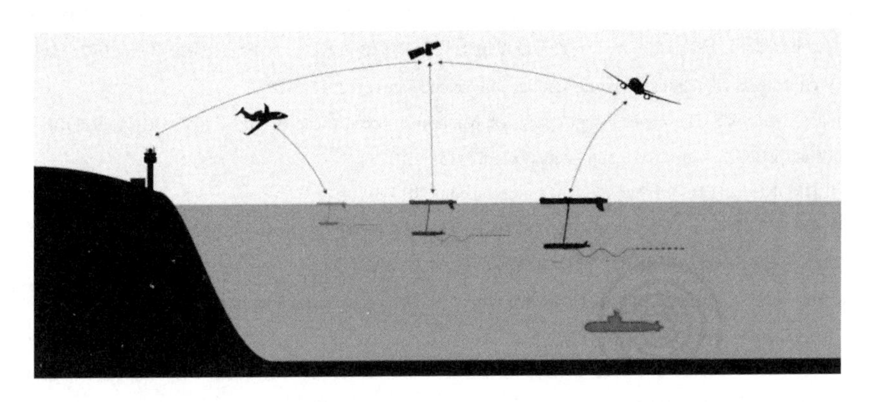

图 6.8 执行组网反潜侦听任务（搭载拖曳声呐等设备）

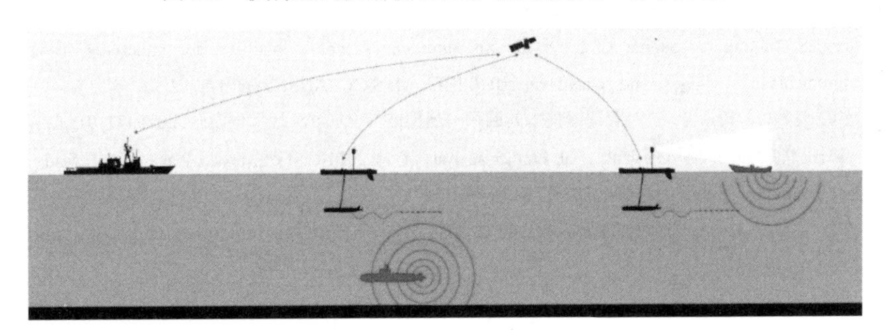

图 6.9 执行远程情报监视侦察任务（搭载拖曳声呐、摄像机等设备）

6.3 本章小结

本章首先阐述了新时期下海洋观测技术的发展趋势，并对比了典型移动观测平台的主要性能，进而开展了波浪驱动水面机器人的主要优势分析；然后从科学研究、商业用途和军事应用等方面，分析了波浪驱动水面机器人的典型应用场景。

参 考 文 献

[1] 菲尔德. 2020 年的海洋——科学发展趋势和可持续发展面临的挑战[M]. 吴克勤, 林宝法, 祁东海, 译. 北京: 海洋出版社, 2004: 3-22.

[2] Breivik M. Topics in guided motion control of marine vehicles[D]. Oslo: Norwegian University of Science and Technology, 2010.

[3] Bertram V. Unmanned surface vehicles—A survey[C]. IEEE/MTS OCEANS, 2008: 1-14.

[4] 廖煜雷, 张铭钧, 董早鹏, 等. 无人艇运动控制方法的回顾与展望[J]. 中国造船, 2014, 55(4): 206-216.

[5] 潘光, 宋保维, 黄桥高, 等. 水下无人系统发展现状及其关键技术[J]. 水下无人系统学报, 2017, 25(1): 44-51.

[6] ASV Global[EB/OL]. https://www.asvglobal.com/science-survey[2015-3-10].

[7] Manley J, Willcox S. The Wave Glider: A persistent platform for ocean science[C]. IEEE/MTS OCEANS, 2010: 1-5.

[8] AutoNaut[EB/OL]. http://www.autonautusv.com[2015-3-10].

[9] SAILDRONE Inc[EB/OL]. https://www.saildrone.com[2015-3-10].

[10] Villareal T A, Wilson C. A comparison of the Pac-X trans-pacific Wave Glider data and satellite data (MODIS, Aquarius, TRMM and VIIRS) [J]. PLOS ONE, 2014, 9(3): e92280.

[11] Hine R, Willcox S, Hine G, et al. The Wave Glider: A wave-powered autonomous marine vehicle[C]. IEEE/MTS OCEANS, 2009: 1-6.

[12] 明通新闻专线. Liquid Robotics 的海洋无人机迎战超强台风“威马逊”[EB/OL]. http://www.mt-wire.com/news/115480.htm[2016-5-16].

[13] Liquid Robotics. Products & Services[EB/OL]. https://www.liquid-robotics.com[2017-08-30].

[14] Willcox S, Meinig C, Sabine C L, et al. An autonomous mobile platform for underway surface carbon measurements in open-ocean and coastal waters[C]. IEEE/MTS OCEANS, 2009: 1-8.

[15] 廖煜雷, 李晔, 刘涛, 等. 波浪滑翔器技术的回顾与展望[J]. 哈尔滨工程大学学报, 2016, 37(9): 1227-1236.

[16] Fitzpatrick P J, Lau Y, Moorhead R, et al. Further analysis of the 2014 Gulf of Mexico Wave Glider® field program[J]. Marine Technology Society Journal, 2016, 50(3): 72-75.

[17] 美国展示海浪波和太阳能驱动无人艇, 可自主航行 1 年[EB/OL]. http://www.dsti.net/Information/News/92493[2015-01-16].

索　引

彩　图

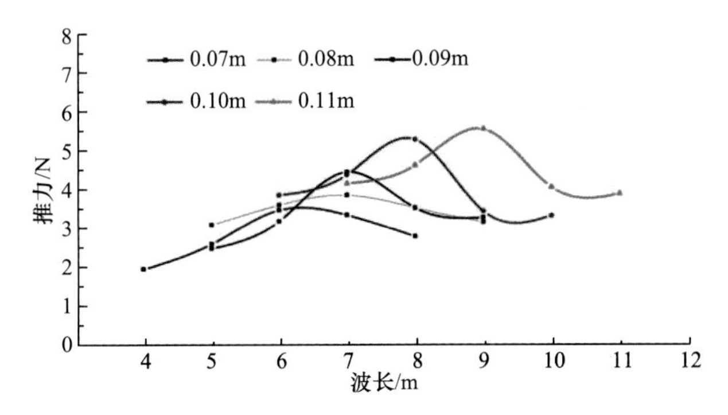

图 2.52　设定波幅下潜体推力对比图

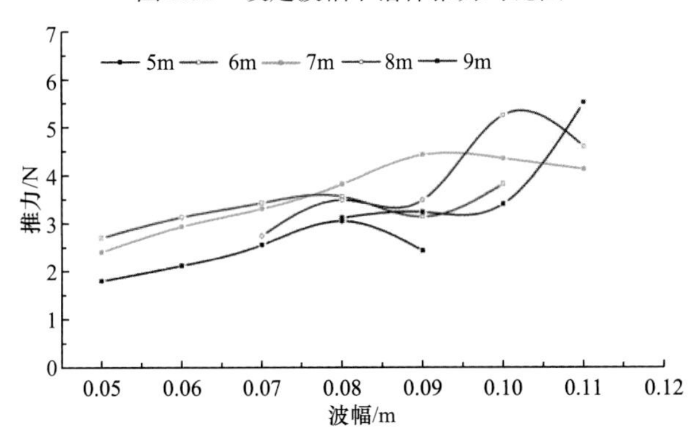

图 2.53　设定波长下潜体的推力对比图

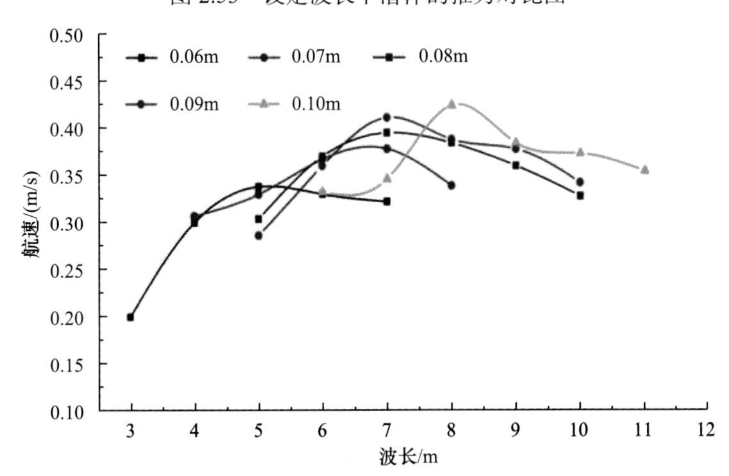

图 2.54　设定波幅下波浪驱动水面机器人航速对比图

图 3.9　CFD 非结构化网格

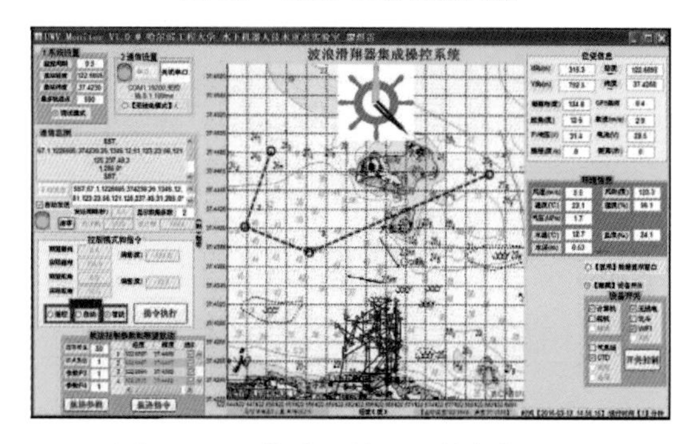

图 3.27　监控分系统的监控软件界面

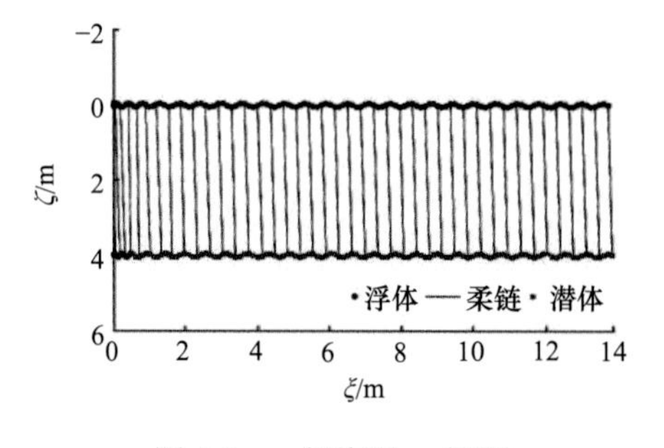

图 4.5　一级海况 *xz* 视图

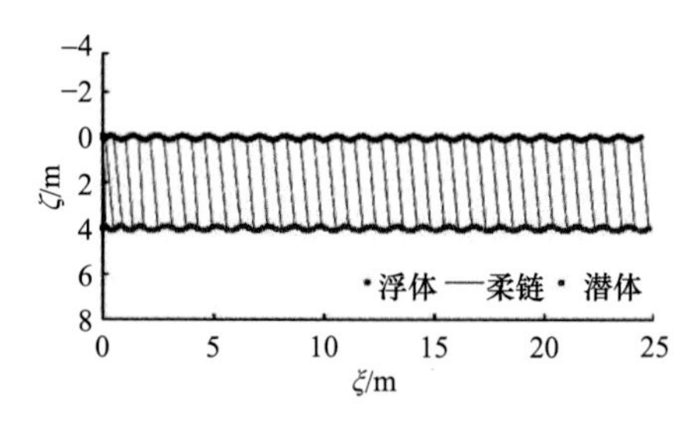

图 4.9　二级海况 *xz* 视图

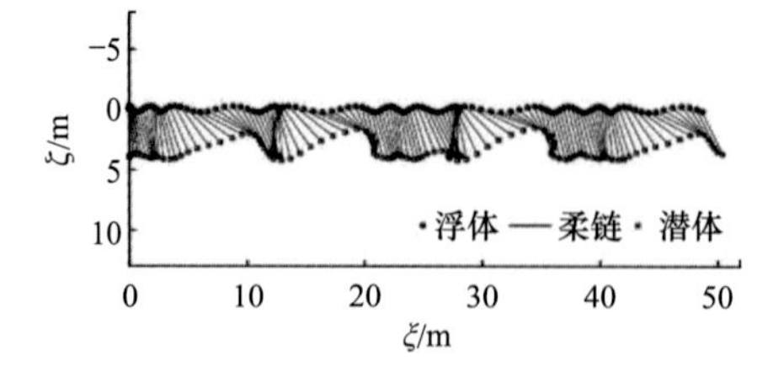

图 4.13　三级海况 *xz* 视图

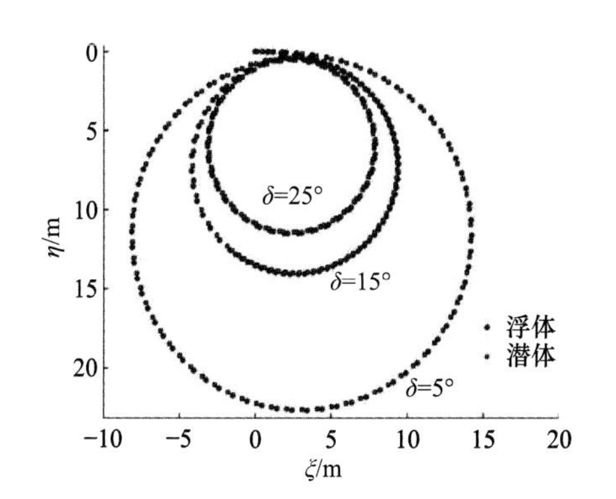

图 4.17 回转轨迹（δ=5°,15°,25°）

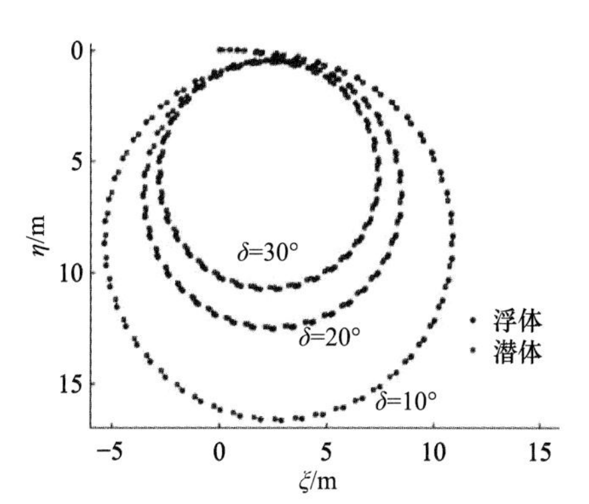

图 4.18 回转轨迹（δ=10°,20°,30°）

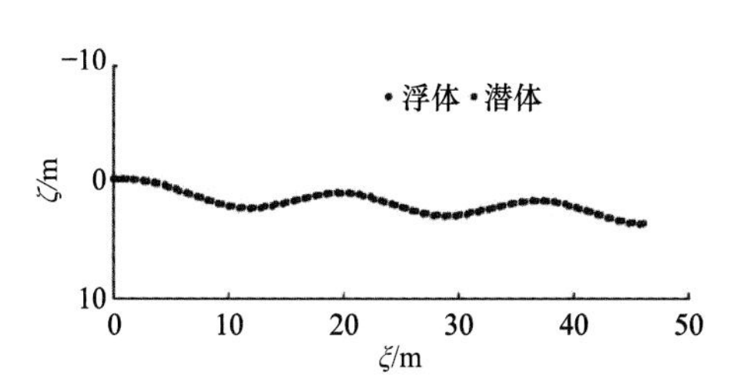

图 4.32 大地坐标系下浮体与潜体的位置

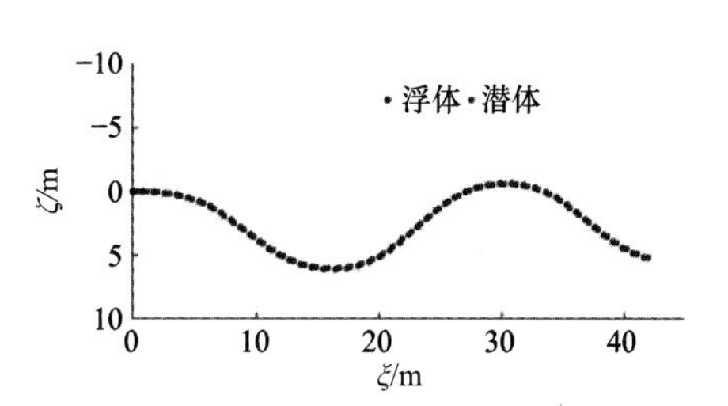

图 4.41 大地坐标系下浮体与潜体的位置

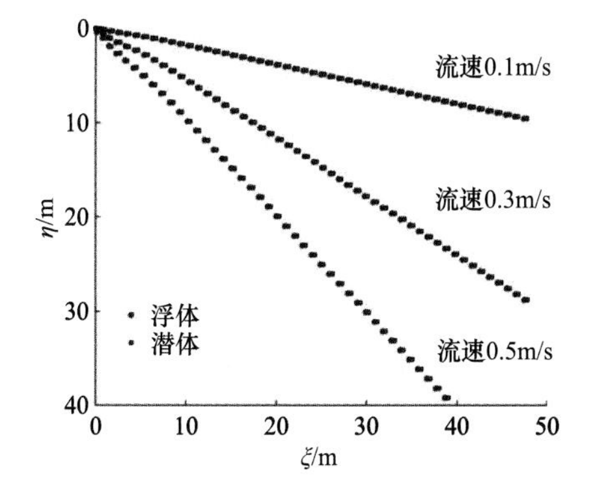

图 4.57 运动轨迹(90°)

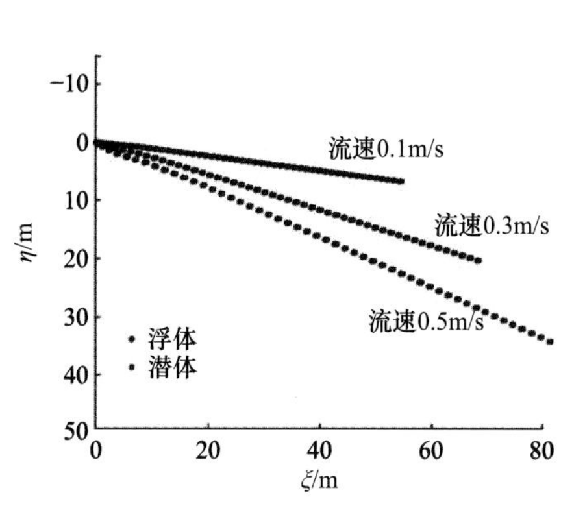

图 4.61 运动轨迹(45°)

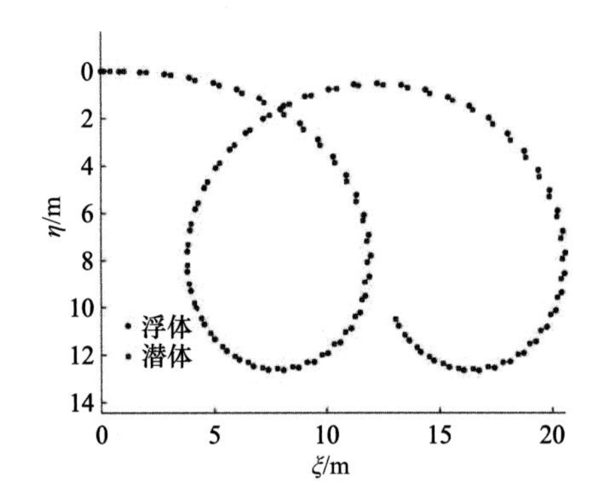

图 4.62　运动轨迹(0°，0.1m/s)

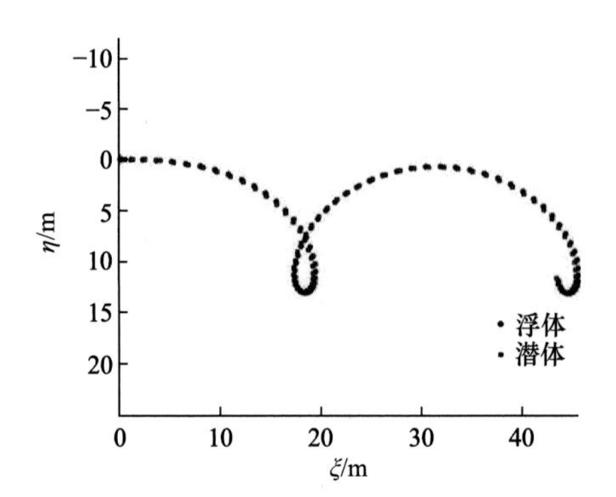

图 4.63　运动轨迹(0°，0.3m/s)

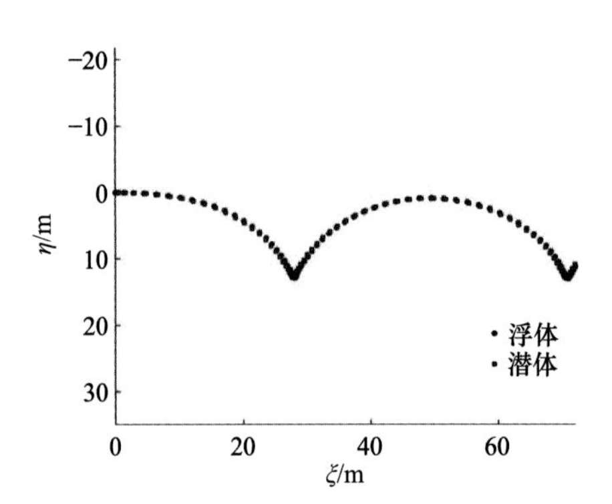

图 4.64　运动轨迹(0°，0.5m/s)

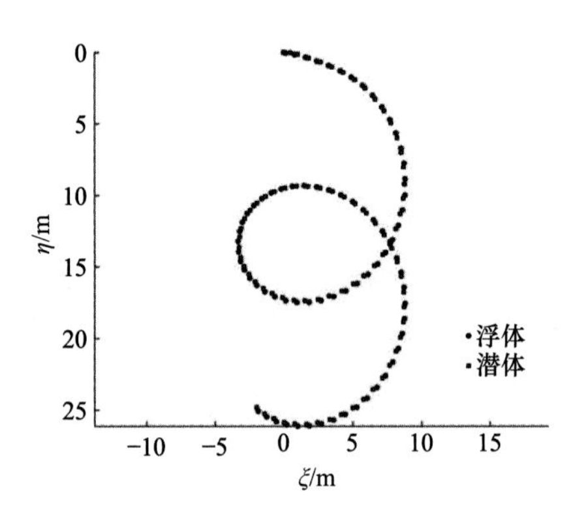

图 4.66　运动轨迹(90°，0.1m/s)

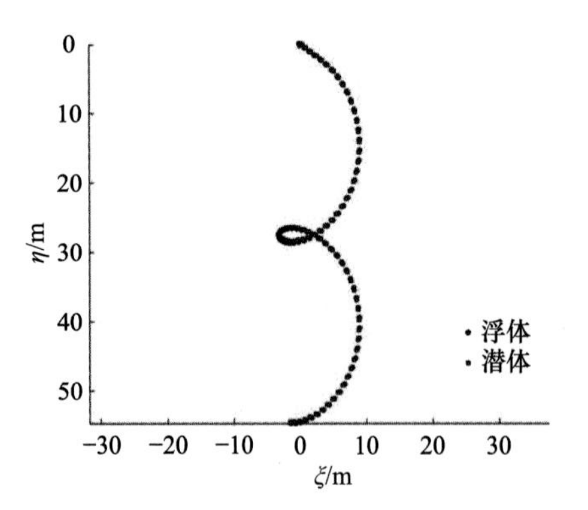

图 4.67　运动轨迹(90°，0.3m/s)

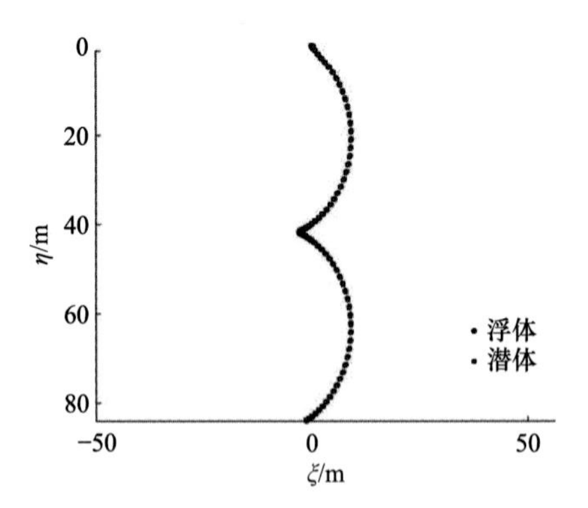

图 4.68　运动轨迹(90°，0.5m/s)

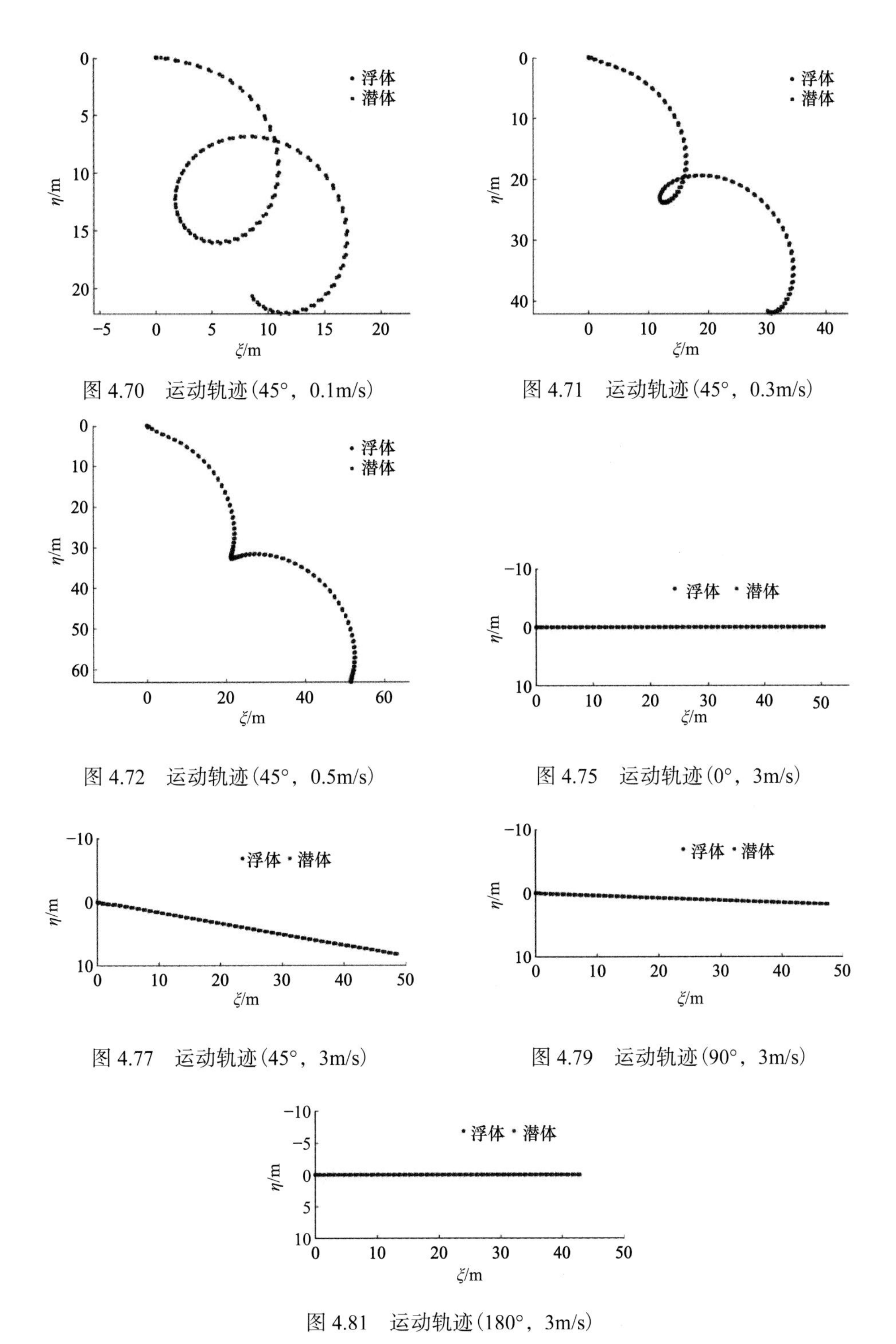

图 4.70　运动轨迹(45°，0.1m/s)

图 4.71　运动轨迹(45°，0.3m/s)

图 4.72　运动轨迹(45°，0.5m/s)

图 4.75　运动轨迹(0°，3m/s)

图 4.77　运动轨迹(45°，3m/s)

图 4.79　运动轨迹(90°，3m/s)

图 4.81　运动轨迹(180°，3m/s)

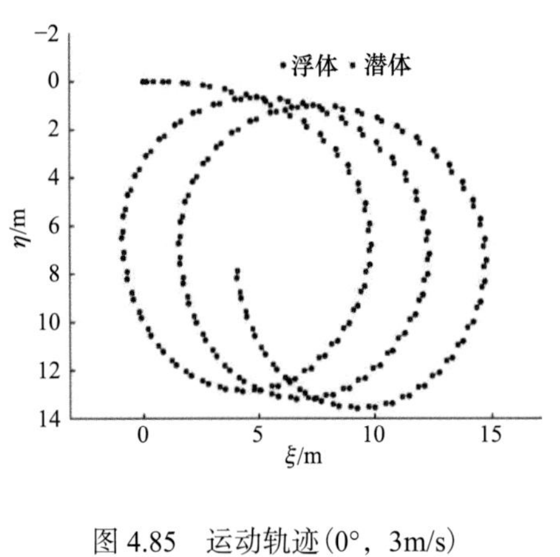

图 4.85　运动轨迹(0°，3m/s)

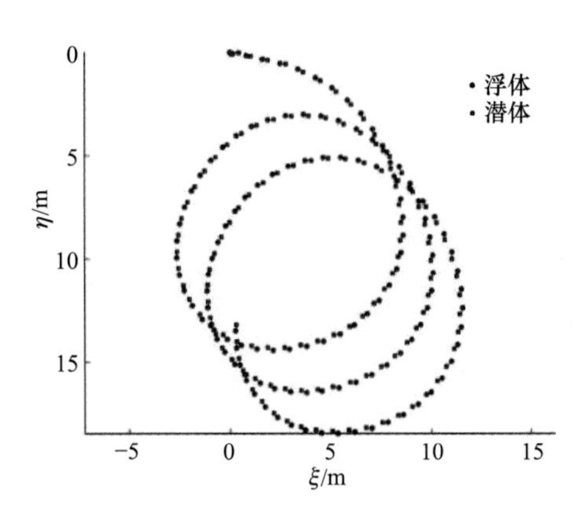

图 4.88　运动轨迹(45°，3m/s)

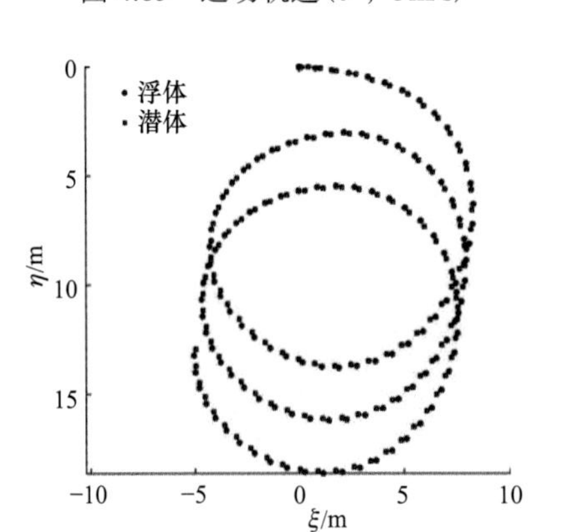

图 4.91　运动轨迹(90°，3m/s)

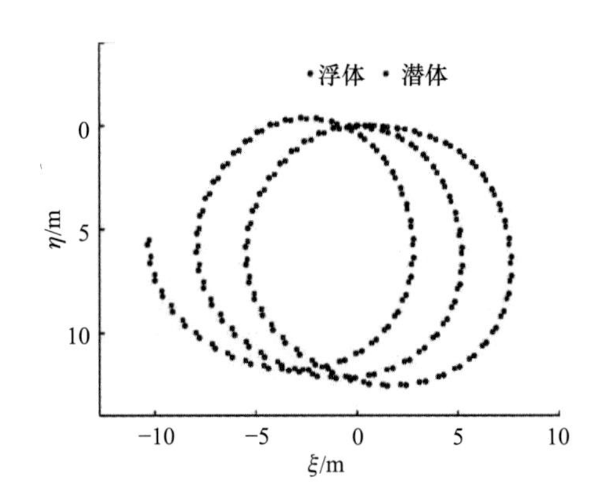

图 4.94　运动轨迹(180°，3m/s)

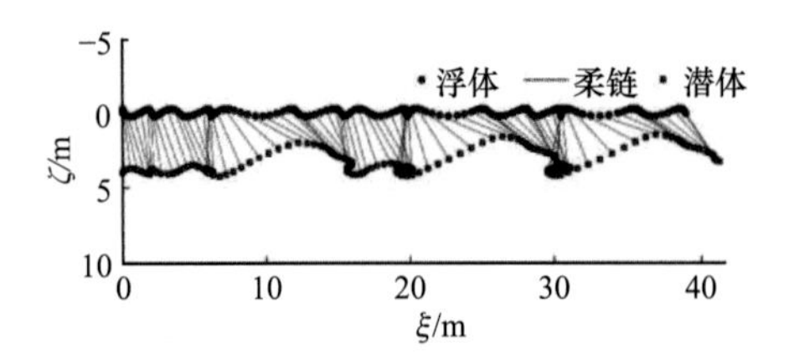

图 4.106　*xz* 视图(波高 0.5m、波长 16m)

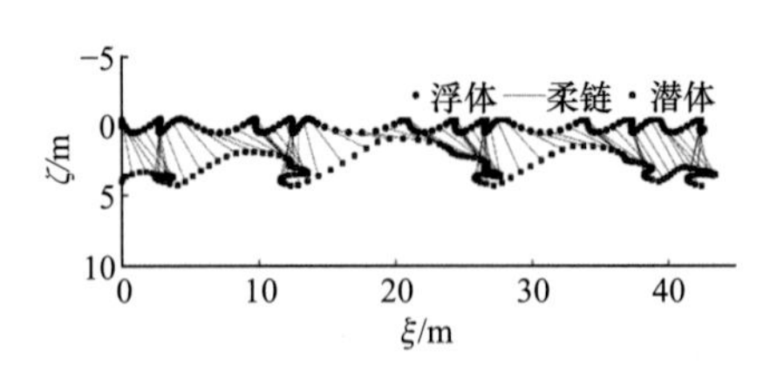

图 4.110　*xz* 视图(波高 1m、波长 20m)

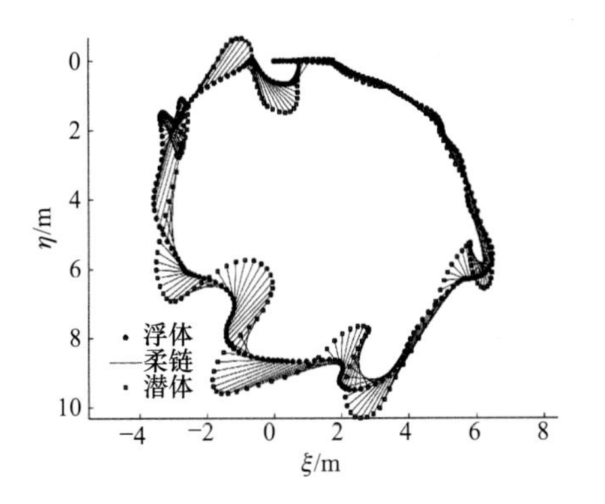

图 4.114　*xy* 视角

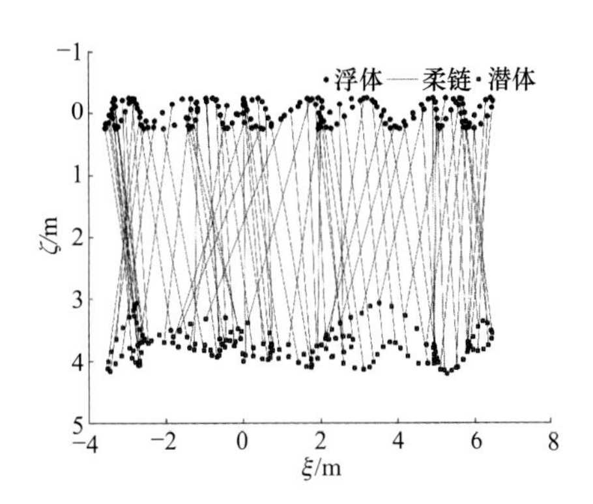

图 4.115　*xz* 视角

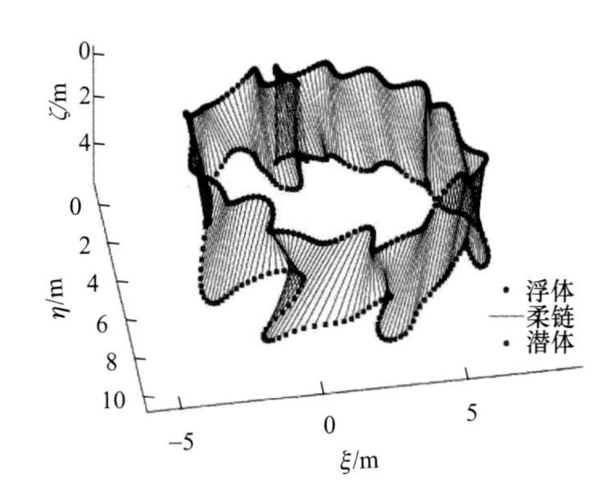

图 4.116　空间视角

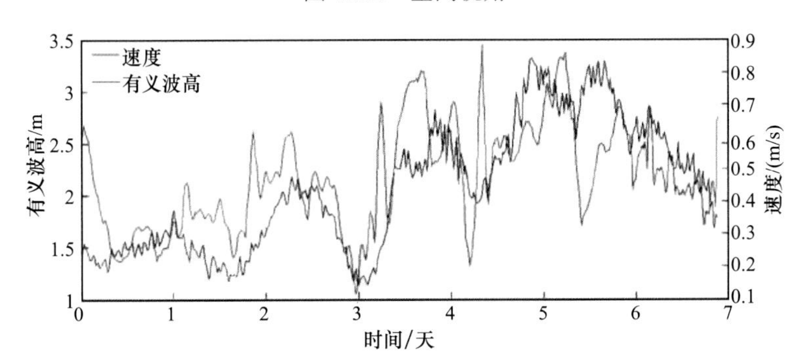

图 4.130　波浪驱动水面机器人速度与有义波高对比

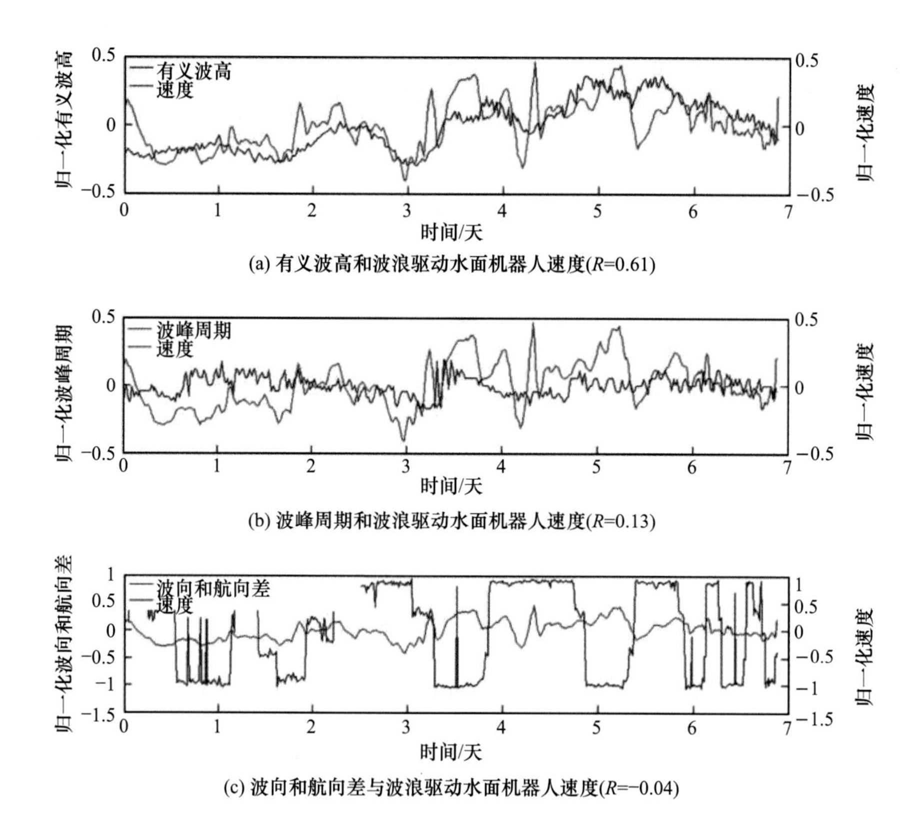

(a) 有义波高和波浪驱动水面机器人速度(R=0.61)

(b) 波峰周期和波浪驱动水面机器人速度(R=0.13)

(c) 波向和航向差与波浪驱动水面机器人速度(R=−0.04)

图 4.131　波浪驱动水面机器人速度与其他三个输入变量的关系

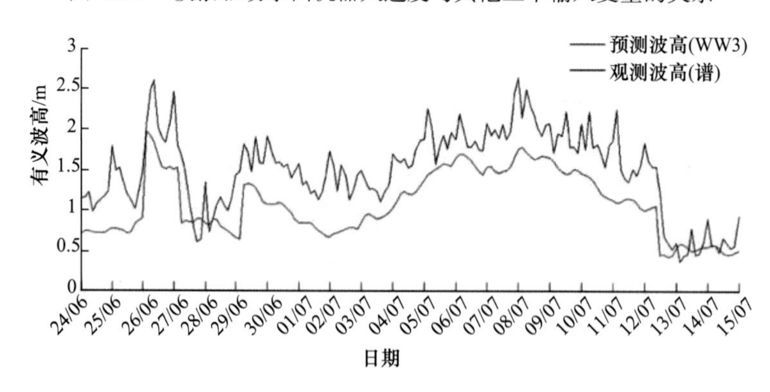

图 4.135　波浪观测器Ⅲ模型预测和船载传感器观测的有义波高

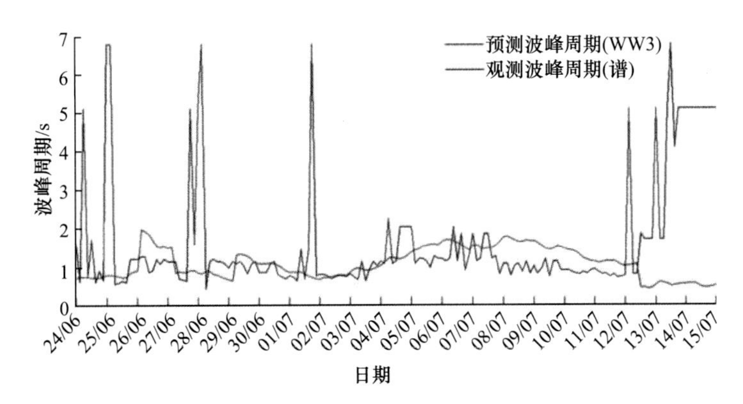

图 4.136　波浪观测器Ⅲ模型预测和船载传感器观测的波峰周期

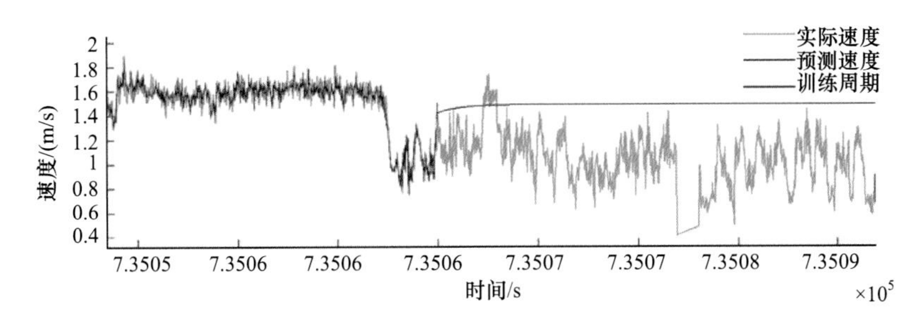

图 4.140　使用周期性协方差函数的波浪驱动水面机器人航速预测

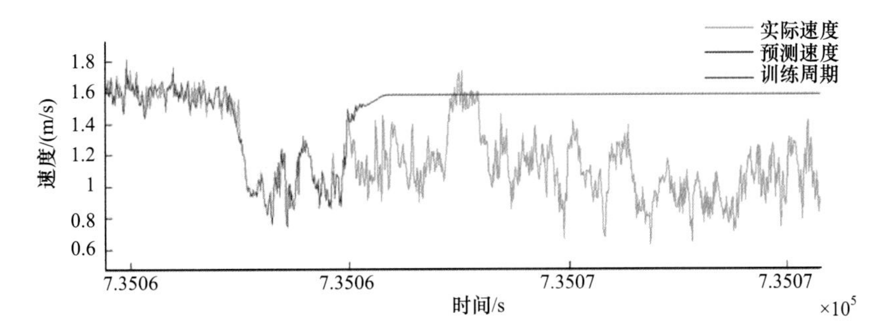

图 4.141　使用 k 步迭代高斯过程模型的波浪驱动水面机器人航速预测(滞后 10s)

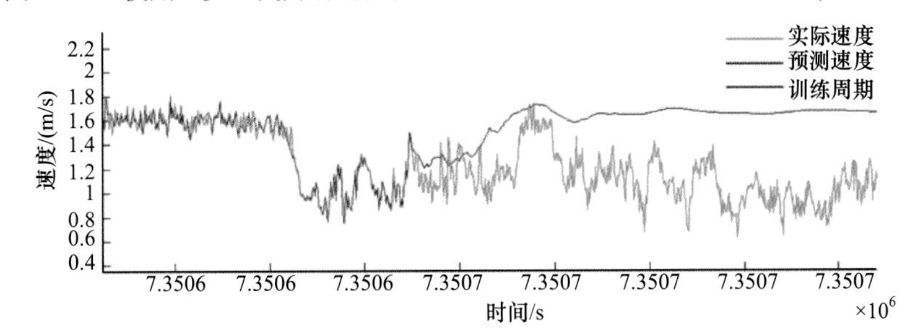

图 4.142　使用 k 步迭代高斯过程模型的波浪驱动水面机器人航速预测(滞后 100s)

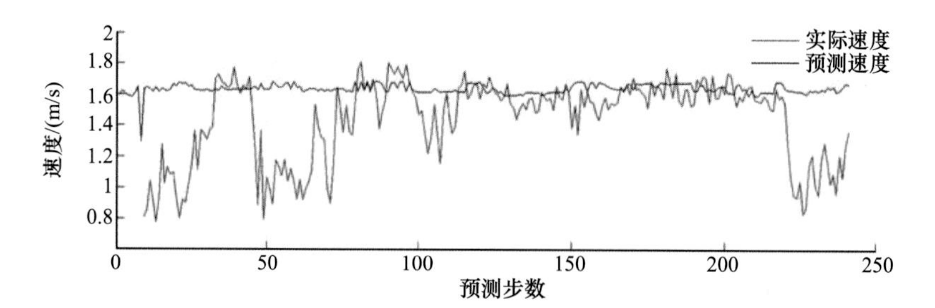

图 4.143　波浪驱动水面机器人的航速预测对比(仅根据波浪观测器Ⅲ的模型数据)

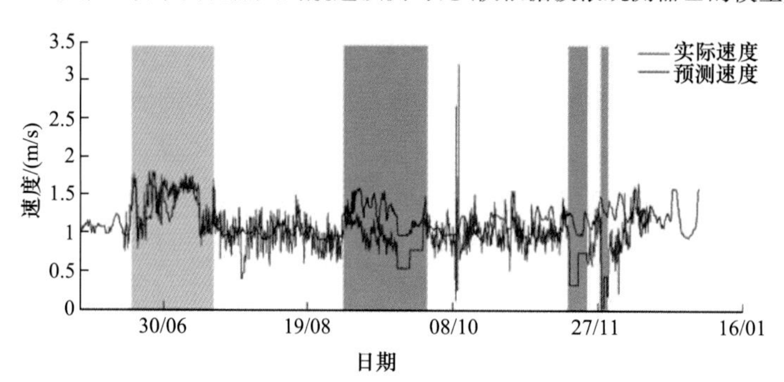

图 4.144　波浪驱动水面机器人的航速预测对比

(融合传感器观察波浪谱数据的训练模型和波浪观测器Ⅲ的模型数据)

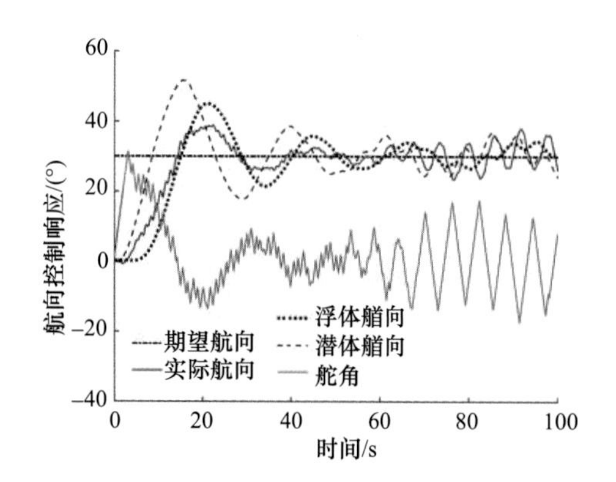

图 5.27　控制器反馈为实际航向时的控制响应

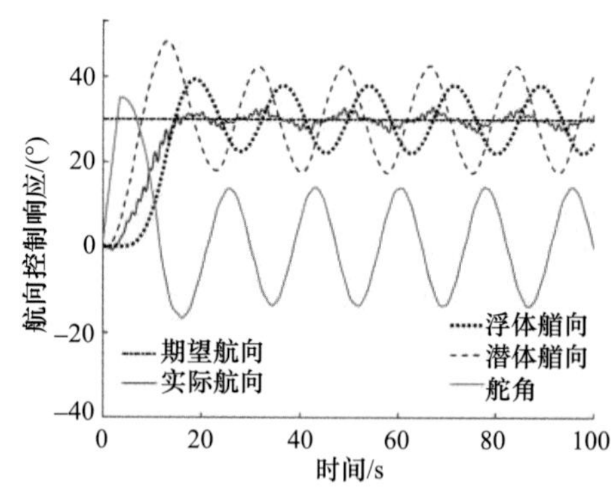

图 5.28　控制器反馈为浮体艏向时的控制响应

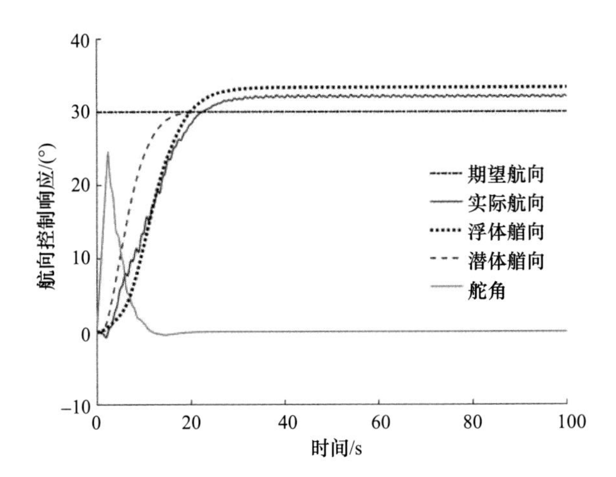

图 5.29　控制器反馈为潜体艏向时的控制响应

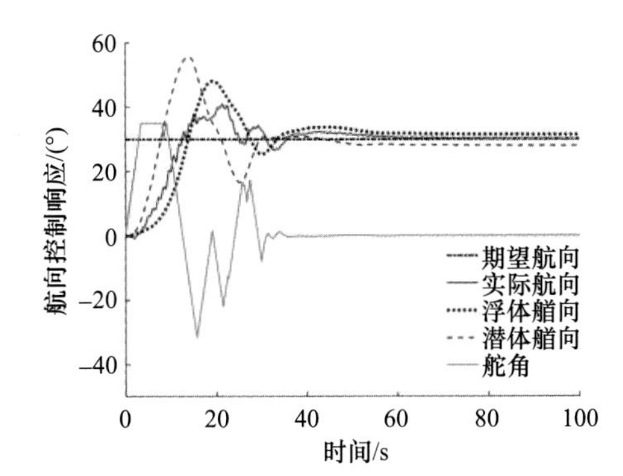

图 5.30　采用艏向信息融合策略后的控制响应

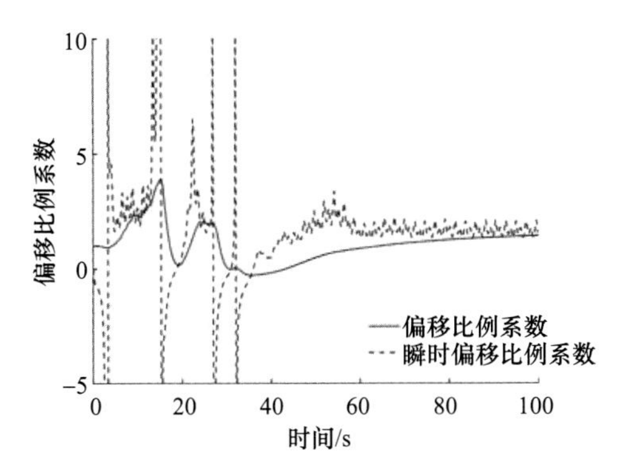

图 5.31　基于动态 I/O 数据的偏移比例系数估计

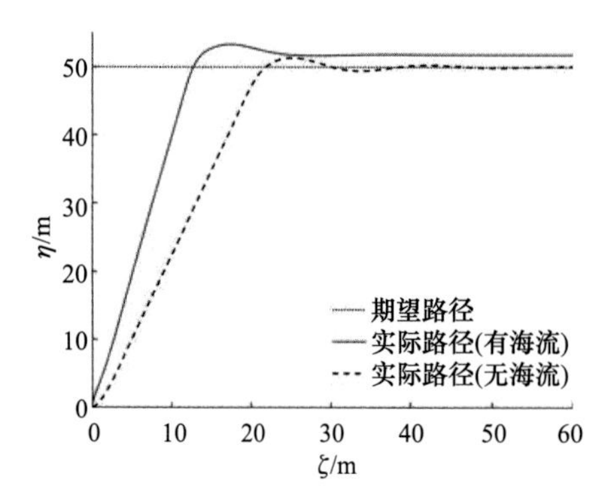

图 5.34　LOS 制导方法的仿真结果

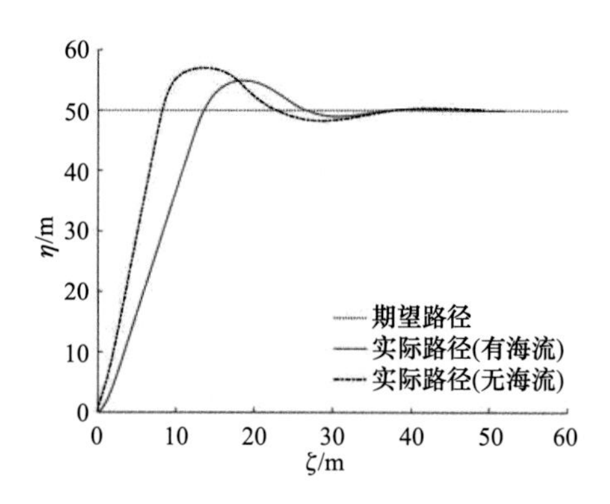

图 5.35　APID-LOS 制导方法的仿真结果

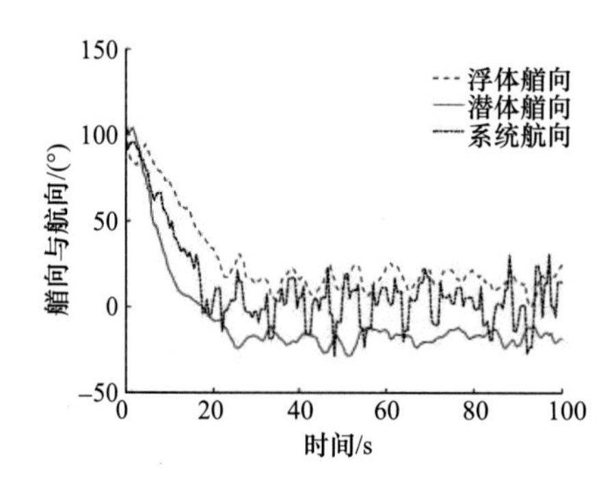

图 5.53　浮体艏向、潜体艏向和系统航向

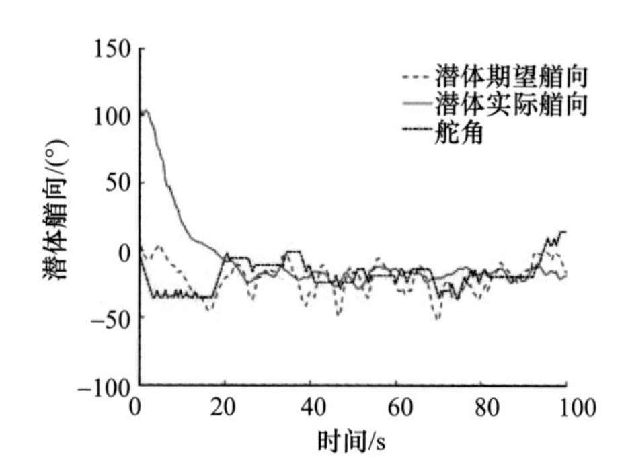

图 5.55　潜体艏向控制响应